W0258646

Leitfäden und Monographien der Informatik

Brauer: **Automatentheorie**
493 Seiten. Geb. DM 62,–

Dal Cin: **Grundlagen der systemnahen Programmierung**
221 Seiten. Kart. DM 36,–

Ehrich/Gogolla/Lipeck: **Algebraische Spezifikation abstrakter Datentypen**
In Vorbereitung

Engeler/Läuchli: **Berechnungstheorie für Informatiker**
120 Seiten. Kart. DM 26,–

Hentschke: **Grundzüge der Digitaltechnik**
247 Seiten. Kart. DM 36,–

Kiyek/Schwarz: **Mathematik für Informatiker 1**
307 Seiten. Kart. DM 39,80

Loeckx/Mehlhorn/Wilhelm: **Grundlagen der Programmiersprachen**
448 Seiten. Kart. DM 48,–

Mehlhorn: **Datenstrukturen und effiziente Algorithmen**
Band 1: Sortieren und Suchen
2. Aufl. 317 Seiten. Geb. DM 49,80

Messerschmidt: **Linguistische Datenverarbeitung mit Comskee**
207 Seiten. Kart. DM 36,–

Niemann/Bunke: **Künstliche Intelligenz in Bild- und Sprachanalyse**
256 Seiten. Kart. DM 38,–

Pflug: **Stochastische Modelle in der Informatik**
272 Seiten. Kart. DM 39,80

Post: **Entwurf und Technologie hochintegrierter Schaltungen**
247 Seiten. Kart. DM 38,–

Rammig: **Systematischer Entwurf digitaler Systeme**
353 Seiten. Kart. DM 46,–

Richter: **Betriebssysteme**
2. Aufl. 303 Seiten. Kart. DM 39,80

Richter: **Prinzipien der Künstlichen Intelligenz**
359 Seiten. Kart. DM 46,–

Weck: **Prinzipien und Realisierung von Betriebssystemen**
3. Aufl. 306 Seiten. Kart. DM 42,–

Wegener: **Effiziente Algorithmen für grundlegende Funktionen**
270 Seiten. Kart. DM 39,80

Wirth: **Algorithmen und Datenstrukturen**
Pascal-Version
3. Aufl. 320 Seiten. Kart. DM 42,–

Wirth: **Algorithmen und Datenstrukturen mit Modula - 2**
4. Aufl. 299 Seiten. Kart. DM 42,–

Wojtkowiak: **Test und Testbarkeit digitaler Schaltungen**
226 Seiten. Kart. DM 36,–

Preisänderungen vorbehalten

 B. G. Teubner Stuttgart

Leitfäden und Monographien
der Informatik

I. Wegener
Effiziente Algorithmen
für grundlegende Funktionen

Leitfäden und Monographien der Informatik

Herausgegeben von

Prof. Dr. Hans-Jürgen Appelrath, Oldenburg
Prof. Dr. Volker Claus, Oldenburg
Prof. Dr. Günter Hotz, Saarbrücken
Prof. Dr. Klaus Waldschmidt, Frankfurt

Die Leitfäden und Monographien behandeln Themen aus der Theoretischen, Praktischen und Technischen Informatik entsprechend dem aktuellen Stand der Wissenschaft. Besonderer Wert wird auf eine systematische und fundierte Darstellung des jeweiligen Gebietes gelegt. Die Bücher dieser Reihe sind einerseits als Grundlage und Ergänzung zu Vorlesungen der Informatik und andererseits als Standardwerke für die selbständige Einarbeitung in umfassende Themenbereiche der Informatik konzipiert. Sie sprechen vorwiegend Studierende und Lehrende in Informatik-Studiengängen an Hochschulen an, dienen aber auch in Wirtschaft, Industrie und Verwaltung tätigen Informatikern zur Fortbildung im Zuge der fortschreitenden Wissenschaft.

Effiziente Algorithmen für grundlegende Funktionen

Von Prof. Dr. math. Ingo Wegener
Universität Dortmund

Mit zahlreichen Aufgaben und Beispielen

B. G. Teubner Stuttgart 1989

Prof. Dr. math. Ingo Wegener

Geboren 1950 in Bremen, Studium der Mathematik und Soziologie in Biele-
feld, Diplom 1976, Promotion 1978, Habilitation 1981. Von 1980 bis 1987
zunächst als Gastprofessor dann als C3-Professor am Fachbereich Informatik der Johann Wolfgang Goethe-Universität in Frankfurt am Main, seit 1987
als C4-Professor für das Gebiet Komplexitätstheorie und Effiziente Algorithmen am Fachbereich Informatik der Universität Dortmund.

CIP-Titelaufnahme der Deutschen Bibliothek

Wegener, Ingo:
Effiziente Algorithmen für grundlegende Funktionen : mit
zahlreichen Aufgaben und Beispielen / von Ingo Wegener. –
Stuttgart : Teubner, 1989
   (Leitfäden und Monographien der Informatik)

ISBN 978-3-519-02276-3   ISBN 978-3-322-94711-6 (eBook)
DOI 10.1007/978-3-322-94711-6

Gesamtherstellung: Zechnersche Buchdruckerei GmbH, Speyer
Umschlaggestaltung: M. Koch, Reutlingen

Vorwort

Der erfolgreiche Einsatz von Rechnern bei der Lösung von Problemen in fast allen Lebensbereichen beruht u.a. auf der technologischen Entwicklung, die zu schnelleren Rechnern mit größerem Speicher führte, auf der größeren Benutzerfreundlichkeit der Rechner und auf effizienteren Algorithmen zur Lösung der betrachteten Probleme. Dieses Buch befaßt sich mit dem Entwurf effizienter Algorithmen für grundlegende Probleme, die häufig als Teilprobleme in komplexeren Problemen auftreten.

Während auf der unteren Ebene der Hardware von Rechnern, also in Schaltkreisen, Schaltwerken und VLSI-Chips, schon immer mit einem hohen Grad an Parallelität gearbeitet wurde, konnte auf höherer Ebene lange Zeit nur sequentiell gerechnet werden. Dies ändert sich nun durch die Entwicklung von Rechnern mit immer mehr Prozessoren. Das Buch legt daher einen Schwerpunkt auf Algorithmen, die gleichzeitig bezüglich paralleler Rechenzeit und Hardwaregröße (bei Hardwarelösungen) bzw. bezüglich paralleler Rechenzeit, Zahl der benutzten Prozessoren und Speicherplatz (bei Softwarelösungen) effizient sind.

Es werden effiziente Algorithmen für den Entwurf optimaler *PLA*'s diskutiert. Danach werden die grundlegenden arithmetischen Funktionen Addition, Subtraktion, Multiplikation und Division, die symmetrischen Funktionen, die auch als Zählfunktionen bezeichnet werden können, und Speicherzugriffsfunktionen behandelt. In diesem Teil des Buches werden vor allem Hardwarelösungen präsentiert. Für das Rechnen mit Matrizen, einfache Probleme auf Graphen, Sortierprobleme und Probleme der Elementaren Zahlentheorie werden effiziente Softwarelösungen vorgestellt. Das Buch enthält außerdem allgemeine Methoden der automatischen Parallelisierung sequentieller Algorithmen, Reduktionskonzepte zum Vergleich der Komplexität der behandelten Probleme und effiziente Simulationen zwischen den benutzten Rechenmodellen.

Die Leserin und der Leser sollen die zur Zeit effizientesten Algorithmen für die genannten Probleme kennenlernen und dabei Entwurfsmethoden für effiziente Algorithmen erlernen. Es soll aber auch verdeutlicht werden, daß selbst für so grundlegende Probleme wie den Entwurf eines Chips für die Division noch wichtige Fragen ungelöst sind. Darüber hinaus hoffe ich, daß die Leserin und der Leser verstehen lernen, warum manche Probleme einfacher als andere sind. Hierbei folge ich Albert Einstein: „Es ist richtig, daß die Ergebnisse der Forschung den Menschen nicht veredeln und bereichern, wohl aber das Streben nach dem Verstehen, die produktive und rezeptive geistige Arbeit." Nach der rezeptiven Arbeit des Lesens sind die Leserin und der Leser daher aufgefordert, mit der produktiven Arbeit zu beginnen, nämlich zu versuchen, einige der zahlreichen Übungsaufgaben und offenen Probleme zu lösen.

VI

Für die rasche Erstellung des Manuskripts möchte ich mich bei Frau Renate Kühn
und ihren Helfern Stefan Pölt, Axel Schöler und Alf Wachsmann bedanken. Für
Verbesserungsvorschläge und sorgfältiges Lesen des Textes bedanke ich mich bei
Paul Fischer, Susanne Köhling und Katja Lenz. Schließlich danke ich Christa für
die Hilfestellung bei den noch grundlegenderen Problemen des Lebens.

Dortmund/Bielefeld, im Mai 1989   Ingo Wegener

Inhaltsverzeichnis

1. Einleitung

1.1 Wann sind Algorithmen effizient ?

Wir alle haben in der Schule die Grundrechenarten Addition, Subtraktion, Multiplikation und Division gelernt. Da wir alle die gleichen Rechenmethoden verwenden, glauben die meisten Menschen, daß diese sogenannten Schulmethoden die einzige „vernünftige" Möglichkeit zu rechnen bilden. Tatsächlich sind die Schulmethoden für den normalen Gebrauch sehr gute und vermutlich sogar optimale Verfahren. Die meisten Rechnungen im Alltagsleben sind erfahrungsgemäß Additionen von ein- bis maximal zehnstelligen Dezimalzahlen, die Zahl der Summanden ist meist klein, aber auch Additionen von Zahlenkolonnen von bis zu 100 Summanden sind nicht selten. Multipliziert werden im Alltagsleben kaum längere als sechsstellige Dezimalzahlen, und für Divisionsaufgaben wie die Bestimmung des Benzinverbrauches pro 100 km werden fast nur noch Taschenrechner benutzt. Da die meisten Menschen nur die Schulmethoden kennen, gehen sie davon aus, daß Taschenrechner oder allgemeiner Rechner die Grundrechenarten ebenfalls nach den Schulmethoden durchführen. Wir werden sehen, warum dies im allgemeinen nicht der Fall ist und warum für Menschen geeignete Rechenverfahren, oder in anderer Terminologie effiziente Algorithmen, für Rechner ungeeignet sein können und umgekehrt.

Welche Eigenschaften sollten Algorithmen haben, damit sie für Menschen im Alltagsleben geeignet sind? Das Hauptkriterium besteht darin, daß die Algorithmen leicht erlernbar und auch einfach zu behalten sein müssen. Die schwierigste Schulmethode ist sicherlich das Divisionsverfahren, und man kann leicht feststellen, daß viele Menschen, die im Alltagsleben nicht mehr per Hand dividieren müssen, diese Methode vergessen haben und nicht mehr in der Lage sind, schriftlich zu dividieren. Darüber hinaus muß die Anwendung der Algorithmen einfach sein, und man sollte das Ergebnis möglichst schnell erhalten. Wie gehen Menschen beim Rechnen vor? Sie zerlegen komplexe Aufgaben in kleine Aufgaben. Diese kleinen Aufgaben müssen „direkt" lösbar sein, z.B. durch Anwendung des kleinen Einmaleins. Schließlich arbeiten die Menschen die kleinen Aufgaben sequentiell also nacheinander ab. Das menschliche Gehirn hat zwar bei Aufgaben wie dem Sehen und Hören einen hohen Grad an Parallelverarbeitung, dies gilt jedoch offensichtlich nicht für die Lösung von Rechenaufgaben. Wenn man diese Kriterien heranzieht und die von Menschen normalerweise benutzten Zahlengrößen beachtet, dann läßt sich folgern, daß die Schulmethoden sehr effizient sind.

Wir interessieren uns aber mehr für Algorithmen, die von Rechnern abgearbeitet werden. Für die Güte derartiger Algorithmen sind teilweise ganz andere Kriterien ausschlaggebend als wir sie oben diskutiert haben. So ist die Forderung nach einfach strukturierten Algorithmen nicht mehr das Hauptkriterium. Zwar ist es schön, wenn ein Algorithmus kurz, übersichtlich, einfach verstehbar und erlernbar ist. Aber der Rechner soll den Algorithmus ja nicht „lernen" und „verstehen". Entweder wird mit Hilfe des Algorithmus ein Chip für die Aufgabenlösung entworfen (Hardwarelösung) oder der Algorithmus wird in ein Programm umgesetzt (Softwarelösung). Chips und Programme können dann prinzipiell beliebig oft benutzt werden. Es soll allerdings nicht verschwiegen werden, daß ein einfach strukturierter Algorithmus den Chip- oder Programmentwurf wesentlich vereinfachen kann.

Eine weit wichtigere Forderung ist, daß Algorithmen „schnell" sein sollen. Algorithmen (und damit auch Chips oder Programme) zerlegen die gegebene Aufgabe in einfach zu erledigende Elementaroperationen. Dabei können die Grundrechenarten in Programmen die Rolle von Elementaroperationen übernehmen. Wenn wir aber die Grundrechenarten selber als Aufgabe ansehen, sind die Operationen auf einstelligen Zahlen Elementaroperationen. Bei der üblichen binären Codierung sind das dann Operationen auf zwei Bits. Es ist also das Ziel, möglichst wenige Elementaroperationen zur Lösung der Aufgabe zu benötigen. Da die Zahl der verwendeten Elementaroperationen von den konkreten Eingabedaten aber insbesondere von der Länge der Eingabe abhängt, wird auch die sequentielle Rechenzeit, d.h. die Zahl der Elementaroperationen, in Abhängigkeit von der Eingabelänge gemessen.

Rechner haben im Gegensatz zu Menschen prinzipiell größere Möglichkeiten zur Parallelverarbeitung. Auf Chips arbeiten bestimmte Bausteine gleichzeitig. Der moderne Trend der Rechnerarchitektur führt hin zu Parallelrechnern, die eine weitere Steigerung der Parallelverarbeitung ermöglichen. Die Rechenzeit bei paralleler Verarbeitung kann natürlich wesentlich geringer als bei sequentieller Verarbeitung sein. Die Rechenzeit bei Parallelverarbeitung wird also eine wichtige Rolle bei unseren Betrachtungen spielen.

Der benötigte Speicherplatz ist das zweite wohlbekannte Kostenkriterium. Der Speicherplatz ist bei Rechnungen von Hand die Menge vollgeschriebenen Papiers. Um eine richtige Vorstellung zu bekommen, sollte man sich vorstellen, daß Papier teuer ist, und daher nicht mehr benötigte Informationen ausradiert werden, um diesen Teil des Papiers erneut beschreiben zu können. Da es dann schwierig werden kann, Informationen wiederzufinden, sehen wir schon, daß eine gleichzeitige Minimierung von Rechenzeit und Speicherplatz auf Probleme stößt. Allerdings gibt es gute Gründe anzunehmen, daß Rechenzeit bei Parallelverarbeitung und der für die Problemlösung benötigte Speicherplatz in engem Zusammenhang stehen. Die These „Platz ist Parallelzeit" geht schon auf Goldschlager (1978,1982) und Chandra, Kozen und Stockmeyer (1981) zurück. Sie kann zwar in dieser Allgemeinheit nicht bewiesen werden, aber viele Forschungsergebnisse unterstützen diese These.

Da wir grundlegende Probleme wie z.B. die Grundrechenarten betrachten, sind wir auch an guten Hardwarelösungen interessiert. Damit bilden die Hardwarekosten, darunter die Zahl und Art der benutzten Bausteine, die Zahl und Länge der benutzten Verbindungsdrähte und die benutzte Chipfläche ein wesentliches Kriterium bei der Beurteilung der Effizienz. Bei Algorithmen für Parallelrechner gehen die Zahl der benutzten Prozessoren, die Komplexität der Kommunikation unter den Prozessoren und die Anforderungen an die Leistungsfähigkeit der einzelnen Prozessoren in die Beurteilung der Effizienz ein.

Von vielen weiteren Beurteilungskriterien sollen nur einige exemplarisch aufgezählt werden:
- wie leicht läßt sich die Korrektheit einer Implementierung überprüfen? Dies sind Fragen der Verifikation und Testbarkeit.
- welche nützlichen Zwischeninformationen liefert der Algorithmus?
- wie gut lassen sich auftretende Hardwarefehler erkennen oder gar korrigieren?

Wir haben schon gesehen, daß einige Beurteilungskriterien in Zusammenhang stehen. In vielen Fällen werden wir gewisse Ressourcen aber nur auf Kosten anderer Ressourcen senken können. Ziel ist dennoch natürlich die Entwicklung von Algorithmen, die bezüglich möglichst vieler Kriterien effizient sind.

Die Erfahrungen mit den Schulmethoden führen zu den folgenden allgemein anerkannten Thesen. Subtrahieren ist etwas schwieriger als Addieren. Dagegen ist Multiplizieren viel schwieriger als Addieren, und Dividieren ist noch schwieriger. So ist die Addition zweier hundertstelliger Zahlen eine nicht sehr befriedigende, aber doch in kurzer Zeit leicht zu erledigende Aufgabe, während ich jeden bedauere, der zwei hundertstellige Zahlen per Hand multiplizieren soll.

Gelten die genannten Thesen nun nur für die Schulmethoden oder auch für andere für Rechner geeignete Algorithmen? Unsere bisherige Diskussion sollte auch dazu dienen, daß derartige Fragen, von denen man meinte, die richtige Antwort längst zu kennen, in einem neuen Licht gesehen werden. Allerdings kann zur Beruhigung gesagt werden, daß unsere Untersuchungen die genannten Thesen untermauern werden.

Die für den Alltagsgebrauch neben den Grundrechenarten wichtigste Aufgabe ist das Sortierproblem, also die Aufgabe, eine Zahl von Objekten bezüglich einer vorgegebenen Ordnung in die richtige Reihenfolge zu bringen. Um mit dem Begriff

„effizienter Algorithmus" umgehen zu lernen, ist es ein nützliches Experiment, verschiedene Menschen bei der Aufgabe, 100 auf Karteikarten stehende Namen alphabetisch zu sortieren, zu beobachten. Während bei den Grundrechenarten alle Menschen die gleiche Methode benutzen und sich nur in der Geschicklichkeit, die Algorithmen auszuführen, unterscheiden, werden beim Sortieren sehr unterschiedliche Lösungswege gewählt. Dies liegt mit Sicherheit daran, daß in der Schulmathematik Sortieralgorithmen nicht gelehrt werden. Es ist interessant, die gewählten Lösungswege zu Algorithmen auszubauen und diese bezüglich ihrer Effizienz zu vergleichen.

1.2 Welches sind die grundlegenden Funktionen?

Indem wir nun die grundlegenden Funktionen vorstellen, die in diesem Buch behandelt werden, geben wir gleichzeitig einen Überblick über die einzelnen Kapitel. In diesem ersten Kapitel werden im Anschluß an diesen Abschnitt die Rechenmodelle, die benutzt werden, vorgestellt. Nachdem wir bereits informal diskutiert haben, wann Algorithmen effizient heißen sollen, werden wir danach die benötigten Grundbegriffe formalisieren und die Komplexitätsklassen effizient berechenbarer Funktionen vorstellen. Damit nicht der Eindruck entsteht, daß die verschiedenen Rechenmodelle beziehungslos nebeneinander stehen, werden die erstaunlich engen Beziehungen zwischen den Modellen am Ende dieses Kapitels diskutiert. Die Kenntnis dieser Beziehungen ist grundlegend für die Einordnung der Ergebnisse der folgenden Kapitel. Da uns andererseits die Beweise dieser Beziehungen zu Beginn zu lange vom Hauptthema, dem Entwurf effizienter Algorithmen für grundlegende Funktionen, ablenken würden, werden diese Beweise erst im letzten Kapitel, dem Kapitel 11 des Buches, dargestellt. Wir werden dann zeigen, wie aus effizienten Algorithmen für ein Rechenmodell effiziente Algorithmen für ein anderes Rechenmodell gewonnen werden können. Diese sogenannten Simulationsergebnisse dienen also indirekt ebenfalls dem Entwurf effizienter Algorithmen.

In den Kapiteln 2-10 werden die verschiedenen grundlegenden Funktionen behandelt. Wie allgemein üblich werden wir Zahlen und andere Informationen binär codieren. Ein Vektor $x = (x_{n-1}, \ldots, x_0) \in \{0,1\}^n$ stellt in der Binärcodierung die Zahl $|x| = x_{n-1}2^{n-1} + \ldots + x_0 2^0$ dar. Mit n Binärstellen lassen sich also Zahlen im Bereich $0, \ldots, 2^n - 1$ darstellen. Funktionen, die 0-1-Vektoren als Eingabe und Ausgabe haben, werden Boolesche Funktionen genannt.

1.2.1 Definition $B_{n,m}$ bezeichnet die Menge der Booleschen Funktionen $f : \{0,1\}^n \rightarrow \{0,1\}^m$. $B_{n,1}$ wird durch B_n abgekürzt.

Die Addition zweier n-stelliger Binärzahlen kann z.B. als Funktion $ADD_n \in B_{2n,n+1}$ aufgefaßt werden. Die Eingabe besteht aus $2n$ Bits, die vorderen n Bits stellen den ersten Summanden und die hinteren n Bits stellen den zweiten Summanden dar. Da die Summe maximal den Wert $2^{n+1} - 2$ haben kann, stellen wir für die Ausgabe $n + 1$ Bits zur Verfügung.

In Kapitel 2 wollen wir nicht konkrete Boolesche Funktionen sondern beliebige Boolesche Funktionen auf nicht zu vielen Booleschen Variablen untersuchen. Wenn ein neuer Rechner oder Prozessor konzipiert wird, wird das von einer Funktionseinheit geforderte Verhalten häufig durch einen deterministischen endlichen Automaten mit Ausgabe (Moore-Automat, siehe z.B. Hopcroft und Ullman (1979)) beschrieben. Wenn dann die Zustandsmenge sowie das Eingabe- und Ausgabealphabet binär codiert worden sind, wird die Übergangsfunktion des Automaten durch eine Boolesche Funktion beschrieben. Die so entstandenen Booleschen Funktionen haben im allgemeinen wesentlich weniger Struktur als z.B. die Additionsfunktion. Wir untersuchen, wie man für beliebige Boolesche Funktionen auf effiziente Weise optimale PLA's (programmable logic arrays) konstruieren kann. PLA's werden wir in Kapitel 2 vorstellen, mit ihnen werden heutzutage in praktisch allen Rechnern Boolesche Funktionen realisiert.

In Kapitel 3 behandeln wir ausführlich die vier Grundrechenarten als wichtigste einfach strukturierte Funktionen. Die Schulmethoden werden in vielerlei Hinsicht durch andere Methoden weit übertroffen. Es ist wohl eine der überraschendsten Erkenntnisse dieses Buches, daß man sich über die so gut bekannten Grundrechenarten so viele Gedanken machen kann und machen sollte. Als Hilfsmittel zu einem schnellen Multiplikationsverfahren wird die Schnelle Fourier Transformation (FFT-Fast Fourier Transform) vorgestellt. Diese Methode hat weit über den in Kapitel 3 diskutierten Rahmen hinaus Bedeutung. Die Fourier Transformierte ist z.B. bei der Signalverarbeitung und bei der Mustererkennung ein grundlegendes Hilfsmittel zur Informationsverarbeitung.

In Kapitel 4 wird die Klasse der symmetrischen Funktionen untersucht. Für einen Vektor $x = (x_1, \ldots, x_n) \in \{0,1\}^n$ sei $\|x\| = x_1 + \ldots + x_n$ die Zahl der Einsen in x. Eine Funktion $f \in B_n$ heißt symmetrisch, wenn $f(x)$ von x nur über $\|x\|$ abhängt, es kommt also nur auf die Zahl der Einsen und nicht auf ihre Position an. Damit sind alle Zählfunktionen symmetrisch, dazu gehören die Thresholdfunktionen (enthält die Eingabe mindestens k Einsen?), die Anzahlfunktionen (enthält die Eingabe genau k Einsen?) und die Modulofunktionen (ist die Zahl der Einsen in der Eingabe ein Vielfaches von k?). Die symmetrischen Funktionen gehören zu den am intensivsten untersuchten Funktionen, weil sie grundlegend für praktische

Anwendungen sind und ihre einfache Struktur häufig eine vollständige Lösung der betrachteten Probleme zuläßt.

In Kapitel 5 untersuchen wir Speicherzugriffsfunktionen, da diese in jedem Rechner benötigt werden.

So wie die Grundrechenarten die Basis der Arithmetik bilden, gilt dies für die Matrizenrechnung in vielen Bereichen der Physik, Meteorologie und in technischen Disziplinen. Differentialgleichungen werden häufig durch Differenzengleichungen approximiert. Bei deren Lösung wird im wesentlichen mit Matrizen gerechnet. Daher werden in Kapitel 6 effiziente Algorithmen für die grundlegenden Matrizenoperationen wie die Matrixmultiplikation, die Matrixinversion und die Berechnung der Determinante und des charakteristischen Polynoms vorgestellt.

In der kombinatorischen Optimierung werden u.a. Transport- und Verteilungsprobleme gelöst. Dabei spielen Graphen eine zentrale Rolle. Die Zahl wichtiger Graphfunktionen ist aber so groß, daß im Rahmen dieses Buches bei weitem kein Überblick über die relevanten effizienten Graphalgorithmen gegeben werden kann. Wir begnügen uns daher in Kapitel 7 mit einem kurzen Abstecher in dieses Gebiet.

In Kapitel 8 behandeln wir ausführlich das Sortierproblem, das schon in der Diskussion in Kapitel 1.1 angesprochen wurde. Während sehr gute sequentielle Algorithmen seit langem bekannt sind, ist das Problem des Entwurfs effizienter paralleler Sortieralgorithmen noch nicht endgültig befriedigend gelöst worden.

Die mathematische Zahlentheorie ist eine weit entwickelte, alte Theorie. Bis vor relativ kurzer Zeit hat man sich damit zufrieden gegeben, die Existenz von Zahlen mit bestimmten Eigenschaften zu beweisen und Algorithmen für die Konstruktion dieser Zahlen anzugeben, die Effizienz der Algorithmen stand dagegen nicht im Mittelpunkt des Interesses. Dies hat sich in letzter Zeit weitgehend geändert. Viele Probleme lassen sich heutzutage auch für sehr große Zahlen mit Rechnern bearbeiten, wenn die benutzten Algorithmen genügend effizient sind. Neue Anwendungen der Zahlentheorie z.B. in der Kryptographie und damit in der Datensicherung und im Datenschutz wurden entdeckt, so daß das effiziente Rechnen mit sehr großen Zahlen über die reine Mathematik hinaus wichtig wurde. Es wird sich zeigen, daß das Rechnen mit mehr als 100-stelligen Zahlen praktische Relevanz hat. Allerdings ist für derartige Zahlen a und b die Berechnung von a^b wegen der Länge des Ergebnisses wenig sinnvoll. Man rechnet daher in $\mathbb{Z}_n$, d.h. alle Zahlen z werden modulo einer sehr großen Zahl n (mod n) betrachtet. z mod n ist der Rest bei der ganzzahligen Division von z durch n. In Kapitel 9 werden effiziente Algorithmen für die Arithmetik in $\mathbb{Z}_n$ behandelt. Darüber hinaus wird ein effizienter Test vorgestellt, der z.B. 100-stellige Zahlen n (mit sehr kleiner Irrtumswahrscheinlichkeit) darauf testet, ob sie Primzahlen sind. Die in diesem Kapitel vorgestellten Ergebnisse sind notwendig aber auch hinreichend, um das momentan wichtigste kryptographische Verfahren mit öffentlich bekannten Schlüsseln (public key cryptosystem), das RSA-System, verstehen und implementieren zu können.

In Kapitel 10 wird zunächst für zwei wichtige Problemklassen gezeigt, daß diese Probleme durch effiziente parallele Algorithmen gelöst werden können. Wenn eine Boolesche Funktion durch eine Formel kleiner Größe berechnet werden kann, dann auch durch einen Algorithmus, der bei Parallelverarbeitung sehr schnell ist. Reguläre Sprachen sind gerade die Sprachen, die von deterministischen endlichen Automaten erkannt werden können. Die Bedeutung dieser Sprachklasse für die Rechnerkonstruktion wurde schon bei der Vorstellung des Inhalts von Kapitel 2 diskutiert. Es wird sich zeigen, daß es effiziente parallele Algorithmen gibt, die für ein Wort x entscheiden, ob es zu einer gegebenen regulären Sprache gehört. Es wird noch allgemeiner gezeigt, daß es für Probleme, die mit wenig Speicherplatz gelöst werden können, effiziente parallele Algorithmen gibt.

Darüber hinaus werden die für die untersuchten Rechenmodelle wichtigen Reduktionskonzepte vorgestellt und angewendet. Ein Reduktionskonzept ist eine $\leq$-Relation, so daß $f \leq g$ für Funktionen f und g bedeutet: f ist bezogen auf das zu $\leq$ passende Rechenmodell nicht schwerer als g. Die Beziehung $f \leq g$ läßt sich also auf zweierlei Weise ausnutzen. Ein effizienter Algorithmus für g führt direkt zu einem effizienten Algorithmus für f. Andererseits impliziert ein Beweis, daß f nicht effizient berechenbar ist, daß auch g nicht effizient berechenbar ist. Wenn für Funktionen noch nicht bekannt ist, ob sie effizient berechenbar sind, dann kann mit Reduktionsergebnissen entschieden werden, welche Probleme die „einfacheren" sind.

Schließlich werden in Kapitel 11 die bereits in Kapitel 1 vorgestellten Beziehungen zwischen den behandelten Rechenmodellen bewiesen.

1.3 Welche Rechenmodelle werden benutzt?

Ein entscheidender Unterschied zwischen Hardware- und Softwarelösungen besteht darin, daß die Hardware, z.B. ein Chip, eine feste Eingabelänge voraussetzt, während Programme auf Eingaben beliebiger Länge arbeiten. Die Rechenmodelle für die Hardware heißen daher nichtuniform und Rechenmodelle für die Software uniform. Wir werden uns im wesentlichen auf nichtuniforme Rechenmodelle konzentrieren, die Algorithmen lassen sich aber, wenn nicht ausdrücklich etwas anderes gesagt wird, leicht auf uniforme Rechenmodelle übertragen.

1.3.1 Definition   Ein *straight-line Programm (SLP)* wird durch die folgenden Angaben beschrieben:
i) das Eingabealphabet I, das mit dem Ausgabealphabet O übereinstimmt.
ii) die Eingabelänge n und die Ausgabelänge m.
iii) die Menge E zugelassener Elementaroperationen, dabei ist jedes $e \in E$ für ein geeignetes $k(e)$ eine Abbildung $e : I^{k(e)} \to I$. E wird auch als Basis bezeichnet.
iv) die Folge der Rechenschritte $G_1, \ldots, G_c$. Dabei besteht ein Rechenschritt G_i aus der Angabe einer Elementaroperation e und einer geordneten Folge von $k = k(e)$ Eingängen $P_1, \ldots, P_k$. P_j ist entweder ein Konstante $a \in I$ oder eine Eingabevariable x_l $(1 \leq l \leq n)$ oder ein früherer Rechenschritt G_l $(1 \leq l \leq i - 1)$.
v) der Angabe der Rechenschritte $G_{i(1)}, \ldots, G_{i(m)}$, in denen die m Komponenten der Ausgabe berechnet werden.

Was in den einzelnen Rechenschritten berechnet wird, wird induktiv definiert. Eine Konstante $a \in I$ wird mit der konstanten Abbbildung $(x_1, \ldots, x_n) \to a$ identifiziert. Die Eingabevariable x_l wird mit der Projektion $(x_1, \ldots, x_n) \to x_l$ identifiziert. Wenn $p_1, \ldots, p_k$ die an den Eingängen $P_1, \ldots, P_k$ von G_i berechneten Funktionen sind und die Elementaroperation e im Rechenschritt G_i angewendet werden soll, dann wird im Rechenschritt G_i die Funktion $g_i(x) = e(p_1(x), \ldots, p_k(x))$, dabei ist $x = (x_1, \ldots, x_n)$, berechnet.

Es läßt sich leider nicht vermeiden, daß die formale Definition so komplex ausfällt. Bei sorgfältigem Lesen wird aber deutlich, daß wir nur die in Kap. 1.1 informal beschriebene Zerlegung einer komplexen Aufgabe in eine Folge von Elementaroperationen formalisiert haben.

Zwei Spezialfälle von SLP's sind für uns von besonderem Interesse.

1.3.2 Definition   i) SLP's mit Alphabet $I = \{0, 1\}$ und Basis $E = B_2$ heißen *Boolesche Schaltkreise* oder einfach Schaltkreise.
ii) SLP's mit Alphabet $I = \mathbb{Z}$ (Menge der ganzen Zahlen) und Basis $E = \{+, -, *, div\}$, wobei div die ganzzahlige Division ohne Rest ist, heißen *arithmetische Schaltkreise*.

Arithmetische Schaltkreise vergröbern das Bild, da wir nicht mehr einzelne Bits sondern einzelne Zahlen als elementare Datentypen ansehen. SLP's lassen sich durch gerichtete, azyklische Graphen darstellen. Die Quellen (Knoten ohne Vorgänger) sind die Eingabevariablen $x_1, \ldots, x_n$ und die im SLP benutzten Konstanten aus I, die anderen (inneren) Knoten stellen die Rechenschritte dar und sind mit der zugehörigen Elementaroperation e markiert. Die $k(e)$ Vorgänger bestehen aus der geordneten Folge der Eingänge des Rechenschrittes.

Wir illustrieren unsere Überlegungen an dem Beispiel eines Full Adders (Volladdierers), d.h. eines Schaltkreises für die Funktion $FA \in B_{3,2}$. Eingaben sind drei

Boolesche Variablen x_1, x_2 und x_3, die Ausgabe ist $y = (y_1, y_0)$, die Binärdarstellung von $\|x\| = x_1 + x_2 + x_3$. Wir definieren die für uns wichtigsten Funktionen aus der Basis B_2.

1.3.3 Definition $\wedge, \vee, \oplus, \neg \in B_2$ sind folgendermaßen definiert.
i) $\wedge(x, y) = 1$ genau dann, wenn beide Eingaben 1 sind, Schreibweise $x \wedge y$ oder xy, $x \wedge y$ heißt *Konjunktion* von x und y.
ii) $\vee(x, y) = 1$ genau dann, wenn mindestens eine Eingabe 1 ist, Schreibweise $x \vee y$, $x \vee y$ heißt *Disjunktion* von x und y.
iii) $\oplus(x, y) = 1$ genau dann, wenn genau eine der Eingaben 1 ist, Schreibweise $x \oplus y$ oder $XOR(x, y)$, $x \oplus y$ heißt mod-2 Summe, exclusive-or oder *Parität* von x und y.
iv) $\neg(x, y) = 1$ genau dann, wenn $x = 0$ ist, Schreibweise $\neg x$ oder $\bar{x}$, $\bar{x}$ heißt *Negation* von x. Da die Negation unabhängig von y ist, wird ihr in Schaltkreisen nur eine Eingabe zugeordnet.

Beim Schaltkreisentwurf für FA untersuchen wir zunächst die Komponenten der Ausgabe. Es ist $y_0 = 1$ genau dann, wenn $\|x\| \in \{1, 3\}$ ist, also ist $y_0 = x_1 \oplus x_2 \oplus x_3$. Es ist $y_1 = 1$ genau dann, wenn $\|x\| \in \{2, 3\}$ ist, d.h. wenn $\|x\| \geq 2$ ist. Also ist $y_1 = 1$ genau dann, wenn unter x_1, x_2, x_3 mindestens zwei Einsen sind. Es gibt drei Paare in $\{x_1, x_2, x_3\}$. Also ist

$$y_1 = (x_1 \wedge x_2) \vee (x_1 \wedge x_3) \vee (x_2 \wedge x_3) \ .$$

Wenn wir den Schaltkreis für FA auf diesem Algorithmus aufbauen, dann enthält er 7 Rechenschritte. Es fällt aber schnell auf, daß durch Ausklammern ein Rechenschritt eingespart werden kann. Es ist nämlich

$$y_1 = (x_1 \wedge (x_2 \vee x_3)) \vee (x_2 \wedge x_3) \ .$$

Wir kommen also mit 6 Rechenschritten aus. Bisher haben wir jedes Zwischenergebnis nur einmal benutzt. Dies ist aber in Schaltkreisen nicht vorgeschrieben. Bei der Berechnung von y_0 können wir $x_2 \oplus x_3$ als Zwischenergebnis berechnen. Wir behaupten, daß

$$y_1 = (x_1 \wedge (x_2 \oplus x_3)) \vee (x_2 \wedge x_3)$$

ist. Wir haben in der vorhergehenden Formel für y_1 den Ausdruck $x_2 \vee x_3$ durch $x_2 \oplus x_3$ ersetzt. Die beiden Audrücke unterscheiden sich nur für Eingaben mit $x_2 = x_3 = 1$. In diesem Fall ist aber $x_2 \wedge x_3 = 1$, und beide Formeln für y_1 berechnen aufgrund der Disjunktion mit $x_2 \wedge x_3$ den Wert 1. Damit kommen wir mit 5 Rechenschritten aus, was übrigens optimal ist (Redkin (1981)). Abb. 1.3.1 zeigt den so konstruierten Schaltkreis.

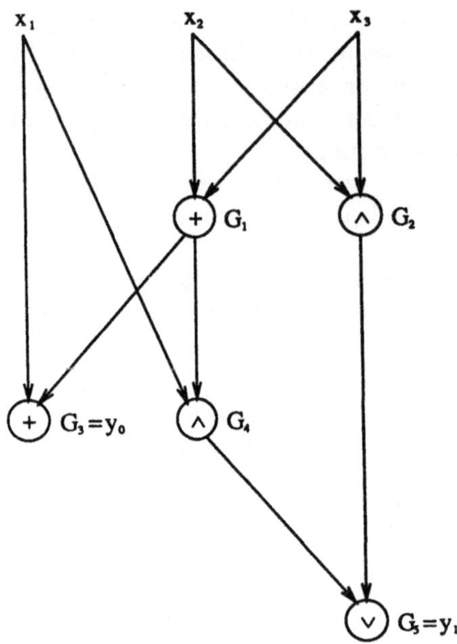

Abb 1.3.1

Unser Ziel ist der Entwurf effizienter Algorithmen, die z.B. durch Schaltkreise dargestellt werden. Wir können die wichtigsten Effizienzkriterien an Schaltkreisen leicht ablesen. Die Zahl der Rechenschritte ist die Zahl der inneren Knoten in der graphischen Darstellung der Schaltkreise, die inneren Knoten werden auch Bausteine oder Gatter (gates) genannt, daher die Notation G_i.

1.3.4 Definition   Die Komplexität eines Schaltkreises S ist $C(S)$, die Zahl seiner Bausteine. Die *Schaltkreiskomplexität* $C(f)$ einer Booleschen Funktion f ist die Minimalzahl von Bausteinen in Schaltkreisen, die f berechnen.

Die Schaltkreiskomplexität ist somit ein adäquates Maß für die sequentielle Rechenzeit. Sie ist auch ein grobes Maß für die Hardwarekosten, wenn f durch Schaltkreise berechnet wird. Allerdings kann bei einer Realisierung durch Schaltwerke Hardware gespart werden, da dann Teile der Hardware mehrfach benutzt werden können.

In Abb. 1.3.1 lassen sich auch die im Schaltkreis steckenden Möglichkeiten zur Parallelverarbeitung leicht ablesen. G_1 und G_2 können parallel ausgewertet werden, während alle anderen Bausteine zu Beginn nicht auswertbar sind, da ihre Eingänge teilweise noch unbekannt sind. Nachdem G_1 und G_2 ausgewertet worden sind, können G_3 und G_4 parallel ausgewertet werden, und erst danach kann G_5 ausgewertet werden. Allgemein können im ersten Schritt alle Bausteine ausgewertet werden, die nur von den konstanten Eingaben und den Eingabevariablen abhängen. Im t-ten Schritt können alle Bausteine ausgewertet werden, die bisher noch nicht ausgewertet wurden und nur bereits ausgewertete Eingänge haben. Offensichtlich kann G_i frühestens im t-ten Schritt ausgewertet werden, wenn der längste gerichtete Weg im Graphen, der zu G_i führt, inklusive G_i genau t Bausteine enthält.

1.3.5 Definition   Die *Tiefe* eines Schaltkreises S ist $D(S)$, die größte Zahl von Bausteinen auf einem gerichteten Weg in S. Die *Tiefe* $D(f)$ einer Booleschen Funktion f ist die minimale Tiefe aller Schaltkreise, die f berechnen.

Die Tiefe ist ein Maß für die Rechenzeit bei Parallelverarbeitung. Nach der in Kap. 1.1 angesprochenen These „Speicherplatzbedarf ist Parallelzeit" messen wir mit der Tiefe auch den Speicherplatzbedarf. Mit Schaltkreisgröße und -tiefe messen wir also die wichtigsten Ressourcen zur Beurteilung der Effizienz. Ziel ist natürlich die gleichzeitige Minimierung von Größe und Tiefe.

Manche unserer Festlegungen bei der Schaltkreisdefinition können als willkürlich angesehen werden. Glücklicherweise ist das Schaltkreismodell so robust, daß bei anderen Festlegungen kein wesentlich anderes Modell herauskommen würde.

Eine zusätzliche Forderung ist die nach Synchronität. In Abb. 1.3.1 muß das an G_2 berechnete Ergebnis „einen Zeittakt warten", bis es in G_5 weiterverarbeitet wird. Ein Schaltkreis S heißt *synchron*, wenn in S alle gerichteten Wege von den Quellen zu einem Baustein G die gleiche Länge haben. Den Schaltkreis aus Abb. 1.3.1 können wir leicht synchronisieren, indem wir auf den Kanten (x_1, G_1), (x_1, G_4) und (G_2, G_5) Verzögerungsbausteine (delay gates) einsetzen. Um das Ergebnis von G_i um einen Zeittakt zu verzögern, kann ein $\wedge$-Baustein G' benutzt werden, dessen beide Eingänge G_i sind. An G' wird dann dasselbe wie an G_i berechnet.

In einem Schaltkreis S muß jede der beiden Konstanten, der n Variablen und der $C(S)$ Bausteine maximal um $D(S) - 1$ Zeittakte verzögert werden. Es gibt also stets einen synchronen Schaltkreis S', der die gleiche Funktion wie S berechnet und für den gilt

$$C(S') \leq (C(S) + n + 2)\,D(S) \ \text{ und } \ D(S') = D(S)\,.$$

Da $D(S)$ im allgemeinen wesentlich kleiner als $C(S)$ ist, spielt der Zuwachs der Schaltkreisgröße kaum eine Rolle. In den meisten konkreten Schaltkreisen kann sogar erreicht werden, daß die Schaltkreisgröße nur um einen kleinen von der Inputlänge unabhängigen Faktor wächst. Wir werden uns daher nur in Spezialfällen um die Synchronisierung von Schaltkreisen kümmern.

Nach unserer Schaltkreisdefinition kann jedes Zwischenergebnis beliebig oft verwendet werden. Der *Fan-out* eines Bausteines, d.h. die Zahl seiner direkten Nachfolger, unterliegt in der Praxis technologischen Schranken. Hoover, Klawe und Pippenger (1984) haben aber gezeigt, daß jeder Schaltkreis S mit unbeschränktem Fan-out durch einen Schaltkreis S' mit durch 2 beschränktem Fan-out simuliert werden kann (d.h. S' berechnet die gleiche Funktion wie S), so daß gilt

$$C(S') \leq 2\, C(S) \quad \text{und} \quad D(S') \leq 2\, D(S) \,.$$

Schaltkreise mit Fan-out-Beschränkung 1 für die Bausteine heißen *Formeln* und spielen eine Sonderrolle (s.a. Kap.10.1). Nach dem oben erwähnten Ergebnis müssen wir uns also um Fan-out-Beschränkungen nicht kümmern.

Auch die feste Wahl der Basis B_2 ist keine entscheidende Einschränkung, so lange wir nur Basen E mit endlich vielen Funktionen betrachten. Wir können mit der Basis B_2 alle Booleschen Funktionen und damit alle Funktionen in E realisieren (s.Kap. 2.1). Indem wir in einem Schaltkreis über der Basis E jeden Baustein für $e \in E$ durch einen B_2-Schaltkreis für e mit Größe $c(e)$ und Tiefe $d(e)$ ersetzen, wachsen Größe und Tiefe des Schaltkreises schlimmstenfalls um die konstanten Faktoren $max\{c(e)|e \in E\}$ bzw. $max\{d(e)|e \in E\}$.

Diese Überlegungen sind für unendliche Basen nicht mehr richtig. Schaltkreise mit unbeschränktem *Fan-in* (Anzahl der Eingänge in einen Baustein) stellen einerseits den Grenzfall bei wachsendem Fan-in dar, andererseits haben sie enge Beziehungen zu Parallelrechnern (s.Kap. 1.6). Die wichtigste unendliche Basis ist die Basis U, die neben der Negation auch Konjunktionen und Disjunktionen mit beliebigem Fan-in enthält. Am Rande werden wir noch die Basis Z aller Konjunktionen und Paritätsfunktionen mit beliebigem Fan-in und die Basis T aller Thresholdfunktionen mit beliebigem Fan-in betrachten. Dabei berechnet eine Konjunktion $\wedge$ (Disjunktion $\vee$, Paritätsfunktion $\oplus$) mit i Eingaben genau dann 1, wenn alle Eingaben 1 sind (mindestens eine Eingabe 1 ist, ungerade viele Eingaben 1 sind). Die Thresholdfunktion $T_{\geq k}$ ($T_{\leq k}$) berechnet 1, wenn mindestens (höchstens) k Eingaben 1 sind.

Da die Rechenzeit bei Parallelverarbeitung eine zentrale Rolle spielt, stellen wir noch ein Modell für Parallelrechner vor, das das wohlbekannte Modell der Registermaschine (RAM-Random access machine), ein Standardmodell für sequentielle Rechner (siehe z.B. Aho, Hopcroft und Ullman (1974)), verallgemeinert. Registermaschinen zeichnen sich dadurch aus, daß der Speicher aus einer Folge von durchlaufend numerierten Registern besteht, auf die ein direkter Zugriff möglich ist.

Dazu gibt es eine endliche Zustandsmenge Q mit einem ausgezeichneten Anfangszustand q_0. In Abhängigkeit vom aktuellen Zustand q und vom aktuellen Inhalt eines speziellen Registers, dem Akkumulator, wird in einem Schritt zunächst in einem Register gelesen (indirekte Adressierung ist möglich), dann auf den vorhandenen Informationen eine Elementaroperation ausgeführt (Verzweigungen, d.h. if-tests, sind möglich), danach eine Information in ein Register geschrieben und schließlich der Zustand gewechselt. Die Zustände entsprechen „im wesentlichen" den Nummern der Programmzeilen. Registermaschinen liefern Maße für die sequentielle Rechenzeit (Zahl der durchgeführten Elementaroperationen) und den Speicherplatzbedarf (Zahl der benutzten Register) eines Algorithmus.

Der Trend in der Architektur paralleler Rechner geht hin zu Multiprozessorsystemen, die sich vor allem durch das Netzwerk, das die Prozessoren verbindet, unterscheiden. Bei gegebenem Netzwerk muß der Entwurf effizienter Algorithmen Rücksicht darauf nehmen, wie Informationen über das Netzwerk ausgetauscht werden können. Um hiervon abstrahieren zu können, haben sich *PRAM*'s (parallele Registermaschinen) zumindest als theoretisches Modell paralleler Rechner durchgesetzt. Alt, Hagerup, Mehlhorn und Preparata (1987) haben gezeigt, wie *PRAM*'s effizient durch realistische Parallelrechner simuliert werden können. Die Prozessoren der *PRAM*'s sind Registermaschinen, die Informationen über einen gemeinsamen Speicher austauschen und außerdem über einen lokalen Speicher verfügen.

In jedem Schritt können die Prozessoren auch im gemeinsamen Speicher lesen und in den gemeinsamen Speicher schreiben. Ein Konflikt tritt auf, wenn mehrere Prozessoren im gleichen Register lesen oder in das gleiche Register schreiben wollen. Es werden die folgenden Modelle zur Konfliktregelung unterschieden.
EREW PRAM (EREW - exclusive read exclusive write): Programme sind nur korrekt, wenn Konflikte nicht auftreten.
CREW PRAM (CREW - concurrent read exclusive write): Es dürfen beliebig viele Prozessoren gleichzeitig in einem Register lesen. Programme sind aber nur korrekt, wenn Schreibkonflikte nicht auftreten.
CRCW PRAM, kurz *WRAM (CRCW* - concurrent read concurrent write): Es dürfen beliebig viele Prozessoren gleichzeitig in einem Register lesen. Es dürfen auch beliebig viele Prozessoren „versuchen", in ein Register zu schreiben. Es gibt wieder drei verschiedene Arten der Konfliktregelung. Im COMMON-Modell sind Programme nur korrekt, wenn alle Prozessoren, die gleichzeitig in ein Register schreiben wollen, das gleiche schreiben wollen. Diese Information wird dann auch geschrieben. Im ARBITRARY-Modell müssen die Programme korrekt arbeiten unabhängig davon, welcher von den Prozessoren, die gleichzeitig in ein Register schreiben wollen, die Schreiberlaubnis erhält. Im PRIORITY-Modell erhält unter den Prozessoren, die gleichzeitig in ein Register schreiben wollen, derjenige die Schreiberlaubnis, der die kleinste Nummer hat.

Es ist mehr als verständlich, wenn dem Leser und der Leserin insbesondere die letzten Modelle sehr weltfremd erscheinen. Die Ergebnisse aus Kap. 1.6 und Kap. 11 werden jedoch die Behandlung dieser Parallelrechnermodelle rechtfertigen.

Es ist auf der anderen Seite klar, daß mit diesen Modellen die Effizienz der Algorithmen sehr gut erfaßt werden kann. Die Zahl der Rechenschritte entspricht direkt der parallelen Rechenzeit. Wenn man jeden Rechenschritt mit der Zahl aktiver Prozessoren gewichtet, erhält man offensichtlich ein Maß für die sequentielle Rechenzeit. *PRAM*'s mit nur einem Prozessor sind sequentielle Rechner. Der Speicherplatzbedarf läßt sich an der Zahl benutzter Register ablesen. Schließlich werden durch die Zahl der benutzten Prozessoren und die Leistungsfähigkeit der Prozessoren die Hardwarekosten gemessen.

1.4 Was mißt die Größenordnung der Rechenzeit?

Unser Ziel ist der Entwurf effizienter Algorithmen. Dazu müssen wir insbesondere in der Lage sein, die Effizienz von Algorithmen zu beurteilen. Wir haben für die verschiedenen Rechenmodelle bereits diskutiert, durch welche Maße die Effizienz eines Algorithmus beschrieben wird. Dies bedeutet aber noch lange nicht, daß wir aus einem Algorithmus, der z.B. den Entwurf eines Schaltkreises konkret beschreibt, Größe und Tiefe des Schaltkreises berechnen können. Dies ist zwar für einen einzelnen Schaltkreis S prinzipiell durch Zählen der Bausteine und Betrachtung der Wege in der graphischen Darstellung von S möglich, allerdings werden wir im Normalfall Folgen von Funktionen, z.B. für die Addition $ADD = (ADD_n)_{n \geq 1}$ (s.Kap. 1.2), betrachten und auch Folgen von Schaltkreisen $S = (S_n)$, wobei S_n ein Schaltkreis für ADD_n ist, entwerfen.

Auch in dieser allgemeinen Situation besteht unser Ziel natürlich in der exakten Bestimmung von $C(S_n)$ und $D(S_n)$. Bei komplexen Algorithmen und Schaltkreisen wird diese Aufgabe zu umfangreich, und wir müssen uns mit (natürlich möglichst guten) oberen Schranken für $C(S_n)$ und $D(S_n)$ begnügen. Es stellt sich die Frage, welche Abweichungen wir tolerieren wollen. Die Antwort ist, daß eine obere Schranke $h(n)$ für $C(S_n)$ toleriert werden kann, wenn $h(n)/C(S_n)$ durch eine Konstante beschränkt ist. Dies muß auf den ersten Blick erstaunen, denn ein Faktor 2 mag tolerabel sein aber ein Faktor 1000 wohl kaum. Andererseits gibt es keinen Grund, eine Zahl a auszuzeichnen, so daß Abweichungen um den Faktor a tolerabel sind aber Abweichungen um größere Faktoren, z.B. $a + 0.01$, nicht mehr tolerabel sind. Hinzu kommt die Erfahrung, daß im allgemeinen die Faktoren für die Abweichung nicht zu groß werden.

Die Diskussion aus Kap. 1.3 liefert weitere Gründe, warum konstante Faktoren nicht die entscheidende Rolle spielen dürfen. Würden sie es tun, wären unsere Rechenmodelle nicht mehr robust. Vor Effizienzuntersuchungen müßten folgende Fragen beantwortet werden:

- wie unterscheiden sich die Kosten der verschiedenen Elementaroperationen?
- wie unterscheiden sich die Rechenzeiten für die verschiedenen Elementaroperationen, schaltet z.B. ein $\wedge$-Baustein schneller als ein $\vee$-Baustein?
- welche Elementaroperationen sollen zugelassen werden, welche Basis ist die richtige?
- wie groß ist der zulässige Fan-out?
- müssen die Rechnungen synchronisiert sein?

Unsere Betrachtungen wären also unmittelbar davon abhängig, welche Technologie verwendet wird. Das sollte aber auf jeden Fall vermieden werden. Wenn wir aber (nicht zu große) konstante Faktoren nicht berücksichtigen, weichen wir den aufgelisteten Fragen (mit Ausnahme der Synchronität in Einzelfällen) aus. Technologieunabhängige Effizienzbetrachtungen müssen also damit leben, daß konstante Faktoren nicht vollständig erfaßt werden können.

Es seien nun $f = (f_n)$ und $g = (g_n)$ Folgen Boolescher Funktionen, von denen wir in unserem Schaltkreismodell nachweisen können, daß $C(f_n) = 10n + 5$ und $C(g_n) = n^2 + 2n + 3$ ist. Was bedeutet dies? Man rechnet leicht nach, daß $C(f_n) < C(g_n)$ genau dann ist, wenn $n \geq 9$ ist. Diese Aussage ist aber auf unser Schaltkreismodell bezogen. Wäre die Basis B_3 zugelassen oder der Fan-out durch 7 beschränkt, dann würde die Grenze n_0, so daß für $n \geq n_0$ f_n effizienter als g_n zu realisieren ist, eventuell nicht bei 9 liegen. Da sich die Zahl der Bausteine durch Modelländerungen der beschriebenen Art aber nur um einen konstanten Faktor verändern kann, bleibt folgende Aussage richtig: „Für große n ist f_n effizienter zu realisieren als g_n". Quadratische Funktionen wachsen schneller als lineare Funktionen. Die Aussage hat für praktische Anwendungen nur Bedeutung, wenn f_n nicht erst für sehr große (zu große) n effizienter als g_n zu realisieren ist. In den meisten Fällen „überholt" die quadratische Funktion die lineare Funktion schon für nicht zu große n. Wir werden darauf achten, daß wir nur unbedeutende Faktoren vernachlässigen und die Situation ansonsten eingehend diskutieren.

Aufgrund der in der obigen Diskussion präsentierten Argumente hat sich die O-Notation (sprich: groß-Oh-Notation) durchgesetzt.

1.4.1 Definition   Es seien $f, g : \mathbb{N} \to \mathbb{R}^+$.
i) $f = O(g)$ (f wächst nicht schneller als g), wenn $f(n)/g(n)$ durch eine Konstante beschränkt ist.
ii) $f = \Omega(g)$, falls $g = O(f)$.
iii) $f = \Theta(g)$, falls $f = O(g)$ und $g = O(f)$. f und g sind dann von gleicher

Größenordnung.

iv) $f = o(g)$ (f wächst langsamer als g), wenn $f(n)/g(n)$ eine Nullfolge ist.

v) $f = \omega(g)$, falls $g = o(f)$.

Die Größenordnung einer Funktion $f : \mathbb{N} \to \mathbb{R}^+$ ist eine „möglichst einfache" Funktion $g : \mathbb{N} \to \mathbb{R}^+$ von der gleichen Größenordnung wie f. Der Begriff „möglichst einfach" läßt sich zwar nicht formalisieren, in der Praxis gibt es aber keine Probleme, so ist $10n + 5$ von der Größenordnung n und $n^2 + 2n + 3$ von der Größenordnung n^2.

1.4.2 Definition   i) f ist von *konstanter Größenordnung*, wenn f durch eine Konstante beschränkt ist, d.h. wenn $f = O(1)$ ist.

ii) f wächst *polylogarithmisch*, wenn f durch ein Polynom in $\log n$ beschränkt ist, d.h. wenn es ein k gibt, so daß $f = O(\log^k n)$ ist. Schreibweise: $f = \log^{O(1)} n$.

iii) f wächst *polynomiell*, wenn f durch ein Polynom in n beschränkt ist, d.h. wenn es ein k gibt, so daß $f = O(n^k)$ ist. Schreibweise: $f = n^{O(1)}$.

iv) f wächst *exponentiell*, wenn $f = \Omega(2^{n^\epsilon})$ für ein $\epsilon > 0$ ist.

Wichtig für uns sind die Größenordnungen $2^{\alpha n^k}$, n^l, $\log^m n$, $\log\log n$ und 1 für Konstanten $\alpha, k, l, m > 0$ sowie Produkte aus diesen Größenordnungen wie z.B. $n \log n$.

$T(n)$	Maximale Eingabelänge bei vorgegebener Rechenzeit von			
	0.01 Sek.	1 Sekunde	1 Minute	1 Stunde
$\log n$	1 024	$> 10^{300}$	$> 10^{18\,000}$	$> 10^{108\,000}$
$\log^2 n$	8	$> 3 * 10^9$	$> 10^{72}$	$> 10^{200}$
n	10	1 000	60 000	3 600 000
$n \log n$	4	140	4 893	204 094
n^2	3	31	244	1 897
n^3	2	10	39	153
2^n	3	9	15	21

Tabelle 1.4.1

Um die Begriffe einzuüben, wollen wir die Rechenzeiten $\log n$, $\log^2 n$, n, $n \log n$, n^2, n^3 und 2^n vergleichen und deren strukturelle Unterschiede herausarbeiten. In Tabelle 1.4.1 haben wir jeweils die maximale Eingabelänge angegeben, so daß ein Problem bei entsprechendem Rechenzeitverhalten in der angegebenen Zeit gelöst werden kann, wenn die Zeit für einen Rechenschritt 0.001 Sekunden beträgt. Logarithmen haben, wenn nicht anders angegeben, stets die Basis 2. Die Leserin und der Leser sollten die Tabelle ergänzen, um sich zu bestätigen, daß die Multiplikation der Rechenzeiten mit nicht zu großen konstanten Faktoren das Bild nicht wesentlich beeinflußt.

Noch deutlicher werden die strukturellen Unterschiede in Tabelle 1.4.2. Dort wird berechnet, um wieviel die Eingabelänge bei gleicher Rechenzeit maximal erhöht werden kann, wenn die Rechengeschwindigkeit um den Faktor 10 steigt.

$T(n)$	Maximale Eingabelänge		Bemerkungen
	vor nach		
	Erhöhung der Rechengeschwindigkeit		
$\log n$	m	m^{10}	
$\log^2 n$	m	$m^{3.16}$	$10^{1/2} \approx 3.16$
n	m	$10m$	
$n \log n$	m	(fast) $10m$	
n^2	m	$3.16m$	$10^{1/2} \approx 3.16$
n^3	m	$2.15m$	$10^{1/3} \approx 2.15$
2^n	m	$m + 3.3$	$\log 10 \approx 3.3$

Tabelle 1.4.2

Es ist leicht zu überprüfen, daß konstante Faktoren für die Rechenzeit die Vergrößerung der Eingabelänge bei Erhöhung der Rechengeschwindigkeit überhaupt nicht beeinflussen. Bei exponentiellen Rechenzeiten wächst die Eingabelänge nur um einen konstanten Summanden, bei polynomiellen Rechenzeiten dagegen um einen vom Grad des Polynoms abhängigen, konstanten Faktor. Schließlich kann die Eingabelänge bei polylogarithmischen Rechenzeiten polynomiell wachsen, wobei der Grad des Polynoms für die Vergrößerung der Eingabelänge vom Grad des Polynoms (in $\log n$) für die Rechenzeit abhängt und stets größer als 1 ist. Die in Definition 1.4.2 eingeführten vier Klassen von Größenordnungen unterscheiden sich also strukturell stärker als Rechenzeiten innerhalb einer Klasse.

1.5 Komplexitätsklassen

Wir haben bisher diskutiert, welche Ressourcen für die Beurteilung der Effizienz eines Algorithmus relevant sind und wie wir die von einem Algorithmus benutzten

Ressourcen messen. Darüber hinaus haben wir uns überlegt, daß es sinnvoll ist, an Stelle der exakten Menge verbrauchter Ressourcen nur die Größenordnung zu betrachten. Nun müssen wir noch entscheiden, wieviel Ressourcen ein effizienter Algorithmus verbrauchen darf.

Wenn n die Eingabelänge ist und die Elementaroperationen binäre Operationen sind (d.h. $e : I^2 \to I$ für $e \in E$), dann sind linear viele ($\Theta(n)$) Operationen nötig, um die Ausgabe von allen Teilen der Eingabe abhängig zu machen. Also können wir keine Algorithmen mit sublinearer sequentieller Rechenzeit erwarten. Die sequentielle Rechenzeit wächst also mindestens polynomiell, nach den Ergebnissen aus Kap. 1.4 sollte sie für effiziente Algorithmen auch nicht stärker als polynomiell wachsen.

1.5.1 Definition   i) P ist die Klasse der Probleme, die von (uniformen) Registermaschinen in polynomieller sequentieller Rechenzeit gelöst werden können.
ii) $P/poly$ ist die Klasse der Folgen Boolescher Funktionen $f = (f_n)$, $f_n \in B_{n,m(n)}$, so daß f_n durch Schaltkreise polynomieller Größe berechnet werden kann.

Die Schreibweise $P/poly$ deutet noch einmal darauf hin, daß Schaltkreise ein nicht-uniformes Rechenmodell bilden und daher „ein polynomiell langes Orakel" zur Verfügung steht. Wir wollen diesen Begriff hier nicht erläutern und verweisen statt dessen auf die Diskussion der Beziehungen zwischen uniformen und nichtuniformen Rechenmodellen in Kap. 9 von Wegener (1987).

Für die von uns in Kap. 3–10 zu behandelnden grundlegenden Funktionen ist es im allgemeinen wohlbekannt und einfach zu zeigen, daß sie in P bzw. $P/poly$ liegen. Die Funktionen lassen sich in polynomieller sequentieller Rechenzeit berechnen und sind in diesem Sinn effizient berechenbar. Uns interessiert aber detaillierter, wie effizient sie zu berechnen sind. Außerdem fragen wir:
- können sequentielle Rechenzeit und Platzbedarf gleichzeitig klein gemacht werden?
- können Hardwarekosten und parallele Rechenzeit gleichzeitig klein gemacht werden?

Die beiden Fragen sind, wie wir in den vorigen Abschnitten herausgefunden haben, eng miteinander verknüpft.

Wegen der ebenfalls engen Beziehungen zwischen Schaltkreismodellen und Parallelrechnermodellen haben sich Komplexitätsklassen durchgesetzt, die auf Schaltkreismodellen basieren. Der Name NC steht für Nick's Class und wurde von Cook (1979),(1980) geprägt, um die grundlegenden Ergebnisse von Nick Pippenger (1979) zu würdigen.

1.5.2 Definition NC ist die Klasse der Folgen Boolescher Funktionen $f = (f_n)$, $f_n \in B_{n,m(n)}$, die durch Schaltkreise polynomieller Größe und polylogarithmischer Tiefe berechnet werden können. NC_k ist die Teilklasse von NC, die alle

$f = (f_n)$ enthält, die durch Schaltkreise polynomieller Größe und Tiefe $O(\log^k n)$ berechnet werden können.

Um Mißverständnisse zu vermeiden, sei noch betont, daß die Forderungen bedeuten, daß Schaltkreisgröße und -tiefe im gleichen Schaltkreis klein sein müssen. Offensichtlich gilt

1.5.3 Bemerkung

$$NC_1 \subseteq NC_2 \subseteq \ldots \subseteq NC_k \subseteq NC_{k+1} \subseteq \ldots \subseteq NC \subseteq P/poly \ .$$

NC-Algorithmen gelten als effiziente parallele Algorithmen. An die parallele Rechenzeit effizienter Algorithmen stellen wir also weitaus größere Anforderungen als an die sequentielle Rechenzeit effizienter Algorithmen. Die zentrale Rolle, die die Klasse P bzw. $P/poly$ für die Effizienz sequentieller Algorithmen spielt, wird für parallele Algorithmen durch die Klasse NC übernommen. Ein effizienter paralleler Algorithmus muß gleichzeitig auch ein effizienter sequentieller Algorithmus sein.

U-Schaltkreise mit unbeschränktem Fan-in, die (s.Kap. 1.6) in engem Zusammenhang mit $CRCW\ PRAM$'s stehen, ermöglichen einen größeren Parallelitätsgrad als die üblichen Schaltkreise mit Fan-in 2. Die der NC-Hierarchie entsprechende Hierarchie wird mit AC (Alternating Class) bezeichnet. Diese Namensgebung weist auf den Zusammenhang zu alternierenden Turingmaschinen hin (s. Chandra, Kozen und Stockmeyer (1981)).

1.5.4 Definition AC ist die Klasse der Folgen Boolescher Funktionen $f = (f_n)$, $f_n \in B_{n,m(n)}$, die durch U-Schaltkreise mit unbeschränktem Fan-in, polynomieller Größe und polylogarithmischer Tiefe berechnet werden können. AC_k bzw. $AC_{0,d}$ ist die Teilklasse von AC, die alle $f = (f_n)$ enthält, die durch U-Schaltkreise mit unbeschränktem Fan-in, polynomieller Größe und Tiefe $O(\log^k n)$ bzw. Tiefe d berechnet werden können.

Bei unbeschränktem Fan-in können bereits in konstanter Zeit Funktionen, die von allen Eingaben abhängen, berechnet werden. Daher ist die Definition der Klassen AC_0, wobei $O(\log^0 n)$ als $O(1)$ interpretiert wird, und $AC_{0,d}$ sinnvoll. Bei Betrachtung von $AC_{0,d}$ wird angenommen, daß neben den Eingabevariablen $x_1, \ldots, x_n$ auch deren Negationen $\bar{x}_1, \ldots, \bar{x}_n$ Eingänge des Schaltkreises sind. Auch hier gilt offensichtlich die folgende Bemerkung.

1.5.5 Bemerkung $AC_{0,1} \subseteq AC_{0,2} \subseteq \ldots \subseteq AC_{0,d} \subseteq AC_{0,d+1} \subseteq \ldots \subseteq AC_0 \subseteq AC_1 \subseteq \ldots \subseteq AC_k \subseteq AC_{k+1} \subseteq \ldots \subseteq AC.$

Neben U-Schaltkreisen mit unbeschränktem Fan-in werden wir am Rande auch Z-Schaltkreise und T-Schaltkreise mit unbeschränktem Fan-in behandeln (s.Kap.1.3). Die entsprechenden Komplexitätsklassen werden mit $ZC_{0,d}$, ZC_k, ZC, $TC_{0,d}$, TC_k und TC bezeichnet. Zu beachten ist nur, daß bei Thresholdschaltkreisen die Größe auch die Zahl der Kanten im Schaltkreis beinhaltet. Nur in T-Schaltkreisen kann die Zahl der Kanten wesentlich größer als die Zahl der Bausteine sein.

Glücklicherweise stehen die beiden Hierarchien, die NC-Hierarchie und die AC-Hierarchie, nicht beziehungslos nebeneinander.

1.5.6 Satz
    $i)$ $NC_k \subseteq AC_k$.
    $ii)$ $AC_k \subseteq NC_{k+1}$.
    $iii)$ $NC = AC$.

B e w e i s i) Es ist leicht einzusehen und wird in Kap. 2.1 gezeigt, daß jede Funktion aus B_2 mit Hilfe von $\wedge, \vee$ und $\neg$ in konstanter Größe und Tiefe berechnet werden kann. Aus einem NC_k-Schaltkreis erhalten wir also einen äquivalenten AC_k-Schaltkreis, indem wir jeden B_2-Baustein durch einen U-Schaltkreis konstanter Größe ersetzen.

ii) Sei S ein AC_k-Schaltkreis, genauer $S = (S_n)$ eine Folge von Schaltkreisen. Wir müssen die $\wedge$-und $\vee$-Bausteine mit zu großem Fan-in durch B_2-Schaltkreise ersetzen. Die Zahl der Bausteine in S_n ist durch ein Polynom $p(n)$ beschränkt. Es ist nutzlos, wenn ein $\wedge$- oder $\vee$-Baustein den gleichen Baustein, die gleiche Variable oder die gleiche Konstante zweimal oder öfter als Eingang hat (die Schaltkreise sind hier nicht synchronisiert). Daher kann angenommen werden, daß die Zahl der Eingänge jedes Bausteins durch $p(n) + n + 2$ nach oben beschränkt ist. Ein $\wedge$-Baustein G mit Fan-in q kann durch einen balancierten binären Baum mit q Blättern, die den Eingängen von G entsprechen, und $q-1$ inneren Knoten, die alle binäre $\wedge$-Bausteine sind, simuliert werden, analog für $\vee$-Bausteine. Die Größe des Schaltkreises wächst also um weniger als den Faktor $p(n) + n + 2$ und bleibt polynomiell. Die Tiefe eines balancierten binären Baumes mit q Blättern ist $\lceil \log q \rceil$. Da für jedes Polynom p gilt $\log(p(n) + n + 2) = O(\log n)$, wächst die Tiefe um den Faktor $O(\log n)$ und ist $O(\log^{k+1} n)$.

iii) Diese Aussage folgt direkt aus den Aussagen i) und ii).   □

Unser Ziel ist es, für die grundlegenden Funktionen festzustellen, in welchen Klassen der gemischten NC-AC-Hierarchie sie liegen.

1.6 Beziehungen zwischen den Rechenmodellen

Wir haben vielfach damit argumentiert, daß zwischen den verschiedenartigen Rechenmodellen enge Beziehungen bestehen. Mit Ausnahme von Satz 1.5.6 haben wir diese Behauptungen weder konkretisiert noch bewiesen. Hier sollen die Behauptungen wenigstens konkretisiert werden, die zugehörigen Beweise folgen teilweise aus in den Kap. 3–10 erzielten Resultaten und werden ansonsten in Kap. 11 nachgeliefert. Einerseits fehlen uns die Hilfsmittel, um die Beweise schon jetzt führen zu können, andererseits würden uns die Beweise noch längere Zeit in der Einleitung festhalten. Es sei noch einmal betont, daß die hier vorgestellten Ergebnisse es direkt ermöglichen, aus effizienten Algorithmen für ein Modell effiziente Algorithmen für andere Modelle zu gewinnen.

Wir beginnen mit den vier Schaltkreismodellen: B_2-Schaltkreise mit Fan-in 2, U-Schaltkreise, Z-Schaltkreise und T-Schaltkreise mit jeweils unbeschränktem Fan-in. Die Komplexität eines Schaltkreises beschreiben wir mit Hilfe der folgenden Parameter:

n, die Zahl der Eingabevariablen,

c, die Zahl der Bausteine,

w, die Zahl der Kanten (Drähte, wires) in der graphischen Darstellung des Schaltkreises,

d, die Tiefe des Schaltkreises.

Den Parameter w haben wir aufgenommen, da er in Thresholdschaltkreisen eine wesentliche Rolle spielt. Offensichtlich gilt stets $c \leq w$. In B_2-Schaltkreisen ist $w = 2c$. Wir haben im Beweis von Satz 1.5.6 gezeigt, daß in U-Schaltkreisen gilt $w \leq c(c + n + 2)$, gleiches gilt für Z-Schaltkreise, da auch in Z-Schaltkreisen Bausteine keine doppelten Eingänge haben. Abb. 1.6.1 zeigt die Beziehungen zwischen den Schaltkreismodellen. Da die Variablenzahl konstant bleibt, ist sie nicht vermerkt. Die Kante von T nach B_2 läßt sich folgendermaßen interpretieren. Jeder T-Schaltkreis mit unbeschränktem Fan-in und Charakteristik (n, c, w, d) läßt sich durch einen B_2-Schaltkreis mit Charakteristik $(n, O(w), O(w), O(d \log w))$ simulieren. Neben der trivialen Simulation von B_2-Schaltkreisen durch U-Schaltkreise gibt es eine weitere Simulation, bei der die Zahl der Bausteine und Drähte stärker wächst, dafür aber die Tiefe sinkt. Um z.B. U-Schaltkreise durch B_2-Schaltkreise zu simulieren, hat man nur die durch die Kanten $U \to Z$ und $Z \to B_2$ angegebenen Simulationen nacheinander auszuführen.

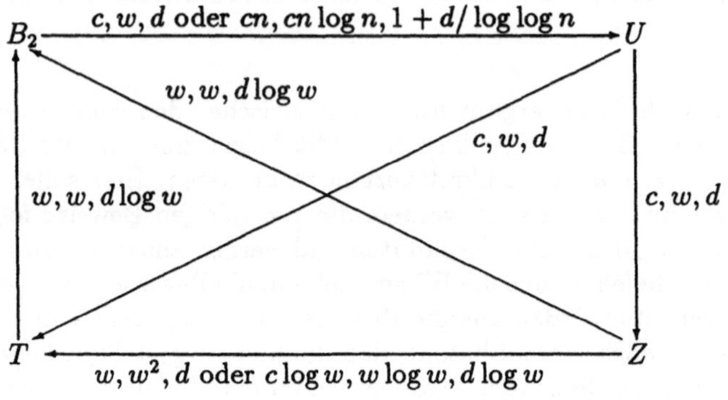

Abb. 1.6.1

Als nächstes vergleichen wir die verschiedenen $PRAM$-Modelle, die offensichtlich die in Abb. 1.6.2 angegebene Hierarchie bilden. Wir charakterisieren $PRAM$'s durch die folgenden Parameter:

n, die Zahl der Eingabevariablen, die wiederum konstant bleibt und in Abb. 1.6.2 nicht vermerkt ist,

p, die Zahl der Prozessoren,

r, die Zahl der Register im gemeinsamen Speicher,

t, die Zahl der Rechenschritte.

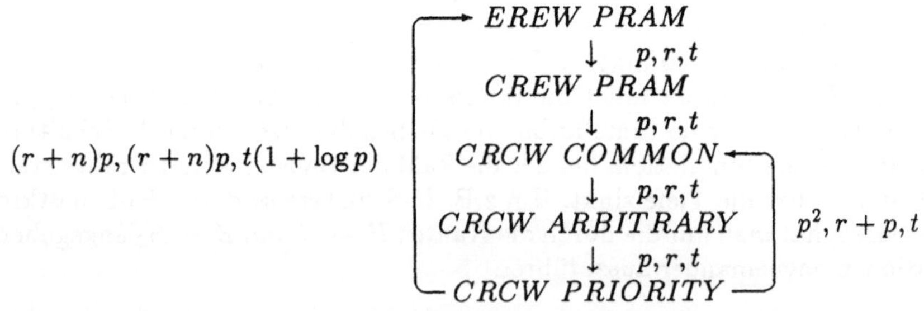

Abb. 1.6.2

Es fällt auf, daß bei der Simulation von Schaltkreismodellen durch andere Schaltkreismodelle die Größe höchstens polynomiell wächst und die Tiefe höchstens um einen logarithmischen Faktor. Gleiches gilt für die Hardwaregröße und die Rechenzeit bei den verschiedenen *PRAM*-Modellen. Darüber hinaus unterscheiden sich die verschiedenen *WRAM*-Modelle nur in den Hardwarekosten und nicht in der Rechenzeit.

Die beiden Gruppen von Rechenmodellen bilden also recht robuste Modellklassen. Interessant sind nun natürlich Querbeziehungen. Damit der Vergleich fair bleibt, sollten die Parallelrechner weder zu mächtige Elementaroperationen haben (die Basisoperationen der Schaltkreise sind sehr einfach) noch sollten sie in einem Schritt auf zu langen Zahlen operieren können (Schaltkreise operieren auf einzelnen Bits).

Es ist nicht so sehr überraschend, daß Schaltkreise effizient durch *PRAM*'s simuliert werden können. Es gilt

$$B_2 \xrightarrow{c/d,c,d} EREW\ PRAM,$$

d.h. B_2-Schaltkreise mit Charakteristik (n, c, w, d) können durch $EREW\,PRAM$'s mit $O(c/d)$ Prozessoren und $O(c)$ Registern im gemeinsamen Speicher in Zeit $O(d)$ simuliert werden. Außerdem gilt

$$U \xrightarrow{w/d,c,d} CRCW\ COMMON\ .$$

Erstaunlich ist, daß im wesentlichen auch die Umkehrung gilt. Diese von Stockmeyer und Vishkin (1984) bewiesene Aussage hat bewirkt, daß allgemein *CRCW PRAM*'s nicht mehr für ein weltfremdes sondern für ein recht realistisches Modell gehalten werden. Mit *RES CRCW PRIORITY* bezeichnen wir realistisch eingeschränkte *CRCW PRAM*'s, die Schreibkonflikte nach der *PRIORITY*-Methode regeln. Eine genaue Definition dieses Modells ist hier nicht entscheidend und findet sich zusammen mit dem Beweis der Aussage in Kap. 11.

$$RES\ CRCW\ PRIORITY \xrightarrow{(p+r)^{O(1)},(p+r)^{O(1)},t} U\ .$$

Realistische *PRIORITY WRAM*'s lassen sich also durch U-Schaltkreise simulieren, deren Hardwaregröße polynomiell in den Hardwarekosten des Parallelrechners wächst und deren Tiefe sogar proportional zur Rechenzeit des Parallelrechners ist. Weitere Querverbindungen lassen sich durch Nacheinanderausführung von Simulationen gewinnen.

Mit diesen Ergebnissen ist untermauert, warum die *NC*- und *AC*-Hierarchien die zentralen Komplexitätsklassen enthalten. Im weiteren sollten sich die Leserin und der Leser immer wieder bewußt machen, daß die beschriebenen Resultate aufgrund der hier vorgestellten Simulationen weitgehende Implikationen für andere Rechenmodelle haben.

Aufgaben

1.A.1 Stelle die Schulmethoden für die Grundrechenarten durch Schaltkreise dar. Schätze Größe und Tiefe der Schaltkreise möglichst genau ab.

1.A.2 Entwerfe NC_1-Schaltkreise für die folgenden Funktionen.
   a) $f_n(x_1,\ldots,x_n,y_1,\ldots,y_n) = 1 \iff \forall i \in \{1,\ldots,n\} : x_i \neq y_i$.
   b) $g_n(x_{n-1},\ldots,x_0,y_{n-1},\ldots,y_0) = 1 \iff |x| > |y|$.
   c) $h_n(x_1,\ldots,x_n) = 1 \iff \|x\| \geq 2$.

1.A.3 Alle Funktionen aus B_2 lassen sich durch Schaltkreise über der Basis $E = \{\wedge, \vee, \neg\}$ berechnen.

1.A.4 Zu jedem B_2-Schaltkreis S mit unbeschränktem Fan-out gibt es einen äquivalenten B_2-Schaltkreis S' mit Fan-out 2, so daß $C(S') \leq 2\,C(S)$ ist.

1.A.5 Zu jedem B_2-Schaltkreis S mit unbeschränktem Fan-out gibt es einen äquivalenten B_2-Schaltkreis S mit Fan-out 1 für die Bausteine, so daß $D(S') = D(S)$ ist.

1.A.6 Bestimme die Größenordnung der folgenden Funktionen.
   a) $f_1(n) = n^2/max\{1, n - \log^3 n\}$.
   b) $f_2(n) = \log 1 + \ldots + \log n$.
   c) $f_3(n) = 1 + \frac{1}{2} + \ldots + \frac{1}{n}$.
   d) $f_4(n) = 1 * 2^{-1} + 2 * 2^{-2} + \ldots + n * 2^{-n}$.

1.A.7 Für alle $\epsilon > 0$ gilt $\log n = o(n^\epsilon)$.

1.A.8 $n^{\log n}$ wächst weder polynomiell noch exponentiell.

1.A.9 Falls f polynomiell wächst, gibt es ein k, so daß $f(n) \leq n^k + k$ für alle n ist.

1.A.10 Diskutiere die Tabellen 1.4.1 und 1.4.2 und erweitere sie.

1.A.11 Leite aus den Ergebnissen des Kap.1.6 weitere Beziehungen zwischen den verschiedenen Schaltkreismodellen und den verschiedenen Modellen paralleler Registermaschinen ab.

2. Die Minimierung Boolescher Funktionen

2.1 Rechenregeln und Normalformen

Wie schon im einleitenden Kapitel diskutiert, müssen beim Entwurf eines Rechners oder Prozessors häufig Boolesche Funktionen realisiert werden, über deren Struktur wenig bekannt ist. Insbesondere gehören diese Funktionen im Gegensatz z.B. zur Additionsfunktion ADD_n nicht auf natürliche Weise zu einer Folge von Funktionen. Der Entwurf optimaler oder auch nur fast optimaler Schaltkreise ist in diesem Fall so aufwendig, daß er praktisch nicht möglich ist. Statt dessen werden optimale Schaltkreise in eingeschränkten Schaltkreisklassen konstruiert. Bevor wir diese Aufgabenstellung in Kap. 2.2 genauer beschreiben, soll der Umgang mit Booleschen Funktionen eingeübt werden.

2.1.1 Satz   *Es gibt 2^{m2^n} Boolesche Funktionen $f \in B_{n,m}$.*

B e w e i s   Für endliche Mengen A und B gibt es $|B|^{|A|}$ Abbildungen $f : A \rightarrow B$, da es für jedes $a \in A$ genau $|B|$ mögliche Bilder gibt. In unserem Fall ist $A = \{0,1\}^n, B = \{0,1\}^m$ und damit $|A| = 2^n$ und $|B| = 2^m$. $\Box$

Es gibt also sehr viele Boolesche Funktionen. $|B_2| = 16, |B_3| = 256, |B_4| = 65536, |B_5| > 4 * 10^9, |B_6| > 16 * 10^{18}$. Schon die Untersuchung aller Funktionen in B_6 ist also unmöglich. Andererseits werden in der Praxis Funktionen mit wesentlich mehr als sechs Inputs benötigt. So brauchen Speicher für 2^n Wörter bereits n Adreßbits.

Für das Rechnen mit Booleschen Ausdrücken stellen wir die folgenden Rechenregeln zusammen.

2.1.2 Satz
i) (Rechnen mit Konstanten):
$x \vee 0 = x, \; x \vee 1 = 1, \; x \wedge 0 = 0, \; x \wedge 1 = x, \; x \oplus 0 = x, x \oplus 1 = \bar{x}.$
ii) (Assoziativ- und Kommutativgesetze): $\wedge, \vee$ *und* $\oplus$ *sind assoziativ und kommutativ.*
iii) (Distributivgesetze): $(\vee, \wedge), (\wedge, \vee)$ *und* $(\oplus, \wedge)$ *sind distributiv, d.h.*

$x \wedge (y \vee z) = (x \wedge y) \vee (x \wedge z),$
$x \vee (y \wedge z) = (x \vee y) \wedge (x \vee z),$
$x \wedge (y \oplus z) = (x \wedge y) \oplus (x \wedge z).$
iv) (Vereinfachungsregeln): $x \vee x = x, x \vee \bar{x} = 1,\ x \wedge x = x,\ x \wedge \bar{x} = 0,\ x \oplus x = 0,\ x \oplus \bar{x} = 1,\ x \vee (x \wedge y) = x,\ x \wedge (x \vee y) = x.$
v) (deMorgan-Regeln): $\neg(x_1 \vee \ldots \vee x_n) = \bar{x}_1 \wedge \ldots \wedge \bar{x}_n, \neg(x_1 \wedge \ldots \wedge x_n) = \bar{x}_1 \vee \ldots \vee \bar{x}_n.$

B e w e i s Die Aussagen i)-iv) lassen sich leicht beweisen, indem sie für alle Eingaben überprüft werden. Diese (langatmige) vollständige Fallunterscheidung führen wir nur für das erste Distributivgesetz vor.

x	y	z	$y \vee z$	$x \wedge y$	$x \wedge z$	$x \wedge (y \vee z)$	$(x \wedge y) \vee (x \wedge z)$
0	0	0	0	0	0	0	0
0	0	1	1	0	0	0	0
0	1	0	1	0	0	0	0
0	1	1	1	0	0	0	0
1	0	0	0	0	0	0	0
1	0	1	1	0	1	1	1
1	1	0	1	1	0	1	1
1	1	1	1	1	1	1	1

Die Gleichheit der beiden letzten Spalten beweist die Aussage. Der Erkenntnisgrad dieses Beweises ist minimal. Daher sollten die Leserin und der Leser die Aussagen beweisen, indem sie sie in Worte fassen. Wir beweisen das erste Distributivgesetz noch einmal auf diese alternative Weise.

Es ist $x \wedge (y \vee z)$ genau dann 1, wenn x und mindestens eine der beiden Variablen y oder z gleich 1 sind. Dies ist genau dann der Fall, wenn mindestens einer der Ausdrücke $x \wedge y$ oder $x \wedge z$ gleich 1 ist. Dies ist wiederum äquivalent dazu, daß $(x \wedge y) \vee (x \wedge z)$ den Wert 1 annimmt.

Die deMorgan-Regeln beziehen sich auf n Variablen, lassen sich also nicht durch vollständige Fallunterscheidung beweisen. Hier bietet sich ein Induktionsbeweis an. Für $n = 2$ wird vollständige Fallunterscheidung benutzt. Für $n \geq 3$ gilt dann nach Induktionsvoraussetzung
$$\neg(x_1 \vee \ldots \vee x_n) = \neg((x_1 \vee \ldots \vee x_{n-1}) \vee x_n) = (\neg(x_1 \vee \ldots \vee x_{n-1})) \wedge \bar{x}_n =$$
$$(\bar{x}_1 \wedge \ldots \wedge \bar{x}_{n-1}) \wedge \bar{x}_n = \bar{x}_1 \wedge \ldots \wedge \bar{x}_n.$$
Auch hier zum besseren Verständnis ein alternativer Beweis. $\neg(x_1 \vee \ldots \vee x_n)$ ist genau dann 1, wenn $x_1 \vee \ldots \vee x_n$ den Wert 0 annimmt, d.h. wenn alle $x_i = 0$ sind, oder anders ausgedrückt, wenn alle $\bar{x}_i = 1$ sind. Dies ist äquivalent dazu, daß $\bar{x}_1 \wedge \ldots \wedge \bar{x}_n$ den Wert 1 hat. $\qquad\Box$

Entsprechend dem Summenzeichen $\sum$ verwenden wir die Zeichen $\bigwedge$, $\bigvee$ und $\bigoplus$ für die Konjunktion, Disjunktion und mod-2-Summe über beliebig viele Werte. Diese Darstellung ist wegen der Assoziativ- und Kommutativgesetze aus Satz 2.1.2 eindeutig. Der leeren Summe (über 0 Summanden) wird üblicherweise das neutrale Element der Addition, nämlich 0, zugeordnet. Analog (s. Satz 2.1.2.i) ordnen wir der leeren Konjunktion den Wert 1 aber der leeren Disjunktion und der leeren mod-2-Summe den Wert 0 zu. $\vee$ und $\oplus$ sind somit Summentypen, während $\wedge$ ein Produkttyp ist. Entsprechend der Regel „Punktrechnung geht vor Strichrechnung" vereinbaren wir, um Klammern zu sparen, daß Konjunktionen im Zweifelsfall zuerst ausgeführt werden. $x \wedge y \vee z$ (oder auch $xy \vee z$) steht also für $(x \wedge y) \vee z$.

Wir stellen nun Boolesche Funktionen durch drei Normalformen dar. Die zugehörigen Schaltkreise sind allerdings im allgemeinen ineffizient.

Wir beginnen mit der Darstellung von Funktionen, die nur für eine Eingabe den Wert 1 bzw. 0 annehmen. Mit der Notation $x^0 = \bar{x}$ und $x^1 = x$ gilt offensichtlich: $x^a = 1 \Longleftrightarrow x = a$.

2.1.3 Definition
i) Der zu $a = (a(1), \ldots, a(n)) \in \{0,1\}^n$ gehörige *Minterm* ist
$m_a(x) = x_1^{a(1)} \wedge \ldots \wedge x_n^{a(n)}$.
ii) Der zu $b = (b(1), \ldots, b(n)) \in \{0,1\}^n$ gehörige *Maxterm* ist
$s_b(x) = x_1^{\neg b(1)} \vee \ldots \vee x_n^{\neg b(n)}$.

2.1.4 Lemma
i) $m_a(x) = 1 \Longleftrightarrow \forall 1 \leq i \leq n : x_i = a(i)$.
ii) $s_b(x) = 0 \Longleftrightarrow \forall 1 \leq i \leq n : x_i = b(i)$.

B e w e i s i) $m_a(x) = 1$ genau dann, wenn alle $x_i^{a(i)} = 1$ sind, also wenn $x_i = a(i)$ für alle i gilt.
ii) $s_b(x) = 0$ genau dann, wenn alle $x_i^{\neg b(i)} = 0$ sind, also wenn alle $x_i^{b(i)} = 1$ sind. Dies ist äquivalent dazu, daß alle $x_i = b(i)$ sind. $\qquad\square$

2.1.5 Satz
$$f(x) = \bigvee_{a \in f^{-1}(1)} m_a(x) = \bigwedge_{b \in f^{-1}(0)} s_b(x) \ .$$

2.1.6 Definition   Die Darstellungen von f in Satz 2.1.5 heißen *DNF (Disjunktive Normalform)* und *KNF (Konjunktive Normalform)* von f.

B e w e i s (Satz 2.1.5) Sei $c \in \{0,1\}^n$. Falls $f(c) = 1$, berechnet die DNF den Wert 1, da $m_c(c) = 1$ und $c \in f^{-1}(1)$. Da $c \notin f^{-1}(0)$, ist $s_b(c) = 1$ für alle $b \in f^{-1}(0)$, und auch die KNF berechnet 1. Falls $f(c) = 0$, ist $c \notin f^{-1}(1)$ und somit $m_a(c) = 0$ für alle $a \in f^{-1}(1)$. Somit berechnet die DNF den Wert 0. Da $c \in f^{-1}(0)$ und $s_c(c) = 0$, berechnet auch die KNF 0. $\qquad\Box$

Da $(f \wedge g)^{-1}(1) = f^{-1}(1) \cap g^{-1}(1)$ und $(f \vee g)^{-1}(1) = f^{-1}(1) \cup g^{-1}(1)$, lassen sich DNF und KNF für $f \wedge g$ und $f \vee g$ aus den entsprechenden Formen für f und g leicht berechnen. Das Dualitätsprinzip zeigt Beziehungen zwischen DNF und KNF auf.

2.1.7 Definition   Die zu f *duale Funktion* f_d ist durch

$$f_d(x_1, \ldots, x_n) = \neg f(\bar{x}_1, \ldots, \bar{x}_n)$$

definiert.

2.1.8 Bemerkung   Die zu f_d duale Funktion ist wieder f.

Die Bemerkung folgt direkt aus Definition 2.1.7. Wir setzen nun in die Definition von f_d die DNF für f ein. Es folgt mit Hilfe der deMorgan-Regeln

$$f_d(x_1, \ldots, x_n) = \neg \bigvee_{a \in f^{-1}(1)} m_a(\bar{x}_1, \ldots, \bar{x}_n) =$$

$$\bigwedge_{a \in f^{-1}(1)} \neg(\bar{x}_1^{a(1)} \wedge \ldots \wedge \bar{x}_n^{a(n)}) = \bigwedge_{a \in f^{-1}(1)} (x_1^{a(1)} \vee \ldots \vee x_n^{a(n)}) \,.$$

Wenn $a \in f^{-1}(1)$, ist $\bar{a} = (\bar{a}(1), \ldots, \bar{a}(n)) \in f_d^{-1}(0)$ und umgekehrt. Wir erhalten also die KNF für f_d, indem wir in der DNF für f Konjunktionen durch Disjunktionen ersetzen und umgekehrt.

Ein Nachteil der beiden Normalformen DNF und KNF ist die fehlende algebraische Struktur. So läßt sich weder die Gleichung $f \wedge g = h$ noch die Gleichung $f \vee g = h$ eindeutig nach g auflösen. Dagegen folgt aus $f \oplus g = h$ nach $\oplus$-Addition von f eindeutig $g = f \oplus h$. Dabei wird ausgenutzt, daß $f \oplus f = 0$ ist.

2.1.9 Bemerkung $(\{0,1\}, \oplus, \wedge)$ ist der Körper $\mathbb{Z}_2$.

B e w e i s $\mathbb{Z}_2$ enthält die Zahlen z mod 2, also 0 und 1. Die Addition ist die mod-2-Addition $\oplus$, und die Multiplikation auf $\{0,1\}$ stimmt offensichtlich mit der Konjunktion überein. $\qquad\Box$

Wir wollen nun jede Boolesche Funktion f als $\mathbb{Z}_2$-Polynom in den Variablen $x_1, \ldots, x_n$ darstellen. Da $t \oplus t = 0$, kommen Summanden höchstens einmal vor. Da $x_i^2 = x_i \wedge x_i = x_i$, kommen Variablen in jedem Summanden höchstens einmal vor. Zur Erzeugung des Polynoms starten wir mit der DNF für f. Wir haben gesehen, daß für jede Eingabe höchstens ein Minterm den Wert 1 liefert. Die Aussage „mindestens ein Minterm ist 1" ist daher in diesem Fall äquivalent zu „ungerade viele Minterme liefern 1". Wir können also die Disjunktion durch die mod-2-Summe ersetzen und erhalten

$$f(x) = \bigoplus_{a \in f^{-1}(1)} x_1^{a(1)} \wedge \ldots \wedge x_n^{a(n)} \ .$$

Nun ersetzen wir $x_i^{a(i)}$ durch x_i (falls $a(i) = 1$) oder $x_i \oplus 1$ (falls $a(i) = 0$). Die so entstandenen Produktterme werden mit dem Distributivgesetz ausmultipliziert, so daß eine $\oplus$-Summe von $\wedge$-Produkten entsteht. Schließlich werden die Summanden geordnet und so oft wie möglich die Regel $t \oplus t = 0$ angewendet.

2.1.10 Beispiel   Wir geben $f \in B_3$ in DNF vor und berechnen das zugehörige $\mathbb{Z}_2$-Polynom.

$f(x,y,z) = x\bar{y}z \vee \bar{x}y\bar{z} \vee \bar{x}\bar{y}\bar{z} \vee \bar{x}yz \vee xy\bar{z} \vee xyz =$
$x\bar{y}z \oplus \bar{x}y\bar{z} \oplus \bar{x}\bar{y}\bar{z} \oplus \bar{x}yz \oplus xy\bar{z} \oplus xyz =$
$[x(y\oplus1)z]\oplus[(x\oplus1)y(z\oplus1)]\oplus[(x\oplus1)(y\oplus1)(z\oplus1)]\oplus[(x\oplus1)yz]\oplus[xy(z\oplus1)]\oplus[xyz] =$
$[xyz \oplus xz] \oplus [xyz \oplus xy \oplus yz \oplus y] \oplus [xyz \oplus xy \oplus xz \oplus yz \oplus x \oplus y \oplus z \oplus 1] \oplus [xyz \oplus$
$\oplus yz] \oplus [xyz \oplus xy] \oplus [xyz] =$
$1 \oplus x \oplus z \oplus xy \oplus yz.$
f ist also ein $\mathbb{Z}_2$-Polynom zweiten Grades.

2.1.11 Satz   *Jede Boolesche Funktion $f \in B_n$ hat eine eindeutige Darstellung als Polynom über $\mathbb{Z}_2$, der Grad von f ist höchstens n.*

B e w e i s Wir haben einen Algorithmus angegeben, der aus der DNF von f ein Polynom konstruiert. Da $x_i^2 = x_i$, ist der Grad höchstens n. Es bleibt die Eindeutigkeit zu beweisen. Jeder Summand ist ein Produkt aus Variablen. Für jede Menge $A \subseteq \{1, \ldots, n\}$ gibt es einen zugehörigen Summanden s_A, die Konjunktion aller x_i mit $i \in A$. Da es 2^n Mengen A gibt und jeder Summand s_A höchstens einmal auftreten kann, gibt es nur 2^n verschiedene Summanden und höchstens 2^{2^n} verschiedene Polynome. Da es andererseits 2^{2^n} Boolesche Funktionen in B_n gibt und jede durch ein Polynom dargestellt wird, kann es für jede Funktion $f \in B_n$ nur ein Polynom geben, das f darstellt. $\qquad\square$

2.1.12 Definition   Das f darstellende $\mathbb{Z}_2$-Polynom heißt *RSE (Ring-Sum-Expansion)* von f.

Ein $\mathbb{Z}_2$- Polynom p wird eindeutig durch den 0-1-Vektor $(a_A)_{A \subseteq \{1,\dots,n\}}$ dargestellt, wobei $a_A = 1$ genau dann gilt, wenn s_A Summand in p ist.

2.2 Primimplikanten, Minimalpolynome und PLA's

Die Majoritätsfunktion MAJ_n entscheidet, ob in der Eingabe mehr Einsen als Nullen sind, d.h. $MAJ_n(x) = 1$ genau dann, wenn $\|x\| \geq \lceil n/2 \rceil$ ist. Sie ist intuitiv eine sehr einfache Funktion, aber alle drei Normalformen für die Majoritätsfunktion haben exponentielle Länge (2.A.2). Wir müssen die Normalformen also „weiterentwickeln". Ein Vorteil der Normalformen ist, daß sie nur zwei logische Stufen haben und damit bei Verwendung der richtigen Basis mit unbeschränktem Fan-in in Tiefe 2 realisierbar sind. Für die DNF und KNF ist die Basis U geeignet, die DNF ist eine Disjunktion von Konjunktionen und die KNF eine Konjunktion von Disjunktionen. Die RSE, eine $\oplus$-Summe von Konjunktionen, läßt sich in Z-Schaltkreisen in Tiefe 2 realisieren. Allerdings sind $\oplus$-Bausteine mit großem Fan-in wesentlich schwieriger zu bauen als $\wedge$- oder $\vee$-Bausteine mit großem Fan-in. Daher hat man sich auf die Klasse der Tiefe-2-Schaltkreise über der Basis U konzentriert. Wegen der deMorgan-Regeln kann angenommen werden, daß nur die Eingänge negiert werden. Wir werden vor allem Disjunktionen von Konjunktionen betrachten, sie heißen $\sum_2$-Schaltkreise, da der Summentyp $\vee$ auf der zweiten Ebene realisiert wird. Eine duale Theorie für $\prod_2$-Schaltkreise, also Konjunktionen von Disjunktionen, läßt sich leicht entwickeln. Wir beginnen unsere Betrachtungen mit zwei Beispielen.

2.2.1 Beispiel   Wir betrachten noch einmal die Funktion aus Beispiel 2.1.10:
$f(x,y,z) = x\bar{y}z \vee \bar{x}y\bar{z} \vee \bar{x}\bar{y}\bar{z} \vee \bar{x}yz \vee xy\bar{z} \vee xyz$.
Es gilt
$x\bar{y}z \vee xyz = x(\bar{y} \vee y)z = xz, \quad \bar{x}y\bar{z} \vee xy\bar{z} = (\bar{x} \vee x)y\bar{z} = y\bar{z},$
$\bar{x}y\bar{z} \vee \bar{x}\bar{y}\bar{z} = \bar{x}(y \vee \bar{y})\bar{z} = \bar{x}\bar{z}, \quad \bar{x}yz \vee xyz = (\bar{x} \vee x)yz = yz.$
Also ist
$f(x,y,z) = xz \vee y\bar{z} \vee \bar{x}\bar{z} \vee yz$.
Da $y\bar{z} \vee yz = y(\bar{z} \vee z) = y$, ist sogar
$f(x,y,z) = xz \vee \bar{x}\bar{z} \vee y$.
Dies ist der optimale $\sum_2$-Schaltkreis.

2.2.2 Beispiel $g(x,y,z) = \bar{x}\bar{y}\bar{z} \vee \bar{x}\bar{y}z \vee \bar{x}yz \vee x\bar{y}\bar{z}$.
Da $\bar{x}\bar{y}\bar{z} \vee x\bar{y}\bar{z} = \bar{y}\bar{z}$, $\bar{x}\bar{y}z \vee \bar{x}\bar{y}z = \bar{x}\bar{y}$ und $\bar{x}\bar{y}z \vee \bar{x}yz = \bar{x}z$, ist
$g(x,y,z) = \bar{y}\bar{z} \vee \bar{x}\bar{y} \vee \bar{x}z$.

Jetzt läßt sich unser Vereinfachungstrick durch Ausklammern nicht mehr durchführen. Dennoch haben wir noch keinen optimalen $\sum_2$-Schaltkreis konstruiert. Es gilt

$g(x, y, z) = \bar{y}\bar{z} \vee \bar{x}z.$

Falls nämlich $\bar{x}\bar{y}$ den Wert 1 liefert, ist $x = y = 0$. Falls $z = 0$, liefert $\bar{y}\bar{z}$ den Wert 1 und, falls $z = 1$, ist $\bar{x}z = 1$.

Wir formalisieren nun die zu erledigenden Aufgaben. Die hier definierten Polynome haben nichts mit den $\mathbb{Z}_2$-Polynomen des Kap. 2.1 zu tun.

2.2.3 Definition   i) Ein *Monom m* ist ein Produkt, d.h. eine Konjunktion von Literalen, *Literale* sind Variablen und negierte Variablen. Die *Kosten von m* sind gleich der Zahl der in m enthaltenen Literale.
ii) Ein *Polynom p* ist eine Summe, d.h. eine Disjunktion von Monomen. Die *Kosten von p* sind gleich der Summe der Kosten der in p enthaltenen Monome.
iii) Ein Polynom p heißt *Minimalpolynom* für f, wenn es unter allen Polynomen, die f berechnen, die geringsten Kosten hat.

Die Kosten eines Polynoms sind also gleich der Zahl der Drähte im zugehörigen U-Schaltkreis, die von den Eingängen zu $\wedge$-Bausteinen führen. Hätte man die Kosten jedes Monoms um 1 erhöht, würde man die Zahl aller Drähte messen. Alternativ wird das Kostenmaß, das jedem Monom die Kosten 1 zuweist, verwendet. Dann sind die Kosten eines Polynoms um 1 kleiner als die Zahl der Bausteine im zugehörigen U-Schaltkreis. Dieses Maß wird sich als angemessenes Kostenmaß für *PLA*'s erweisen.

Polynome p für f sind also Summen von Monomen $m_1, \ldots, m_k$, so daß $f = m_1 \vee \ldots \vee m_k$ ist. Aus dieser Gleichung folgt, daß $f(a) = 1$ ist, wenn $m_i(a) = 1$ für ein i ist.

2.2.4 Definition   i) Ein Monom m heißt *Implikant* von f, wenn $m(a) = 1$ impliziert, daß $f(a) = 1$ ist. Mit $I(f)$ wird die Menge aller Implikanten von f bezeichnet.
ii) Ein Implikant m von f heißt *Primimplikant* von f, wenn keine echte Verkürzung von m ein Implikant von f ist. Mit $PI(f)$ wird die Menge aller Primimplikanten von f bezeichnet.

Die Begriffe Verkürzung oder Verlängerung eines Monoms sind sehr intuitiv, so ist $\bar{z}\bar{x}$ eine echte Verkürzung von $\bar{x}y\bar{z}$, $x\bar{z}$ keine Verkürzung von $\bar{x}y\bar{z}$ und $\bar{x}y\bar{z}$ zwar eine Verkürzung von $\bar{x}y\bar{z}$ aber keine echte Verkürzung. Die Konstante 1 ist Verkürzung aller Monome, da sie dem leeren Produkt entspricht. In den Beispielen 2.2.1 und 2.2.2 wird deutlich, daß die Minimalpolynome nur Primimplikanten enthalten, in Beispiel 2.2.2 enthält das Minimalpolynom aber nicht alle Primimplikanten. Diese besondere Rolle der Primimplikanten ist kein Zufall.

2.2.5 Satz   *Minimalpolynome für f enthalten nur Primimplikanten von f.*

B e w e i s Wir haben bereits gesehen, daß Polynome für f nur Implikanten enthalten. Sei nun $p = m_1 \lor \ldots \lor m_k$ ein Minimalpolynom für f und sei angenommen, daß $m_1 \notin PI(f)$ ist. Dann gibt es eine echte Verkürzung m_1' von m_1, so daß $m_1' \in I(f)$ ist. Nach den Vereinfachungsregeln aus Satz 2.1.2 ist $m_1' \lor m_1 = m_1'$. Jeder Implikant $m \in I(f)$ kann ohne weiteres zu jedem Polynom p für f hinzugefügt werden. Falls $m(a) = 0$, ändert sich der Wert des Polynoms nicht. Falls $m(a) = 1$, ist auch $f(a) = 1$, also $p(a) = 1$, und der Wert des Polynoms ändert sich nicht. Also ist
$$f = m_1 \lor \ldots \lor m_k = m_1' \lor m_1 \lor \ldots \lor m_k = m_1' \lor m_2 \lor \ldots \lor m_k =: p'.$$
Da m_1' als echte Verkürzung von m_1 billiger als m_1 ist, ist p' ein billigeres Polynom für f als p im Widerspruch zur Minimalität von p. □

Auf Satz 2.2.5 beruhen alle Algorithmen zur Minimalpolynomberechnung. Sie führen die folgenden zwei Schritte nacheinander aus.
1.) Berechne $PI(f)$.
2.) Suche unter allen Summen von Primimplikanten, die f berechnen, eine billigste Summe.

In Kap. 2.3 und 2.4 stellen wir Algorithmen zur Berechnung von $PI(f)$ vor, während dann in Kap. 2.5 diskutiert wird, wie der zweite Schritt realisiert werden kann. Karnaugh-Diagramme, die in Kap. 2.6 behandelt werden, bieten für sehr kleine n eine einfache Methode, Minimalpolynome von Hand zu berechnen. In Kap. 2.7 und 2.8 werden die Methoden so erweitert, daß sie auch auf partiell definierte Funktionen und Funktionen mit mehreren Outputs anwendbar sind. Für die wichtigen Klassen der monotonen und der symmetrischen Funktionen wird in Kap. 2.9 gezeigt, daß in diesen Spezialfällen Minimalpolynome sehr effizient zu berechnen sind. In Kap. 2.10 wird eine naheliegende Hypothese über Minimalpolynome zusammengesetzter Funktionen widerlegt. An Hand ausgewählter Beispiele wird in Kap. 2.11 untersucht, wie (in)effizient Minimalpolynome im Verhältnis zu allgemeinen Schaltkreisen sind. Schließlich wird in Kap. 2.12 gezeigt, daß für die meisten Funktionen einfach zu konstruierende $\sum_4$-Schaltkreise die optimalen $\sum_2$-Schaltkreise übertreffen.

Die Benutzung von Minimalpolynomen geht bis in die Frühzeit des Rechnerbaus zurück. Daß Minimalpolynome noch heute (oder heute wieder) eine große Bedeutung haben, liegt an dem vermehrten Einsatz von PLA's (Programmable Logic Arrays). Da die Fertigung spezieller Chips in kleiner Stückzahl sehr kostenaufwendig ist, werden „programmierbare“ Schaltkreise, insbesondere eben PLA's, hergestellt. Mit Hilfe einfacher Manipulationen lassen sich PLA's so programmieren, daß sie spezielle Aufgaben erfüllen.

PLA's sind Rechtecke (arrays) aus PLA-Zellen. Eine PLA-Zelle ist ein Schaltkreis für die Funktion $PLA \in B_{4,2}$ definiert durch

$PLA(x_1, x_2, y_1, y_2) = (z_1, z_2) = (x_1(\bar{y}_1 \vee y_1\bar{y}_2 x_2 \vee y_1 y_2 \bar{x}_2), x_2 \vee x_1 \bar{y}_1 y_2).$

Die Notation macht bereits deutlich, daß die Variablen verschiedene Aufgaben erfüllen. Die x-Variablen bilden die eigentlichen Eingänge, die beim Zusammenschalten von PLA-Zellen auch Ausgänge anderer PLA-Zellen sein können. Die y-Variablen sind die sogenannten Programmvariablen, mit denen die verschiedenen Funktionen der PLA-Zelle programmiert werden. Es gibt für die 4 Wertekombinationen der y-Variablen je einen PLA-Zellentyp.

Typ 0: $(y_1, y_2) = (0, 0)$. Identer: $(z_1, z_2) = (x_1, x_2)$.

Typ 1: $(y_1, y_2) = (0, 1)$. Addierer: $(z_1, z_2) = (x_1, x_1 \vee x_2)$.

Typ 2: $(y_1, y_2) = (1, 0)$. Multiplizierer: $(z_1, z_2) = (x_1 x_2, x_2)$.

Typ 3: $(y_1, y_2) = (1, 1)$. Negatmultiplizierer: $(z_1, z_2) = (x_1 \bar{x}_2, x_2)$.

Die PLA-Zelle wird folgendermaßen dargestellt.

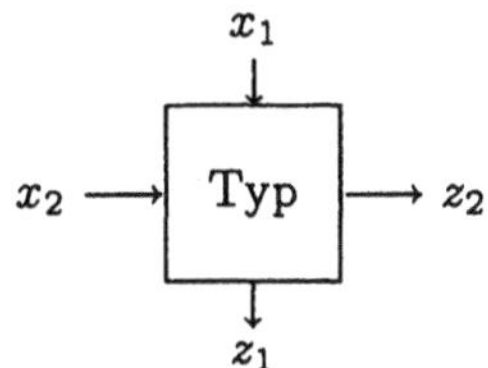

Abb. 2.2.1

Diese einfachen PLA-Zellen enthalten alle Operationen, die zur Berechnung eines Polynoms notwendig sind. Es sei nun eine Funktion $f \in B_{n,m}$ gegeben, für die es k Monome gibt, so daß jeder Output Summe einiger dieser k Monome ist, z.B. sei $f = (f_1, f_2) \in B_{3,2}$ definiert durch

$f_1(x_1, x_2, x_3) = \bar{x}_2 x_3 \vee x_1 x_2 x_3 \vee \bar{x}_1 x_2 \bar{x}_3$ und

$f_2(x_1, x_2, x_3) = x_1 x_3 \vee \bar{x}_2 x_3 \vee \bar{x}_1 x_2 \bar{x}_3.$

Allgemein benutzen wir ein $(n+m) \times k$-Rechteck, hier also ein 5×4-Rechteck von PLA-Zellen. Inputs in die ersten n Zeilen sind die Variablen $x_1, \ldots x_n$. Inputs in die unteren m Zeilen sind Nullen, die neutralen Elemente der Disjunktion, Inputs für die Spalten sind Einsen, die neutralen Elemente der Konjunktion. In den ersten n Zeilen der i-ten Spalte soll das i-te Monom m_i berechnet werden. Entsprechend den Fällen $x_j, \bar{x}_j \notin m_i$ (d.h. x_j und $\bar{x}_j$ kommen in m_i nicht vor), $x_j \in m_i$ und $\bar{x}_j \in m_i$ wird an der Position (j, i) der Typ $0, 2$ oder 3 gewählt. Diese drei Typen haben alle die Eigenschaft, die Variablen nach rechts „durchzureichen". Typ 0 reicht auch die Eingabe von oben nach unten weiter, Typ 2 multipliziert die Eingabe mit x_j und Typ 3 die Eingabe mit $\bar{x}_j$. In unserem Beispiel benutzen wir für die ersten drei Zeilen in den vier Spalten die Typkombinationen $(0,3,2)$ für $\bar{x}_2 x_3$, $(2,2,2)$ für $x_1 x_2 x_3$, $(3,2,3)$ für $\bar{x}_1 x_2 \bar{x}_3$ und $(2,0,2)$ für $x_1 x_3$. In der $(n+l)$-ten Zeile wird mit den Typen 0 und 1 der l-te Output berechnet. Beide Typen reichen die Monome von oben nach unten weiter. Typ 1 addiert in Spalte j zur Eingabe von links m_j hinzu und gibt das neue Polynom nach rechts weiter. Typ 0 gibt die Eingabe von links unverändert nach rechts weiter. Indem wir in unserem Beispiel die Zeilen 4 und 5 durch die Typen (1,1,1,0) und (1,0,1,1) programmieren, berechnen wir f_1 und f_2. Abb. 2.2.2 zeigt das programmierte PLA.

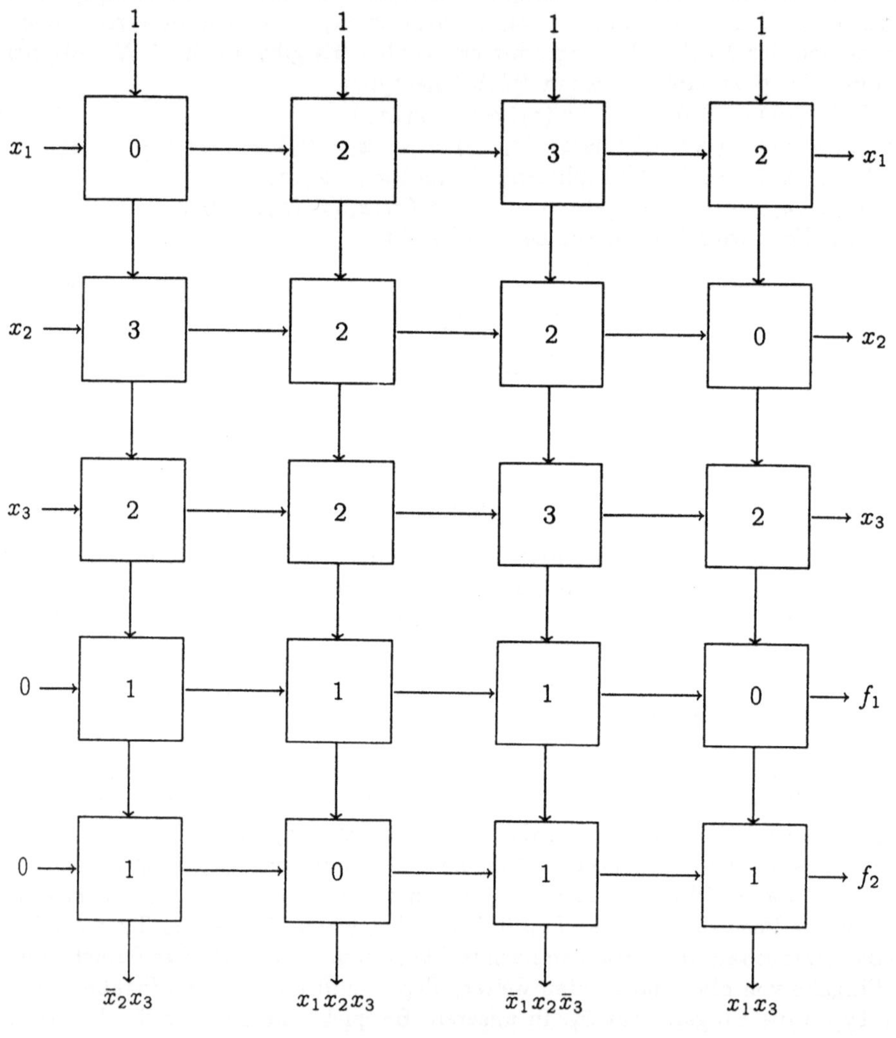

Abb. 2.2.2

Die Zeilenzahl eines PLA für $f \in B_{n,m}$ ist mit $n+m$ vorgegeben. Die Spaltenzahl ist gleich der Zahl benötigter Monome. Für eine Funktion $f \in B_n$ mit nur einem

Output erhalten wir ein kleinstes *PLA*, wenn wir das Minimalpolynom bezüglich der Kostenfunktion wählen, die jedem Monom die Kosten 1 zuweist. In der Praxis haben die betrachteten Funktionen viele Outputs. Dennoch ist es vernünftig, zunächst Minimalpolynome für Funktionen mit einem Output ausführlich zu behandeln, die dabei erarbeiteten Methoden lassen sich nämlich auf Funktionen mit mehreren Outputs verallgemeinern.

Es sei noch bemerkt, daß bei der Simulation eines Moore-Automaten die Outputs, die den Nachfolgezustand des Automaten beschreiben, nach einem Zeittakt wieder Inputs des *PLA* sind. Aus *PLA*-Schaltkreisen werden dann *PLA*-Schaltwerke.

2.3 Der Quine/McCluskey-Algorithmus zur Berechnung aller Primimplikanten

Das Ziel dieses Abschnitts, die Berechnung der Primimplikantenmenge $PI(f)$, haben wir bereits diskutiert. Wie aber ist die Funktion $f \in B_n$ gegeben? Wir untersuchen drei Darstellungsformen.

1.) f wird durch eine Funktionstabelle $a \rightarrow f(a), a \in \{0,1\}^n$, beschrieben.
2.) f wird durch ein Polynom beschrieben.
3.) f wird strukturell durch sein Funktionsverhalten beschrieben.

Die dritte Darstellungsform ist nur bei stark strukturierten Funktionen, wie z.B. der Addition ADD_n oder der Majoritätsfunktion MAJ_n, möglich. Für solche Funktionen sind Minimalpolynome häufig ineffizient, s. Kap. 2.11. Für gut strukturierte Funktionen werden in Kap. 3-10 spezielle Schaltkreise entworfen.

Die zweite Darstellungsform setzt voraus, daß f durch eine Reihe von Bedingungen beschrieben werden kann, wobei die Bedingungen durch Monome ausgedrückt werden können und $f(a) = 1$ genau dann ist, wenn mindestens eine Bedingung erfüllt ist. Dies ist bei der Simulation von Moore-Automaten häufig der Fall. Algorithmen für diese Eingabeform behandeln wir in Kap. 2.4, während wir hier annehmen, daß f durch seine Funktionstabelle gegeben ist. Die Länge der Eingabe ist dann $N = 2^n$.

Der Quine/McCluskey-Algorithmus (McCluskey (1956), Quine (1953) und (1955)) berechnet in dieser Situation auf effiziente Weise die Primimplikantenmenge. Die Funktionstabelle läßt sich direkt in die DNF für f übersetzen, indem jedes $a \in f^{-1}(1)$ durch den zugehörigen Minterm m_a ersetzt wird. Offensichtlich bildet die Menge dieser Minterme die Menge Q_n aller Implikanten von f der Länge n. Der

Algorithmus berechnet dann die Mengen Q_k ($k = n - 1, \ldots, 0$) der Implikanten der Länge k und die Mengen P_k der Primimplikanten der Länge k.

In den Beispielen 2.2.1 und 2.2.2 haben wir bereits kürzere Implikanten aus längeren Implikanten berechnet, z.B. $y\bar{z}$ aus $xy\bar{z}$ und $\bar{x}y\bar{z}$. Das folgende Lemma zeigt, daß wir auf diese Weise alle Implikanten erzeugen.

2.3.1 Lemma   *Sei m ein Monom, das weder x_j noch $\bar{x}_j$ enthält. Dann ist $m \in I(f)$ genau dann, wenn $mx_j, m\bar{x}_j \in I(f)$ sind.*

B e w e i s „$\Rightarrow$" Falls $mx_j(a) = 1$, ist $m(a) = 1$ und, da $m \in I(f)$, auch $f(a) = 1$. Also ist $mx_j \in I(f)$. Analog folgt $m\bar{x}_j \in I(f)$.
„$\Leftarrow$" Falls $m(a) = 1$, ist $mx_j(a) = 1$ (falls $a_j = 1$) oder $m\bar{x}_j(a) = 1$ (falls $a_j = 0$). Da $mx_j, m\bar{x}_j \in I(f)$, folgt in beiden Fällen $f(a) = 1$. Also ist $m \in I(f)$. $\square$

Wenn wir Q_k, die Menge der Implikanten der Länge k, kennen, diese paarweise auf einen *einfachen Konsensus* überprüfen, d.h. testen, ob sie sich als mx_j und $m\bar{x}_j$ schreiben lassen, und ggf. m als Implikanten der Länge $k - 1$ identifizieren, erhalten wir nach Lemma 2.3.1 alle Implikanten der Länge $k-1$. Nach Definition ist ein Implikant Primimplikant, wenn keine echte Verkürzung Implikant ist. Ebenfalls nach Lemma 2.3.1 folgt, daß ein Implikant der Länge k bereits dann Primimplikant ist, wenn keine Verkürzung der Länge $k - 1$ Implikant ist. Damit haben wir schon die Korrektheit des folgenden Algorithmus bewiesen.

2.3.2 Algorithmus von Quine/McCluskey
Input: Funktionstabelle $(a, f(a)), a \in \{0,1\}^n$.
Output: $PI(f)$.
1.) Berechne aus der Funktionstabelle die Menge Q_n, die alle Minterme m_a mit $f(a) = 1$ enthält. Setze $i := n$.
2.) Solange $Q_i \neq \emptyset$:
a) $i := i - 1$.
b) $Q_i := \{m | \exists j : x_j, \bar{x}_j \notin m, \; mx_j, m\bar{x}_j \in Q_{i+1}\}$.
c) $P_{i+1} := \{m \in Q_{i+1} | \text{ Es gibt keine Verkürzung von } m \text{ in } Q_i\}$.
3.) $PI(f)$ ist die Vereinigung von $P_n, \ldots, P_{i+1}$.

Man kann die Laufzeit des Algorithmus wesentlich verkleinern, indem man die folgenden Überlegungen mit einarbeitet. Bei der Berechnung von Q_i sollen Paare $(m', m'') \in Q_{i+1} \times Q_{i+1}$ darauf überprüft werden, ob sie sich als mx_j und $m\bar{x}_j$ schreiben lassen. Es gibt $|Q_{i+1}|(|Q_{i+1}|-1)/2$ Q_{i+1}-Paare. Wir können geschickter vorgehen, indem wir Q_{i+1} in Mengen $Q_{i+1,l}$ zerlegen, wobei $Q_{i+1,l}$ alle Monome aus Q_{i+1} mit genau l negativen Literalen enthält. Für $m' \in Q_{i+1,l}$ ist es dann ausreichend, für jedes der l negativen Literale $\bar{x}_j$ zu untersuchen, ob m_j, das Monom, das aus m' durch Ersetzung von $\bar{x}_j$ durch x_j entsteht, in $Q_{i+1,l-1}$ enthalten ist.

Für jedes Monom $m' \in Q_{i+1,l}$ werden also höchstens $l \leq i+1 \leq n$ andere Monome überprüft. Die Zahl der untersuchten Paare ist also höchstens $|Q_{i+1}|n$ und damit oft wesentlich kleiner als im naiven Ansatz.

Es stellt sich nun die Frage, wie wir die Monome in $Q_{i+1,l}$ abspeichern. Ein Monom kann, wie bei der *PLA*-Realisierung in Kap. 2.2 beschrieben, als Wort in $\{0,2,3\}^n$ aufgefaßt werden. (0, 2 und 3 sind die Typen der *PLA*-Zellen). Damit sind Monome bzgl.der lexikographischen Ordnung vollständig geordnet. Als Datenstruktur bieten sich somit balancierte Bäume wie die wohlbekannten 2-3-Bäume (s. z.B. Mehlhorn (1984)) an. Die Zeit für das Suchen und Einfügen ist dann durch $O(\log |Q_{i+1,l}|)$ beschränkt. Die Primimplikantenmenge P_{i+1} läßt sich leicht berechnen, wenn alle Implikanten in Q_{i+1}, für die Verkürzungen in Q_i eingefügt werden, markiert werden.

Wir illustrieren den Algorithmus an einer Funktion $f \in B_4$, die im Rest dieses Kapitels Standardbeispiel genannt wird. Wir definieren f durch Q_4, die Menge aller Minterme in der *DNF*, und verwalten in diesem kleinen Beispiel die Q-Mengen als Listen.

2.3.3 Beispiel

$$
\begin{aligned}
Q_4 : \quad & Q_{4,4} = \emptyset, \\
& Q_{4,3} = \{\bar{w}\bar{x}y\bar{z}, \bar{w}x\bar{y}\bar{z}\}, \\
& Q_{4,2} = \{\bar{w}\bar{x}yz, \bar{w}x\bar{y}z, w\bar{x}y\bar{z}\}, \\
& Q_{4,1} = \{\bar{w}xyz, w\bar{x}yz, wxy\bar{z}\}, \\
& Q_{4,0} = \{wxyz\}. \\
Q_3 : \quad & Q_{3,3} = \emptyset, \\
& Q_{3,2} = \{\bar{w}\bar{x}y, \bar{w}x\bar{y}, \bar{x}y\bar{z}\}, \\
& Q_{3,1} = \{\bar{w}xz, \bar{w}yz, w\bar{x}y, wy\bar{z}, \bar{x}yz\}, \\
& Q_{3,0} = \{wxy, wyz, xyz\}, \\
P_4 = \quad & \emptyset. \\
Q_2 : \quad & Q_{2,2} = \emptyset, \\
& Q_{2,1} = \{\bar{x}y\}, \\
& Q_{2,0} = \{yz, wy\}. \\
P_3 = \quad & \{\bar{w}x\bar{y}, \bar{w}xz\}. \\
Q_1 = \quad & \emptyset. \\
P_2 = \quad & Q_2. \\
PI(f) = & \{\bar{w}x\bar{y}, \bar{w}xz, \bar{x}y, yz, wy\}.
\end{aligned}
$$

Wir wollen nun die Rechenzeit des Algorithmus abschätzen. Aus unserer Darstellung der Monome als Wörter in $\{0,2,3\}^n$ folgt, daß es 3^n Monome gibt. Für jedes Monom $m \in Q_{i+1,l}$ müssen maximal n Monome in $Q_{i+1,l-1}$ gesucht werden. Da in $Q_{i+1,l-1}$ weniger als 3^n Monome sind, genügen $O(n)$ Rechenschritte, um ein Monom in $Q_{i+1,l-1}$ zu suchen und in $Q_{i,l-1}$ einzufügen. Die Rechenzeit kann also mit $O(n^2 3^n)$ abgeschätzt werden. Da die Eingabelänge $N = 2^n$ ist, ist die Rechenzeit durch $O(N^{\log 3} \log^2 N)$ beschränkt, $\log 3 \approx 1.585$. Für die Analyse der durchschnittlichen Rechenzeit verweisen wir auf Mileto und Putzolu (1964), (1965).

Die Rechenzeit eines Algorithmus nur auf die Eingabegröße zu beziehen, ist nur dann sinnvoll, wenn die Ausgabe kürzer als die Eingabe ist. Dies ist aber, auf den ersten Blick vielleicht erstaunlicherweise, hier nicht der Fall.

2.3.4 Definition   Die Funktion $MD_n \in B_n$ (MD = Mittleres Drittel) ist für $n = 3k$ definiert durch
$$MD_n(x) = 1 \iff k \le \|x\| \le 2k.$$

2.3.5 Satz   *$PI(MD_n)$ ist die Menge aller Monome mit k positiven und k negativen Literalen. Die Zahl dieser Monome ist $(3k)!/(k!)^3 = \Theta(3^n/n)$.*

B e w e i s   Wenn $m \in I(MD_n)$ ist, muß m genügend Information enthalten, um sicherzustellen, daß MD_n 1 berechnet. Also muß m mindestens k positive und mindestens k negative Literale enthalten. Diese Monome bilden offensichtlich $I(MD_n)$. Die einzigen Implikanten, die nicht verkürzbar sind, haben genau k positive und genau k negative Literale. Es gibt $(3k)!/(k!)^3$ Möglichkeiten, die Indizes $1, \ldots, n$ in drei Gruppen der Größe k einzuteilen, die erste Gruppe für die positiven Literale, die zweite für die negativen Literale und die dritte für die nicht im Primimplikanten vorkommenden Indizes. Mit Hilfe der Stirling-Formel

$$n! = \Theta(n^{n+1/2} e^{-n})$$

folgt leicht, daß $3^n/n$ die Größenordnung von $|PI(MD_n)|$ ist. $\square$

Da die Primimplikanten von MD_n Länge $2k = (2/3)n$ haben, hat die Beschreibung von $PI(MD_n)$ die Länge $\Theta(3^n) = \Theta(N^{\log 3})$. Jeder Algorithmus zur Berechnung von $PI(f)$ muß also in bestimmten Fällen Ausgaben der Länge $\Theta(N^{\log 3})$ produzieren. Der Quine/McCluskey-Algorithmus hat damit im worst case eine äußerst gute Rechenzeit.

Darüber hinaus läßt sich der Algorithmus leicht parallelisieren. Bei der Berechnung von Q_i aus Q_{i+1} können die paarweisen Vergleiche der Monome parallel ausgeführt werden. Es müssen die n Stufen des Algorithmus sequentiell bearbeitet werden, jede Stufe kann aber, ohne daß wir hier Einzelheiten darstellen, in Zeit $O(n)$ implementiert werden. Da $n = \log N$ ist, kann der Quine/McCluskey-Algorithmus als NC_2-Algorithmus implementiert werden. Wir fassen unsere Ergebnisse zusammen.

2.3.6 Satz *Der Quine/McCluskey-Algorithmus berechnet aus der Funktionsta-*
belle $(a, f(a))$, $a \in \{0,1\}^n$, *einer Booleschen Funktion* $f \in B_n$ *die Primimplikan-*
tenmenge $PI(f)$. *Die Eingabelänge ist* $N = 2^n$, *die maximale Ausgabelänge ist*
$\Omega(3^n) = \Omega(N^{\log 3})$. *Die worst case Rechenzeit des Algorithmus beträgt* $O(3^n n^2) =$
$O(N^{\log 3} \log^2 N)$. *Der Algorithmus läßt sich effizient parallelisieren.*

Insgesamt ist der Quine/McCluskey-Algorithmus eine zufriedenstellende Lösung
des Problems, wenn die Funktion durch ihre Funktionstabelle gegeben ist. Wenn
allerdings die Funktion durch ein Polynom gegeben ist, aus dem erst die Funktionstabelle berechnet wird, kann der Algorithmus sehr schlecht sein. $x_1 \vee \ldots \vee x_n$
ist offensichtlich bereits ein Minimalpolynom, Eingabe und Ausgabe haben Länge
$\Theta(n)$. Aber alle $\Theta(3^n)$ Monome mit mindestens einem positiven Literal sind Implikanten der Funktion und werden im Quine/McCluskey-Algorithmus berechnet.

2.4 Weitere Algorithmen zur Berechnung aller Primimplikanten

Die Primimplikantenmenge $PI(f)$ kann, wie wir in Kap. 2.3 gesehen haben, größer
als die Eingabemenge $\{0,1\}^n$ von f sein. So hat MD_6 $2^6 = 64$ verschiedene
Eingaben und nach Satz 2.3.5 $6!/(2!)^3 = 90$ Primimplikanten. Jedoch gibt es nur
3^n Monome und 2^n Eingaben, somit ist die Zahl der Primimplikanten stets ein
kleines Polynom in 2^n. Die Berechnung von $PI(f)$ aus der Funktionstabelle ist
also keine sehr wesentliche Aufblähung der Information. Was ändert sich, wenn f
durch ein Polynom gegeben ist? McMullen und Shearer (1986) haben diese Frage
beantwortet.

2.4.1 Satz *Es gibt Funktionen* f, *die durch Polynome aus* k *Monomen darge-*
stellt werden können und die $2^k - 1$ *Primimplikanten haben.*

Es sei nur bemerkt, daß McMullen und Shearer auch die Umkehrung bewiesen haben. Wenn f durch ein Polynom mit k Monomen darstellbar ist, kann f höchstens
$2^k - 1$ Primimplikanten haben.

B e w e i s (Satz 2.4.1) Wir definieren $f_k \in B_{2k-1}$ induktiv. $f_1(x_1) = x_1$. f_1 hat
einen Primimplikanten, der f_1 darstellt. Sei

$$f_{k+1}(x_1, \ldots, x_{2k+1}) = x_{2k} f_k(x_1, \ldots, x_{2k-1}) \vee \bar{x}_{2k} x_{2k+1}.$$

Da f_k ein Polynom aus k Monomen ist, erhalten wir aus der Definition von f_{k+1}, nachdem wir x_{2k} mit f_k multipliziert haben, ein Polynom aus $k+1$ Monomen. Nach Induktionsvoraussetzung hat f_k $2^k - 1$ Primimplikanten. Für jedes $m \in PI(f_k)$ zeigen wir, daß $x_{2k}m, x_{2k+1}m \in PI(f_{k+1})$ sind. Da zusätzlich $\bar{x}_{2k}x_{2k+1} \in PI(f_{k+1})$ ist, erhalten wir insgesamt $2(2^k - 1) + 1 = 2^{k+1} - 1$ Primimplikanten für f_{k+1}. Da $m \in PI(f_k)$, ist offensichtlich $x_{2k}m \in I(f_{k+1})$. Es ist auch $x_{2k+1}m \in I(f_{k+1})$. Sei nämlich $x_{2k+1}m(a) = 1$. Falls $a_{2k} = 0$, ist $\bar{x}_{2k}x_{2k+1}(a) = 1$ und $f_{k+1}(a) = 1$. Ansonsten ist $a_{2k} = 1$, $x_{2k}m(a) = 1$ und $f_{k+1}(a) = 1$. Wir untersuchen nun die echten Verkürzungen von $x_{2k}m$ und $x_{2k+1}m$. m ist kein Implikant von f_{k+1}. Da m nur von $x_1, \ldots, x_{2k-1}$ abhängt, gibt es eine Eingabe a mit $m(a) = 1$, $a_{2k} = 0$, $a_{2k+1} = 0$ und somit $f_{k+1}(a) = 0$. Sei nun m' eine echte Verkürzung von m. Wäre $x_{2k}m' \in I(f_{k+1})$, dann wäre $m' \in I(f_k)$ im Widerspruch zu $m \in PI(f_k)$. Auch aus $x_{2k+1}m' \in I(f_{k+1})$ folgern wir $m' \in I(f_k)$. Sei $a' \in \{0,1\}^{2k-1}$ mit $m'(a') = 1$. Sei a die Verlängerung von a' um $a_{2k} = a_{2k+1} = 1$. Dann ist $x_{2k+1}m'(a) = 1$ und, da $x_{2k+1}m' \in I(f_{k+1})$ angenommen wird, $f_{k+1}(a) = 1$. Da $\bar{x}_{2k}x_{2k+1}(a) = 0$, folgt $f_k(a') = 1$. Also sind $x_{2k}m$ und $x_{2k+1}m$ Primimplikanten von f_{k+1}. $\qquad\square$

Dieser Satz stellt natürlich den gesamten Ansatz, Minimalpolynome für f über $PI(f)$ zu berechnen, in Frage. Jeder solche Algorithmus muß z.B. für die im Beweis von Satz 2.4.1 vorgestellte Funktion exponentielle Laufzeit (bezogen auf die Länge des gegebenen Polynoms und des Minimalpolynoms) haben. Wir beziehen daher die Rechenzeit der folgenden Algorithmen, die aus einem Polynom p für f das Polynom p^* aller Primimplikanten von f berechnen, fairerweise auf die Länge von p und auf die Länge von p^*. Alle Algorithmen haben im worst case dennoch exponentielle Laufzeit. Dies ist nicht überraschend, da das Problem, für ein Polynom p zu entscheiden, ob es die Konstante 1 beschreibt, dem Erfüllbarkeitsproblem (Satisfiability Problem SAT) äquivalent und damit NP-vollständig ist. Wenn nicht (unerwarteterweise) $NP = P$ ist, kann es also keine polynomiellen Algorithmen für dieses Problem geben. Auf die Theorie der NP-vollständigen Probleme können wir hier nicht näher eingehen, statt dessen verweisen wir auf Garey und Johnson (1979). Mangels besserer Methoden werden die hier vorgestellten Algorithmen in der Praxis häufig eingesetzt.

Die erste Methode geht von dem Gedanken aus, daß es einfacher ist, Funktionen mit weniger Variablen zu behandeln, und daß sich Funktionen auf einfache Weise aus Funktionen mit weniger Variablen zusammensetzen (Shannon (1949)).

2.4.2 Definition   Sei $f \in B_n$. Die *Subfunktion* $f_{i,c} \in B_n (1 \le i \le n, c \in \{0,1\})$ ist definiert durch $f_{i,c}(a) = f(a_1, \ldots, a_{i-1}, c, a_{i+1}, \ldots, a_n)$. Da $f_{i,c}$ von x_i unabhängig ist, wird $f_{i,c}$ oft auch als Funktion in B_{n-1} aufgefaßt.

2.4.3 Lemma (Shannon-Zerlegung) $f(x) = \bar{x}_i f_{i,0}(x) \vee x_i f_{i,1}(x)$.

B e w e i s Sei $a \in \{0,1\}^n$. Falls $a_i = 0$, ist $f(a) = f_{i,0}(a)$. Falls $a_i = 1$, ist $f(a) = f_{i,1}(a)$. $\square$

Die Shannon-Zerlegung legt es nahe, zunächst $PI(f_{i,0})$ und $PI(f_{i,1})$ zu berechnen und daraus $PI(f)$ zu gewinnen. Dieses Vorgehen ist möglich, wie der folgende Satz zeigt.

2.4.4 Satz

   i) $m_0 \in I(f_{i,0}), m_1 \in I(f_{i,1}) \Rightarrow \bar{x}_i m_0, x_i m_1, m_0 m_1 \in I(f)$.

   ii) $m \in PI(f), x_i \in m \Rightarrow m_1 \in PI(f_{i,1})$ für m_1, die Verkürzung von m um x_i.

   iii) $m \in PI(f), \bar{x}_i \in m \Rightarrow m_0 \in PI(f_{i,0})$ für m_0, die Verkürzung von m um $\bar{x}_i$.

   iv) $m \in PI(f), x_i, \bar{x}_i \notin m \Rightarrow \exists m_0 \in PI(f_{i,0}), m_1 \in PI(f_{i,1}) : m = m_0 m_1$.

B e w e i s i) $\bar{x}_i m_0, x_i m_1 \in I(f)$ folgt direkt aus Lemma 2.4.3. Falls $m_0 m_1(a) = 1$, ist $f_{i,0}(a) = f_{i,1}(a) = 1$ und damit nach Lemma 2.4.3 $f(a) = 1$.
ii) Sei $m_1(a) = 1$ und $a' = (a_1, \ldots, a_{i-1}, 1, a_{i+1}, \ldots, a_n)$. Da m_1 nicht von x_i abhängt, ist $m_1(a') = 1$ und $m(a') = 1$. Da $m \in PI(f)$, ist $f(a') = 1$. Da $a'_i = 1$, ist nach Lemma 2.4.3 $f_{i,1}(a') = 1$. Da $f_{i,1}$ nicht von x_i abhängt, ist $f_{i,1}(a) = 1$ und somit $m_1 \in I(f_{i,1})$. Wäre eine echte Verkürzung m' von m_1 Implikant von $f_{i,1}$, dann wäre nach i) $x_i m' \in I(f)$ im Widerspruch zu $m = x_i m_1 \in PI(f)$.
iii) analog zu ii).
iv) Sei $m(a) = 1$. Falls $a_i = 1$, ist nach Lemma 2.4.3 $f_{i,1}(a) = 1$. Falls $a_i = 0$, sei a' wie im Beweis von ii) definiert. Da $x_i, \bar{x}_i \notin m$, ist $m(a') = 1$ und, da $a'_i = 1, f_{i,1}(a') = 1$. Da $f_{i,1}$ nicht von x_i abhängt, ist $f_{i,1}(a) = 1$. Also ist $m \in I(f_{i,1})$. Analog folgt $m \in I(f_{i,0})$. Also existieren Verkürzungen m_1, m_0 von m mit $m_1 \in PI(f_{i,1})$ und $m_0 \in PI(f_{i,0})$. Es bleibt zu zeigen: $m = m_0 m_1$. Nach Konstruktion ist $m_0 m_1$ eine Verkürzung von m. Nach Aussage i) ist $m_0 m_1 \in I(f)$. Da $m \in PI(f)$, kann $m_0 m_1$ keine echte Verkürzung von m sein, und es ist $m = m_0 m_1$. $\square$

2.4.5 Algorithmus (Baummethode)

Vereinbarung: Alle entstehenden Polynome werden vereinfacht, d.h. Summanden 0 oder Monome, für die es echte Verkürzungen gibt, werden gestrichen, mehrfach auftretende Monome bleiben nur einmal erhalten, Monome mit $x_i \bar{x}_i$ werden zu 0, 1-Faktoren in Monomen fallen weg.

1.) p ist nach Vereinfachung 0 oder 1. Die Konstante bildet die Ausgabe. Stop.

2.) Ansonsten wähle ein i, so daß x_i oder $\bar{x}_i$ in p vorkommt.

3.) Bilde $p_{i,c}$ für $c = 0$ und $c = 1$ durch formales Ersetzen von x_i durch c in p und berechne rekursiv die Polynome $p^*_{i,c}$ für $c = 0$ und $c = 1$.

4.) Bilde $p' = \bar{x}_i p^*_{i,0} \vee x_i p^*_{i,1} \vee p^*_{i,0} p^*_{i,1}$.

5.) Bilde p^*, indem in p' ausmultipliziert wird und das Ergebnis vereinfacht wird.

Der Name Baummethode bezieht sich auf den entstehenden binären Rekursionsbaum.

2.4.6 Satz   *Mit der Baummethode wird die Menge der Primimplikanten von f
berechnet.*

B e w e i s Der Algorithmus ist endlich, da in jedem Rekursionsschritt die Zahl der
Indizes j, so daß x_j-Literale im Polynom vorkommen, um mindestens 1 kleiner
wird. Wir führen den Korrektheitsbeweis durch Induktion über die Zahl n der
Indizes j, für die x_j-Literale in p vorkommen. Für $n = 0$ ist der Algorithmus
offensichtlich korrekt. Für den Induktionsschritt sei p ein Polynom, in dem x_j-
Literale für $j \in \{1, \dots, n\}$ vorkommen. Nach Induktionsvoraussetzung enthalten
$p_{i,0}^*$ und $p_{i,1}^*$ genau die Primimplikanten von $f_{i,0}$ bzw. $f_{i,1}$. Nach Lemma 2.4.3 ist
$\bar{x}_i p_{i,0}^* \vee x_i p_{i,1}^*$ ein Polynom für f und nach Lemma 2.4.4.i enthält $p_{i,0}^* p_{i,1}^*$ nur weitere
Implikanten von f. p^* ist also ein Polynom für f. Wenn p^* alle Primimplikanten
von f enthält, kann wegen der Vereinfachungsvereinbarung kein $m \in I(f) - PI(f)$
in p^* vorkommen. Lemma 2.4.4.ii-iv sichert nun, daß jeder Primimplikant von f
in p' vorkommt. Da Primimplikanten nicht durch Verkürzung wegfallen, sind alle
Primimplikanten auch in p^* enthalten. $\square$

2.4.7 Beispiel   Wir beginnen mit dem Polynom p, das unser Standardbeispiel
als Summe aller Implikanten der Länge 3 darstellt.
$p = \bar{w}\bar{x}y \vee \bar{w}x\bar{y} \vee \bar{x}y\bar{z} \vee \bar{w}xz \vee \bar{w}yz \vee w\bar{x}y \vee wy\bar{z} \vee \bar{x}yz \vee wxy \vee wyz \vee xyz$.
Da y in p am häufigsten vorkommt, wählen wir (heuristisch) $i = 3$ und damit y
als Zerlegungsvariable.
$p_{3,0} = \bar{w}x \vee \bar{w}xz = \bar{w}x$.
Es bleibt der Leserin und dem Leser überlassen, formal nachzuvollziehen, daß
$p_{3,0}^* = \bar{w}x$ ist.

$$p_{3,1} = \bar{w}\bar{x} \vee \bar{x}\bar{z} \vee \bar{w}xz \vee \bar{w}z \vee w\bar{x} \vee w\bar{z} \vee \bar{x}z \vee wx \vee wz \vee xz$$
$$= \bar{w}\bar{x} \vee \bar{x}\bar{z} \vee \bar{w}z \vee w\bar{x} \vee w\bar{z} \vee \bar{x}z \vee wx \vee wz \vee xz.$$

Da alle Variablen gleich oft vorkommen, wählen wir $i = 1$ und damit w als Zerlegungsvariable.
$(p_{3,1})_{1,0} = \bar{x} \vee \bar{x}\bar{z} \vee z \vee \bar{x}z \vee xz = \bar{x} \vee z$.
Wieder folgt leicht $(p_{3,1})_{1,0}^* = \bar{x} \vee z$.
$(p_{3,1})_{1,1} = \bar{x}\bar{z} \vee \bar{x} \vee \bar{z} \vee \bar{x}z \vee x \vee z \vee xz = \bar{x} \vee \bar{z} \vee x \vee z$.
Hier sollte man formal nachvollziehen, wie der Algorithmus $(p_{3,1})_{1,1}^* = 1$ berech-
net.
Also ist
$p_{3,1}' = \bar{w}(\bar{x} \vee z) \vee w1 \vee (\bar{x} \vee z)1$ und

$p_{3,1}^* = \bar{w}\bar{x} \vee \bar{w}z \vee w \vee \bar{x} \vee z = w \vee \bar{x} \vee z.$
Schließlich ist $p' = \bar{y}(\bar{w}x) \vee y(w \vee \bar{x} \vee z) \vee (\bar{w}x)(w \vee \bar{x} \vee z)$ und

$$p^* = \bar{w}x\bar{y} \vee wy \vee \bar{x}y \vee yz \vee 0 \vee 0 \vee \bar{w}xz$$
$$= \bar{w}x\bar{y} \vee wy \vee \bar{x}y \vee yz \vee \bar{w}xz.$$

Dies ist die uns schon bekannte Primimplikantenmenge von f.

2.4.8 Satz   *Es gibt Funktionen $f_n \in B_n, n = m^2$, für die die Baummethode bei Eingabe des Polynoms aus allen m Primimplikanten bei beliebiger Wahl der Zerlegungsvariablen mindestens 2^m Schritte benötigt.*

B e w e i s Wir teilen die n Variablen in m Blöcke mit je m Variablen. f_n soll testen, ob mindestens ein Block nur Einsen enthält. Also ist

$$f_n(x) = \bigvee_{1 \leq i \leq m} x_{(i-1)m+1} \wedge \ldots \wedge x_{im}.$$

Dieses Polynom besteht aus m Monomen der Länge m. Z.B. mit der im folgenden dargestellten Methode des iterierten Konsensus folgt sofort, daß dieses Polynom genau aus allen Primimplikanten besteht. Die Baummethode stoppt erst dann, wenn die entstandene Subfunktion konstant ist. Damit die Subfunktion konstant 1 ist, müssen alle Variablen eines Blockes 1 sein. Damit die Subfunktion konstant 0 ist, muß aus jedem Block mindestens eine Variable 0 sein. Also enthält der Rekursionsbaum einen vollständigen binären Baum der Tiefe m und damit mindestens 2^m Blätter.   □

Im Beweis von Satz 2.4.1 haben wir geschlossen, daß $x_{2k+1}m$ Implikant von f_{k+1} ist, da $x_{2k}m$ und $\bar{x}_{2k}x_{2k+1}$ Implikanten von f_{k+1} sind. Ähnlich verlief der Beweis von Satz 2.4.4.i. Das dahinter stehende Prinzip erfassen wir mit dem Begriff des Konsensus zweier Implikanten.

2.4.9 Definition   Es seien $m\bar{x}_i, m'x_i \in I(f)$, wobei m und m' weder x_i noch $\bar{x}_i$ enthalten. Falls mm' nicht die Konstante 0 ist, heißt mm' *Konsensus* von $m\bar{x}_i$ und $m'x_i$. Ist $m = m'$, heißt m *einfacher Konsensus* von $m\bar{x}_i$ und $m'x_i$.

2.4.10 Lemma   *Jeder Konsensus zweier Implikanten von f ist Implikant von f. Es gilt sogar*
$m\bar{x}_i \vee m'x_i = m\bar{x}_i \vee m'x_i \vee mm'.$

B e w e i s Sei $mm'(a) = 1$. Falls $a_i = 0$, ist $m\bar{x}_i(a) = 1$. Falls $a_i = 1$, ist $m'x_i(a) = 1$. In beiden Fällen folgt, da $m\bar{x}_i, m'x_i \in I(f)$ ist, $f(a) = 1$. Also ist $mm' \in I(f)$.
□

Da der Quine/McCluskey-Algorithmus mit der DNF startet, kann er sich auf die Betrachtung der einfachen Konsensus beschränken. Bei Eingabe eines beliebigen Polynoms für f müssen dagegen alle Konsensus betrachtet werden.

2.4.11 Algorithmus (Methode des iterierten Konsensus)

1.) Vereinfache das Polynom.
2.) Solange es einen Konsensus gibt, für den noch keine Verkürzung im Polynom enthalten ist, füge den Konsensus zum Polynom hinzu und vereinfache das Polynom.

2.4.12 Satz *Mit der Methode des iterierten Konsensus wird die Menge der Primimplikanten von f berechnet.*

B e w e i s Der Algorithmus ist endlich. Für jedes Monom m, das aus dem Polynom entfernt wird, gibt es eine echte Verkürzung im Polynom. In den später betrachteten Polynomen gibt es weiterhin stets mindestens ein Monom (nicht unbedingt immer dasselbe), das echte Verkürzung von m ist. m wird also nie wieder zum Polynom hinzugefügt. Da es nur endlich viele Monome gibt und jedes Monom höchstens einmal als Konsensus zum Polynom addiert wird, stoppt der Algorithmus in endlicher Zeit.

Nach Lemma 2.4.10 stellt das betrachtete Polynom stets f dar und enthält nur Implikanten von f. Da am Ende jede echte Verlängerung vorhandener Monome gestrichen wird, genügt es zu zeigen, daß das Outputpolynom p^* alle Primimplikanten von f enthält. Wir führen den Korrektheitsbeweis durch Induktion über die Zahl n der Indizes j, für die x_j-Literale in p^* vorkommen. Für $n = 0$ ist f eine Konstante und der Algorithmus korrekt. Für den Induktionsschritt sei p^* ein Polynom, in dem x_j-Literale für $j \in \{1, \ldots, n\}$ vorkommen. Sei $m \in PI(f)$. Zunächst nehmen wir an, daß m nicht die Konstante 1 ist. Dann enthält m ein Literal, o.B.d.A. x_1. Also ist $m = x_1 m^*$. Nach Satz 2.4.4 ist $m^* \in PI(f_{1,1})$. Wir stellen p^* nun als

$$p^* = \bar{x}_1 p_1 \vee x_1 p_2 \vee p_3$$

dar, wobei wir in p^* $\bar{x}_1$ und x_1 ausklammern. $p_2 \vee p_3$ ist somit ein Polynom für $f_{1,1}$, in dem x_1 und $\bar{x}_1$ nicht vorkommen. Wenn der Algorithmus bei Eingabe $p_2 \vee p_3$ nicht nach Schritt 1 sofort stoppt, gibt es einen Konsensus $m'm''$ aus $m'x_i$ und $m''\bar{x}_i$, so daß es keine echte Verkürzung von $m'm''$ in $p_2 \vee p_3$ gibt. Sei $M' = m'x_1$, falls $m'x_i$ in p_2 vorkommt, und $M' = m'$ sonst, analog sei M'' definiert. Dann ist $M'M''$ der Konsensus der beiden in p^* vorkommenden Monome $M'x_i$ und $M''\bar{x}_i$. Da unser Algorithmus mit p^* stoppt, gibt es in p^* eine echte Verkürzung von $M'M''$. Da $M'M''$ nicht $\bar{x}_1$ enthält, hat $m'm''$ eine Verkürzung in $p_2 \vee p_3$ im Widerspruch zur Annahme. Also stoppt Algorithmus 2.4.11 auf $p_2 \vee p_3$ nach Schritt 1. Nach Induktionsvoraussetzung enthält $p_2 \vee p_3$ den Primimplikanten m^*. Wäre

m^* ein Monom in p_3, dann wäre $m^* \in I(f)$ im Widerspruch zu $m = x_1 m^* \in PI(f)$. Also ist m^* ein Monom in p_2 und $x_1 m^* = m$ ein Monom in p^*.

Für $m = 1$ müssen wir den Beweis leicht abwandeln. Es ist dann $m^* = 1$ und o.B.d.A. x_1 eine in p^* vorkommende Variable. Da $f_{1,0} = f_{1,1} = 1$, folgt mit den obigen Argumenten, daß sowohl $p_1 \vee p_3$ als auch $p_2 \vee p_3$ den Summanden 1 enthalten. Falls $p_3 = 1$, ist $p^* = 1$. Sonst ist $p_1 = p_2 = 1$ und p^* enthält den Konsensus 1 aus $\bar{x}_1$ und x_1. $\qquad\qquad\Box$

2.4.13 Beispiel   Unser Standardbeispiel sei nun dargestellt als

$$p = \bar{w}yz \vee w\bar{x}y \vee wxy\bar{z} \vee \bar{x}y\bar{z} \vee \bar{w}x\bar{y} \vee xyz \ .$$

Wir suchen stets den frühesten Konsensus, also $\bar{x}yz$ aus den ersten beiden Monomen, Konsensus $\bar{w}\bar{x}y$ aus Monom 1 und 4 und Konsensus $\bar{w}xz$ aus Monom 1 und 5.

$$p_1 = \bar{w}yz \vee w\bar{x}y \vee wxy\bar{z} \vee \bar{x}y\bar{z} \vee \bar{w}x\bar{y} \vee xyz \vee \bar{x}yz \vee \bar{w}\bar{x}y \vee \bar{w}xz \ .$$

Nun ergibt sich Konsensus $wy\bar{z}$ aus Monom 2 und 3, der Konsensus ersetzt Monom 3, Monom 2 und 6 haben Konsensus wyz und Monom 2 und 8 den einfachen Konsensus $\bar{x}y$, der einige vorhandene Monome verkürzt.

$$p_2 = \bar{w}yz \vee wy\bar{z} \vee \bar{w}x\bar{y} \vee xyz \vee \bar{w}xz \vee wyz \vee \bar{x}y \ .$$

Nun ergeben sich der Konsensus wxy aus Monom 2 und 4 und der einfache Konsensus wy aus Monom 2 und 6.

$$p_3 = \bar{w}yz \vee \bar{w}x\bar{y} \vee xyz \vee \bar{w}xz \vee \bar{x}y \vee wy \ .$$

Monom 1 und 2 liefern das bereits vorhandene Monom $\bar{w}xz$ und Monom 1 und 6 den Konsensus yz.

$$p_4 = \bar{w}x\bar{y} \vee \bar{w}xz \vee \bar{x}y \vee wy \vee yz \ .$$

Es gibt keinen Konsensus, für den nicht schon eine Verkürzung vorhanden wäre. Wir haben die Primimplikanten von f berechnet.

Natürlich bietet Algorithmus 2.4.11 Raum für Heuristiken, um „gute Konsensus" auszuwählen.

2.4.14 Satz   *Es gibt Funktionen $g_k \in B_{2k}$, für die die Methode des iterierten Konsensus bei Eingabe eines Polynoms aus $k+2$ Monomen für g_k zur Berechnung des einzigen Primimplikanten von g_{2k} mehr als 2^k Schritte brauchen kann.*

B e w e i s Sei $f_k \in B_{2k-1}$ die Funktion aus Satz 2.4.1 und p' ein Polynom aus k Monomen für f_k. Sei g_k durch das Polynom $p = p' \vee x_{2k} \vee \bar{x}_{2k}$ dargestellt. Wenn der Algorithmus zunächst nur auf p' operiert, erzeugt er alle $2^k - 1$ Primimplikanten von f_k. Erst dann entdeckt er den einfachen Konsensus 1 zwischen x_{2k} und $\bar{x}_{2k}$ und gibt $p^* = 1$ als Summe der Primimplikanten von g_k aus. $\qquad\Box$

Das obige Beispiel mag künstlich erscheinen, aber man kann ohne große Mühe die Funktion 1 „besser verstecken".

Die folgende Methode nutzt die Dualitätstheorie auf geschickte Weise aus.

2.4.15 Algorithmus (Methode des doppelten Produkts)
1.) Vereinfache das Polynom.
2.) Ersetze formal $\wedge$ durch $\vee$ sowie 0 durch 1 und umgekehrt.
3.) Multipliziere den entstandenen Ausdruck aus und vereinfache.
4.) Ersetze formal $\wedge$ durch $\vee$ sowie 0 durch 1 und umgekehrt.
5.) Multipliziere den entstandenen Ausdruck aus und vereinfache.

2.4.16 Satz   *Mit der Methode des doppelten Produkts wird die Menge der Primimplikanten von f berechnet.*

B e w e i s Wir haben in Kap. 2.1 bereits die duale Funktion f_d von f definiert und gezeigt, daß wir die KNF für f_d erhalten, indem wir in der DNF für f $\wedge$ und $\vee$ austauschen. Wir zeigen nun, daß Schritt 2 des Algorithmus eine Darstellung von f_d liefert. Wir erhalten f_d aus f, wenn wir x_i und $\bar{x}_i$ austauschen und den Output negieren. Wenn wir nun die deMorgan-Regeln auf die beiden Ebenen des Polynoms anwenden, werden $\wedge$ und $\vee$ ausgetauscht und die Negation des Outputs wandert zu den Inputs. Dies bewirkt, daß der Austausch von x_i und $\bar{x}_i$ rückgängig gemacht wird. Also erhalten wir in Schritt 4 die Funktion $(f_d)_d = f$, und der Output p^* ist ein Polynom, das f darstellt. Wieder genügt es zu zeigen, daß in p^* alle Primimplikanten von f vorkommen.

Sei g der Ausdruck, der in Schritt 4 des Algorithmus entsteht. Da wir in einem Polynom für f_d $\wedge$ und $\vee$ vertauscht haben, ist g eine Darstellung von f, die eine Konjunktion von Klauseln ist. Eine Klausel ist dabei eine Summe (Disjunktion) von Literalen. Da nach Vereinfachung in Schritt 3 Monome nicht x_i und $\bar{x}_i$ enthalten, gilt dies auch für die Klauseln. Derartige Klauseln sind Polynome, die alle Primimplikanten der durch die Klausel dargestellten Funktion enthalten. Dies folgt sofort mit der Methode des iterierten Konsensus. Seien nun $g_1, \ldots, g_k$ die Klauseln in g, d.h. $f = g_1 \wedge \ldots \wedge g_k$. Beim Ausmultiplizieren in Schritt 5 werden die Monome $m' = h_1 \wedge \ldots \wedge h_k$ mit $h_i \in PI(g_i)$ berechnet. Es genügt also zu zeigen, daß sich jeder Primimplikant m von f auf diese Weise darstellen läßt.

Falls $m(a) = 1$, ist $f(a) = 1$ und damit $g_i(a) = 1$ für alle $i \in \{1, \ldots, k\}$. Also ist $m \in I(g_i)$, und es gibt eine Verkürzung h_i von m, so daß $h_i \in PI(g_i)$ ist. Somit ist m eine Verlängerung von $h_1 \wedge \ldots \wedge h_k$. Andererseits ist $h_1 \wedge \ldots \wedge h_k \in I(f)$. Wenn nämlich $h_i(a) = 1$ für alle i ist, ist auch $g_i(a) = 1$ für alle i und $f(a) = 1$. Da m Primimplikant von f ist und der Implikant $h_1 \wedge \ldots \wedge h_k$ Verkürzung von m ist, ist $m = h_1 \wedge \ldots \wedge h_k$. $\qquad\square$

2.4.17 Beispiel   Wir behandeln unser Standardbeispiel. Um die Rechnung einigermaßen übersichtlich zu halten, beginnen wir mit der Summe aller Primimplikanten, die natürlich nicht vereinfacht werden kann.

$p = \bar{w}x\bar{y} \vee \bar{w}xz \vee \bar{x}y \vee wy \vee yz.$

Beim Ausmultiplizieren nach der Operatorvertauschung fassen wir zunächst die ersten beiden und die letzten drei Ausdrücke zusammen.

$$p_1 = (\bar{w} \vee x \vee \bar{y}) \wedge (\bar{w} \vee x \vee z) \wedge (\bar{x} \vee y) \wedge (w \vee y) \wedge (y \vee z)$$

$$= (\bar{w} \vee x \vee \bar{y}z) \wedge (y \vee w\bar{x}z)$$

$$= \bar{w}y \vee xy \vee w\bar{x}\bar{y}z.$$

Nun werden wieder die Operatoren vertauscht und ausmultipliziert.

$$p_2 = (\bar{w} \vee y) \wedge (x \vee y) \wedge (w \vee \bar{x} \vee \bar{y} \vee z)$$

$$= (\bar{w}x \vee y) \wedge (w \vee \bar{x} \vee \bar{y} \vee z)$$

$$= \bar{w}x\bar{y} \vee \bar{w}xz \vee wy \vee \bar{x}y \vee yz = p^*.$$

2.4.18 Satz   *Es gibt Funktionen $f_n \in B_n$, $n = m^2$, für die die Methode des doppelten Produkts bei Eingabe des Polynoms aus allen m Primimplikanten mehr als m^m Schritte benötigt.*

B e w e i s   Wir benutzen wieder die Funktionen aus dem Beweis von Satz 2.4.8. Beim ersten Ausmultiplizieren entstehen m^m verschiedene Summanden. Jedes Monom, das genau eine Variable aus jedem Block enthält, kommt als Summand vor. $\Box$

Zusammenfassend stellen wir fest, daß keiner der vorgestellten Algorithmen zur Berechnung der Primimplikantenmenge aus einem Polynom im worst case eine subexponentielle Laufzeit bezogen auf die Länge des Inputpolynoms p und die Outputgröße $|PI(f)|$ hat. Darüber hinaus gibt es für manche Funktionen f Polynome p, so daß $|PI(f)|$ exponentiell in der Länge von p ist. Man kann also nur hoffen, mit dem Einsatz heuristischer Methoden die Laufzeit der Algorithmen für viele Eingaben zu verkleinern.

2.5 Methoden zur Berechnung von Minimalpolynomen aus der Menge aller Primimplikanten

Die in Kap. 2.3 und Kap. 2.4 behandelte Berechnung der Menge aller Primimplikanten ist nur ein Zwischenschritt bei der Berechnung eines Minimalpolynoms. Wir setzen jetzt voraus, daß wir für die Funktion f das gegebene Polynom p und das Polynom p^* aller Primimplikanten kennen. Es ist durchaus möglich, daß $p = p^*$ ist. Die Berechnung eines Minimalpolynoms ist wesentlich einfacher zu behandeln, wenn p wie in Kap. 2.3 die DNF von f ist. Diesen Fall behandeln wir daher zuerst.

2.5.1 Definition   Die *Primimplikantentafel* (*PI*-Tafel) von f ist eine 0-1-Matrix, die für jeden Primimplikanten $m_1^*, \ldots, m_k^*$ von f eine Zeile und für jeden Minterm der DNF $m_{a(1)}, \ldots, m_{a(s)}$ eine Spalte hat. Der Matrixeintrag an Position (i, j) ist $m_i^*(a(j))$.

Die *PI*-Tafel ist eine übersichtliche Darstellung unserer Information. Falls $m_i^*(a(j)) = 1$ ist, sagen wir, daß m_i^* den Minterm $m_{a(j)}$ oder kürzer die Eingabe $a(j)$ überdeckt. Eine Summe $p' = m_{i(1)}^* \vee \ldots \vee m_{i(r)}^*$ von Primimplikanten stellt f genau dann dar, wenn jede Eingabe $a(j)$ von mindestens einem $m_{i(l)}^*$ überdeckt wird, d.h. die Disjunktion der Zeilen $i(1), \ldots, i(r)$ der *PI*-Tafel den 1-Vektor ergibt. Sprechweise: p' überdeckt f. Ein Minimalpolynom ist eine f überdeckende Summe mit minimalen Kosten.

2.5.2 Beispiel   Die *PI*-Tafel unseres Standardbeispiels

	0010	0011	0100	0101	0111	1010	1011	1110	1111
$\overline{w}x\overline{y}$	0	0	1	1	0	0	0	0	0
$\overline{w}xz$	0	0	0	1	1	0	0	0	0
$\overline{x}y$	1	1	0	0	0	1	1	0	0
yz	0	1	0	0	1	0	1	0	1
wy	0	0	0	0	0	1	1	1	1

Da die *PI*-Tafel sehr groß sein kann, ist es hilfreich, zunächst zwei effizient zu implementierende Vereinfachungsregeln (Reduktionsmethoden) anzuwenden.

2.5.3 Lemma   *i) Falls eine Spalte der PI-Tafel nur eine 1 enthält, gehört der Primimplikant m_i^* der entsprechenden Zeile zu jedem Minimalpolynom. Es können die i-te Zeile und alle Spalten, die an der i-ten Stelle eine 1 haben, gestrichen werden.*
ii) Falls die j'-te Spalte an keiner Stelle kleiner als die j-te Spalte ist, kann die j'-te Spalte gestrichen werden.

B e w e i s i) Wenn die Spalte für $a(j)$ nur eine 1 enthält, bedeutet dies, daß es genau einen Primimplikanten m_i^* gibt, der $a(j)$ überdeckt. Da also jedes Minimalpolynom m_i^* enthalten muß, können wir m_i^* für das Minimalpolynom auswählen und müssen nur noch die Inputs überdecken, die nicht bereits von m_i^* überdeckt werden.

ii) Die Voraussetzung impliziert, daß jeder Primimplikant, der $a(j)$ überdeckt, auch $a(j')$ überdeckt. Daher brauchen wir uns um die Überdeckung von $a(j')$ nicht mehr zu kümmern. $\qquad\square$

2.5.4 Definition   i) Die Matrix, die aus der PI-Tafel nach Anwendung der Reduktionsregeln entsteht, heißt *reduzierte Primimplikantentafel*.
ii) Die Primimplikanten, die nach der ersten Reduktionsregel ausgewählt werden, heißen *Kernimplikanten*.

2.5.5 Beispiel   In der PI-Tafel in Beispiel 2.5.2 finden wir die folgenden Kernimplikanten: $\bar{x}y$ für Spalte 1, $\bar{w}x\bar{y}$ für Spalte 3 und wy für Spalte 8. Außerdem können wir z.B. Spalte 7 streichen, da sie nirgends kleiner als Spalte 6 ist. Wir erhalten die folgende reduzierte PI-Tafel.

	0111
$\bar{w}xz$	1
yz	1

Nun ist es einfach, die minimale Überdeckung yz zu bestimmen. Also ist $\bar{w}x\bar{y} \vee \bar{x}y \vee wy \vee yz$ das einzige Minimalpolynom in unserem Standardbeispiel.

2.5.6 Beispiel MD_3 (s. Definition 2.3.4) hat mehrere Minimalpolynome. Nach Satz 2.3.5 hat MD_3 6 Primimplikanten: $x\bar{y}, \bar{x}y, x\bar{z}, \bar{x}z, y\bar{z}$ und $\bar{y}z$. Die PI-Tafel sieht folgendermaßen aus.

	001	010	011	100	101	110
$x\bar{y}$	0	0	0	1	1	0
$\bar{x}y$	0	1	1	0	0	0
$x\bar{z}$	0	0	0	1	0	1
$\bar{x}z$	1	0	1	0	0	0
$y\bar{z}$	0	1	0	0	0	1
$\bar{y}z$	1	0	0	0	1	0

Die PI-Tafel läßt sich nicht reduzieren. Da jeder Primimplikant nur 2 der 6 Eingaben überdeckt, brauchen wir mindestens 3 Primimplikanten, um MD_3 zu überdecken. Aber 3 Primimplikanten genügen auch.

$$MD_3(x,y,z) = x\bar{z} \vee \bar{x}y \vee \bar{y}z = x\bar{y} \vee y\bar{z} \vee \bar{x}z.$$

Also hat MD_3 2 verschiedene Minimalpolynome.

Im letzten Beispiel war es schon gar nicht mehr so einfach, ein Minimalpolynom zu finden. Für die Funktion MD_6 auf nur 6 Variablen gibt es nach Satz 2.3.5 90 Primimplikanten. Außerdem ist leicht einzusehen, daß $|MD_6^{-1}(1)| = 50$ ist. Die PI-Tafel ist also eine 90×50- Matrix, die zudem nicht reduzierbar ist. Minimalpolynome enthalten (s.Kap. 2.9) nur 15 Primimplikanten. Ein solches Minimalpolynom durch Ausprobieren zu erhalten, ist selbst mit Rechnerhilfe sehr aufwendig.

Ist es möglich, auf effiziente Weise aus der reduzierten PI-Tafel ein Minimalpolynom zu berechnen? Dieses sogenannte Überdeckungsproblem ist in der Optimierungstheorie wohlbekannt. Die Eingabe $a(j)$ ($1 \leq j \leq s$) können wir mit dem Index j identifizieren und den Primimplikanten m_i^* mit der Menge A_i aller j, so daß m_i^* $a(j)$ überdeckt. Wir suchen dann die billigste Auswahl von Mengen, deren Vereinigung $\{1, \ldots, s\}$ ergibt. Dieses Problem ist NP-vollständig (s.Garey und Johnson (1979)) und damit nur, wenn $NP = P$ ist, effizient lösbar. Nun könnte man noch hoffen, daß reduzierte PI-Tafeln eine echte Teilmenge der Inputmenge für das Überdeckungsproblem bilden und daß dieses Subproblem effizienter zu lösen ist als das allgemeine Problem. Diese Hoffnung wurde bereits von Paul (1975) zerstört. Jedes Überdeckungsproblem ist reduzierte PI-Tafel einer geeigneten Booleschen Funktion.

Die naive Lösung des Überdeckungsproblems besteht darin, alle 2^k Teilmengen der k Primimplikanten darauf zu überprüfen, ob sie f überdecken und unter den überdeckenden Teilmengen eine billigste auszuwählen. Wie bei vielen NP-vollständigen Optimierungsproblemen gibt es heuristische Methoden, die den naiven Probieralgorithmus übertreffen. Der Suchbereich, die Potenzmenge der k Primimplikanten, soll dabei durch einfache Tests wesentlich verkleinert werden. Wir benutzen einen einfachen Branch- and Bound-Algorithmus, der sich in vielen Aspekten noch verfeinern läßt. Der Algorithmus hat im worst case exponentielle Rechenzeit, man erhofft sich jedoch für viele Fälle ein relativ gutes Laufzeitverhalten.

Branch-and-Bound-Algorithmen benötigen effiziente Subroutinen für die folgenden Aufgaben.
1.) (Lower Bound). Berechnung einer (möglichst guten) unteren Schranke L für die Kosten eines Minimalpolynoms.
2.) (Upper Bound). Berechnung einer (möglichst guten) oberen Schranke U für die Kosten eines Minimalpolynoms. Hierbei sollte ein Polynom für f mit Kosten U berechnet werden.
3.) (Branching). Zerlegung des Problems in disjunkte Teilprobleme, die wieder vom Typ Überdeckungsproblem sind.

2.5.7 Algorithmus (Berechnung von L)
1.) Sei z_i die Zahl der Eingaben, die m_i^* überdeckt. Eine untere Schranke für die Zahl der Primimplikanten in Minimalpolynomen ist die kleinste Anzahl r von z-Werten, deren Summe mindestens $s = |f^{-1}(1)|$ beträgt.
2.) Seien c_i die Kosten von m_i^*. Dann ist die Summe der kleinsten r c-Werte eine untere Schranke L für die Kosten eines Minimalpolynoms.

2.5.8 Algorithmus (Berechnung von U)
Wir gehen gierig (greedy) vor, ohne in die Zukunft zu planen. Wir wählen stets

den Primimplikanten aus, der von den verbliebenen zu überdeckenden Eingaben die meisten überdeckt, und stoppen, wenn f überdeckt wird. U sind die Kosten dieses Polynoms für f.

2.5.9 Algorithmus (Branching)

Wir bilden zwei Teilprobleme, indem wir das Problem an einem „kritischen" Primimplikanten m_i^* zerlegen. Als kritischer Primimplikant bietet sich ein Primimplikant an, der die meisten Eingaben überdeckt. Problem 1 entsteht durch *Exklusion* von m_i^*, d.h. wir streichen die zu m_i^* gehörende Zeile der PI-Tafel und suchen damit ein billigstes Polynom unter allen überdeckenden Polynomen, die m_i^* nicht enthalten. Problem 2 entsteht durch *Inklusion* von m_i^*, d.h. wir streichen die zu m_i^* gehörende Zeile und alle durch m_i^* überdeckten Spalten der PI-Tafel. Wenn wir das Restproblem lösen und m_i^* hinzufügen, erhalten wir ein billigstes Polynom unter allen überdeckenden Polynomen, die m_i^* enthalten. Die billigere der Lösungen der beiden Teilprobleme ist natürlich ein Minimalpolynom.

2.5.10 Algorithmus (Branch-and-Bound-Algorithmus)

Vereinbarung: Für jedes entstehende Überdeckungsproblem P_i werden zunächst die Reduktionsregeln angewendet und die Schranken L_i' und U_i' für das reduzierte Problem berechnet. Die eigentlichen Schranken L_i und U_i für das Teilproblem erhalten wir, indem wir zu L_i' und U_i' die Kosten aller durch Inklusion oder Reduktionen vorab ausgewählten Primimplikanten hinzuaddieren. Der Algorithmus benutzt als Datenstruktur einen Branch-and-Bound-Baum BBB, an dessen Knoten Teilprobleme stehen. Stets bilden die Probleme an den Blättern eine disjunkte Zerlegung des Gesamtproblems. Damit ist die kleinste untere (obere) Schranke an den Blättern eine untere (obere) Schranke für das Gesamtproblem.

1.) Initialisiere den BBB durch einen Baum mit einem Knoten, der das Gesamtproblem P_0 darstellt.

2.) Berechne die aktuellen Werte für L und U als Minimum aller L_i bzw. U_i für die Probleme an den Blättern des BBB.

3.) Ist $L = U$, ist das Polynom, das zu der oberen Schranke U gehört, ein Minimalpolynom. Stop.

4.) Ist $L < U$, wird das Problem P_i, das zu der unteren Schranke L gehört, in zwei Teilprobleme zerlegt, die im BBB Söhne von P_i werden. Gehe zu Schritt 2.

Der Algorithmus ist offensichtlich endlich und korrekt. Teilprobleme P_i, deren untere Schranke L_i mindestens so groß wie die obere Schranke U_j eines anderen Teilproblems ist, werden nicht weiter zerlegt. Auf diese Weise werden viele teure überdeckende Polynome nicht gebildet. Es ist wesentlich, daß wir in Schritt 4 das zu der unteren Schranke gehörende Problem zerlegen. Um dies einzusehen, betrachten wir eine Situation mit zwei Teilproblemen P_1 und P_2, wobei $L_1 = 17, U_1 = 23, L_2 = 19, U_2 = 22$ ist. Wenn wir an P_2 weiterarbeiten, erhalten wir als Lösung ein Polynom, dessen Kosten im Intervall [19, 22] liegen. Wir müssen auf jeden Fall das Problem P_1 daraufhin untersuchen, ob es eine billigere Lösung liefert. Wenn wir jedoch zuerst an P_1 arbeiten, erhalten wir eine Lösung mit Kosten $c \in [17, 23]$. Ist $c \leq 19$, wissen wir, daß dies die Lösung des Gesamtproblems ist. Nur wenn $c > 19$ ist, müssen wir noch an P_2 arbeiten. Die einzige Chance, Arbeit zu sparen, besteht also darin, mit P_1 zu beginnen. Schließlich hat die Branch-and-Bound-Methode den Vorteil, daß wir, falls $U - L$ klein ist, stoppen können und wissen, daß die Kosten unseres besten Polynoms um höchstens $U - L$ über dem Minimum liegen.

2.5.11 Beispiel   In der reduzierten PI-Tafel aus Beispiel 2.5.6 haben alle Primimplikanten Kosten 2. Also ist $L_0 = 6$. Der Greedy-Algorithmus wählt zunächst $x\bar{y}$ und dann $\bar{x}y$, die zusammen vier Eingaben überdecken. Danach überdeckt jeder verbliebene Primimplikant nur eine Eingabe. Es werden $x\bar{z}$ und $\bar{x}z$ gewählt. $U_0 = 8$. Da $L_0 < U_0$, zerlegen wir P_0 an $x\bar{y}$.
Exklusion: Nach Streichung der Zeile für $x\bar{y}$ sind $x\bar{z}$ (für Spalte 4) und $\bar{y}z$ (für Spalte 5) Kernimplikanten. Sie überdecken vier Eingaben. Es ist $L_1' = 2$ und $U_1' = 2$, da die restlichen Eingaben von $\bar{x}y$ überdeckt werden. Also ist $L_1 = 6$ und $U_1 = 6$.
Inklusion: Da $x\bar{y}$ gewählt ist, können Spalte 4 und 5 gestrichen werden. Es ist $L_2' = 4$. Der Greedy-Algorithmus wählt $\bar{x}y, x\bar{z}$ und $\bar{x}z$, also ist $U_2' = 6$. Da $x\bar{y}$ vorher erzwungen wurde, ist $L_2 = 6$ und $U_2 = 8$.
P_1 und P_2 sind Blätter des BBB, also ist $L = U = 6$, und $\bar{x}y \vee x\bar{z} \vee \bar{y}z$ ist ein Minimalpolynom.

In diesem kleinen Beispiel sind wir schnell am Ziel. Aber bereits für MD_6 benötigt ein verfeinerter Algorithmus mehr als 1 Stunde CPU-Zeit. Young und Muroga (1985) haben die Methode weiter verfeinert, so daß Symmetrieeigenschaften der PI-Tafel berücksichtigt werden. Dadurch sinkt die CPU-Zeit auf 7.5 Minuten. Wir werden im Kap. 2.9 Methoden kennenlernen, mit denen dieses Problem sogar von Hand schnell gelöst werden kann.

Was ändert sich nun, wenn wir wie in Kap. 2.4 $PI(f)$ aus einem beliebigen Polynom p für f berechnen? Wir können die bisher vorgestellten Methoden weiter benutzen, indem wir die DNF von f aus p (oder p^*) berechnen. Dies ist aber nur sinnvoll, wenn die DNF nicht wesentlich länger als p oder p^* ist. Ansonsten sollten wir versuchen, mit der vorhandenen Information auszukommen.

2.5.12 Definition   Ein Monom m wird durch ein Polynom p' *überdeckt*, wenn $p'(a) = 1$ für alle $a \in m^{-1}(1)$ ist.

Es ist offensichtlich, daß eine Summe aus Primimplikanten genau dann f darstellt, wenn sie alle Monome aus p überdeckt. Wenn m ein Minterm ist, stimmt Definition

2.5.12 mit unserem alten Überdeckungsbegriff überein. Da Minterme nur für eine Eingabe 1 berechnen, kommen zur Überdeckung nur einzelne Primimplikanten in Frage. Für kürzere Monome m ist es dagegen möglich, daß m durch ein Polynom p' aber durch kein Teilpolynom von p' überdeckt wird.

2.5.13 Definition   Es sei $p^* = m_1^* \vee \ldots \vee m_k^*$ das Polynom aller Primimplikanten von f und m ein Implikant von f.

i) Die Menge $U(p^*, m)$ aller *Überdeckungen* von m durch p^* besteht aus allen $I \subseteq \{1, \ldots, k\}$, so daß $m^{-1}(1) \cap m_i^{*-1}(1) \neq \emptyset$ für $i \in I$ ist und das Polynom aller $m_i^*, i \in I$, m überdeckt.

ii) Die Menge $MU(p^*, m)$ der *minimalen Überdeckungen* von m durch p^* besteht aus allen $I \in U(p^*, m)$, so daß keine echte Teilmenge von I in $U(p^*, m)$ ist.

Wir erinnern an Definition 2.4.2. Die Subfunktion $f_{i,c}$ entsteht aus f, indem x_i durch c ersetzt wird. Wir erweitern diese Definition, um den verallgemeinerten Überdeckungsbegriff besser erfassen zu können.

2.5.14 Definition   Für ein Monom $m = x_{i(1)}^{a(1)} \wedge \ldots \wedge x_{i(r)}^{a(r)}$ entsteht die *Subfunktion* f_m aus f, indem die Variablen $x_{i(j)}$ durch $a(j), 1 \leq j \leq r$, ersetzt werden.

2.5.15 Lemma   *Das Polynom p' überdeckt das Monom m genau dann, wenn p'_m die Konstante 1 ist.*

B e w e i s   In p'_m betrachten wir noch genau die Inputs a, für die $m(a) = 1$ ist. Also folgt die Behauptung direkt aus Definition 2.5.12. $\square$

2.5.16 Beispiel   Als Polynom betrachten wir die Summe aller Primimplikanten von MD_3, $p^* = x\bar{y} \vee \bar{x}y \vee x\bar{z} \vee \bar{x}z \vee y\bar{z} \vee \bar{y}z$, und als Monom $m = x\bar{y}$. Wenn wir für die Primimplikanten die Subfunktionen bzgl. m bilden, erhalten wir die Monome $1, 0, \bar{z}, 0, 0, z$. Die Menge $U(p^*, m)$ besteht also aus den Mengen $\{1\}, \{1,3\}, \{1,6\}, \{1,3,6\}, \{3,6\}$, die Menge $MU(p^*, m)$ aus den Mengen $\{1\}$ und $\{3,6\}$. Wie wir in Beispiel 2.5.6 sehen, benutzt das erste Minimalpolynom die Überdeckung von m durch die Primimplikanten 3 und 6, also $x\bar{z}$ und $\bar{y}z$, während das zweite Minimalpolynom den Primimplikanten 1, also $x\bar{y}$ selber, benutzt.

Wir haben ein Verfahren gefunden, um $MU(p^*, m)$ zu berechnen. Zunächst wird für jeden Primimplikanten m_i^* die Subfunktion $h_i = (m_i^*)_m$ bezüglich m gebildet, dies ist auf effiziente Weise möglich. Dann werden die nicht verkürzbaren Teilsummen aus den Monomen $h_1, \ldots, h_k$ gesucht, die 1 darstellen. Die zugehörigen Indexmengen bilden $MU(p^*, m)$. Dieser zweite Schritt war in Beispiel 2.5.16 leicht auszuführen, ist aber im allgemeinen schwierig. Wir stellen eine Methode, vergleichbar mit der Baummethode in Kap. 2.4, vor, um diese Aufgabe zu lösen. Satz 2.5.17 spielt dabei die Rolle von Satz 2.4.4.

2.5.17 Satz   *i) Für $I_0 \in MU(p^*, m\bar{x}_j)$ und $I_1 \in MU(p^*, mx_j)$ existiert eine Menge $I \subseteq I_0 \cup I_1$ mit $I \in MU(p^*, m)$.*
ii) Für $I \in MU(p^*, m)$ gibt es Mengen $I_0 \in MU(p^*, m\bar{x}_j)$ und $I_1 \in MU(p^*, mx_j)$ mit $I = I_0 \cup I_1$.

B e w e i s i) Die Summe aller $m_i^*, i \in I_0$, überdeckt $m\bar{x}_j$, und die Summe aller $m_i^*, i \in I_1$, überdeckt mx_j, also überdeckt die Summe aller $m_i^*, i \in I_0 \cup I_1$, $m\bar{x}_j \vee mx_j = m$. Nach Definition 2.5.13 existiert $I \subseteq I_0 \cup I_1$ mit $I \in MU(p^*, m)$.
ii) Wenn die Summe aller $m_i^*, i \in I$, m überdeckt, überdeckt diese Summe sowohl $m\bar{x}_j$ als auch mx_j. Also ist $I \in U(p^*, m\bar{x}_j)$ und $I \in U(p^*, mx_j)$, und es gibt $I_0 \subseteq I$ und $I_1 \subseteq I$ mit $I_0 \in MU(p^*, m\bar{x}_j)$ und $I_1 \in MU(p^*, mx_j)$. Nach dem Beweis von Aussage i) ist $I' = I_0 \cup I_1 \in U(p^*, m)$. Wäre I' eine echte Teilmenge von I, wäre dies ein Widerspruch zu $I \in MU(p^*, m)$. $\qquad\qquad\Box$

Zur Berechnung von $MU(p^*, m)$ können also zunächst die einfacheren Aufgaben, $MU(p^*, mx_j)$ und $MU(p^*, m\bar{x}_j)$ zu berechnen, gelöst werden. Dann werden alle Mengen $I = I_0 \cup I_1$ mit $I_0 \in MU(p^*, m\bar{x}_j)$ und $I_1 \in MU(p^*, mx_j)$ gebildet und von diesen Mengen alle, für die auch echte Teilmengen konstruiert werden, gestrichen. Die Korrektheit dieses Vorgehens folgt unmittelbar aus Satz 2.5.17.

Die Mengen $MU(p^*, m_i)$ für die Monome m_i in p enthalten nun die Information, die, falls p die DNF ist, in der *PI*-Tafel steht. Für einen Minterm m_a ist $MU(p^*, m_a)$ die Menge aller $\{j\}$, so daß a von m_j^* überdeckt wird. Falls (auch im allgemeinen Fall) j zu allen Mengen in $MU(p^*, m_i)$ gehört, muß jedes Minimalpolynom m_j^* enthalten, d.h. m_j^* ist Kernimplikant.

Aus den Mengen $MU(p^*, m_i)$ soll nun ein Minimalpolynom berechnet werden. Wir überlassen dem Leser und der Leserin die einfache Aufgabe, den Branch-and-Bound-Algorithmus auf diese allgemeine Situation zu übertragen. Wir stellen eine Methode dar, mit der man alle nicht verkürzbaren Polynome aus Primimplikanten für f erhält. Wir identifizieren m_i^* mit der Booleschen Variablen z_i. $z_i = 1$ soll bedeuten, daß m_i^* im Polynom enthalten ist. Sei $p = m_1 \vee \ldots \vee m_l$ das f darstellende gegebene Polynom. Um m_j mit Primimplikanten zu überdecken, müssen wir (mindestens) für ein $I \in MU(p^*, m_j)$ alle $m_i^*(i \in I)$ wählen. Also ist

$$g_j(z_1, \ldots, z_k) = \bigvee_{I \in MU(p^*, m_j)} \; \bigwedge_{i \in I} z_i$$

ein Polynom in den z-Variablen, das für $(z_1, \ldots, z_k) \in \{0,1\}^k$ genau dann den Wert 1 liefert, wenn die Summe aller m_r^* mit $z_r = 1$ das Monom m_j überdeckt. Ein Polynom für f muß alle Monome m_j aus p überdecken, die Bedingungen für die Monome m_j werden also durch eine Konjunktion verknüpft.

2.5.18 Definition   Es sei $p = m_1 \vee \ldots \vee m_l$ ein Polynom für f und $p^* = m_1^* \vee \ldots \vee m_k^*$ das Polynom aller Primimplikanten von f. Die *Überdeckungsfunktion* von f bezüglich p ist definiert durch

$$UF(f,p) = \bigwedge_{1 \leq j \leq l} \;\; \bigvee_{I \in MU(p^*, m_j)} \;\; \bigwedge_{i \in I} z_i.$$

Mit $UF^*(f,p)$ wird das nach Ausmultiplizieren und Vereinfachen aus $UF(f,p)$ entstehende Polynom bezeichnet.

Da alle Variablen in $UF(f,p)$ unnegiert sind, folgt aus der Methode des iterierten Konsensus sofort, daß $UF^*(f,p)$ das Polynom aller Primimplikanten von $UF(f,p)$ ist.

2.5.19 Satz   *Sei $R \subseteq \{1, \ldots, k\}$. Das Polynom p' aller m_r^* mit $r \in R$ ist genau dann ein nicht verkürzbares Polynom für f, wenn das Monom aller z_r mit $r \in R$ in $UF^*(f,p)$ vorkommt.*

B e w e i s   „$\Rightarrow$" Da p' f und damit insbesondere jedes Monom m_j aus p überdeckt, enthält R eine Menge $I_j \in MU(p^*, m_j)$. Also kommt eine Verkürzung t des Monoms aller z_r mit $r \in R$ in $UF^*(f,p)$ vor. Wenn t ein $z_{r'}$ mit $r' \in R$ nicht enthält, dann ist schon das Monom aller z_r mit $r \in R - \{r'\}$ Implikant von $UF(f,p)$, und bereits das Monom aller m_r^* mit $r \in R - \{r'\}$ stellt f dar im Widerspruch zur Voraussetzung, daß p' nicht verkürzbar ist.

„$\Leftarrow$" Das Monom aller z_r mit $r \in R$ ist Implikant von $UF(f,p)$ und damit ist p', die Summe aller m_r^* mit $r \in R$, ein Polynom für f. Wenn wir in p' den Summanden $m_{r'}^*$ weglassen könnten, dann wäre auch das Monom aller z_r mit $r \in R - \{r'\}$ Implikant von $UF(f,p)$. Das Monom aller z_r mit $r \in R$ fällt dann beim Vereinfachen weg und ist im Widerspruch zur Voraussetzung nicht in $UF^*(f,p)$ enthalten. $\qquad\square$

Wir erhalten ein Minimalpolynom für f, wenn wir unter den zu den Monomen in $UF^*(f,p)$ gehörenden Polynomen ein billigstes auswählen. Wie schon bei der Methode des doppelten Produkts in Kap. 2.4 diskutiert, kann das Ausmultiplizieren von $UF(f,p)$ bei der Berechnung von $UF^*(f,p)$ zu einer gewaltigen Verlängerung der Darstellung führen. Auch die hier vorgestellten Methoden sind also nicht effizient. Wiederum kann man nur hoffen, mit dem Einsatz heuristischer Methoden die Laufzeit der Algorithmen für viele Eingaben wesentlich zu verkleinern.

2.6 Karnaugh-Diagramme

Wer z.B. die Baummethode zur Berechnung der Primimplikantenmenge per Hand ausführt, wird es als hilfreich empfinden, wenn er oder sie für Funktionen mit wenigen Variablen die Rekursion abbrechen und die Primimplikantenmenge direkt berechnen kann. Für $n \leq 4$ und eventuell $n = 5$ und $n = 6$ bieten sich Karnaugh-Diagramme (Karnaugh (1953)) zur kompakten Darstellung der wichtigen Informationen an. Im Quine/McCluskey-Algorithmus interessieren Funktionswerte für benachbarte Vektoren, also Vektoren, die sich an nur einer Stelle unterscheiden. Für $n = 2$ lassen sich die 0-1-Vektoren in der Reihenfolge $00, 01, 11, 10$ aufzählen, die Nachbarn jedes Vektors stehen dann links und rechts von ihm, wobei 00 rechter Nachbar von 10 und 10 linker Nachbar von 00 ist (kreisförmige Verkettung). Auf dem Papier stehen uns zwei Dimensionen zur Verfügung, also lassen sich Funktionen aus B_4 durch Karnaugh-Diagramme sehr übersichtlich darstellen.

2.6.1 Beispiel   Wir stellen unser Standardbeispiel durch sein Karnaugh-Diagramm dar.

yz \ wx	00	01	11	10
00	0	1	0	0
01	0	1	0	0
11	1	1	1	1
10	1	0	1	1

Abb. 2.6.1

Der Funktionswert $f(w, x, y, z)$ wird in Spalte wx und Zeile yz gefunden, $f(0, 1, 1, 0)$ ist die 0 an Matrixposition $(4, 2)$. Die vier Nachbarvektoren von (w, x, y, z) finden wir, indem wir einen Schritt in eine der vier Richtungen links, rechts, oben, unten machen. Die Einsen im Karnaugh-Diagramm entsprechen den Mintermen und damit den Implikanten der Länge 4 von f, z.B. $\bar{w}x\bar{y}\bar{z}$ für die 1 in der ersten Zeile. Benachbarte Einsen (Paare oder Zweierschleifen) entsprechen Implikanten der Länge 3, die Einsen der ersten Spalte entsprechen $\bar{w}\bar{x}y$, da sich die Urbilder im z-Wert unterscheiden. Benachbarte Paare (Viererschleifen) führen zu Implikanten der Länge 2, die Einsen in der ersten und letzten Spalte gehören zum Implikanten $\bar{x}y$, da sich von oben nach unten der z-Wert und von rechts nach links der w-Wert ändert. Benachbarte Viererschleifen (Achterschleifen) bilden Implikanten der Länge 1, kommen hier aber nicht vor.

Die maximalen Schleifen, die im Diagramm bereits eingezeichnet sind, entsprechen den Primimplikanten:$\bar{w}x\bar{y}$ und $\bar{w}xz$ für die Einsen in Spalte 2, yz für die Einsen in Zeile 3, $\bar{x}y$ wie bereits beschrieben und wy für die Einsen unten rechts. Kernimplikanten sind $\bar{w}x\bar{y}$, da die Eins in der ersten Zeile nur von diesem Primimplikanten überdeckt wird, $\bar{x}y$ für die Eins unten links und wy für die Eins an Position $(4,3)$. Nur die Eins an Position $(3,2)$ wird von keinem Kernimplikanten überdeckt. Die größte Schleife, die diese Eins überdeckt, gehört zum Primimplikanten yz, und wir haben das bekannte Minimalpolynom konstruiert.

Für $n = 5$ benötigt man zwei nebeneinander liegende Karnaugh-Diagramme, wobei der fünfte Nachbar dann an der gleichen Stelle im anderen Diagramm gefunden wird. Für $n = 6$ braucht man schon vier Karnaugh-Diagramme angeordnet als Ecken eines Quadrats, der fünfte (sechste) Nachbar findet sich an der gleichen Stelle im horizontal (vertikal) benachbarten Diagramm. Die Übersicht geht allerdings für $n = 6$ verloren.

2.7 Partiell definierte Boolesche Funktionen

Bei der Simulation eines Moore-Automaten möge das Eingabealphabet des Automaten 47 Buchstaben und der Automat 27 Zustände haben. Da wir die Codierung von Eingabealphabet und Zustandsmenge trennen wollen, müssen wir für das Alphabet 6 Bits und für die Zustandsmenge 5 Bits vorsehen. Das erste Bit des Nachfolgezustands ist also eine Boolesche Funktion auf 11 Variablen, wobei aber nur 47 Belegungen der ersten 6 Bits und 27 Belegungen der hinteren 5 Bits benötigt werden. Insgesamt kommen also nur $47 * 27 = 1269$ der möglichen $2^{11} = 2048$ Eingaben vor. Ein Schaltkreis oder ein Polynom ist stets auf allen 2048 Eingaben definiert. Was dieses Polynom für die 779 nicht relevanten Inputs berechnet, ist uns völlig egal.

2.7.1 Definition   Eine *partiell definierte Boolesche Funktion* $f \in B_n^*$ ist eine Funktion $f : \{0,1\}^n \rightarrow \{0,1,*\}$, $*$ heißt *don't-care-Wert*.

Das erste Bit des Nachfolgezustands ist also eine Funktion $f \in B_{11}^*$, die auf 779 Inputs den don't-care-Wert $*$ annimmt.

2.7.2 Definition   Ein Polynom p stellt $f \in B_n^*$ dar, wenn für alle a mit $f(a) \neq *$ gilt $p(a) = f(a)$. Die von p dargestellte Funktion $g \in B_n$ heißt *Erweiterung* von $f \in B_n^*$. Ein Minimalpolynom für $f \in B_n^*$ ist ein billigstes unter allen Polynomen, die f darstellen.

Die naive Vorgehensweise besteht darin, alle Erweiterungen f^e der partiell definierten Funktion f zu betrachten, für jede Erweiterung f^e ein Minimalpolynom p^e zu berechnen und unter diesen ein billigstes auszuwählen. In unserer Situation müßten wir 2^{779} Erweiterungen betrachten, was uns davon überzeugen sollte, nicht naiv vorzugehen.

2.7.3 Definition   Für $f \in B_n^*$ ist die Erweiterung f^1, in der alle don't-care-Werte durch Einsen ersetzt wurden, die *maximale Erweiterung* und f^0, in der alle don't-care-Werte durch Nullen ersetzt wurden, die *minimale Erweiterung* von f.

2.7.4 Satz   *Minimalpolynome für $f \in B_n^*$ enthalten nur Primimplikanten von f^1.*

B e w e i s   Sei $p = m_1 \vee \ldots \vee m_k$ ein Minimalpolynom für f, dann ist p ein Minimalpolynom für eine Erweiterung f^e von f und enthält nach Satz 2.2.5 nur Primimplikanten von f^e. Falls $m_i(a) = 1$, ist $f^e(a) = 1$, da $m_i \in PI(f^e)$, und auch $f^1(a) = 1$, da nach Definition $f^e \leq f^1$ gilt. Also ist m_i Implikant von f^1, und es gibt Primimplikanten m_i' von f^1, die Verkürzungen von m_i sind. $p' = m_1' \vee \ldots \vee m_k'$ ist auch ein Polynom, das f darstellt. Falls $f(a) = 1$, ist $p(a) = 1$ und erst recht $p'(a) = 1$. Falls $f(a) = 0$, ist $f^1(a) = 0$ und, da $m_i' \in PI(f^1), m_i'(a) = 0$, also $p'(a) = 0$. Da p Minimalpolynom ist, muß $m_i' = m_i$ für alle i sein. Also enthält p nur Primimplikanten von f^1. $\square$

Es genügt also, die Primimplikanten von f^1 zu berechnen. Jede Überdeckung einer Erweiterung f^e ist automatisch eine Überdeckung von f^0. Es genügt, f^0 zu überdecken, um f zu überdecken. Wir erhalten also ein Minimalpolynom, wenn wir mit den Primimplikanten von f^1 auf möglichst billige Weise alle Monome eines f^0 darstellenden Polynoms p überdecken. Die Behandlung partiell definierter Boolescher Funktionen stellt uns somit vor keine neuen Probleme.

2.8 Funktionen mit mehreren Outputs

Bei der Simulation eines Moore-Automaten sollen der Nachfolgezustand und die Ausgabe berechnet werden. Wir haben es also stets mit Funktionen mit mehreren

Outputs, $f \in B_{n,k}, k > 1$, zu tun. Bei den Kosten eines Polynoms muß nun berücksichtigt werden, daß Monome, die in Polynomen für mehrere Outputs vorkommen, nur einmal Kosten verursachen. Dazu betrachte man noch einmal die Diskussion um PLA's in Kap. 2.2.

2.8.1 Definition   Ein Polynom $p = (p_1, \dots, p_k)$ mit mehreren Outputs stellt $f = (f_1, \dots, f_k) \in B_{n,k}$ dar, wenn p_i ein Polynom für f_i ist. Die Kosten von p sind gleich der Summe der Kosten der *verschiedenen* Monome in $p_1, \dots, p_k$. Ein Minimalpolynom für f ist ein f darstellendes Polynom mit minimalen Kosten.

2.8.2 Beispiel   Minimalpolynome p_i für f_i ($1 \le i \le k$) bilden zusammen im allgemeinen kein Minimalpolynom $p = (p_1, \dots, p_k)$ für $f = (f_1, \dots, f_k)$. Das Minimalpolynom $p^* = (p_1^*, \dots, p_k^*)$ für f kann in p_i^* Implikanten von f_i enthalten, die keine Primimplikanten sind.

Sei $f_1(x,y,z) = \bar{y}z \vee xz = p_1$ und $f_2(x,y,z) = \bar{x}y \vee yz = p_2$. Offensichtlich ist p_i ($1 \le i \le 2$) ein Minimalpolynom für f_i. Die Kosten von $p = (p_1, p_2)$ betragen 8. Sei nun $p_1^* = \bar{y}z \vee xyz$ und $p_2^* = \bar{x}y \vee xyz$. Dann stellt p_i^* ebenfalls f_i dar. Die Kosten von $p^* = (p_1^*, p_2^*)$ betragen nur 7. Es läßt sich leicht nachprüfen, daß p^* das einzige Minimalpolynom für f ist. Weder p_1^* noch p_2^* ist ein Minimalpolynom für f_1 bzw. f_2. xyz ist weder Primimplikant von f_1 noch von f_2.

Welche Menge von Monomen kann hier die Rolle übernehmen, die die Menge der Primimplikanten im Fall der Funktionen mit einem Output spielte?

2.8.3 Definition   Ein Monom m heißt *multipler Primimplikant* von $f = (f_1, \dots, f_k) \in B_{n,k}$, wenn m für eine nichtleere Menge $I \subseteq \{1, \dots, k\}$ Primimplikant der Konjunktion aller $f_i, i \in I$, ist.

2.8.4 Satz   *Minimalpolynome für $f \in B_{n,k}$ enthalten nur multiple Primimplikanten von f.*

B e w e i s Sei $p = (p_1, \dots, p_k)$ ein Minimalpolynom für f und m ein Monom, das in p mindestens einmal vorkommt. O.B.d.A. kommt m in $p_1, \dots, p_i$ vor. Also ist m ein Implikant von $f_1, \dots, f_i$, d.h. $m(a) = 1$ impliziert $f_1(a) = \dots = f_i(a) = 1$ und somit $f_1 \wedge \dots \wedge f_i(a) = 1$. Damit ist m Implikant von $f_1 \wedge \dots \wedge f_i$. Wenn m kein Primimplikant von $f_1 \wedge \dots \wedge f_i$ ist, dann gibt es eine echte Verkürzung m' von m, die Primimplikant von $f_1 \wedge \dots \wedge f_i$ ist. Wir ersetzen in $p_1, \dots, p_i$ m durch m' und erhalten ein billigeres Polynom $p' = (p_1', \dots, p_i', p_{i+1}, \dots, p_k)$. Wenn das neue Polynom f darstellt, ist dies ein Widerspruch zur Minimalität von p. Es bleibt also zu zeigen, daß p_j' ($1 \le j \le i$) f_j darstellt. Falls $p_j'(a) = 0$, ist $m'(a) = 0$ und, da m Verlängerung von m' ist, auch $m(a) = 0$. Somit ist $p_j(a) = 0$ und $f_j(a) = 0$. Da m' Primimplikant von $f_1 \wedge \dots \wedge f_i$ ist, ist m' auch Implikant von f_j. Damit enthält p_j' nur Implikanten von f_j und $p_j'(a) = 1$ impliziert $f_j(a) = 1$. $\qquad\square$

Zur Berechnung der Menge aller multiplen Primimplikanten $MPI(f)$ ist folgender Satz nützlich.

2.8.5 Satz   *Es sei $f = f_1 \wedge \ldots \wedge f_k$ mit $f_i \in B_n$.*
i) Für $m_i \in I(f_i)$ ist $m = m_1 \wedge \ldots \wedge m_k \in I(f)$.
ii) Für $m \in PI(f)$ gibt es $m_i \in PI(f_i)$, so daß $m = m_1 \wedge \ldots \wedge m_k$ ist.

B e w e i s i) Falls $m(a) = 1$, ist $m_i(a) = 1$ für alle i und nach Voraussetzung $f_i(a) = 1$ für alle i. Also $f(a) = 1$, und $m \in I(f)$.
ii) $m(a) = 1$ impliziert, da $m \in PI(f)$, $f_i(a) = 1$ für alle i. Also ist $m \in I(f_i)$, und es gibt Verkürzungen m_i von m, die Primimplikanten von f_i sind. $m_1 \wedge \ldots \wedge m_k$ ist dann nach Konstruktion eine Verkürzung von m, und nach Aussage i) ist $m_1 \wedge \ldots \wedge m_k \in I(f)$. Da $m \in PI(f)$, muß $m = m_1 \wedge \ldots \wedge m_k$ sein. $\square$

Die Berechnung von $MPI(f)$, der Menge aller multiplen Primimplikanten von f, ist nun mit den bekannten Methoden möglich.
1.) Alle Primimplikanten von f_i, $1 \leq i \leq k$, sind auch multiple Primimplikanten von f. Dies ist der Fall $I = \{i\}$.
2.) Falls I' und I'' disjunkt sind und die Mengen der multiplen Primimplikanten $MPI_{I'}(f)$ und $MPI_{I''}(f)$ bzgl. der Indexmengen I' und I'' bekannt sind, dann erhalten wir $MPI_I(f)$ für $I = I' \cup I''$ wie folgt (s. Satz 2.8.5). Für alle $m' \in MPI_{I'}(f)$ und $m'' \in MPI_{I''}(f)$ bilden wir $m = m'm''$ und streichen die Monome, die 0 darstellen oder für die wir auch echte Verkürzungen konstruieren. Zusätzlich notieren wir uns, daß m Implikant aller $f_i, i \in I$, ist. Ein multipler Primimplikant muß nämlich keinesfalls Implikant aller $f_i, 1 \leq i \leq k$, sein (s.Beispiel 2.8.2).

Mit $MPI(f)$ haben wir analog zu $PI(f)$ die Menge aller Monome berechnet, die eventuell in Minimalpolynomen auftreten können. Im zweiten Schritt ist wieder ein Überdeckungsproblem zu lösen. Zur Überdeckung von f_i dürfen natürlich nur die multiplen Primimplikanten herangezogen werden, die Implikanten von f_i sind, diese Information haben wir aber bereitgestellt.

Zur Lösung des Überdeckungsproblems können wir wieder den Branch-and-Bound-Algorithmus auf naheliegende Weise modifizieren. Wir diskutieren hier kurz die Modifikation, die wir an der Methode der Überdeckungsfunktionen (s.Kap. 2.5) vornehmen müssen. f_i ist wiederum durch ein Polynom p_i, eventuell die DNF, gegeben. p_i^{**} sei das formale Polynom aller multiplen Primimplikanten von f, die auch Implikanten von f_i sind. Formales Polynom soll heißen, daß wir Verlängerungen von Monomen nicht streichen. p_i^{**} enthält mindestens die Primimplikanten von f_i. Wir können nun für Implikanten m von f_i Definition 2.5.13 direkt auf p_i^{**} übertragen und $U(p_i^{**}, m)$ und $MU(p_i^{**}, m)$ bilden. Da Satz 2.5.17 gültig bleibt, können wir $MU(p_i^{**}, m)$ mit den Methoden aus Kap. 2.5 berechnen. Die Überdeckungsfunktion $UF_M(f_i, p_i)$ ist analog zu Definition 2.5.18 definiert, nur basiert sie nun auf der Menge $MU(p_i^{**}, m)$. Da wir nicht nur eine Funktion f_i sondern alle Funktionen f_i, $1 \leq i \leq k$, überdecken wollen, definieren wir $UF_M(f, p)$ als Konjunktion aller $UF_M(f_i, p_i)$. $UF_M^*(f, p)$ entsteht aus $UF_M(f, p)$ durch Ausmultiplizieren und Vereinfachen. Analog zu Satz 2.5.19 folgt, daß die Menge aller multiplen Primimplikanten m_r^* mit $r \in R$ genau dann eine nicht verkleinerbare Menge von multiplen Primimplikanten zur Darstellung von f ist, wenn das Monom aller z_r mit $r \in R$ in $UF_M^*(f, p)$ vorkommt. Es muß also nur unter den zu Monomen in $UF_M^*(f, p)$ gehörenden Mengen multipler Primimplikanten eine billigste Menge ausgewählt werden, um das Überdeckungsproblem zu lösen.

Nach diesen Verallgemeinerungen stellt uns auch die Behandlung von Funktionen mit mehreren Outputs vor keine neuen Probleme.

2.9 Monotone und symmetrische Funktionen

Da die allgemeinen Methoden zur Minimalpolynomberechnung oft ineffizient sind, behandeln wir zwei Funktionenklassen eingehender. Wir beginnen mit der Klasse der monotonen Funktionen. Beispielen monotoner Funktionen werden wir in den Kapiteln 4 (Thresholdfunktionen), 6 (Matrizenprodukt), 7 (Grapheigenschaften) und 8 (Sortieren) begegnen.

2.9.1 Definition   Eine Boolesche Funktion $f \in B_n$ heißt *monoton*, Notation $f \in M_n$, wenn $a \leq b$ impliziert, daß $f(a) \leq f(b)$ ist. Dabei gilt $0 \leq 1$, und es ist $a \leq b$ genau dann, wenn $a_i \leq b_i$ für alle i ist.

Die folgenden Ergebnisse wurden schon von Quine (1953) bewiesen.

2.9.2 Satz   *Jeder Primimplikant m von $f \in M_n$ enthält nur positive Literale.*

B e w e i s   Es genügt zu zeigen, daß für jeden Implikanten $m = m'\bar{x}_j$ von f auch m' Implikant von f ist. Sei $m'(a) = 1$. Wir definieren b durch $b_j = 0$ und $b_i = a_i$ für $i \neq j$. Es ist $m(b) = 1$ und, da $m \in I(f)$, $f(b) = 1$. Da f monoton und nach Konstruktion $b \leq a$ ist, folgt $f(a) = 1$. Also ist $m' \in I(f)$. $\qquad\qquad\square$

2.9.3 Satz   *Monotone Funktionen f haben eindeutige Minimalpolynome, die alle Primimplikanten von f enthalten.*

B e w e i s Sei $m \in PI(f)$. Es genügt zu zeigen, daß m Kernimplikant ist. Nach Satz 2.9.2 und Umnumerierung der Variablen kann o.B.d.A. angenommen werden, daß $m = x_1 \wedge \ldots \wedge x_i$ ist. Sei a definiert durch $a_j = 1$ für $j \leq i$ und $a_j = 0$ für $j > i$. Dann wird a von m überdeckt. Sei angenommen, daß a auch noch von $m' \in PI(f)$ mit $m' \neq m$ überdeckt wird, dann ist $m'(a) = 1$. Da m' nach Satz 2.9.2 nur positive Literale enthält, kann m' nur Variablen x_j mit $j \leq i$ enthalten. Da $m' \neq m$ eine Verkürzung von m ist, erhalten wir einen Widerspruch zu $m \in PI(f)$. $\square$

Für monotone Funktionen ist es also ausreichend, den ersten Schritt, die Berechnung der Primimplikantenmenge, durchzuführen. Dies ist auf effiziente Weise möglich. Sei p ein Polynom für $f \in M_n$. p' entstehe aus p, indem aus allen Monomen in p die negativen Literale gestrichen werden. Nach dem Beweis von Satz 2.9.2 erhalten wir nur Implikanten von f. Da $p' \geq p$ ist, stellt p' ebenfalls f dar. p'' entstehe aus p' durch Streichen der echten Verlängerungen von vorhandenen Monomen. Da alle Variablen unnegiert sind, enthält p'' nach der Methode des iterierten Konsensus alle Primimplikanten von f und ist nach Satz 2.9.3 das Minimalpolynom von f.

Die zweite Funktionenklasse, die wir behandeln wollen, ist die Klasse der symmetrischen Funktionen, von denen wir bereits die Thresholdfunktionen, die Majoritätsfunktion und die Funktion Mittleres Drittel MD kennengelernt haben.

2.9.4 Definition   i) Eine Boolesche Funktion $f \in B_n$ heißt *symmetrisch*, Notation $f \in S_n$, wenn für einen Wertevektor $v(f) = (v_0, \ldots, v_n) \in \{0,1\}^{n+1}$ gilt
$f(a) = v_{\|a\|}, \|a\| = a_1 + \ldots + a_n$.
ii) Für die Intervallfunktion $I_{k,l}$ ($0 \leq k \leq l \leq n$) ist im zugehörigen Wertevektor $v_i = 1$ genau dann, wenn $k \leq i \leq l$ ist.

Für symmetrische Funktionen hängt der Funktionswert also nur von der Zahl der Einsen im Input ab und nicht von den Positionen der Einsen. Eine Permutation (die Menge der Permutationen heißt auch symmetrische Gruppe) der Inputs verändert nicht den Funktionswert. S_n enthält alle Funktionen, die mit „Zählen" zu tun haben. Dies motiviert eine intensive Beschäftigung mit der Klasse S_n.

Die Intervallfunktionen bilden eine Basis aller symmetrischen Funktionen. Wenn wir in $v(f)$ die maximalen 1-Intervalle bilden, d.h. Intervalle $[k(i), l(i)], 1 \leq i \leq r, k(i) \leq l(i) < k(i+1)-1$, so daß $v(f)$ genau auf diesen Intervallen den Wert 1 hat, dann ist f die Disjunktion aller $I_{k(i),l(i)}, 1 \leq i \leq r$. Diese eindeutige Darstellung von f wird Intervalldarstellung genannt.

2.9.5 Beispiel $f \in S_{10}$ sei durch $v(f) = (1,0,0,1,1,1,0,1,1,0,0)$ definiert. Dann sind $[0,0], [3,5]$ und $[7,8]$ die maximalen 1-Intervalle. $f = I_{0,0} \vee I_{3,5} \vee I_{7,8}$.

Die zentrale Rolle der Intervallfunktionen folgt aus dem nächsten Satz.

2.9.6 Satz   *i) $PI(I_{k,l})$ besteht aus allen Monomen mit genau k positiven und genau $n - l$ negativen Literalen.*
ii) Jedes Minimalpolynom für $f \in S_n$ ist eine Summe von Minimalpolynomen der Intervallfunktionen in der Intervalldarstellung von f.

B e w e i s i) Damit $I_{k,l}(a)$ den Wert 1 hat, ist es notwendig und hinreichend zu wissen, daß $k \leq \|a\| \leq l$ ist. Ein Monom m ist also Implikant von f genau dann, wenn m mindestens k positive und mindestens $n - l$ negative Literale enthält. Die einzigen nicht verkürzbaren Implikanten enthalten genau k positive und genau $n-l$ negative Literale.
ii) Es genügt zu zeigen, daß ein Implikant m von f nur für ein maximales 1-Intervall $[k(i), l(i)]$ Inputs a mit $k(i) \leq \|a\| \leq l(i)$ überdecken kann. Wir nehmen an, daß m sowohl a mit $k(i) \leq \|a\| \leq l(i)$ als auch b mit $k(j) \leq \|b\| \leq l(j)$ überdeckt. O.B.d.A. $l(i) < k(j) - 1$. Da a von m überdeckt wird, kann m höchstens $\|a\|$ positive Literale enthalten. Da auch b von m überdeckt wird, kann m höchstens $n - \|b\|$ negative Literale enthalten. Indem wir die von m nicht vorgeschriebenen Inputbits geeignet wählen, erhalten wir einen Input c mit $\|c\| = l(i) + 1$, der von m überdeckt wird. Nach Definition der Intervalldarstellung ist $v_{l(i)+1} = 0$ und $f(c) = 0$ im Widerspruch zu $m \in I(f)$. $\square$

Wir stellen im folgenden einen effizienten Algorithmus zur Berechnung eines Minimalpolynoms für Intervallfunktionen $I_{k,l}$ und damit zur Berechnung eines Minimalpolynoms für $f \in S_n$ vor (Voigt und Wegener (1988 b)). Zunächst machen wir uns Gedanken über die Zahl der Primimplikanten von $I_{k,l}$ und die Zahl der Primimplikanten in einem Minimalpolynom. Satz 2.9.6 impliziert, daß alle Primimplikanten gleiche Kosten haben und es genau $n!/(k!(n-l)!(l-k)!)$ Primimplikanten gibt. Da jeder Primimplikant m genau k positive Literale enthält, gibt es genau einen Input a mit $\|a\| = k$, der von m überdeckt wird. Daher braucht man mindestens $\binom{n}{k}$ Primimplikanten, um alle Eingaben mit k Einsen zu überdecken. Analog folgt, daß man mindestens $\binom{n}{n-l} = \binom{n}{l}$ Primimplikanten braucht, um alle Eingaben mit $n - l$ Nullen (d.h. l Einsen) zu überdecken. Also enthalten Minimalpolynome mindestens $max\{\binom{n}{k}, \binom{n}{l}\}$ Primimplikanten. Wir werden zeigen, daß diese Anzahl auch ausreicht. Es folgt daraus, daß z.B. MD_n wesentlich mehr Primimplikanten hat als im Minimalpolynom benötigt werden.

n	3	6	9	12	15
Zahl PI's	6	90	1 680	34 650	756 756
Zahl PI's im Min.pol.	3	15	84	485	3 003

Der im folgenden vorgestellte Algorithmus vermeidet es, alle Primimplikanten zu berechnen, und konstruiert direkt die Primimplikanten eines Minimalpolynoms. Bei geschickter Implementierung ist die Rechenzeit proportional zur Länge des

Minimalpolynoms $(k+n-l)max\{\binom{n}{k}, \binom{n}{l}\}$ und somit optimal. Wir geben uns mit einer linearen Rechenzeit $O(n)$ für jeden Primimplikanten zufrieden.

Zuerst überlegen wir uns, daß wir o.B.d.A. $k \geq n - l$ annehmen dürfen. Falls $k < n - l$, berechnen wir ein Minimalpolynom für $I_{n-l,n-k}$. Diese Funktion berechnet genau dann 1, wenn der Input mindestens $n - l$ Einsen und mindestens k Nullen enthält. Wir vertauschen x_i und $\bar{x}_i$ und damit im Input Nullen und Einsen. Die neue Funktion berechnet genau dann 1, wenn der Input mindestens $n-l$ Nullen und mindestens k Einsen enthält, also wird $I_{k,l}$ berechnet. Der Algorithmus berechnet für jeden der $\binom{n}{k}$ Vektoren a mit $\|a\| = k$ einen Primimplikanten p_a von $I_{k,l}$, der a überdeckt. Wir zeigen später, daß die Summe dieser p_a $I_{k,l}$ überdeckt.

2.9.7 Algorithmus   Input: n, k, l mit $k \geq n - l$ und $a \in \{0,1\}^n$ mit $\|a\| = k$.
Output: p_a, ein Primimplikant von $I_{k,l}$, der a überdeckt.
Datenstruktur: ein Stack, zu Beginn leer.
1.) Der zu a gehörende Minterm $m_a = x_1^{a(1)} \wedge \ldots \wedge x_n^{a(n)}$ wird in kanonischer Reihenfolge als String von Literalen interpretiert.
2.) Die x_i mit $a(i) = 1$ bilden die k positiven Literale von p_a.
3.) Der String m_a wird einmal durchlaufen. Negative Literale werden auf den Stack gebracht (push). Positive Literale bewirken, wenn der Stack nicht leer ist, daß das oberste Element vom Stack entfernt wird (pop).
4.) Es werden solange Pops durchgeführt, bis der Stack leer ist.
5.) Die $n-l$ negativen Literale, die zuerst gepoppt werden, bilden die $n-l$ negativen Literale von p_a.

Nach Satz 2.9.6.i ist p_a Primimplikant von $I_{k,l}$. Offensichtlich wird a von p_a überdeckt.

2.9.8 Beispiel   Wir berechnen ein Minimalpolynom für $MD_6 = I_{2,4} \in B_6$. Die 15 Vektoren $a \in \{0,1\}^6$ mit $\|a\| = 2$ stellen wir gleich als Strings ihrer Minterme dar.
$x_1 x_2 \bar{x}_3 \bar{x}_4 \bar{x}_5 \bar{x}_6 \rightarrow x_1$ kein Pop möglich, x_2 kein Pop möglich, push $\bar{x}_3, \bar{x}_4, \bar{x}_5, \bar{x}_6$, pop $\bar{x}_6, \bar{x}_5, \bar{x}_4, \bar{x}_3 \rightarrow p_1 = x_1 x_2 \bar{x}_6 \bar{x}_5$.
$x_1 \bar{x}_2 x_3 \bar{x}_4 \bar{x}_5 \bar{x}_6 \rightarrow x_1$ kein Pop möglich, push $\bar{x}_2$, pop $\bar{x}_2$, push $\bar{x}_4, \bar{x}_5, \bar{x}_6$, pop $\bar{x}_6, \bar{x}_5, \bar{x}_4 \rightarrow p_2 = x_1 x_3 \bar{x}_2 \bar{x}_6$.
$x_1 \bar{x}_2 \bar{x}_3 x_4 \bar{x}_5 \bar{x}_6 \rightarrow p_3 = x_1 x_4 \bar{x}_3 \bar{x}_6$.
$x_1 \bar{x}_2 \bar{x}_3 \bar{x}_4 x_5 \bar{x}_6 \rightarrow p_4 = x_1 x_5 \bar{x}_4 \bar{x}_6$.
$x_1 \bar{x}_2 \bar{x}_3 \bar{x}_4 \bar{x}_5 x_6 \rightarrow p_5 = x_1 x_6 \bar{x}_5 \bar{x}_4$.
$\bar{x}_1 x_2 x_3 \bar{x}_4 \bar{x}_5 \bar{x}_6 \rightarrow p_6 = x_2 x_3 \bar{x}_1 \bar{x}_6$.
$\bar{x}_1 x_2 \bar{x}_3 x_4 \bar{x}_5 \bar{x}_6 \rightarrow p_7 = x_2 x_4 \bar{x}_1 \bar{x}_3$.
$\bar{x}_1 x_2 \bar{x}_3 \bar{x}_4 x_5 \bar{x}_6 \rightarrow p_8 = x_2 x_5 \bar{x}_1 \bar{x}_4$.
$\bar{x}_1 x_2 \bar{x}_3 \bar{x}_4 \bar{x}_5 x_6 \rightarrow p_9 = x_2 x_6 \bar{x}_1 \bar{x}_5$.

$$\bar{x}_1\bar{x}_2x_3x_4\bar{x}_5\bar{x}_6 \rightarrow p_{10} = x_3x_4\bar{x}_2\bar{x}_1.$$
$$\bar{x}_1\bar{x}_2x_3\bar{x}_4x_5\bar{x}_6 \rightarrow p_{11} = x_3x_5\bar{x}_2\bar{x}_4.$$
$$\bar{x}_1\bar{x}_2x_3\bar{x}_4\bar{x}_5x_6 \rightarrow p_{12} = x_3x_6\bar{x}_2\bar{x}_5.$$
$$\bar{x}_1\bar{x}_2\bar{x}_3x_4x_5\bar{x}_6 \rightarrow p_{13} = x_4x_5\bar{x}_3\bar{x}_2.$$
$$\bar{x}_1\bar{x}_2\bar{x}_3x_4\bar{x}_5x_6 \rightarrow p_{14} = x_4x_6\bar{x}_3\bar{x}_5.$$
$$\bar{x}_1\bar{x}_2\bar{x}_3\bar{x}_4x_5x_6 \rightarrow p_{15} = x_5x_6\bar{x}_4\bar{x}_3.$$

Mit diesem speziellen Algorithmus läßt sich also ein Minimalpolynom für MD_6 schnell von Hand berechnen. Der Algorithmus übertrifft für symmetrische Funktionen f sämtliche Algorithmen, die zunächst $PI(f)$ berechnen, bei weitem. Ein Minimalpolynom für MD_{15} kann in 9 Sekunden CPU-Zeit berechnet werden. Die Leserin und der Leser sollten den Aufwand abschätzen, um mit Methoden aus Kap. 2.3-2.5 ein Minimalpolynom für MD_9, MD_{12} oder MD_{15} zu berechnen.

Wir müssen noch die Korrektheit des Algorithmus beweisen.

2.9.9 Satz   *Es sei $k \geq n - l$.*
i) Für jeden Vektor $b \in \{0,1\}^n$ mit $k \leq \|b\| \leq l$ gibt es einen Vektor $a \in \{0,1\}^n$ mit $\|a\| = k$, so daß der in Algorithmus 2.9.7 konstruierte Primimplikant p_a die Eingabe b überdeckt.
ii) Minimalpolynome für $I_{k,l}$ enthalten $\binom{n}{k}$ Primimplikanten.
iii) Minimalpolynome für symmetrische Funktionen lassen sich auf effiziente Weise berechnen.

B e w e i s Nach unseren Vorüberlegungen ist nur noch Aussage i) zu beweisen. Dafür wenden wir die Schritte 1,3 und 4 von Algorithmus 2.9.7 auf b an. Diese Prozedur nennen wir $A(b)$. Mit I bezeichnen wir die Menge der Indizes i, so daß x_i mit $b_i = 1$ einen Pop auslöst oder $\bar{x}_i$ mit $b_i = 0$ in Schritt 3 von $A(b)$ gepoppt wird. Sei $J = \{1,\ldots,n\}-I$. Die Prozedur $A(b)$ dient dazu, den Vektor a zu konstruieren. Es sei $a_i = 1$, falls $b_i = 1$ und x_i eines der ersten k Literale ist, die in $A(b)$ einen Pop auslösen. Falls in $A(b)$ nur $s < k$ positive Literale einen Pop verursachen, sei zusätzlich $a_i = 1$ für die ersten $k - s$ positiven Literale x_i mit $b_i = 1$, die in $A(b)$ keinen Pop auslösen, weil der Stack leer ist. Ansonsten sei $a_i = 0$.

Nach Konstruktion ist $\|a\| = k$. Wir zeigen, daß b von p_a überdeckt wird. Da a von p_a überdeckt wird, genügt es zu zeigen, daß $a_i = b_i$ für alle $x_i \in p_a$ oder $\bar{x}_i \in p_a$ ist. Nach Konstruktion ist $a \leq b$. Für $x_i \in p_a$ ist $a_i = 1$ und damit auch $b_i = 1$. Es sei $A(a)$ die Anwendung von Algorithmus 2.9.7 auf a. Die Definition von a stellt sicher, daß die ersten (bis zu k) Pops, die von $A(b)$ in Schritt 3 ausgeführt werden, auch von $A(a)$ in Schritt 3 mit den gleichen Literalen ausgeführt werden. Zusätzlich stellt die Definition von a sicher, daß $A(a)$ in Schritt 3 keine weiteren Pops enthält.

Falls $A(a)$ in Schritt 3 $s \geq n - l$ Pops ausführt, gehören die negativen Literale $\bar{x}_i \in p_a$ zu den gepoppten Literalen. Da sie auch in $A(b)$ gepoppt werden, ist

$b_i = 0$. Wir nehmen nun an, daß $s < n - l$ negative Literale in $A(a)$ (und damit auch in $A(b)$) in Schritt 3 gepoppt werden. Für die Literale $\bar{x}_i \in p_a$, die in Schritt 3 gepoppt werden, folgt wie oben $b_i = 0$. Wir untersuchen nun J, die Menge der Indizes j, so daß x_j in Schritt 3 von $A(a)$ (oder $A(b)$) keinen Pop auslöst oder $\bar{x}_j$ in Schritt 3 von $A(a)$ (oder $A(b)$) nicht gepoppt wird. Nach der Definition von Algorithmus 2.9.7 muß für x_j mit $j \in J$ und $b_j = 1$ und $\bar{x}_r$ mit $r \in J$ und $b_r = 0$ gelten $j < r$. Sonst hätte es in Schritt 3 von $A(b)$ einen Pop mehr gegeben. Die $n - \|b\| - s$ Literale $\bar{x}_r$ mit $b_r = 0$ und $r \in J$ belegen also die größten Indizes in J. Wir haben a so definiert, daß die $k - s$ Literale x_j mit $a_j = 1$ und $j \in J$ die kleinsten Indizes in J belegen. Da $\|b\| \geq k$, gilt also für die $n - \|b\| - s$ größten Indizes $j \in J$, daß $a_j = b_j = 0$ ist. p_a enthält die $\bar{x}_j$ mit $j \in J$, die zu den größten $n - l - s$ Indizes in J gehören. Da $l \geq \|b\|$, gilt für diese Indizes $a_j = b_j = 0$. $\square$

2.9.10 Beispiel   Wir betrachten noch einmal Beispiel 2.9.8, also MD_6. Zu
$b = (1,0,0,1,1,1)$ konstruiert der Beweis von Satz 2.9.9
$a = (0,0,0,1,1,0)$, und $p_a = p_{13} = x_4 x_5 \bar{x}_3 \bar{x}_2$ überdeckt b. Zu
$b = (1,0,1,1,1,0)$ konstruiert der Beweis von Satz 2.9.9
$a = (1,0,1,0,0,0)$, und $p_a = p_2 = x_1 x_3 \bar{x}_2 \bar{x}_6$ überdeckt b.

2.10 Disjunkte Konjunktionen

Bei der Konstruktion von Rechnern kann es vorkommen, daß verschiedene Komponenten Steuersignale berechnen und ein Impuls nur ausgelöst werden soll, wenn alle Steuersignale 1 sind. Wenn die verschiedenen Komponenten auf disjunkten Variablenmengen operieren, müssen sogenannte disjunkte Konjunktionen realisiert werden.

2.10.1 Definition   Die *disjunkte Konjunktion* $f \otimes g \in B_{n+m}$ zweier Funktionen $f \in B_n$ und $g \in B_m$ ist definiert durch
$f \otimes g(x_1, \ldots, x_n, y_1, \ldots, y_m) = f(x_1, \ldots, x_n) \wedge g(y_1, \ldots, y_m)$.

2.10.2 Lemma $PI(f \otimes g) = \{t \otimes t' \mid t \in PI(f), t' \in PI(g)\}$.

Der einfache Beweis von Lemma 2.10.2 bleibt der Leserin und dem Leser überlassen. Indem man Minimalpolynome für $f(x)$ und $g(y)$ durch Konjunktion verbindet und ausmultipliziert, erhält man also ein Polynom für $f \otimes g$ aus Primimplikanten.

Wegen der Disjunktheit der Variablenmengen liegt die Vermutung nahe, daß dieses Polynom Minimalpolynom ist. Voigt und Wegener (1988a) haben diese Vermutung widerlegt und exakt beschrieben, um wieviel kleiner die Kosten eines Minimalpolynoms für $f \otimes g$ gegenüber den Kosten des einfachen Produkts der Minimalpolynome sein können. Wir begnügen uns mit einem Beispiel, das die Vermutung widerlegt.

2.10.3 Satz   *Minimalpolynome für $f \otimes g$ entstehen im allgemeinen nicht durch Ausmultiplizieren der Konjunktion zweier Minimalpolynome für f und für g.*

B e w e i s   Sei $f \in B_5$ durch die Liste der Minterme in der DNF definiert.

$Q_{5,4} = \{\bar{x}_1\bar{x}_2x_3\bar{x}_4\bar{x}_5, \bar{x}_1x_2\bar{x}_3\bar{x}_4\bar{x}_5, x_1\bar{x}_2\bar{x}_3\bar{x}_4\bar{x}_5\}$.

$Q_{5,3} = \{\bar{x}_1x_2x_3\bar{x}_4\bar{x}_5, x_1\bar{x}_2x_3\bar{x}_4\bar{x}_5, x_1x_2\bar{x}_3\bar{x}_4\bar{x}_5, \bar{x}_1\bar{x}_2x_3\bar{x}_4x_5, \bar{x}_1x_2\bar{x}_3\bar{x}_4x_5,$
$\quad x_1\bar{x}_2\bar{x}_3\bar{x}_4x_5\}$.

$Q_{5,2} = \{x_1x_2x_3\bar{x}_4\bar{x}_5\}$.

$Q_{5,1} = \{x_1x_2x_3\bar{x}_4x_5\}$.

Wir wenden den Quine/Mc Cluskey-Algorithmus an und berechnen die Implikanten von f.

$Q_{4,3} = \{\bar{x}_1x_3\bar{x}_4\bar{x}_5, \bar{x}_2x_3\bar{x}_4\bar{x}_5, \bar{x}_1\bar{x}_2x_3\bar{x}_4, \bar{x}_1x_2\bar{x}_4\bar{x}_5, x_2\bar{x}_3\bar{x}_4\bar{x}_5, \bar{x}_1x_2\bar{x}_3\bar{x}_4, x_1\bar{x}_2\bar{x}_4\bar{x}_5,$
$\quad x_1\bar{x}_3\bar{x}_4\bar{x}_5, x_1\bar{x}_2\bar{x}_3\bar{x}_4\}$.

$Q_{4,2} = \{x_2x_3\bar{x}_4\bar{x}_5, x_1x_3\bar{x}_4\bar{x}_5, x_1x_2\bar{x}_4\bar{x}_5\}$.

$Q_{4,1} = \{x_1x_2x_3\bar{x}_4\}$.

$Q_{3,2} = \{x_3\bar{x}_4\bar{x}_5, x_2\bar{x}_4\bar{x}_5, x_1\bar{x}_4\bar{x}_5\}$.

$PI(f) = \{\bar{x}_1\bar{x}_2x_3\bar{x}_4, \bar{x}_1x_2\bar{x}_3\bar{x}_4, x_1\bar{x}_2\bar{x}_3\bar{x}_4, x_1x_2x_3\bar{x}_4, x_3\bar{x}_4\bar{x}_5, x_2\bar{x}_4\bar{x}_5, x_1\bar{x}_4\bar{x}_5\}$.

Die ersten vier Primimplikanten sind Kernimplikanten für die Inputs $00101, 01001,$ 10001 bzw. 11101. Die Kernimplikanten überdecken zusätzlich $00100, 01000, 10000$ und 11100. Es ergibt sich folgende reduzierte PI-Tafel.

	11000	10100	01100
$x_1\bar{x}_4\bar{x}_5$	1	1	0
$x_2\bar{x}_4\bar{x}_5$	1	0	1
$x_3\bar{x}_4\bar{x}_5$	0	1	1

Neben den 4 Kernimplikanten mit Kosten 4 müssen noch 2 Primimplikanten mit Kosten 3 gewählt werden. Die Kosten der Minimalpolynome betragen also 22.

Wir untersuchen nun $f \otimes f \in B_{10}$. Die Vermutung würde implizieren, daß die Kosten eines Minimalpolynoms $16 * 8 + 16 * 7 + 4 * 6 = 264$ betragen. Wir konstruieren ein billigeres Polynom für $f \otimes f$. Dazu zerlegen wir ein Minimalpolynom p für f in $p = p_1 \vee p_2$, wobei p_1 die 4 Kernimplikanten und p_2 die 2 zusätzlichen Primimplikanten enthält. Wir bilden

$$p(x)p(y) = p_1(x)p_1(y) \vee p_1(x)p_2(y) \vee p_2(x)p_1(y) \vee p_2(x)p_2(y).$$

Die ersten drei Summanden übernehmen wir für unser Polynom für $f \otimes f$, die Kosten betragen $16 * 8 + 16 * 7 = 240$. Wenn wir nun $a = 11000, b = 10100$ und $c = 01100$ setzen, dann müssen wir nur noch die 9 Inputs xy mit $x, y \in \{a, b, c\}$ überdecken. Dies ist, wie man leicht überprüft, durch die folgenden 3 Primimplikanten möglich:

$$x_1 \bar{x}_4 \bar{x}_5 y_1 \bar{y}_4 \bar{y}_5, \, x_2 \bar{x}_4 \bar{x}_5 y_2 \bar{y}_4 \bar{y}_5, \, x_3 \bar{x}_4 \bar{x}_5 y_3 \bar{y}_4 \bar{y}_5.$$

Die Kosten dieser Primimplikanten betragen $3 * 6 = 18$. Insgesamt haben wir für $f \otimes f$ ein Polynom mit Kosten $258 < 264$ konstruiert. $\square$

2.11 Wie effizient sind Minimalpolynome?

Polynome oder zweistufige Schaltkreise bilden eine sehr einfache Teilklasse aller Schaltkreise. In dieser Teilklasse ist es mit großem aber oft noch erträglichem Aufwand möglich, optimale Realisierungen Boolescher Funktionen zu berechnen. Dagegen übersteigt die Berechnung optimaler (uneingeschränkter) B_2-Schaltkreise für Boolesche Funktionen bei weitem die zur Verfügung stehenden Ressourcen. Diese Tatsache und die weite Verbreitung von PLA's haben unsere intensive Beschäftigung mit Minimalpolynomen motiviert. Wir wollen nun an Hand einiger grundlegender Funktionen untersuchen, wie gut oder schlecht Minimalpolynome im Verhältnis zu optimalen Schaltkreisen sind.

Minimalpolynome werden sich in den späteren Kapiteln als effiziente Schaltkreise praktisch nur für die folgenden grundlegenden Funktionen erweisen:
- Boolesche Konvolution (Kap. 3).
- Speicheradressierung bei direkter Adressierung (Kap. 5).
- Boolesches Matrizenprodukt (Kap. 6).

An einigen einfachen Beispielen wollen wir verdeutlichen, daß Minimalpolynome sehr ineffizient sein können. In Kap. 4 werden wir zeigen, daß jede symmetrische Funktion $f \in S_n$ durch einen B_2-Schaltkreis mit Tiefe $O(\log n)$ und Größe $O(n)$ berechnet werden kann. Die Ergebnisse aus Kap. 2.9 belegen, daß Minimalpolynome für symmetrische Funktionen mit wenigen Ausnahmen wie die Disjunktion $I_{1,n}$ oder die Konjunktion $I_{n,n}$ wesentlich ineffizienter sind. Das Minimalpolynom für die Majoritätsfunktion $MAJ_n = I_{\lceil n/2 \rceil, n}$ hat $\binom{n}{\lceil n/2 \rceil} = \Theta(2^n n^{-1/2})$ Primimplikanten. Die Paritätsfunktion PAR_n ist die Summe aller $I_{k,k}$ für ungerade k.

Die Zahl der Primimplikanten im Minimalpolynom für PAR_n ist also gleich der Summe aller $\binom{n}{k}$ mit ungeradem k und damit 2^{n-1}. Dieses Ergebnis folgt auch aus der Überlegung, daß alle 2^{n-1} Minterme in der DNF für PAR_n Kernimplikanten sind.

Für die Addition $ADD_n(x_{n-1}, \ldots, x_0, y_{n-1}, \ldots, y_0) = (s_n, \ldots, s_0)$ zweier n-stelliger Binärzahlen entwerfen wir in Kap.3 einen $AC_{0,3}$- Schaltkreis, also dreistufige Schaltkreise polynomieller Größe. Wir untersuchen hier nur das vorderste Bit s_n der Summe. Es ist $s_n = 1$ genau dann, wenn $|x| + |y| \geq 2^n$ ist. Offensichtlich ist s_n monoton und $s_n = 1$ genau dann, wenn es ein i gibt, so daß $x_i = y_i = 1$ und $x_j + y_j \geq 1$ für $j > i$ ist. Die Monome $m = x_i y_i z_{i+1} \ldots z_{n-1}$ mit $z_j \in \{x_j, y_j\}$ sind Implikanten von s_n. Wenn $m(x,y) = 1$ ist, ist $|x|+|y| \geq 2^i+2^i+2^{i+1}+\ldots+2^{n-1} = 2^n$ und $s_n = 1$. m ist sogar Primimplikant. Wenn in der Eingabe nur $n - i$ der $n - i + 1$ Variablen in m den Wert 1 haben, ist $|x| + |y|$ höchstens $2^i + \ldots + 2^{n-1}$ und damit kleiner als 2^n, d.h. $s_n = 0$. Auf diese Weise haben wir (für festes i) 2^{n-1-i} Primimplikanten konstruiert, für $i = 0, \ldots, n - 1$ insgesamt $2^n - 1$ Primimplikanten. Da s_n monoton ist, kommen nach Satz 2.9.3 alle Primimplikanten im Minimalpolynom vor. Minimalpolynome für die Addition sind also wesentlich ineffizienter als dreistufige Schaltkreise.

Die Liste dieser Beispiele ließe sich leicht fortsetzen. Allerdings sprechen diese Beispiele nicht gegen die Verwendung von Minimalpolynomen. Wir haben bereits in Kap. 1 bemerkt, daß die Berechnung von Minimalpolynomen für Funktionen sinnvoll ist, über deren Struktur wir wenig wissen. Für gut strukturierte Funktionen wie die Addition sollten spezielle Schaltkreise entworfen werden. Die Güte von Minimalpolynomen muß also an schlecht strukturierten Funktionen gemessen werden. Dazu bieten sich zufällige Boolesche Funktionen an, bei denen die Wertetabelle ausgewürfelt wird. Für jede Eingabe $a \in \{0,1\}^n$ ist unabhängig von den anderen Eingaben $f(a) = 1$ mit Wahrscheinlichkeit $1/2$. Korshunov (1981) und Kuznetsov (1983) haben folgendes Ergebnis bewiesen. Für eine Nullfolge ϵ_n konvergiert die Wahrscheinlichkeit, daß die Zahl der Primimplikanten in einem Minimalpolynom für $f \in B_n$ (Zahl der Spalten im zugehörigen PLA) im Intervall

$$[(1 - \epsilon_n)2^n/(\log n \log\log n), 1.6 * 2^n/(\log n \log\log n)]$$

liegt, gegen 1. Der Gewinn gegenüber der DNF mit höchstens 2^n Mintermen ist also im Durchschnitt geringer als vielleicht erhofft.

2.12 Schaltkreise mit vier logischen Stufen

Die Berechnung von Minimalpolynomen ist aufwendig, und die PLA-Realisierung des Minimalpolynoms hat nach den Ergebnissen aus Kap.2.11 durchschnittlich $\Theta(n2^n/(\log n \log\log n))$ PLA-Zellen. Allerdings werden PLA's in großer Stückzahl produziert und sind billig. Wir werden nun für Funktionen $f \in B_n$, die durch ihre Wertetabelle gegeben sind, auf effiziente Weise einen B_2-Schaltkreis mit vier logischen Stufen entwerfen, der nur $O(2^n/n)$ binäre Bausteine hat. Wenn es sich zeigt, daß die Berechnung eines Minimalpolynoms zu aufwendig ist oder Minimalpolynome für f zu teuer sind, bietet dieser Schaltkreis, obwohl er nicht mit standardisierten Zellen wie den PLA-Zellen arbeitet, eine Alternative. Der Schaltkreisentwurf beruht auf der Lupanovschen (k,s)-Darstellung Boolescher Funktionen (Lupanov (1958)). Shannon (1949) hatte bereits zuvor mit einfachen Abzählargumenten gezeigt, daß für fast alle Booleschen Funktionen optimale B_2-Schaltkreise $\Omega(2^n/n)$ Bausteine haben müssen.

Wir beschreiben die Lupanovsche (k,s)-Darstellung allgemein und legen die Werte von k und s erst später fest. Zunächst stellen wir die Funktionstabelle von f als $2^k \times 2^{n-k}$-Matrix dar, die Zeilen entsprechen den 2^k Werten für $(x_1,\ldots,x_k)$ und die Spalten den 2^{n-k} Werten für $(x_{k+1},\ldots,x_n)$. In der Matrix stehen die entsprechenden Funktionswerte. Dann werden die Zeilen in $p = \lceil 2^k/s\rceil$ Blöcke $A_1,\ldots,A_p$ so eingeteilt, daß die ersten $p-1$ Blöcke genau s Zeilen und der letzte Block $s' \le s$ Zeilen enthält. Wir setzen nun f aus einfacheren Funktionen zusammen.

Es sei $f_i(x) = f(x)$, falls $(x_1,\ldots,x_k) \in A_i$, und $f_i(x) = 0$ sonst. Da jeder $(x_1,\ldots,x_k)$-Vektor zu einem Block von Zeilen gehört, gilt $f = f_1 \vee \ldots \vee f_p$. Sei $B_{i,w}$ die Menge der Spalten, die im Block A_i mit $w \in \{0,1\}^s$ (für $i = p : w \in \{0,1\}^{s'}$) übereinstimmen. Sei $f_{i,w}(x) = f_i(x)$, falls $(x_{k+1},\ldots,x_n) \in B_{i,w}$, und $f_{i,w}(x) = 0$ sonst. Da für festes i jeder $(x_{k+1},\ldots,x_n)$-Vektor zu einer $B_{i,w}$-Menge gehört, ist f die Disjunktion aller $f_{i,w}$. Jede Funktion $f_{i,w}$ hat eine sehr einfache Form. In allen Blöcken A_j $(j \neq i)$ ist $f_{i,w}$ überall 0. Im Block A_i hat die Funktionsmatrix nur zwei verschiedene Spalten, Spalten aus lauter Nullen und w-Spalten. Also ist $f_{i,w}(x) = 1$ genau dann, wenn die beiden folgenden Bedingungen gelten.
1.) Für ein j mit $w_j = 1$ ist $(x_1,\ldots,x_k)$ die j-te Zeile von A_i.
2.) $(x_{k+1},\ldots,x_n) \in B_{i,w}$.
Wenn $f_{i,w}^1$ und $f_{i,w}^2$ die erste bzw. zweite Bedingung überprüfen, dann ist $f_{i,w} = f_{i,w}^1 \wedge f_{i,w}^2$. $f_{i,w}^1$ hängt nur von $(x_1,\ldots,x_k)$ und $f_{i,w}^2$ nur von $(x_{k+1},\ldots,x_n)$ ab. Somit erhalten wir die Lupanovsche (k,s)-Darstellung

$$f(x_1,\ldots,x_n) = \bigvee_{1\le i\le p} \bigvee_w f_{i,w}^1(x_1,\ldots,x_k) \wedge f_{i,w}^2(x_{k+1},\ldots,x_n).$$

2.12.1 Algorithmus

Input: $f \in B_n$, gegeben durch Wertetabelle, $0 \leq k \leq n$, $1 \leq s \leq 2^k$.

Output: Vierstufiger Schaltkreis für f.

Stufe 1: (Konjunktionen): Es werden alle 2^k Minterme auf $(x_1, \ldots, x_k)$ und alle 2^{n-k} Minterme auf $(x_{k+1}, \ldots, x_n)$ gebildet. Dazu genügen $(k-1)2^k + (n-k-1)2^{n-k}$ binäre $\wedge$-Bausteine. Mit einem einfachen Divide-and-Conquer Ansatz kann die Bausteinzahl auf $O(2^k + 2^{n-k})$ gesenkt werden (s.Kap.4).

Stufe 2 (Disjunktionen):

a) Es werden alle $f^1_{i,w}$ durch ihre DNF berechnet. Für festes w kommt jeder $(x_1, \ldots, x_k)$-Minterm nur in einer $f^1_{i,w}$-Funktion vor, da die A_i-Blöcke disjunkt sind. Da es 2^s w-Vektoren und 2^k Minterme gibt, genügen $2^s 2^k$ binäre $\vee$-Bausteine.

b) Es werden alle $f^2_{i,w}$ durch ihre DNF berechnet. Für festes i sind die Mengen $B_{i,w}$ disjunkt, und jeder $(x_{k+1}, \ldots, x_n)$-Minterm kommt nur in einer $f^2_{i,w}$-Funktion vor. Da es p A_i-Blöcke und 2^{n-k} Minterme gibt, genügen $p2^{n-k}$ $\vee$-Bausteine.

Stufe 3 (Konjunktionen): Mit $p2^s$ binären $\wedge$-Bausteinen werden alle $f_{i,w} = f^1_{i,w} \wedge f^2_{i,w}$ berechnet.

Stufe 4 (Disjunktionen): Mit $p2^s - 1$ binären $\vee$-Bausteinen wird f als Disjunktion aller $f_{i,w}$ berechnet.

Da $p = \lceil 2^k/s \rceil \leq 2^k/s + 1$ ist, können wir die Zahl der Bausteine im eben konstruierten Schaltkreis abschätzen durch

$$(k-1)2^k + (n-k-1)2^{n-k} + 2^{s+k} + 2^n/s + 2^{n-k} + 2^{s+k+1}/s + 2^{s+1}.$$

Damit $2^n/s$ nicht zu groß wird, muß $s = \Omega(n)$ sein. Andererseits darf 2^{s+k} nicht zu groß werden. Daher wählen wir
$k = \lceil 3\log n \rceil$ und $s = n - \lceil 5\log n \rceil$.
Dann ist $2^k = O(n^3)$, $2^{n-k} = O(2^n/n^3)$, $2^{s+k} = O(2^n/n^2)$ und
$2^n/s = (2^n/n)(n/s)$, wobei $n/s = 1 + o(1)$ ist.

2.12.2 Satz *Für Funktionen $f \in B_n$, die durch ihre Wertetabelle gegeben sind, kann mit einem effizienten Algorithmus ein B_2-Schaltkreis mit $2^n/n + o(2^n/n)$ Bausteinen konstruiert werden.*

Wir wollen auch die Schaltkreisgröße über der Basis U mit unbeschränktem Fan-in untersuchen. Auf Stufe 1 genügen $2^k + 2^{n-k}$ Bausteine. Auf Stufe 2 genügt für jede der $2p2^s$ Funktionen $f^1_{i,w}$ und $f^2_{i,w}$ ein $\vee$-Baustein. Auf Stufe 3 genügen $p2^s$ $\wedge$-Bausteine und auf Stufe 4 ein $\vee$-Baustein. Offensichtlich ist es vernünftig, $s = 1$ und damit $p = 2^k$ zu wählen. Dann ist $w \in \{0,1\}$, und $f_{i,0}$, die Konstante 0, muß also nicht berechnet werden. Insgesamt genügen daher $4 * 2^k + 2^{n-k} + 1$ Bausteine, und wir sollten $k = \lfloor n/2 \rfloor - 1$ wählen.

2.12.3 Satz   *Für Funktionen $f \in B_n$, die durch ihre Wertetabelle gegeben sind, kann mit einem effizienten Algorithmus ein U-Schaltkreis mit unbeschränktem Fan-in und höchstens $2(2^{\lfloor n/2 \rfloor} + 2^{\lceil n/2 \rceil}) + 1$ Bausteinen konstruiert werden.*

Auch hier läßt sich mit einem einfachen Abzählargument zeigen, daß für fast alle Funktionen $\Omega(2^{n/2})$ Bausteine notwendig sind.

2.12.4 Beispiel   Für $n = 5$ wählen wir zur Illustration $k = 2$ und $s = 2$. Also ist $n - k = 3$ und $p = 2$. Die Funktionsmatrix ist in Abb. 2.12.1 gegeben.

		x_3	0	0	0	0	1	1	1	1
		x_4	0	0	1	1	0	0	1	1
x_1	x_2	x_5	0	1	0	1	0	1	0	1
0	0		0	1	0	0	1	0	0	0
0	1		1	0	1	0	0	1	1	0
1	0		1	1	1	1	0	0	1	1
1	1		1	0	0	1	1	0	1	0

Abb.2.12.1

Wir haben zwei Blöcke, die Funktionsmatrix für $f_1 (f_2)$ erhalten wir, indem wir die untere (obere) Hälfte der Matrix durch Nullen ersetzen.

$f^1_{2,(0,0)} = 0$ (dies gilt für den Nullvektor w stets).

$f^1_{2,(0,1)} = x_1 x_2$ ($w = (0,1)$ hat nur an der zweiten Stelle eine 1, und $(1,1)$ ist die zweite Zeile des zweiten Blocks).

$f^1_{2,(1,0)} = x_1 \bar{x}_2$.

$f^1_{2,(1,1)} = x_1 \bar{x}_2 \vee x_1 x_2$.

$f^2_{2,(0,0)} = x_3 \bar{x}_4 x_5$.

$f^2_{2,(0,1)} = x_3 \bar{x}_4 \bar{x}_5$.

$f^2_{2,(1,0)} = \bar{x}_3 \bar{x}_4 x_5 \vee \bar{x}_3 x_4 \bar{x}_5 \vee x_3 x_4 x_5$.

$f^2_{2,(1,1)} = \bar{x}_3 \bar{x}_4 \bar{x}_5 \vee \bar{x}_3 x_4 x_5 \vee x_3 x_4 \bar{x}_5$.

Es ist $f_{2,w} = f^1_{2,w} \wedge f^2_{2,w}$ und

$f_2 = f_{2,(0,0)} \vee f_{2,(0,1)} \vee f_{2,(1,0)} \vee f_{2,(1,1)}$.

f_1 wird analog gebildet und schließlich ist $f = f_1 \vee f_2$. Es ist hilfreich, sich die Interpretation und Wirkungsweise der einzelnen Hilfsfunktionen zu veranschaulichen.

Die Leserin und der Leser sollten an konkreten Beispielen die Zahl binärer Bausteine in diesem Schaltkreisentwurf mit der erwarteten Zahl von PLA-Zellen für ein Minimalpolynom vergleichen. Für $n = 16$ ist beispielsweise $k = 6$ und $s = 7$ eine gute Wahl.

Aufgaben

2.A.1 Beweise die Rechenregeln aus Satz 2.1.2.

2.A.2 Zeige, daß die DNF, KNF und RSE der Majoritätsfunktion exponentielle Größe haben.

2.A.3 Finde Funktionen, für die DNF und RSE polynomielle Größe haben aber die KNF exponentielle Größe hat.

2.A.4 Wie steht die Größe der Normalformen für f in Beziehung zur Größe der Normalformen für $\neg f$?

2.A.5 Finde Funktionen, für die DNF und KNF exponentielle Größe haben aber die RSE polynomielle Größe hat.

2.A.6 Finde Funktionen, für die die DNF polynomielle aber die RSE exponentielle Größe hat.

2.A.7 Welchen Grad haben die RSE-Polynome für die vier Outputs von ADD_3?

2.A.8 Sei $f \in B_4$ definiert durch die Eingaben, die auf 1 abgebildet werden: $0001, 0010, 0100, 0101, 1100, 1110, 1111$. Berechne $PI(f)$ mit dem Quine/ McCluskey-Algorithmus.

2.A.9 Wende die Methode des doppelten Produkts auf die im Beweis von Satz 2.4.14 definierte Funktion an.

2.A.10 Bilde ein überdeckendes Polynom für f aus 2.A.8. Berechne $PI(f)$ mit Hilfe der Baummethode, der Methode des doppelten Produkts und der Methode des iterierten Konsensus.

2.A.11 Nachdem in einer PI-Tafel zunächst alle Reduktionen 1. Art und dann alle Reduktionen 2. Art durchgeführt worden sind, sind keine weiteren Reduktionen möglich.

2.A.12 Minimalpolynome können 2^{n-1} Primimplikanten aber niemals mehr als 2^{n-1} Primimplikanten enthalten.

2.A.13 Berechne für f aus 2.A.8 ein Minimalpolynom aus $PI(f)$ und $f^{-1}(1)$.

2.A.14 Berechne für f aus 2.A.8 ein Minimalpolynom aus $PI(f)$ und einem selbstgewählten Polynom für f.

2.A.15 Verallgemeinere den Branch-and-Bound-Algorithmus auf die Berechnung von Minimalpolynomen für f aus $PI(f)$ und einem Polynom p für f.

2.A.16 Berechne für f aus 2.A.8 ein Minimalpolynom mit Hilfe des Karnaugh-Diagramms von f.

2.A.17 Verallgemeinere den Branch-and-Bound-Algorithmus auf die Berechnung von Minimalpolynomen für Funktionen mit mehreren Outputs.

2.A.18 Führe die in Kap. 2.8 angegebenen Ideen zur Verallgemeinerung der Methode der Überdeckungsfunktionen formal aus und beweise die verallgemeinerten Behauptungen.

2.A.19 Sei $f = (f_1, f_2)$, f_1 das Standardbeispiel 2.3.3 und f_2 die Funktion aus 2.A.8. Berechne die Menge der multiplen Primimplikanten von f.

2.A.20 Berechne für f aus 2.A.19 ein Minimalpolynom mit Hilfe des verallgemeinerten Branch-and-Bound-Algorithmus und mit Hilfe der verallgemeinerten Überdeckungsfunktionen.

2.A.21 Berechne für die Additionsfunktion ADD_3 Minimalpolynome für die einzelnen Outputs und für die Funktion mit 4 Outputs. Versuche auch, ADD_4 zu behandeln.

2.A.22 Sei $MUL_n \in B_{2n,2n}$ die Multiplikation zweier n-stelliger Binärzahlen. Berechne für MUL_2 Minimalpolynome für die einzelnen Outputs und für die Funktion mit 4 Outputs. Versuche auch, MUL_3 zu behandeln.

2.A.23 Berechne ein Minimalpolynom für die PLA-Funktion.

2.A.24 Wenn f durch ein Polynom p dargestellt wird, in dem für jedes i entweder nur x_i oder nur $\bar{x}_i$ vorkommt, dann enthält p alle Primimplikanten und ist eindeutiges Minimalpolynom.

2.A.25 Berechne Minimalpolynome für die Intervallfunktionen $I_{2,5} \in B_6$ und $I_{2,5} \in B_7$.

2.A.26 Beweise Lemma 2.10.2.

2.A.27 Für monotone Funktionen f und g entsteht das Minimalpolynom für $f \otimes g$ durch Ausmultiplizieren der Minimalpolynome für f und g.

2.A.28 Für symmetrische Funktionen f und g entsteht ein Minimalpolynom für $f \otimes g$ durch Ausmultiplizieren von Minimalpolynomen für f und g.

2.A.29 Im Beweis von Satz 2.10.3 wird für die dort beschriebene Funktion $f \otimes f$ ein Minimalpolynom berechnet.

2.A.30 MUL_n hat exponentielle Minimalpolynome.

2.A.31 Zähle in Beispiel 2.12.4 die Zahl benutzter binärer Bausteine exakt und vergleiche die Zahl mit den Kosten eines Minimalpolynoms und den Kosten einer PLA-Realisierung.

3. Addition, Subtraktion, Multiplikation und Division

3.1 Die Schulmethode für die Addition

Die Addition ADD ist die Folge Boolescher Funktionen $ADD_n \in B_{2n,n+1}$ (s.Kap. 1.2), die aus $x = (x_{n-1}, \ldots, x_0)$ und $y = (y_{n-1}, \ldots, y_0)$ die Binärdarstellung $s = (s_n, \ldots, s_0)$ der Summe von x und y berechnen. Wir behandeln zunächst die Schulmethode, dann in Kap.3.2 eine Additionsmethode, die bei Parallelverarbeitung im Durchschnitt wesentlich schneller ist. In Kap.3.3 zeigen wir, daß die Addition in $AC_{0,3}$ enthalten ist. Allerdings sind die dort vorgestellten schnellen Addierer für den praktischen Gebrauch zu teuer. Es folgen schließlich zwei schnelle und billige Addierer in Kap.3.4 und Kap.3.6. Die zweite Methode benutzt das in Kap.3.5 vorgestellte Verfahren der effizienten Präfixberechnung und führt zu einem Addierer mit linearer Größe und logarithmischer Tiefe.

Die Schulmethode der Schriftlichen Addition (bezogen auf Zahlen in Dezimaldarstellung) ist vermutlich der erste Algorithmus, den wir erlernen.

3.1.1 Algorithmus

1.) Addiere x_0 und y_0. Das Ergebnis besteht aus dem Summenbit s_0 und dem Übertrag (Carrybit) c_0.

2.) Für $i = 1, \ldots, n-1$ addiere x_i, y_i und c_{i-1}. Das Ergebnis besteht aus dem Summenbit s_i und dem Carrybit c_i.

3.) $s_n = c_{n-1}$.

Schritt 1 läßt sich durch einen Halfadder mit 2 Bausteinen in Tiefe 1 realisieren: $s_0 = x_0 \oplus y_0, c_0 = x_0 \wedge y_0$. Für jedes i läßt sich Schritt 2 durch einen Fulladder (s.Abb. 1.3.1) realisieren. Die Inputs x_1, x_2, x_3 in Abb. 1.3.1 ersetzen wir durch c_{i-1}, x_i, y_i. G_1 und G_2 bilden einen Halfadder für x_i und y_i und können bereits parallel zu Schritt 1 realisiert werden. Die restlichen Bausteine müssen auf die Berechnung von c_{i-1} warten und produzieren dann in Tiefe 2 s_i und c_i. Also ist die Gesamttiefe $2(n-1) + 1$ und, da Fulladder Größe 5 haben, die Gesamtgröße $5(n-1) + 2$.

3.1.2 Satz   *Die Schulmethode der Schriftlichen Addition führt zu einem Schaltkreis der Größe $5n - 3$ und der Tiefe $2n - 1$.*

Redkin (1981) konnte zeigen, daß kein Additionsschaltkreis mit weniger als $5n - 3$ Bausteinen auskommt. Man beachte, wie „neu" dieses Ergebnis ist. Allerdings ist lineare Tiefe für so einfache Funktionen wie die Addition inakzeptabel. Die Schulmethode ist eine typische sequentielle Methode und läßt sich nicht effizient parallelisieren. Der folgende Algorithmus zeigt, daß das eigentliche Problem für eine effiziente Parallelisierung die Berechnung der Carrybits ist.

3.1.3 Algorithmus
1.) Berechne mit n Halfaddern $u_i = x_i \wedge y_i$ und $v_i = x_i \oplus y_i$ für $0 \le i \le n - 1$. Größe $2n$, Tiefe 1.
2.) Berechne die Carrybits $c_{n-1}, \ldots, c_0$ aus u und v.
3.) Berechne die Summenbits $s_0 = v_0, s_i = v_i \oplus c_{i-1}$ für $1 \le i \le n - 1$ und $s_n = c_{n-1}$. Größe $n - 1$, Tiefe 1.

Die Schulmethode gehört zu der Klasse der in 3.1.3 beschriebenen Algorithmen. Die Bausteine G_1 und G_2 der Fulladder bilden die Halfadder aus Stufe 1, die Bausteine G_3 berechnen die Summenbits und die Bausteine G_4 und G_5 die Carrybits.

3.2 Von Neumann Addierwerke

Von Neumann hat schon sehr früh eine Additionsmethode mit einer im Durchschnitt geringen parallelen Rechenzeit entwickelt. Ein Schritt der von Neumann Methode besteht darin, aus zwei Zahlen x und y neue Zahlen x^{neu} und y^{neu} mit $|x^{neu}| + |y^{neu}| = |x| + |y|$ zu berechnen. Wenn $|y^{neu}| = 0$ ist, stellt x^{neu} die Summe $|s|$ dar. In jedem Schritt werden x_i und y_i mit Halfaddern addiert.
$x^{neu} = (0, x_{n-1} \oplus y_{n-1}, \ldots, x_0 \oplus y_0)$
$y^{neu} = (x_{n-1} \wedge y_{n-1}, \ldots, x_0 \wedge y_0, 0).$
Die Bedingung $|x^{neu}| + |y^{neu}| = |x| + |y|$ ist erfüllt, da wir die Carrybits um eine Stelle nach links verschoben haben. Die Länge der Zahlen ist um 1 gewachsen. Da $|x| + |y| < 2^{n+1}$, kann es allerdings keinen Übertrag zu Position $n + 1$ geben. Es ist also vernünftig, x und y mit einer führenden Null zu $(n + 1)$-Bit-Zahlen zu machen, mit n Halfaddern wie oben beschrieben zu arbeiten und $x_n^{neu} = x_n \oplus y_n$ zu setzen.

In Schalt*werken* können die Zwischenergebnisse x^{neu} und y^{neu} an Delaybausteinen für einen Zeittakt gespeichert werden und dann wieder Eingaben x und y für die gleiche Hardware sein. Steuersignale bestimmen das Ende der Rechnung. Abbruchkriterium ist hier $y_n \vee \ldots \vee y_0 = 0$. In Schaltwerken hat die Hardware also nur lineare Größe. Da Halfadder Tiefe 1 haben, ist die parallele Rechenzeit gleich der Zahl benötigter Takte.

3.2.1 Beispiel   i) Falls $|y| = 0$, stoppt der Algorithmus sofort.
ii) Falls $x_{n-1} = \ldots = x_0 = y_0 = 1, y_{n-1} = \ldots = y_1 = 0$, benötigt der Algorithmus $n+1$ Takte. Dies wird durch die Betrachtung des Falles $n = 5$ unmittelbar klar.

$$\begin{array}{c} 011111 \\ 000001 \end{array} \longrightarrow \begin{array}{c} 011110 \\ 000010 \end{array} \longrightarrow \begin{array}{c} 011100 \\ 000100 \end{array} \longrightarrow \begin{array}{c} 011000 \\ 001000 \end{array} \longrightarrow$$

$$\begin{array}{c} 010000 \\ 010000 \end{array} \longrightarrow \begin{array}{c} 000000 \\ 100000 \end{array} \longrightarrow \begin{array}{c} 100000 \\ 000000 \end{array} \longrightarrow s = (1,0,0,0,0,0)$$

iii) Falls $x_{n-1} = \ldots = x_0 = y_{n-1} = \ldots = y_0 = 1$, benötigt der Algorithmus nur 2 Takte. Wieder genügt es, den Fall $n = 5$ zu betrachten.

$$\begin{array}{c} 011111 \\ 011111 \end{array} \longrightarrow \begin{array}{c} 000000 \\ 111110 \end{array} \longrightarrow \begin{array}{c} 111110 \\ 000000 \end{array} \longrightarrow s = (1,1,1,1,1,0)$$

Wir wollen die Taktzahl näher untersuchen. Offensichtlich ist y_0 nach dem 1. Takt 0 und behält diesen Wert. Wenn $y_0 = \ldots = y_{i-1} = 0$, dann ist $y_j^{neu} = x_{j-1} \wedge y_{j-1} = 0$ für $1 \leq j \leq i$. Nach $n+1$ Takten ist also $y_n = \ldots = y_0 = 0$, und der Algorithmus stoppt. Beispiel 3.2.1.ii ist damit ein worst case Beispiel. Der Übertrag von der letzten Stelle wird ganz nach vorne durchgereicht. Da wir die durchschnittliche Taktzahl abschätzen wollen, müssen wir die Auswirkungen der verschiedenen Eingabetypen auf die Taktzahl näher untersuchen.

Falls $x_i = y_i = 0$, ist die Summe der Zahlen $(x_i, \ldots, x_0)$ und $(y_i, \ldots, y_0)$ kleiner als 2^{i+1}, und der Halfadder an Position i liefert nie einen Übertrag. Also nimmt y_{i+1} nach einem Zeittakt den Wert 0 an und behält diesen Wert.

Falls $x_i = y_i = 1$, ist nach einem Zeittakt $y_{i+1}^{neu} = 1$. Da die Zahlen $(x_i, \ldots, x_0)$ und $(y_i, \ldots, y_0)$ nur einmal einen Übertrag an die Position $i+1$ liefern können, hat y_{i+1} ab dem zweiten Zeittakt den Wert 0.

Die Positionen i mit $x_i = y_i$ sind also Positionen, an denen die Zahlen „aufgetrennt" werden, und nach 2 Zeittakten können die so getrennten Zahlen isoliert voneinander betrachtet werden. Die hinterste y-Position eines derartigen Zahlenteils ist bereits nach 2 Zeittakten 0. Wenn also l die größte Zahl aufeinanderfolgender Positionen i mit $x_i + y_i = 1$ ist, dann ist die Rechenzeit des von Neumann Addierwerks durch $l + 2$ nach oben beschränkt.

Für zufällige Eingaben x und y, bei denen jedes Bit unabhängig von den anderen die Werte 0 und 1 mit Wahrscheinlichkeit $1/2$ annimmt, ist l eine Zufallsvariable. Wenn $E(l)$ den Erwartungswert von l bezeichnet, ist $E(l) + 2$ eine obere Schranke für die erwartete Taktzahl des von Neumann Addierwerks. Für jede Position i ist $x_i + y_i = 1$ mit Wahrscheinlichkeit $1/2$. Also gilt

$$E(l) = \sum_{0 \leq i \leq n} i \ Prob(l = i)$$

$$\leq \sum_{0 \leq i \leq 2 \log n} 2 \log n \ Prob(l = i) + \sum_{2 \log n < i \leq n} n \ Prob(l = i)$$

$$\leq 2 \log n + n \ Prob(l > 2 \log n) \ .$$

Wenn $l > 2 \log n$ ist, muß es eine Position i geben, so daß $x_j + y_j = 1$ für alle $j \in \{i, \ldots, i + \lceil 2 \log n \rceil - 1\}$ ist. Für festes i ist die Wahrscheinlichkeit hierfür $(1/2)^{\lceil 2 \log n \rceil} \leq n^{-2}$. Da es für i weniger als n Möglichkeiten gibt, ist die Wahrscheinlichkeit, daß $l > 2 \log n$ ist, kleiner als $n \ n^{-2} = n^{-1}$. Also ist

$$E(l) \leq 2 \log n + 1.$$

Eine genaue Analyse zeigt, daß die erwartete Taktzahl bei $\log n$ liegt (Claus (1973)). Wir fassen unsere Ergebnisse zusammen.

3.2.2 Satz   *Von Neumann Addierwerke haben lineare Hardwaregröße. Die benötigte Taktzahl liegt zwischen 0 und $n + 1$, im Durchschnitt ist sie kleiner als $2 \log n + 3$.*

Wenn wir aus diesem Schaltwerk einen Schaltkreis machen wollen, können wir das Ende der Rechnung nicht durch ein Steuersignal steuern. Da wir auch im worst case korrekt rechnen wollen, benötigen wir die Hardware für $n+1$ Takte. Der Schaltkreis hat dann die Größe $\Theta(n^2)$ und Tiefe $\Theta(n)$. Von Neumann Addierer sind also „nur" im Durchschnitt gut und daher nur zu verwenden, wenn die Rechnung bei Erfolg vorzeitig abgebrochen werden kann.

3.3 Carry-Look-Ahead Addierer

Wir wollen nun Additionsschaltkreise mit geringer Tiefe entwerfen und entscheiden, wo die Addition in der NC-AC-Hierarchie einzuordnen ist. Nach Algorithmus 3.1.3 kommt es vor allem darauf an, die Carrybits in geringer Tiefe aus u und v zu berechnen. Dazu interpretieren wir die Wertepaare (u_i, v_i).

1.) $(u_i, v_i) = (0,0)$ bedeutet $x_i + y_i = 0$. Unabhängig von den anderen Inputs ist $c_i = 0$. Zur Stelle i kommende Überträge werden abgefangen. Derartige Stellen heißen E-Stellen (E=eliminate).

2.) $(u_i, v_i) = (0,1)$ bedeutet $x_i + y_i = 1$. In dieser Situation ist $c_i = c_{i-1}$. Ein Übertrag der vorigen Stelle wird weitergeleitet. Derartige Stellen heißen P-Stellen (P=propagate).

3.) $(u_i, v_i) = (1,0)$ bedeutet $x_i + y_i = 2$. Also ist $c_i = 1$. Ein neuer Übertrag wird erzeugt. Derartige Stellen heißen G-Stellen (G=generate).

An Position i entsteht also genau dann ein Übertrag, wenn ein Übertrag an einer Position $j \leq i$ erzeugt wird ($u_j = 1$) und dann bis zur Position i weitergeleitet wird ($v_{j+1} = \ldots = v_i = 1$). Also ist

$$c_i = \bigvee_{0 \leq j \leq i} u_j v_{j+1} \ldots v_i \, .$$

Die Summanden $u_j v_{j+1} \ldots v_i$ lassen sich mit balancierten Bäumen aus $\wedge$-Bausteinen in Tiefe $\lceil \log n \rceil$ berechnen, für jeden der $\Theta(n^2)$ Summanden genügen $O(n)$ Bausteine. Auch die Disjunktion für c_i hat Tiefe $\lceil \log n \rceil$ und lineare Größe. Wir machen uns hier nicht die Mühe, die Schaltkreisgröße zu verringern, da dieser Ansatz stets $\Omega(n^2)$ Bausteine erfordert.

3.3.1 Satz *Carry-Look-Ahead Addierer haben Tiefe $2\lceil \log n \rceil + 2$ und polynomielle Größe $O(n^3)$.*

Diese Methode führt bei unbeschränktem Fan-in zu sehr geringer Tiefe und polynomieller Größe.

3.3.2 Satz $ADD \in AC_{0,3}$.

B e w e i s Wir entwerfen dreistufige $\vee - \wedge - \vee$ U-Schaltkreise mit unbeschränktem Fan-in und quadratischer Größe. Eine naive Umsetzung der Carry-Look-Ahead Methode in einen U-Schaltkreis würde 6 Stufen erfordern. Wir werden diese Stufen auf geschickte Weise „ineinander schieben", um die Tiefe auf 3 zu reduzieren.

In Stufe 3 von Algorithmus 3.1.3 berechnen wir

$$s_i = v_i \oplus c_{i-1} = (\bar{v}_i \wedge c_{i-1}) \vee (v_i \wedge \bar{c}_{i-1}).$$

Damit diese Darstellung auch für $i = 0$ und für $i = n$ korrekt ist, setzen wir $x_n = y_n = 0$, also $v_n = 0$, und $x_{-1} = y_{-1} = 0$, also $c_{-1} = 0$. Da wir ein Polynom für c_i in den u- und v-Variablen bereits entworfen haben, sollten wir ein entsprechendes Polynom für $\bar{c}_i$ konstruieren. Mit $w_i = \bar{x}_i \wedge \bar{y}_i$ ist $w_i = 1$ genau dann, wenn Position i eine E-Stelle ist. Insbesondere $w_{-1} = 1$. An Position i entsteht genau dann kein Übertrag, wenn Überträge an einer Position j mit $-1 \leq j \leq i$ eliminiert werden ($w_j = 1$) und dann das „Nicht-Carrybit" bis zur Position i weitergeleitet wird ($v_{j+1} = \ldots = v_i = 1$). Also ist

$$\bar{c}_i = \bigvee_{-1 \leq j \leq i} w_j v_{j+1} \ldots v_i \, .$$

Zusammenfassend erhalten wir folgende Darstellung der Summenbits.

$$s_i = \bigvee_{0 \leq j \leq i-1} u_j v_{j+1} \ldots v_{i-1} \bar{v}_i \vee \bigvee_{-1 \leq j \leq i-1} w_j v_{j+1} \ldots v_{i-1} v_i \, .$$

Allerdings sind nicht u, v und w sondern x und y Inputs des Schaltkreises. Es ist $u_j = x_j \wedge y_j$, $w_j = \bar{x}_j \wedge \bar{y}_j$, $v_j = x_j \oplus y_j = (\bar{x}_j \vee \bar{y}_j) \wedge (x_j \vee y_j)$ und $\bar{v}_j = (x_j \vee \bar{y}_j) \wedge (\bar{x}_j \vee y_j)$.

Wir erhalten nun einen dreistufigen Schaltkreis. Auf Stufe 1 werden mit $4n$ $\vee$-Bausteinen $x_j \vee y_j, \bar{x}_j \vee y_j, x_j \vee \bar{y}_j$ und $\bar{x}_j \vee \bar{y}_j$ berechnet. Auf Stufe 2 werden mit $O(n^2)$ $\wedge$-Bausteinen alle $u_j v_{j+1} \ldots v_{i-1} \bar{v}_i$ und $w_j v_{j+1} \ldots v_{i-1} v_i$ berechnet. Dabei sind u_j und w_j selber noch Konjunktionen zweier Inputs und v_j und $\bar{v}_j$ Konjunktionen zweier auf Stufe 1 berechneter Funktionen. Auf Stufe 3 genügen dann $n+1$ $\vee$-Bausteine, um die $n+1$ Summenbits zu berechnen. $\qquad\square$

3.4 Conditional Sum Addierer

Die auf Sklansky (1960) zurückgehende Methode der Conditional Sum Addition beruht auf einer einfachen Idee. Da es schwierig ist, das Carrybit c_i zu berechnen, werden Rechnungen unter beiden möglichen Annahmen $c_i = 0$ und $c_i = 1$ durchgeführt. Wenn schließlich c_i berechnet ist, muß nur noch das richtige Ergebnis ausgewählt werden.

3.4.1 Definition   Die *Auswahlfunktion* (select function) $sel \in B_3$ ist definiert durch $sel(x, y_0, y_1) = y_0$, falls $x = 0$, und $sel(x, y_0, y_1) = y_1$, falls $x = 1$.

Offensichtlich ist $sel(x, y_0, y_1) = \bar{x}y_0 \vee xy_1$. Die Funktion sel läßt sich also in Tiefe 2 mit 3 Bausteinen realisieren. Für unseren Addierer wird c_i die Auswahlvariable x sein, die Summenbits unter den Annahmen $c_i = 0$ und $c_i = 1$ werden die Rollen von y_0 und y_1 übernehmen. Zur Vereinfachung nehmen wir an, daß n eine Zweierpotenz 2^k ist, die Verallgemeinerung auf beliebige n bereitet keine Schwierigkeiten.

3.4.2 Algorithmus   Addition von n-Bit-Zahlen x und y und einem Carrybit $d \in \{0,1\}, n = 2^k$.

1.) Falls $k = 0$ und $d = 0$, ist $c_0 = s_1 = x_0 \wedge y_0$ und $s_0 = x_0 \oplus y_0$.

Falls $k = 0$ und $d = 1$, ist $c_0 = s_1 = x_0 \vee y_0$ und $s_0 = x_0 \oplus y_0 \oplus 1 = (x_0 \equiv y_0)$.

2.) Falls $k > 0$, führe die folgenden Additionen parallel aus.

a) $x'' = (x_{n-1}, \ldots, x_{n/2})$, $y'' = (y_{n-1}, \ldots, y_{n/2})$ und Carrybit 0. Ergebnis $(c_{n-1}^0, s_{n-1}^0, \ldots, s_{n/2}^0)$.

b) x'', y'' und Carrybit 1, Ergebnis $(c_{n-1}^1, s_{n-1}^1, \ldots, s_{n/2}^1)$.

c) $x' = (x_{n/2-1}, \ldots, x_0)$, $y' = (y_{n/2-1}, \ldots, y_0)$ und Carrybit d, Ergebnis $(c_{n/2-1}^d, s_{n/2-1}^d, \ldots, s_0^d)$.

3.) Die Summe $(s_n, \ldots, s_0)$ ergibt sich folgendermaßen.

$s_i = s_i^d$ für $0 \le i \le n/2 - 1$.

$s_i = sel(c_{n/2-1}^d, s_i^0, s_i^1)$ für $n/2 \le i \le n - 1$.

$c_{n-1} = s_n = sel(c_{n/2-1}^d, c_{n-1}^0, c_{n-1}^1)$.

Die Korrektheit folgt direkt aus unseren Vorüberlegungen. Stufe 2 ermöglicht eine weitgehende Parallelisierung. Allerdings würden wir bei einer rekursiven Implementierung $\Theta(n^{\log 3})$ Bausteine benötigen, da viele Teilaufgaben mehrfach ausgeführt werden. So addieren wir z.B. sowohl in Stufe 2a als auch in Stufe 2b die aus den ersten $n/4$ Bits von x und y bestehenden Zahlen mit Carry 0 und Carry 1. Um diesen Effekt zu vermeiden, beschreiben wir eine iterative Implementierung von Algorithmus 3.4.2.

Die zu lösenden Teilprobleme werden mit $P_{i,l,c}(0 \le l \le k, 0 \le i \le 2^{k-l} - 1, c \in \{0,1\})$ bezeichnet. Der Parameter l beschreibt die Stufe, in der wir uns befinden. Auf Stufe l werden die n-Bit-Zahlen x und y in 2^{k-l} Blöcke mit je 2^l Bits zerlegt (numeriert durch i von rechts nach links). Es werden benachbarte Blöcke der Stufe $l-1$ zu einem Block der Stufe l zusammengefaßt. Der Parameter c ist das Carrybit, das zusätzlich addiert werden soll.

Stufe 0 ist die Stufe, in der die eigentlichen Additionen durchgeführt werden. Mit $4n$ Bausteinen werden in Tiefe 1 wie in Schritt 1 von Algorithmus 3.4.2 beschrieben für $0 \le i \le n - 1$ die Bits x_i und y_i sowohl mit Übertrag 0 als auch mit Übertrag 1 addiert.

Auf Stufe l liegen die Ergebnisse von Stufe $l-1$ vor. Sei z.B. $n = 16, l = 2, i = 2$ und $c = 1$. $P_{i,l,c}$ ist dann die Aufgabe, den dritten Block der Länge 4 von rechts, also

$(x_{11}, \ldots, x_8)$ und $(y_{11}, \ldots, y_8)$ mit Übertrag 1 zu addieren. Auf Stufe 1 werden die Blöcke der Länge 2 mit beiden möglichen Überträgen addiert. Folgende Ergebnisse sind also bekannt.

$$
\begin{array}{ccc}
x_{11}x_{10} & x_{11}x_{10} & x_9x_8 \\
y_{11}y_{10} & y_{11}y_{10} & y_9y_8 \\
0 & 1 & 1 \\
\hline
a_{11}^0\, b_{11}^0\, b_{10}^0 & a_{11}^1\, b_{11}^1\, b_{10}^1 & a_9^1\, b_9^1\, b_8^1
\end{array}
$$

Gesucht ist die Lösung der folgenden Aufgabe.

$$
\begin{array}{c}
x_{11}x_{10}x_9x_8 \\
y_{11}y_{10}y_9y_8 \\
1 \\
\hline
c_{11}^1\, d_{11}^1\, d_{10}^1\, d_9^1\, d_8^1
\end{array}
$$

Offensichtlich ist $d_9^1 = b_9^1$ und $d_8^1 = b_8^1$. Für die hintere Hälfte des Resultats benötigen wir also keinen Baustein. Das Carrybit a_9^1 entscheidet, ob der vordere Teil des Resultats $(a_{11}^0, b_{11}^0, b_{10}^0)$ oder $(a_{11}^1, b_{11}^1, b_{10}^1)$ ist. Es genügen also drei parallele *sel*-Bausteine zur Lösung von $P_{2,2,1}$. Allgemein sollen in $P_{i,l,c}$ zwei 2^l- Bit-Zahlen und ein Carrybit addiert werden. Die hinteren 2^{l-1} Bits des Ergebnisses sind die hinteren 2^{l-1} Bits der Lösung von $P_{2i,l-1,c}$. Das Carrybit c^* der Lösung von $P_{2i,l-1,c}$ entscheidet, ob die vorderen $2^{l-1} + 1$ Bits der Lösung von $P_{i,l,c}$ gleich der Lösung von $P_{2i+1,l-1,0}$ (falls $c^* = 0$) oder der von $P_{2i+1,l-1,1}$ (falls $c^* = 1$) sind. Es genügen also $2^{l-1} + 1$ parallele *sel*-Bausteine. Die Probleme der Stufe l können insgesamt parallel bearbeitet werden.

Also hat Stufe l nur Tiefe 2, und die Gesamttiefe ist $2k + 1 = 2\log n + 1$. Auf Stufe l werden $2 * 2^{k-l}$ Probleme mit je $2^{l-1} + 1$ *sel*-Bausteinen gelöst. Die Gesamtzahl der *sel*-Bausteine auf den Stufen $1, \ldots, k$ beträgt also

$$
\sum_{1 \le l \le k} (2^{l-1} + 1) * 2 * 2^{k-l} = \sum_{1 \le l \le k} 2^k + 2 \sum_{1 \le l \le k} 2^{k-l} =
$$

$$
k2^k + 2(2^k - 1) = n\log n + 2n - 2 \ .
$$

Da *sel*-Bausteine durch 3 binäre Bausteine ersetzt werden und Stufe 0 zusätzlich $4n$ Bausteine enthält, ist die Gesamtzahl der Bausteine $3n\log n + 10n - 6$.

3.4.3 Satz   *Conditional Sum Addierer haben für $n = 2^k$ Tiefe $2\log n + 1$ und Größe $3n\log n + 10n - 6$.*

3.4.4 Beispiel   In Abb.3.4.1 werden zwei 16-Bit-Zahlen x und y mit einem Conditional Sum Addierer addiert. Auf jeder Stufe steht die Summe bei Übertrag 0 in der ersten und bei Übertrag 1 in der zweiten Zeile. Wir greifen noch einmal das Problem $P_{2,2,1}$ heraus, das Ergebnis 00111 finden wir in Stufe 2, Zeile 2 im Block 2 (dritter Block von rechts). Die hinteren beiden Bits wurden aus Stufe 1, Zeile 2, Block 4 übernommen. Dort steht 011. Das Carrybit 0 entscheidet, daß die vorderen drei Bits des Ergebnisses, also 001, aus Stufe 1, Zeile 1, Block 5 übernommen werden.

<table>
<tr><td>x</td><td>0</td><td>1</td><td>1</td><td>1</td><td>0</td><td>1</td><td>0</td><td>0</td><td>1</td><td>1</td><td>0</td><td>1</td><td>0</td><td>1</td><td>1</td><td>0</td></tr>
<tr><td>y</td><td>1</td><td>0</td><td>1</td><td>0</td><td>0</td><td>0</td><td>1</td><td>0</td><td>1</td><td>1</td><td>1</td><td>0</td><td>1</td><td>1</td><td>0</td><td>0</td></tr>
<tr><td rowspan="2">Stufe 0</td><td>01</td><td>01</td><td>10</td><td>01</td><td>00</td><td>01</td><td>01</td><td>00</td><td>10</td><td>10</td><td>01</td><td>01</td><td>01</td><td>10</td><td>01</td><td>00</td></tr>
<tr><td>10</td><td>10</td><td>11</td><td>10</td><td>01</td><td>10</td><td>10</td><td>01</td><td>11</td><td>11</td><td>10</td><td>10</td><td>10</td><td>11</td><td>10</td><td>01</td></tr>
<tr><td rowspan="2">Stufe 1</td><td colspan="2">011</td><td colspan="2">101</td><td colspan="2">001</td><td colspan="2">010</td><td colspan="2">110</td><td colspan="2">011</td><td colspan="2">100</td><td colspan="2">010</td></tr>
<tr><td colspan="2">100</td><td colspan="2">110</td><td colspan="2">010</td><td colspan="2">011</td><td colspan="2">111</td><td colspan="2">100</td><td colspan="2">101</td><td colspan="2">011</td></tr>
<tr><td rowspan="2">Stufe 2</td><td colspan="4">10001</td><td colspan="4">00110</td><td colspan="4">11011</td><td colspan="4">10010</td></tr>
<tr><td colspan="4">10010</td><td colspan="4">00111</td><td colspan="4">11100</td><td colspan="4">10011</td></tr>
<tr><td rowspan="2">Stufe 3</td><td colspan="8">100010110</td><td colspan="8">111000010</td></tr>
<tr><td colspan="8">100010111</td><td colspan="8">111000011</td></tr>
<tr><td rowspan="2">Stufe 4</td><td colspan="16">100010111 11000010</td></tr>
<tr><td colspan="16">100010111 11000011</td></tr>
</table>

Abb. 3.4.1

3.5 Optimale Präfixberechnung

3.5.1 Definition   Es sei $\circ$ eine binäre, assoziative Verknüpfung. Das *Präfixproblem* besteht in der Berechnung aller $p_i = x_i \circ \ldots \circ x_0$ für $0 \leq i \leq n-1$.

In Kap. 3.6 wird sich zeigen, was effiziente Algorithmen für das Präfixproblem mit effizienten Addierern zu tun haben. Wir behandeln das Problem in dieser allgemeinen, abstrakten Form, da wir die Lösung in späteren Kapiteln für verschiedene Operationen anwenden werden. Zur Motivation kann man sich $\circ$ als binäre Parität $\oplus$ vorstellen. Man ist daran interessiert, für jedes Anfangsstück des Vektors $(x_0, \ldots, x_{n-1})$ zu wissen, ob es gerade oder ungerade viele Einsen enthält. Der einfachste Algorithmus kommt mit $n-1$ Operationen aus, die allerdings nacheinander ausgeführt werden müssen. Aber auch parallele Algorithmen liegen nahe. Wir setzen $n = 2^k$ voraus, für $n = 1$ ist nichts zu tun.

3.5.2 Algorithmus

1.) Löse parallel mit diesem Algorithmus die Präfixprobleme für $x_{n-1}, \ldots, x_{n/2}$ und für $x_{n/2-1}, \ldots, x_0$. Damit werden bereits $p_{n/2-1}, \ldots, p_0$ berechnet.
2.) Für jedes $i \geq n/2$ genügt eine Operation, um $p_i = (x_i \circ \ldots \circ x_{n/2}) \circ p_{n/2-1}$ zu berechnen. Diese Operationen können parallel ausgeführt werden.

3.5.3 Satz   *Algorithmus 3.5.2 löst das Präfixproblem in Tiefe* $\log n$ *mit* $(1/2)n \log n$ *Operationen.*

B e w e i s Die Behauptung folgt aus den folgenden Rekursionsgleichungen für Tiefe und Größe.
$D(1) = 0, \ D(n) = D(n/2) + 1.$
$C(1) = 0, \ C(n) = 2C(n/2) + n/2.$ $\qquad\qquad\qquad\qquad\qquad\qquad\square$

3.5.4 Algorithmus

1.) Berechne parallel die $n/2$ Paare $x_{n-1} \circ x_{n-2}, \ldots, x_1 \circ x_0$.
2.) Wende diesen Algorithmus rekursiv auf die $n/2$ Paare an, damit werden bereits alle p_i für ungerade i berechnet.
3.) Alle p_i für gerade i können parallel durch $p_i = x_i \circ p_{i-1}$ berechnet werden, wobei $p_0 = x_0$ bereits bekannt ist.

3.5.5 Satz   *Algorithmus 3.5.4 löst das Präfixproblem in Tiefe* $2\log n - 1$ *mit* $2n - \log n - 2$ *Operationen.*

B e w e i s Die Behauptung folgt aus den folgenden Rekursionsgleichungen für Tiefe und Größe.
$D(2) = 1, \ D(n) = D(n/2) + 2.$
$C(2) = 1, \ C(n) = C(n/2) + n - 1.$ $\qquad\qquad\qquad\qquad\qquad\qquad\square$

Mit diesen Ergebnissen könnte man bereits zufrieden sein. Ladner und Fischer (1980) haben die Algorithmen 3.5.2 und 3.5.4 „gemischt", um lineare Größe bei optimaler Tiefe $\log n$ zu erreichen.

3.5.6 Algorithmus

$A_0(n)$: Wende parallel $A_1(n/2)$ auf $x_{n/2-1}, \ldots, x_0$ und $A_0(n/2)$ auf $x_{n-1}, \ldots, x_{n/2}$ an. p_i ist für $0 \leq i \leq n/2 - 1$ berechnet. Bereits dann, wenn $A_1(n/2)$ $p_{n/2-1}$ berechnet hat und $A_0(n/2)$ beendet ist, können parallel die p_i für $n/2 \leq i \leq n-1$ in je einem Schritt berechnet werden.
$A_1(n)$: Berechne parallel die $n/2$ Paare $x_{n-1} \circ x_{n-2}, \ldots, x_1 \circ x_0$. Wende $A_0(n/2)$ auf diese Paare an, womit alle p_i für ungerade i und insbesondere p_{n-1} berechnet werden. Die p_i für gerade i können parallel in einem Schritt berechnet werden.

3.5.7 Satz   *Algorithmus $A_0(n)$ löst das Präfixproblem in Tiefe $\log n$ mit weniger als $4n$ Operationen.*

B e w e i s   Es seien $D_0(n)$ und $D_1(n)$ die Tiefe von $A_0(n)$ bzw. $A_1(n)$ und $D_1^*(n)$ die Tiefe, die $A_1(n)$ zur Berechnung von p_{n-1} benötigt. Dann ist
$D_0(1) = D_1(1) = D_1^*(1) = 0, \; D_0(2) = D_1(2) = D_1^*(2) = 1$ und für $n \geq 4$
$D_1(n) = D_0(n/2) + 2,$
$D_1^*(n) = D_0(n/2) + 1,$
$D_0(n) = max\{D_1(n/2), D_1^*(n/2) + 1, D_0(n/2) + 1\}.$
Zur Beendigung von $A_0(n)$ muß $A_1(n/2)$ beendet sein und ein Zeittakt nach Beendigung von $A_0(n/2)$ und der Berechnung von $p_{n/2-1}$ durch $A_1(n/2)$ vergangen sein. Nach Einsetzen von $D_1(n/2)$ und $D_1^*(n/2)$ folgt
$D_0(n) = max\{D_0(n/4) + 2, D_0(n/2) + 1\}$, also
$D_0(n) = \log n.$
Für die Größe gilt
$C_0(1) = C_1(1) = 0, \; C_0(2) = C_1(2) = 1$ und für $n \geq 4$
$C_0(n) = C_1(n/2) + C_0(n/2) + n/2$ und
$C_1(n) = C_0(n/2) + n - 1$, also
$C_0(n) = C_0(n/2) + C_0(n/4) + n - 1.$
Diese Rekursionsgleichung hat keine einfache geschlossene Lösung.Es folgt aber leicht, daß $C_0(n) < 4n$ ist und daß $C_0(n) \leq 4n - 6n^{1/2}$ für $n \geq 4$ ist.   □

Wir geben die wichtigsten Werte für $C_0(n)$ explizit an.

n	2	4	8	16	32	64
$C_0(n)$	1	4	12	31	74	168

3.6 Ein billiger und schneller Addierer

Ladner und Fischer (1980) haben mit Hilfe der effizienten Präfixberechnung einen billigen und schnellen Addierer entworfen. Wir haben die drei Eingabetypen an Position i bereits in Kap.3.3 durch E (Eliminate, $x_i + y_i = 0, (u_i, v_i) = (0,0)$), P (Propagate, $x_i + y_i = 1, (u_i, v_i) = (0,1)$) und G (Generate, $x_i + y_i = 2, (u_i, v_i) = (1,0)$) charakterisiert. Wir fassen E, P und G nun als Funktionen in B_1 auf, die bei Eingabe des Carrybits an Position $i-1$ das Carrybit an Position i berechnen, wenn die Eingabesituation an Position i durch E, P bzw. G charakterisiert ist.
1.) $E(c) = 0$, ein mögliches Carrybit wird eliminiert.

2.) $P(c) = c$, das Carrybit wird weitergeleitet.

3.) $G(c) = 1$, ein Carrybit wird generiert.

Wenn $A_i \in \{E, P, G\}$ die Situation an Position i beschreibt, ist, da $c_{-1} = 0$,

$$c_i = A_i(c_{i-1}) = A_i \circ A_{i-1}(c_{i-2}) = A_i \circ \ldots \circ A_0(0).$$

Hierbei ist $\circ$ die Hintereinanderausführung von Funktionen, die stets assoziativ ist. Welche Funktion ist $A_i \circ A_{i-1}$? Es ist leicht einzusehen, daß die Menge der Funktionen E, P und G, also der Funktionen 0, Identität und 1, bzgl. der Hintereinanderausführung abgeschlossen ist und daher eine Halbgruppe bildet. Für $A \in \{E, P, G\}$ ist

1.) $E \circ A = E$, die Nullfunktion angewendet auf eine beliebige Funktion ergibt die Nullfunktion.

2.) $P \circ A = A$, die Identität angewendet auf eine beliebige Funktion ergibt diese Funktion.

3.) $G \circ A = G$, die Einsfunktion angewendet auf eine beliebige Funktion ergibt die Einsfunktion.

Wenn wir also für $A_{n-1}, \ldots, A_0$ und $\circ$ das Präfixproblem lösen und $B_i = A_i \circ \ldots \circ A_0$ berechnen, dann ist $c_i = B_i(0)$.

Die Aufgabe besteht nun darin, die Operation $\circ$ auf $\{E, P, G\}$ oder genauer auf ihren Codierungen $\{(0,0), (0,1), (1,0)\}$ durch einen Schaltkreis zu realisieren. Sei $(u, v) = (u_2, v_2) \circ (u_1, v_1)$.

Dann ist $u = u_2 \vee u_1 v_2$ und $v = v_2 v_1$.

Es ist nämlich $u = 1$, falls (u, v) für G steht. G kann sich nur als $G \circ A$ (also $u_2 = 1$) oder als $P \circ G$ (also $u_1 = v_2 = 1$) ergeben. Es ist $v = 1$, falls (u, v) für P steht. P kann sich nur als $P \circ P$ (also $v_1 = v_2 = 1$) ergeben. Also läßt sich $\circ$ durch einen Schaltkreis der Größe 3 und Tiefe 2 realisieren. Nach Definition ist $G(0) = 1$ aber $E(0) = P(0) = 0$. Wenn also (u_i', v_i') für $B_i = A_i \circ \ldots \circ A_0$ steht, ist $c_i = u_i'$ bereits berechnet.

Wir wenden nun Algorithmus 3.1.3 für die Addition an. Stufe 1 und Stufe 3 benötigen $3n - 1$ Bausteine und Tiefe 2. Für die Berechnung der Carrybits stehen die Codierungen (u_i, v_i) für A_i zur Verfügung. Die Codierungen (u_i', v_i') mit $c_i = u_i'$ für $B_i = A_i \circ \ldots \circ A_0$ lassen sich daraus mit dem Präfixalgorithmus berechnen, es werden $3\,C_0(n)$ Bausteine und Tiefe $2\log n$ benötigt, da jede Operation $\circ$ durch 3 Bausteine und Tiefe 2 ersetzt wird.

3.6.1 Satz *Der Addierer von Ladner und Fischer hat Tiefe $2\log n + 2$ und Größe $3C_0(n) + 3n - 1 \leq 15n - 1$, wobei $C_0(n)$ die Zahl der Operationen im Präfixalgorithmus $A_0(n)$ ist. Für $n \geq 4$ ist die Größe des Additionsschaltkreises durch $15n - 18n^{1/2} - 1$ beschränkt.*

3.6.2 Beispiel Wir addieren noch einmal die Zahlen aus Beispiel 3.4.4. Wir benutzen die Parameter E, P, G anstelle der eigentlich berechneten u- und v-Werte.

x	0	1	1	1	0	1	0	0	1	1	0	1	0	1	1	0
y	1	0	1	0	0	0	1	0	1	1	1	0	1	1	0	0
Stufe 1	P	P	G	P	E	P	P	E	G	G	P	P	P	G	P	E

Es kommt nun zur Präfixberechnung (s. Abb. 3.6.1). $A_0(16)$ wendet dabei $A_1(8)$ auf die hinteren 8 Bits und $A_0(8)$ auf die vorderen 8 Bits an.

Damit sind c_{i-1} und v_i bekannt und können mit $\oplus$ addiert werden.

c:	1	1	1	0	0	0	0	0	1	1	1	1	1	1	0	0
v:		1	1	0	1	0	1	1	0	0	0	1	1	1	0	1	0
s:	1	0	0	0	1	0	1	1	1	1	1	0	0	0	0	1	0

Abschließend vergleichen wir in Tabelle 3.6.2 die Schulmethode SM, den Conditional Sum Addierer CS und den Ladner-Fischer Addierer LF.

	n	4	8	16	32	64
Tiefe	SM	7	15	31	63	127
	CS	5	7	9	11	13
	LF	6	8	10	12	14
Größe	SM	17	37	77	157	317
	CS	58	122	346	794	1786
	LF	23	59	140	317	695

Tabelle 3.6.2

Der Ladner-Fischer Addierer ist also für $n \leq 32$ um weniger als den Faktor 2 teurer als die Schulmethode, jedoch ist er wesentlich schneller. Gegenüber dem Conditional Sum Addierer ist er um einen Zeittakt langsamer aber wesentlich billiger. Darüber hinaus ist er wegen seines modularen und regulären Aufbaus leicht zu implementieren. Daher übertrifft er in der Praxis auch den Addierer von Krapchenko (1970), der bei linearer Größe sogar Tiefe $\log n + O(\log^{1/2} n)$ erreicht.

3.7 Subtraktion und Zweierkomplementdarstellung

Bisher haben wir die Addition nichtnegativer Zahlen behandelt. Die übliche Darstellung ganzer Zahlen ist die durch Betrag und Vorzeichen.

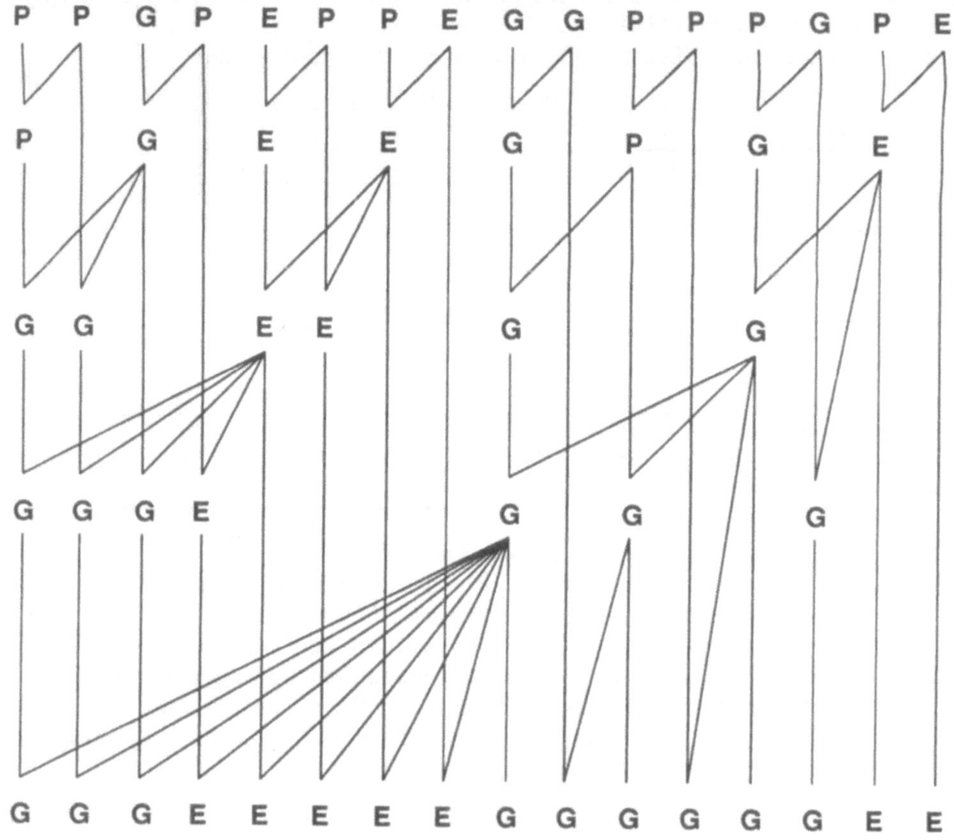

Abb. 3.6.1

3.7.1 Definition   Der Wert der BV-Zahl ($BV=Betrag\ und\ Vorzeichen$) $x = (x_{n-1}, \ldots, x_0) \in \{0,1\}^n$ ist für $c = x_{n-1}$

$$w_{BV}(x) = (-1)^c (x_{n-2} 2^{n-2} + \ldots + x_0 2^0).$$

Die Addition zweier BV-Zahlen x und y mit je n Bits führt zu Fallunterscheidungen. Falls die Vorzeichen von x und y übereinstimmen, ist das gemeinsame Vorzeichen auch Vorzeichen der Summe und der Betrag der Summe die Summe der Beträge. Für diesen Fall genügen Additionsschaltkreise. Falls die Vorzeichen verschieden sind, werden die Beträge von x und y verglichen und der größere Betrag x' und der kleinere Betrag y' berechnet. Das Vorzeichen der Summe stimmt mit dem Vorzeichen des größeren Betrages überein. Der Betrag ist $x' - y'$. Es gibt Schaltkreise mit linearer Größe und logarithmischer Tiefe, um zwei Zahlen zu vergleichen und die größere bzw. kleinere Zahl zu berechnen (8.A.2). Außerdem lassen sich für Zahlen $a' \geq b' \geq 0$ aus allen Additionsschaltkreisen ebenso effiziente Subtraktionsschaltkreise zur Berechnung von $a' - b'$ ableiten (3.A.8). Wir addieren also die Beträge von x und y, und parallel dazu subtrahieren wir den kleineren Betrag vom größeren Betrag. Aus den Vorzeichen wird das Vorzeichen der Summe berechnet und mit Auswahlbausteinen der richtige der beiden berechneten Beträge ausgewählt. Die so für die Addition ganzer Zahlen benötigte Hardware ist also etwas mehr als doppelt so groß wie die Hardware für die Addition nichtnegativer Zahlen.

Diesen Extraaufwand an Hardware wollen wir vermeiden, indem wir eine andere Zahldarstellung wählen. Die Aufgabe, $a, b \in \mathbb{Z}$ zu addieren, läßt sich an der Zahlengerade veranschaulichen. Von a aus gehe b Schritte nach rechts, falls $b \geq 0$, oder $-b$ Schritte nach links, falls $b \leq 0$. Diese Fallunterscheidung führt zu der Verdoppelung der Hardware. Wir stellen eine Zahldarstellung vor, bei der Additionen stets „Schritte nach rechts" sind.

3.7.2 Definition   Der Wert der $2K$-Zahl ($2K = Zweierkomplement$)
$x = (x_{n-1}, \ldots, x_0) \in \{0,1\}^n$ ist $w_2(x)$ mit
$w_2(0, x_{n-2}, \ldots, x_0) = x_{n-2}2^{n-2} + \ldots + x_0 2^0$ und
$w_2(1, x_{n-2}, \ldots, x_0) = x_{n-2}2^{n-2} + \ldots + x_0 2^0 - 2^{n-1}$.

3.7.3 Beispiel   Sei $n = 4$. Wir listen die Vektoren in $\{0,1\}^4$ und ihre w_2-Werte auf.

$$
\begin{array}{llll}
0000 \to 0 & 0100 \to 4 & 1000 \to -8 & 1100 \to -4 \\
0001 \to 1 & 0101 \to 5 & 1001 \to -7 & 1101 \to -3 \\
0010 \to 2 & 0110 \to 6 & 1010 \to -6 & 1110 \to -2 \\
0011 \to 3 & 0111 \to 7 & 1011 \to -5 & 1111 \to -1
\end{array}
$$

Allgemein werden die Vektoren $(0, \ldots, 0), \ldots, (1, \ldots, 1)$ in dieser Reihenfolge den Zahlen $0, \ldots, 2^{n-1} - 1, -2^{n-1}, \ldots, -1$ zugeordnet. Hierbei stellen wir uns die Zahlen als Kreis mit Anfang 0 vor, 0 ist also rechter Nachbar von -1. Der rechte Nachbar jeder Zahl a ist um 1 größer als a, die einzige Ausnahme ist $a = 2^{n-1} - 1$, die Zahl $a + 1$ ist aber auch nicht mehr im zulässigen Zahlbereich enthalten.

3.7.4 Definition   Die *formale Summe* von $x, y \in \{0,1\}^n$ ist $s = ADD_n(x, y) \in \{0,1\}^{n+1}$.

3.7.5 Satz   *Seien $x, y \in \{0,1\}^n$ $2K$-Zahlen mit $-2^{n-1} \le w_2(x)+w_2(y) \le 2^{n-1}-1$. Sei $s = (s_n, \ldots, s_0)$ die formale Summe von x und y und $s' = (s_{n-1}, \ldots, s_0)$. Dann ist $w_2(s') = w_2(x) + w_2(y)$.*

B e w e i s Die Voraussetzung besagt, daß auch $w_2(x)+w_2(y)$ eine $2K$-Darstellung der Länge n hat. Wir betrachten die Vektoren $a \in \{0,1\}^n$ in ihrer natürlichen Reihenfolge, als $2K$-Zahlen bilden sie wie bereits gesehen die Folge

$$0, \ldots, 2^{n-1} - 1, -2^{n-1}, \ldots, -1$$

und bei der Betrachtung der normalen Binärdarstellung $|a|$ die Folge

$$0, \ldots, 2^{n-1} - 1, \ldots, 2^n - 1.$$

Die formale Summe ist die Summe $|x|+|y|$ zweier nichtnegativer Zahlen, wir gehen also von $|x|$ genau $|y|$ Schritte nach rechts. Wenn wir von $2^n - 1$ nach rechts gehen, erreichen wir 0 statt 2^n, d.h. wir subtrahieren 2^n. Dies geschieht auch bei der Bildung von s', indem wir s_n weglassen. Es bleibt zu zeigen, daß wir auf diese Weise die Position von $w_2(x) + w_2(y)$ erreichen.

Wenn $w_2(y) \ge 0$ ist, starten wir an der Position von $w_2(x)$ und gehen $|y| = w_2(y)$ Schritte nach rechts, auch bei den $2K$-Zahlen wird dadurch $|y|$-mal 1 addiert, wenn wir nicht die kritische Stelle $2^{n-1} - 1$ nach rechts überschreiten. Da $|y| \le 2^{n-1} - 1$, ist dann $w_2(x) > 0$ und $w_2(x) + w_2(y) > 2^{n-1} - 1$ im Widerspruch zur Voraussetzung.

Wenn $w_2(y) < 0$ ist, starten wir an der Position von $w_2(x)$ und gehen $|y|$ Schritte nach rechts. An der Aufzählung sehen wir, daß für $w_2(y) < 0$ gilt $|y|+|w_2(y)| = 2^n$. Um $w_2(y)$ zu addieren, müssen wir $|w_2(y)|$ subtrahieren, also $|w_2(y)|$ Schritte nach links machen. Da unser Zahlenkreis Länge 2^n hat, sind $|w_2(y)|$ Schritte nach links äquivalent zu $2^n - |w_2(y)| = |y|$ Schritten nach rechts. Die Rechnung ist also korrekt, wenn wir nicht die kritische Stelle -2^{n-1} nach links überschreiten. Da $|w_2(y)| \le 2^{n-1}$, ist dann $w_2(x) < 0$ und $|w_2(x)| + |w_2(y)| > 2^{n-1}$ im Widerspruch zur Voraussetzung. $\qquad\square$

3.7.6 Beispiel   Sei $n = 4$. Wir stellen die durch die Vektoren in $\{0,1\}^4$ dargestellten $2K$-Zahlen als Zahlenkreis dar.

$$0, 1, 2, 3, 4, 5, 6, 7, -8, -7, -6, -5, -4, -3, -2, -1.$$

$2 + 4 = 6$: Starte bei 2, 4 Schritte nach rechts, Ergebnis 6.
$3 + 6 = ?$: Starte bei 3, 6 Schritte nach rechts, die kritische Grenze wird überschritten, die Aufgabe erfüllt nicht die Voraussetzungen von Satz 3.7.5.
$-7 + 5 = -2$: Start bei -7, 5 Schritte nach rechts, Ergebnis -2.

$7 - 4 = 3$: Start bei $7, -4$ wird durch $(1, 1, 0, 0)$ dargestellt. $|(1, 1, 0, 0)| = 12$, also 12 Schritte nach rechts, Ergebnis 3.

$-1 - 4 = -5$: Start bei -1, 12 Schritte nach rechts, Ergebnis -5.

$-6 - 4 = ?$: Start bei -6, 12 Schritte nach rechts führen zu 6, aber die eigentlich nötigen 4 Schritte nach links überschreiten die kritische Grenze, die Aufgabe erfüllt nicht die Voraussetzungen von Satz 3.7.5.

Wie können wir erkennen, ob es einen *Overflow* gibt, d.h. ob wir den gültigen Zahlenbereich verlassen? Bei der Addition nichtnegativer Zahlen erfüllt das vorderste Carrybit diese Aufgabe.

3.7.7 Lemma   *i)* $w_2(x_{n-1}, x_{n-2}, \dots, x_0) = w_2(x_{n-1}, x_{n-1}, x_{n-2}, \dots, x_0)$.
ii) Die durch $(x_n, x_{n-1}, \dots, x_0)$ dargestellte $2K$-Zahl hat genau dann auch eine $2K$-Darstellung mit n Bits, wenn $x_n = x_{n-1}$ ist.

B e w e i s i) Für $x_{n-1} = 0$ gilt die Behauptung offensichtlich. Für $x_{n-1} = 1$ kommt in Definition 3.7.2 für $(x_{n-1}, x_{n-1}, x_{n-2}, \dots, x_0)$ der positive Summand $x_{n-1}2^{n-1} = 2^{n-1}$ hinzu, dafür wird 2^n anstelle von 2^{n-1} subtrahiert.

ii) Für $x_n = 0$ ist $w_2(x) \geq 2^{n-1}$ genau dann, wenn $x_{n-1} = 1 \neq x_n$ ist. Für $x_n = 1$ ist $w_2(x) < -2^{n-1}$ genau dann, wenn $x_{n-1} = 0 \neq x_n$ ist. $\square$

Um einen Overflow zu erkennen, genügt es also, bei beiden Summanden das vordere Bit noch einmal voranzustellen, die neuen Zahlen nach Satz 3.7.5 zu addieren und die vorderen beiden Bits auf Ungleichheit zu testen. Durch die Verlängerung der Zahlen um ein Bit ist sichergestellt, daß die Summenbildung in diesem doppelt so großen Zahlenbereich möglich ist. Gibt es keinen Overflow, kann das vordere Bit wieder wegfallen.

Additionen ganzer Zahlen in $2K$-Darstellung kommen also mit Additionsschaltkreisen aus. Da die Zahlen üblicherweise als BV-Zahlen eingegeben werden und die Outputs als BV-Zahlen erwartet werden, müssen wir zu Beginn BV-Zahlen in $2K$-Zahlen umwandeln und am Ende die umgekehrte Operation ausführen.

Für nichtnegative Zahlen stimmen BV-Darstellung und $2K$-Darstellung überein, für negative Zahlen stimmen die Vorzeichen überein. Den Vektoren $(1, 0, \dots, 0)$, $\dots, (1, 1, \dots, 1)$ werden die folgenden Zahlen zugeordnet.

BV-Zahlen: $-0, -1, \dots, -(2^{n-1} - 1)$
$2K$-Zahlen: $-2^{n-1}, -(2^{n-1} - 1), \dots, -1$
Sei nun $w_{BV}(1, x_{n-2}, \dots, x_0) = w_2(1, x'_{n-2}, \dots, x'_0)$. Für $x = (x_{n-2}, \dots, x_0)$ und $x' = (x'_{n-2}, \dots, x'_0)$ folgt $|x| + |x'| = 2^{n-1}$. Sei $\bar{x} = (\bar{x}_{n-2}, \dots, \bar{x}_0)$, wobei $\bar{x}_i$ wieder die Negation von x_i ist. Dann folgt aus $x_i + \bar{x}_i = 1$

$$|x| + |\bar{x}| = (x_{n-2} + \bar{x}_{n-2})2^{n-2} + \dots + (x_0 + \bar{x}_0) = 2^{n-1} - 1.$$

Um x' aus x zu bilden, genügt es also, $\bar{x}$ zu bilden und dann 1 zu addieren. Analoges gilt, wenn wir x aus x' bilden wollen. Bei der Addition von 1 kommt es nur dann zu einem Übertrag, wenn $x = (0,\ldots,0)$ ist, also $w_{BV}(1,0,\ldots,0) = 0$ ist. Wenn wir 1 zu $(1,\bar{x}_{n-2},\ldots,\bar{x}_0)$ addieren und dann den Übertrag ignorieren, erhalten wir auch in diesem Fall das korrekte Resultat, nämlich $(0,\ldots,0)$, die $2K$-Darstellung der Null. Die Transformation zwischen den Zahldarstellungen geschieht also mit $n-1$ Negationsbausteinen, einem Additionsschaltkreis und n parallelen Auswahlbausteinen, die mit Hilfe des ersten Bits entscheiden, ob die gegebene Darstellung übernommen werden soll ($x_{n-1} = 0$) oder die mit Negation der x_i ($0 \leq i \leq n-2$) und Addition von 1 gebildete Zahl gewählt werden soll ($x_{n-1} = 1$). Mit der Zweierkomplementdarstellung ganzer Zahlen bereiten uns negative Zahlen keine Probleme mehr.

3.8 Die Schulmethode für die Multiplikation

Die Multiplikation MUL ist die Folge Boolescher Funktionen $MUL_n \in B_{2n,2n}$, die aus $x = (x_{n-1},\ldots,x_0)$ und $y = (y_{n-1},\ldots,y_0)$ die Binärdarstellung $p = (p_{2n-1},\ldots,p_0)$ des Produkts aus x und y berechnen. Wir behandeln zunächst die Schulmethode und ihre Parallelisierung. Mit einem Divide-and-Conquer Ansatz können wir in Kap.3.9 die Schaltkreisgröße reduzieren. Der von der Größenordnung billigste Multiplikationsschaltkreis arbeitet nach einem Algorithmus von Schönhage und Strassen (1971) und wird in Kap.3.13 vorgestellt. Zuvor werden in Kap.3.10-3.12 wichtige Hilfsmittel für diesen Algorithmus bereitgestellt. Die dort behandelten Probleme sind auch von allgemeiner Bedeutung.

3.8.1 Algorithmus
1.) Berechne die Zahlen $z_i = (x_{n-1} \wedge y_i,\ldots,x_0 \wedge y_i)$ für $0 \leq i \leq n-1$.
2.) Addiere die Zahlen $|z_i|2^i$ für $0 \leq i \leq n-1$.

Algorithmus 3.8.1 beschreibt die Schulmethode. Schritt 1 hat Größe n^2 und Tiefe 1. In Schritt 2 sind n Zahlen zu addieren, die Summe und die Zwischenergebnisse haben höchstens Länge $2n$. Indem wir die Additionen gemäß einem balancierten binären Baum durchführen, werden die $n-1$ Additionen in Tiefe $\lceil \log n \rceil$ durchgeführt. Für die Additionen verwenden wir Ladner-Fischer Addierer.

3.8.2 Satz   *Die Schulmethode für die Multiplikation führt bei Verwendung von Ladner-Fischer Addierern zu Multiplikationsschaltkreisen mit Größe $\Theta(n^2)$ und Tiefe $\Theta(\log^2 n)$.*

Schon Ofman (1963) und Wallace (1964) konnten die Tiefe wesentlich verringern. Die Addition zweier Binärzahlen erfordert zwar logarithmische Tiefe aber niemand zwingt uns, stets zwei Zahlen zu addieren. Statt dessen wollen wir in einem Schritt aus drei Zahlen x, y, z zwei Zahlen u, v mit $|u| + |v| = |x| + |y| + |z|$ berechnen. Für l-Bit-Zahlen x, y, z addieren wir mit l parallelen Fulladdern x_i, y_i und z_i ($0 \leq i \leq l - 1$) und erhalten die Carrybits u_i und die Summenbits v_i. Dann haben $u = (u_{l-1}, \ldots, u_0, 0)$ und $v = (v_{l-1}, \ldots, v_0)$ die gewünschten Eigenschaften. Diese Methode ähnelt einem Zwischenschritt des von Neumann Addierwerks. Die Bausteine, die auf die oben beschriebene Weise aus drei Zahlen zwei neue Zahlen mit gleicher Summe berechnen, heißen CSA-Bausteine (CSA = Carry-Save-Adder) und haben Tiefe 3. Mit jedem CSA-Baustein sinkt die Zahl der zu addierenden Summanden um 1, mit $n - 2$ CSA-Bausteinen erhalten wir also zwei Zahlen u und v mit $|p| = |u| + |v|$, für die letzte Addition benutzen wir einen Ladner-Fischer Addierer.

Es sei n_j die Zahl der Summanden nach j Stufen, also $n_0 = n$. Für $n_{j-1} = 3k + i$ mit $i \in \{0, 1, 2\}$ können in der j-ten Stufe k CSA-Bausteine parallel benutzt werden, und die Zahl der Summanden sinkt auf $n_j = 2k + i$. Da $i \leq 2$, folgt

$$n_j = 2k + i = (\frac{2}{3})(3k) + (\frac{2}{3})i + (\frac{1}{3})i$$

$$= (\frac{2}{3})(3k + i) + (\frac{1}{3})i \leq (\frac{2}{3})n_{j-1} + \frac{2}{3}.$$

Also ist

$$n_j \leq (\frac{2}{3})^j n + ((\frac{2}{3}) + (\frac{2}{3})^2 + \ldots + (\frac{2}{3})^j) < (\frac{2}{3})^j n + 2.$$

Für $j = \lceil \log_{3/2} n \rceil$ ist $n_j < 3$ und damit $n_j = 2$. Der so konstruierte Baum mit $n - 2$ CSA-Bausteinen und einem Ladner-Fischer Addierer wird als *Wallace-Tree* bezeichnet. Die Tiefe dieser Multiplikationsmethode errechnet sich wie folgt. Stufe 1 aus Algorithmus 3.8.1 hat Tiefe 1, die CSA-Bausteine des Wallace-Trees tragen $3\lceil \log_{3/2} n \rceil$ zur Tiefe bei, und der Ladner-Fischer Addierer am Ende hat Tiefe $2\lceil \log n \rceil + 4$, da Zahlen der Länge $2n$ addiert werden.

3.8.3 Satz   *Die Schulmethode für die Multiplikation führt bei Verwendung eines Wallace-Trees zu einem Schaltkreis der Größe $\Theta(n^2)$ und Tiefe*
$2\lceil \log n \rceil + 3\lceil \log_{3/2} n \rceil + 5 \approx 5.13 \, \log n + O(1).$

3.8.4 Korollar $MUL \in NC_1$.

Wir wollen nun für konkrete Werte von n die Tiefe und Größe der Schaltkreise exakt bestimmen. Schritt 1, die bitweise Multiplikation, benötigt n^2 Bausteine, der letzte Schritt ist ein Ladner-Fischer Addierer für Zahlen der Länge $2n$. Der

Wallace-Tree enthält $n - 2$ Additionen. Wenn wir die Summanden als Zahlen der Länge $2n$ auffassen, enthalten sie viele Nullen. Die Berücksichtigung dieser Tatsache reduziert die Zahl der Bausteine erheblich. Wenn von den drei Inputs eines CSA-Bausteins mit Gewißheit zwei oder drei an Position j je eine Null haben, brauchen wir für diese Position keinen Baustein. Wenn ein Input an Position j eine Null hat, genügt ein Halfadder anstelle eines Fulladders. Für $n = 2^k$, $k \in \{2,\dots,6\}$, erreichen wir kleine Größe bei minimaler Tiefe im Wallace-Tree, wenn wir stets aus 4 benachbarten Summanden in 2 Schritten 2 Summanden mit gleicher Summe machen und dann wieder 2 benachbarte Summandenpaare zusammenfassen. Bei dieser Implementierung erhalten wir die Werte aus Tabelle 3.8.1 für Größe und Tiefe des Multiplikationsschaltkreises.

n	4	8	16	32	64
Tiefe	15	23	31	39	47
Größe	94	430	1791	6598	25728

Tabelle 3.8.1

3.9. Eine Divide-and-Conquer Methode

Die Schulmethode benötigt wegen Schritt 1 von Algorithmus 3.8.1 unabhängig von der Implementierung mindestens n^2 Bausteine. Karatsuba und Ofman (1963) haben einen Multiplikationsschaltkreis mit $\Theta(n^{\log 3})$ Bausteinen entworfen und damit gezeigt, daß die Schulmethode für die Multiplikation nicht optimal ist. Sie benutzen die Divide-and-Conquer Methode. Dabei wird das Problem so in kleinere Probleme vom gleichen Typ zerlegt, daß die Zusammenfassung der Lösungen der Teilprobleme zur Lösung des Gesamtproblems einfach ist. Wir nehmen wieder an, daß $n = 2^k$ ist, und bezeichnen mit $x = (x', x'')$, $y = (y', y'')$ die Zerlegung der Zahlen in zwei Blöcke mit je $n/2$ Bits. Dann ist

$$|p| = |x| * |y| = (|x'|2^{n/2} + |x''|)(|y'|2^{n/2} + |y''|)$$

$$= |x'||y'|2^n + (|x'||y''| + |x''||y'|)2^{n/2} + |x''||y''|.$$

Eine direkte Implementierung dieses Ansatzes führt auf 4 Teilprobleme halber Eingabelänge und damit wieder zu quadratischer Schaltkreisgröße. Multiplikationen mit Zweierpotenzen sind in Schaltkreisen kostenlos, da es sich nur um das

Anhängen einer festen Zahl von Nullen handelt. Die eigentliche Idee von Karatsuba und Ofman besteht darin, mit 3 Teilproblemen auszukommen. Es ist

$$|x'||y''| + |x''||y'| = (|x'| + |x''|)(|y'| + |y''|) - (|x'||y'| + |x''||y''|).$$

Also löst folgender Algorithmus die Multiplikationsaufgabe.

3.9.1 Algorithmus   Mit $A(n)$ und $M(n)$ werden die Kosten der Addition bzw. Multiplikation zweier n-Bit-Zahlen bezeichnet.
1.) $s' = ADD_{n/2}(x', x'')$, $s'' = ADD_{n/2}(y', y'')$.
Kosten $2A(n/2)$.
2.) $p' = MUL_{n/2}(x', y')$, $p'' = MUL_{n/2}(x'', y'')$, $p^* = MUL_{n/2+1}(s', s'')$. Kosten $2M(n/2) + M(n/2 + 1)$.
3.) $t = ADD_n(p', p'')$. Kosten $A(n)$.
4.) $u = SUB_{n+2}(p^*, t)$. SUB steht für Subtraktion. Da $|p^*| \geq |t| \geq 0$, betragen (s.Kap. 3.7) die Kosten $A(n + 2)$. Sei u^* die Verlängerung von u um $n/2$ Nullen, dann ist $|u^*| = (|x'||y''| + |x''||y'|)2^{n/2}$.
5.) v mit $|v| = |x'||y'|2^n + |x''||y''|$ ergibt sich als Konkatenation der n-Bit-Zahlen p' und p''. Kosten 0.
6.) $p = ADD_{2n}(v, u^*)$. Kosten $A(3n/2)$, da u^* am Ende $n/2$ Nullen hat.

Für die Abschätzung der Schaltkreisgröße ist es unangenehm, daß ein Teilproblem Zahlen der Länge $n/2+1$ und nicht $n/2$ betrifft. Wir zerlegen dieses Problem noch einmal, wobei nun x' und y' je $n/2$ Bits und x'' und y'' je 1 Bit enthalten.

$$|p| = |x'||y'|2^2 + (|x'||y''| + |x''||y'|)2 + |x''||y''|.$$

$|x'||y'|2^2$ verursacht Kosten $M(n/2)$, $|x'||y''|2$ und $|x''||y'|2$ benötigen n Bausteine (Multiplikationen von $n/2$-Bit-Zahlen mit einem Bit), und $|x''||y''|$ benötigt 1 Baustein und liefert das letzte Bit von p. Hinzu kommen die Kosten $A(n/2) + A(n)$ für die Additionen. Also ist

$$M(n/2 + 1) \leq M(n/2) + A(n) + A(n/2) + n + 1.$$

Da Additionen lineare Schaltkreisgröße haben, folgt aus Algorithmus 3.9.1 für eine Konstante c

$$M(n) \leq 3M(n/2) + cn \quad \text{und} \quad M(1) = 1.$$

Für $n = 2^k$ folgt

$$M(n) \leq 3M(\frac{n}{2}) + cn$$

$$\leq 3^2 M(\frac{n}{2^2}) + cn(1 + \frac{3}{2})$$

$$\leq 3^3 M(\frac{n}{2^3}) + cn(1 + \frac{3}{2} + (\frac{3}{2})^2) \leq \ldots$$

$$\leq 3^k M(1) + cn(1 + \ldots + (\frac{3}{2})^{k-1})$$

$$\leq 3^k + 2cn(\frac{3}{2})^k = (1 + 2c)3^k = (1 + 2c)n^{\log 3}.$$

3.9.2 Satz *Karatsuba-Ofman Multiplikationsschaltkreise haben Größe* $\Theta(n^{\log 3})$, $\log 3 \approx 1.585$.

Wir wollen nun die Schaltkreistiefe außer acht lassen und die Schaltkreisgröße, d.h. die sequentielle Rechenzeit von drei Multiplikationsverfahren vergleichen, s.Tabelle 3.9.1.
1.) Die Schulmethode SM, wobei wir Additionen gemäß einem balancierten binären Baum durchführen und dabei Fulladder und, sofern möglich, Halfadder einsetzen.
2.) Die Karatsuba-Ofman Methode KO, wobei die Additionen mit Fulladdern und, sofern möglich, mit Halfaddern durchgeführt werden. Für $n = 2$ wird die Schulmethode benutzt.
3.) Die sogenannte Methode MIX, wobei der Ansatz von Karatsuba und Ofman benutzt wird und für Teilprobleme die bessere der Methoden SM und MIX eingesetzt wird.

n	4	8	16	32	64
SM	65	327	1435	5971	24282
KO	129	614	2283	7738	24996
MIX	129	422	1422	5155	17247

Tabelle 3.9.1

Die reine KO-Methode verschwendet Bausteine in den kleinen Teilproblemen. Die Schulmethode wird durch MIX schon für $n = 16$ knapp geschlagen. Aber selbst 32-Bit-Zahlen sind Zahlen *normaler* Größe, sie sind kleiner als $4.3 * 10^9$.

Wie groß ist die Schaltkreistiefe $D(n)$ der Karatsuba-Ofman Methode? Die drei Multiplikationen von Zahlen kleinerer Länge können parallel ausgeführt werden, und die Tiefe der übrigen Additionen und Subtraktionen ist z.B. bei Verwendung von Ladner-Fischer Addierern durch $d \log n$ für eine Konstante d beschränkt. Also ist

$D(n) \leq D(n/2) + d\log n$, $D(1) = 1$ und
$D(n) = O(\log^2 n)$.

Um die Tiefe auf $\Theta(\log n)$ zu drücken, benötigen wir die Radix-4 Darstellung von Zahlen, die wir im nächsten Abschnitt vorstellen.

3.10 Die Radix-4 Darstellung

Arithmetische Rechnungen mit ganzen Zahlen können teuer werden, weil die Zwischenergebnisse sehr große Zahlen sind. Wenn wir allerdings wissen, daß alle Eingaben und Ausgaben ganze Zahlen in $0, \ldots, max$ sind, können wir für jede Zahl $m > max$ die Rechnungen modulo m durchführen. Wir können also im Ring $\mathbb{Z}_m$ anstelle von $\mathbb{Z}$ rechnen, ohne das Ergebnis zu verfälschen.

3.10.1 Definition   i) $\mathbb{Z}_m$ heißt *Fermat-Ring*, wenn $m = 4^n + 1$ für eine ganze Zahl n ist.
ii) *Radix-4 Darstellungen* von Elementen a aus einem Fermat-Ring $\mathbb{Z}_m$ sind Vektoren $x = (x_n, \ldots, x_0)$ mit $-3 \leq x_i \leq 3$, so daß gilt
$|x|_4 := x_n 4^n + x_{n-1} 4^{n-1} + \ldots + x_0 \equiv a \bmod m$.

Wir können uns vorstellen, daß x_i $(0 \leq i \leq n)$ als 3-Bit-Zahl durch Betrag und Vorzeichen (*BV*-Zahl) gegeben ist. Die Radix-4 Darstellung ist redundant, d.h. Zahlen können mehrere Darstellungen haben. $(1, -1)$ und $(0, 3)$ stehen beide für 3. Diese Redundanz ermöglicht es, Rechnungen in konstanter Tiefe auszuführen, die in Binärdarstellung Tiefe $\Omega(\log n)$ haben.

3.10.2 Satz   *i) Die Binärdarstellung* $x = (x_{2n}, \ldots, x_0)$ *von* $a \in \{0, \ldots, m-1\}$ *kann als Radix-4 Darstellung aufgefaßt werden.*
ii) Es gibt Schaltkreise mit Größe $O(n)$ und Tiefe $O(\log n)$, die aus einer Radix-4 Darstellung $x = (x_n, \ldots, x_0)$ *von* $a \in \{0, \ldots, m-1\}$ *die Binärdarstellung von* a *berechnen.*

B e w e i s   i) Sei $x_{2n+1} = 0$. Dann ist $y = (y_n, \ldots, y_0)$ mit $y_i = (0, x_{2i+1}, x_{2i})$ eine Radix-4 Darstellung von x. Also ist $y_i = 2x_{2i+1} + x_{2i}$.
ii) $x_i^+ = (x_{2i+1}^+, x_{2i}^+)$ mit $|x_i^+| = max\{0, x_i\}$ und $x_i^- = (x_{2i+1}^-, x_{2i}^-)$ mit $|x_i^-| = max\{0, -x_i\}$ können mit $O(n)$ Bausteinen in konstanter Tiefe berechnet werden. Sei $x^+ = (x_{2n+1}^+, \ldots, x_0^+)$ und $x^- = (x_{2n+1}^-, \ldots, x_0^-)$. Mit $O(n)$ Bausteinen kann in Tiefe $O(\log n)$ die BV-Zahl $x = (x_{2n+2}, x_{2n+1}, \ldots, x_0)$ mit $w_{BV}(x) = |x^+| - |x^-|$

berechnet werden. Nach Definition ist $w_{BV}(x) \equiv a \bmod m$. Da $|w_{BV}(x)| \leq$ $(4^{n+1}-1)/3$, ist a diejenige unter den Zahlen $w_{BV}(x)+2m$, $w_{BV}(x)+m$, $w_{BV}(x)$, $w_{BV}(x) - m$, die in $\{0, \ldots, m - 1\}$ liegt. Alle 4 Kandidaten werden mit $O(n)$ Bausteinen in Tiefe $O(\log n)$ berechnet und mit 0 und $m-1$ verglichen. Schließlich wird der richtige Kandidat ausgewählt. $\qquad\qquad\square$

3.10.3 Satz   *Es gibt Schaltkreise mit Größe $O(n)$ und Tiefe $O(1)$, die Zahlen in Radix-4 Darstellung addieren oder subtrahieren.*

B e w e i s Da die Negation einer Zahl in Radix-4 Darstellung in der Negation der Vorzeichenbits der x_i besteht, genügt es, Additionen zu behandeln.

Wir beginnen die Addition von $x = (x_n, \ldots, x_0)$ und $y = (y_n, \ldots, y_0)$ wie in einem von Neumann Addierwerk. Es werden also x_i und y_i addiert und als $4c_i + v_i$ dargestellt. Wegen der Redundanz der Zahldarstellung gibt es für c_i und v_i bei festem Wert von $x_i + y_i$ verschiedene Möglichkeiten. Tabelle 3.10.1 zeigt die von uns gewählte Darstellung.

$x_i + y_i$	-6	-5	-4	-3	-2	-1	0	1	2	3	4	5	6
v_i	-2	-1	0	1	-2	-1	0	1	2	-1	0	1	2
c_i	-1	-1	-1	-1	0	0	0	0	0	1	1	1	1

Tabelle 3.10.1

Durch die ungewöhnliche Darstellung von 3 und -3 erreichen wir, daß $|v_i| \leq 2$ und $|c_i| \leq 1$ ist. Der nächste Schritt kommt also ohne Überträge aus, wobei wir dann wieder die Zahlen 3 und -3 verwenden. Für $s_i = v_i + c_{i-1}$ $(1 \leq i \leq n)$ und $s_0 = v_0$ gilt $|s_i| \leq 3$. Das einzige Problem bildet der eventuelle Übertrag c_n, der $c_n 4^{n+1}$ darstellt. Da

$$c_n 4^{n+1} = 4c_n 4^n = 4c_n(m - 1) \equiv -4c_n \bmod m,$$

haben wir also bisher mit $O(n)$ Bausteinen in Tiefe $O(1)$ aus den Summanden x und y zwei andere Summanden $s = (s_n, \ldots, s_0)$ und $c^* = (0, \ldots, 0, -c_n, 0)$ in Radix-4 Darstellung mit gleicher Summe berechnet. Wir unterscheiden zwei Fälle, wobei wir die Hardware für beide Fälle bereitstellen und am Ende das richtige Resultat auswählen.

1. Fall: $|s_1 - c_n| \leq 3$. Mit $s_1^* = s_1 - c_n$ und $s_i^* = s_i$ für $i \neq 1$ ist $(s_n^*, \ldots, s_0^*)$ eine Radix-4 Darstellung der Summe.

2. Fall: $|s_1 - c_n| \geq 4$. Da $|s_1| \leq 3$ und $|c_n| \leq 1$, ist dann $|s_1 - c_n| = 4$.

Nun addieren wir die Zahlen s und c^* mit der oben beschriebenen Methode und bezeichnen die Zwischenergebnisse mit v_i', c_i' und s_i'. Da $|s_1 - c_n| = 4$, ist nach Tabelle 3.10.1 $v_1' = 0$. Da $|c_0'| \leq 1$, ist $|s_1'| \leq 1$. Da $|c_n'| \leq 1$, ist $|s_1' - c_n'| \leq 3$. Wir landen also sicher im Fall 1 der Fallunterscheidung und können die Rechnung nach 2 Stufen beenden. $\qquad\qquad\square$

3.10.4 Satz   *Es gibt Schaltkreise mit Größe $O(n)$ und Tiefe $O(1)$, die Zahlen in Radix-4 Darstellung mit Zweierpotenzen 2^k multiplizieren, wobei $k \leq 2n$ ist.*

B e w e i s Sei $x = (x_n, \ldots, x_0)$ die Zahl in Radix-4 Darstellung, 2^k die Zweierpotenz und $k = 2l + i$ mit $i \in \{0, 1\}$. Wir multiplizieren x mit $2^{2l} = 4^l$. Falls $i = 1$, muß das Ergebnis noch mit 2 multipliziert werden, aber Multiplikationen mit 2 können als Addition implementiert werden. In Fermat-Ringen ist nach Definition $4^n \equiv -1 \bmod m$. Also ist für $l \geq 1$

$$|x|_4 4^l = x_n 4^{n+l} + \ldots + x_{n-l+1} 4^{n+1} + x_{n-l} 4^n + \ldots + x_0 4^l$$

$$\equiv (-x_n 4^l - \ldots - x_{n-l+1} 4) + (x_{n-l} 4^n + \ldots + x_0 4^l) \bmod m.$$

Die Multiplikation mit 4^l kann also als Addition von $(0, \ldots, 0, -x_n, \ldots, -x_{n-l+1}, 0)$ und $(x_{n-l}, \ldots, x_0, 0, \ldots, 0)$ implementiert werden. Die Aussagen über Größe und Tiefe des Schaltkreises folgen aus Satz 3.10.3.   □

3.10.5 Korollar   *Karatsuba-Ofman Multiplikationsschaltkreise können in Größe $\Theta(n^{\log 3})$ und Tiefe $\Theta(\log n)$ implementiert werden.*

B e w e i s Nach Satz 3.10.2 können die Eingaben als Radix-4 Darstellungen aufgefaßt werden, und das Ergebnis kann wieder in die Binärdarstellung transformiert werden. Der Algorithmus von Karatsuba und Ofman enthält außer den rekursiven Aufrufen nur endlich viele Additionen, Subtraktionen und Multiplikationen mit Zweierpotenzen, für die wir Satz 3.10.3 und Satz 3.10.4 anwenden. Also gilt für die Tiefe $D(n)$ der Rechnungen in Radix-4 Darstellung $D(1) = 1$, $D(n) \leq D(n/2) + O(1)$ und $D(n) = O(\log n)$.   □

3.11 Die Schnelle Fouriertransformation und Konvolutionen

Polynome (in einer Variablen) bilden eine grundlegende Klasse von Funktionen. Da Potenzreihen durch Polynome approximiert werden können, lassen sich viele Funktionen wie $\sin x$, $\cos x$, e^x, $\log(1 + x)$, $\arctan x$ durch Polynome approximieren. Um mit Polynomen effizient rechnen zu können, benötigt man effiziente Algorithmen für die arithmetischen Operationen auf Polynomen.

3.11.1 Definition   Eine *Koeffizientendarstellung* des Polynoms p vom Grad $n-1$ ist ein Vektor $(a_0, \ldots, a_{n-1})$ mit $p(x) = a_{n-1}x^{n-1} + \ldots + a_0$.

Während die Addition zweier Polynome auf die Addition der Koeffizientendarstellungen hinausläuft, ist die Multiplikation komplizierter. Es seien
$a = (a_0, \ldots, a_{n-1})$ und $b = (b_0, \ldots, b_{n-1})$ Koeffizientendarstellungen der Polynome p und q. Wenn wir $p(x)q(x)$ ausmultiplizieren, sehen wir, daß die Summe aller $a_i b_j$ mit $i + j = k$ der Koeffizient c_k von pq ist.

3.11.2 Definition   Die *Konvolution* $CONV(a, b)$ von $a = (a_0, \ldots, a_{n-1})$ und $b = (b_0, \ldots, b_{n-1})$ ist $c = (c_0, \ldots, c_{2n-2})$ mit

$$c_k = \sum_{i+j=k} a_i b_j \ .$$

Damit c Länge $2n$ hat, wird manchmal noch $c_{2n-1} = 0$ zu c hinzugefügt.
$CONV(a, b)$ ist also eine Koeffizientendarstellung des Produktpolynoms. Die Konvolution läßt sich nach Definition mit $\Theta(n^2)$ arithmetischen Operationen berechnen. Mit Hilfe der Schnellen Fouriertransformation werden wir mit Tiefe $O(\log n)$ und Größe $O(n \ \log n)$ auskommen. Dies gilt auch für die negative Einhüllende der Konvolution, die nur Länge n hat und für das Multiplikationsverfahren von Schönhage und Strassen genügend Information enthält.

3.11.3 Definition   Die *negative Einhüllende der Konvolution* $CONV^-(a, b)$ von $a = (a_0, \ldots, a_{n-1})$ und $b = (b_0, \ldots, b_{n-1})$ ist $d = (d_0, \ldots, d_{n-1})$, so daß für $c = CONV(a, b)$ gilt $d_k = c_k - c_{n+k}$.

Wie können wir die $\Theta(n^2)$ Operationen in der naiven Berechnung der Konvolution vermeiden? Polynome lassen sich auch anders als durch ihre Koeffizienten darstellen. Oft genügen n Funktionswerte, um ein Polynom $(n - 1)$-ten Grades eindeutig darzustellen. Wenn dann $p(x_i)$ und $q(x_i)$ für paarweise verschiedene x_i $(1 \leq i \leq 2n)$ bekannt sind, genügen $2n$ parallele Multiplikationen, um pq durch $pq(x_i)$ $(1 \leq i \leq 2n)$ darzustellen. Dies legt folgenden Algorithmus für die Berechnung von $CONV(a, b)$ nahe.

3.11.4 Algorithmus
1.) Berechne für die durch a und b dargestellten Polynome p und q und paarweise verschiedene $x_i (1 \leq i \leq 2n)$ sowohl $p(x_i)$ als auch $q(x_i)$.
2.) Berechne mit $2n$ Multiplikationen $pq(x_i)$ $(1 \leq i \leq 2n)$.
3.) Berechne aus den $2n$ Funktionswerten für pq eine Koeffizientendarstellung von pq.

Sofern die Transformationen in Schritt 1 (Koeffizientendarstellung $\rightarrow$ Funktionswertdarstellung) und Schritt 3 (Funktionswertdarstellung $\rightarrow$ Koeffizientendarstellung) invers zueinander sind, ist der Algorithmus korrekt. Auf den ersten Blick erfordert die Berechnung von n Funktionswerten eines Polynoms $(n-1)$-ten Grades
$\Theta(n^2)$ Operationen. Indem wir die Stellen, an denen wir die Polynome auswerten,
sorgfältig auswählen, kommen wir mit $O(n \log n)$ Operationen aus.

3.11.5 Definition   In einem kommutativen Ring R mit Einselement heißt $w \neq 1$
primitive n-te Einheitswurzel, wenn $w^n = 1$ ist und für alle $1 \leq k \leq n-1$ gilt

$$\sum_{0 \leq j \leq n-1} w^{jk} = 0 \quad . \tag{$*$}$$

Bevor wir die Vorteile von primitiven Einheitswurzeln bei der Polynomauswertung
diskutieren, überlegen wir uns, ob es überhaupt primitive Einheitswurzeln gibt. In
$\mathbb{Z}$ gilt nur für $w = -1$ und n gerade, daß $w \neq 1$ und $w^n = 1$ ist. Für $k = 2$ kann
$(*)$ nicht gelten. Also ist -1 primitive 2-te Einheitswurzel, aber für $n > 2$ gibt es
keine primitive Einheitswurzel. Für jedes n gibt es geeignete m, so daß es in $\mathbb{Z}_m$
primitive n-te Einheitswurzeln gibt.

3.11.6 Lemma   *Seien n und $w \neq 1$ Zweierpotenzen und $m = w^{n/2} + 1$. Dann
ist w eine primitive n-te Einheitswurzel in $\mathbb{Z}_m$, und n und w haben multiplikative
Inverse in $\mathbb{Z}_m$.*

B e w e i s   Da m ungerade ist, ist $ggT(n,m) = ggT(w,m) = 1$ (ggT=größter ge-
meinsamer Teiler). Aus der Elementaren Zahlentheorie folgt die Existenz von n^{-1}
und w^{-1}. Wir werden in Kap. 9.2 sogar einen Algorithmus zur Berechnung von
n^{-1} und w^{-1} vorstellen.

Nach Voraussetzung ist $w \neq 1$. Da nach Voraussetzung $w^{n/2} = -1$ ist (wir rechnen
in $\mathbb{Z}_m$), ist $w^n = 1$. Für den Beweis von $(*)$ setzen wir $z = w^k$. Zunächst zeigen wir

$$\sum_{0 \leq j \leq n-1} w^{jk} = z^0 + \ldots + z^{n-1} = (1+z)(1+z^2)(1+z^4)\ldots(1+z^{n/2}) \quad .$$

Wenn wir das Produkt aus $\log n$ Faktoren (die Exponenten von z sind die Zweierpotenzen 2^j mit $0 \leq j \leq \log n - 1$) ausmultiplizieren, erhalten wir n Summanden.
Wenn $(i_{\log n-1}, \ldots, i_0)$ die Binärdarstellung von i ist, erhalten wir den Summanden z^i als Produkt aller z^{2^j} mit $i_j = 1$. Es genügt also zu zeigen, daß einer der
Faktoren 0 ist. Sei $k = 2^s k'$, wobei k' ungerade ist. Für $i = \log n - 1 - s$ ist

$$2^i k = n 2^{-1-s} 2^s k' = k' n/2.$$

Da $w^{n/2} = -1$ und k' ungerade ist, folgt

$$1 + z^{2^i} = 1 + w^{2^i k} = 1 + (w^{n/2})^{k'} = 1 + (-1)^{k'} = 0.$$

$\square$

3.11.7 Definition   Sei R ein kommutativer Ring mit Einselement und primitiver n-ter Einheitswurzel w. Sei das Polynom p auf R durch die Koeffizientendarstellung $a = (a_0, \ldots, a_{n-1})$ gegeben. Die *diskrete Fouriertransformierte* $DFT_n(a)$ ist der Vektor $(p(w^0), \ldots, p(w^{n-1}))$ aus Funktionswerten von p.

Da $p(w^j)$ die Summe aller $a_i w^{ij}$ mit $0 \leq i \leq n - 1$ ist, ist $DFT_n(a)$ das Matrix-Vektor-Produkt aus der $n \times n$-Matrix W mit den Elementen w^{ij} an Position (i,j) $(0 \leq i, j \leq n - 1)$ und dem Spaltenvektor a.

3.11.8 Satz   *Die diskrete Fouriertransformierte $DFT_n(a)$ kann durch einen arithmetischen Schaltkreis über $\{+, -, *\}$ mit Größe $O(n \log n)$ und Tiefe $O(\log n)$ berechnet werden.*

B e w e i s In diesem Divide-and-Conquer Algorithmus zeigt sich der Vorteil der Verwendung der primitiven Einheitswurzeln. Vorab werden mit dem Präfixalgorithmus für $x_i = w$ und der Operation $*$ als $\circ$ die Werte $w^0, w^1, \ldots, w^{n-1}$ berechnet. Wir setzen $n = 2^k$ voraus. Für $n = 2$ wird die Definition benutzt. Für $n > 2$ ist w^2 eine primitive $(n/2)$-te Einheitswurzel. Es ist $w^2 \neq 1$, sonst wäre $(*)$ in Definition 3.11.5 für $k = 2$ falsch. $(w^2)^{n/2} = w^n = 1$. $(*)$ folgt für w^2 und $0 \leq j \leq n/2 - 1$ direkt aus $(*)$ für w und $2j$. Nun ist

$$p(w^j) = \sum_{0 \leq i \leq n-1} a_i w^{ij}$$

$$= \sum_{0 \leq i \leq n/2-1} a_{2i}(w^2)^{ij} + w^j \sum_{0 \leq i \leq n/2-1} a_{2i+1}(w^2)^{ij} \,.$$

Anstatt p an den Stellen $w^0, \ldots, w^{n-1}$ auszuwerten, genügt es, die Polynome p_1 und p_2 gegeben durch $(a_0, a_2, , \ldots, a_{n-2})$ bzw. $(a_1, a_3, \ldots, a_{n-1})$ an den Stellen $w^0, w^2, \ldots, w^{2n-2}$ auszuwerten. Da $w^n = 1$, ist $w^{n+2i} = w^{2i}$, und es genügt, die Polynome p_1 und p_2 vom Grad $n/2 - 1$ an den Stellen $(w^2)^0, (w^2)^1, \ldots, (w^2)^{n/2-1}$ auszuwerten, wobei w^2 eine primitive $(n/2)$-te Einheitswurzel ist. Es genügt also, zwei Fouriertransformierte der Größe $n/2$ zu berechnen. Anschließend genügen $2n - 1$ Operationen, um $p_2(w^{2j})$ mit w^j zu multiplizieren $(w^0 = 1)$ und $p(w^j)$ als Summe von $p_1(w^{2j})$ und $w^j p_2(w^{2j})$ zu berechnen. Für die Zahl der Operationen $C(n)$ und die Tiefe $D(n)$ (ohne die Anwendung des Präfixalgorithmus) gilt $C(n) = 2C(n/2) + 2n - 1, C(2) = 3$, also $C(n) \leq 4n \log n$, und $D(n) = D(n/2) + 2$, $D(2) = 2$, also $D(n) = 2 \log n$. $\qquad\qquad\square$

3.11.9 Lemma   *Falls n und w multiplikative Inverse in R haben, hat die Matrix $W = (w^{ij})$ eine multiplikative Inverse $W^{-1} = (n^{-1} w^{-ij})$ $(0 \leq i, j \leq n - 1)$.*

B e w e i s Wir zeigen, daß das Produkt aus W und der behaupteten Inversen W^{-1} die Einheitsmatrix E ergibt. Die Elemente von WW^{-1} sind

$$z_{ij} = n^{-1} \sum_{0 \le k \le n-1} w^{ik} w^{-kj} \ .$$

Für $i = j$ ist $z_{ij} = 1$. Für $i \ne j$ sei $l = i - j$. Falls $l > 0$, folgt aus der Eigenschaft $(*)$ für die primitive Einheitswurzel w

$$z_{ij} = n^{-1} \sum_{0 \le k \le n-1} w^{kl} = 0.$$

Für $l < 0$ folgt analog $z_{ij} = 0$, da w^{-1} ebenfalls eine primitive n-te Einheitswurzel ist. Da $w \ne 1$, ist $w^{-1} \ne 1$. Da $w^n = 1$, ist $(w^{-1})^n = (w^n)^{-1} = 1$. Schließlich gilt, da $w^0 = w^{nk} = 1$, für $1 \le k \le n - 1$

$$\sum_{0 \le j \le n-1} (w^{-1})^{jk} = \sum_{0 \le j \le n-1} w^{-jk} w^{nk} = \sum_{0 \le j \le n-1} w^{(n-j)k}$$

$$= \sum_{1 \le j \le n} w^{jk} = \sum_{0 \le j \le n-1} w^{jk} = 0.$$

$\square$

3.11.10 Satz   *Die Inverse der diskreten Fouriertransformierten DFT_n^{-1} existiert, wenn n und w multiplikative Inverse haben. DFT_n^{-1} kann durch arithmetische Schaltkreise über $\{+, -, *\}$ mit Größe $O(n \log n)$ und Tiefe $O(\log n)$ berechnet werden.*

B e w e i s Die Existenz von DFT_n^{-1} folgt aus Lemma 3.11.9. $DFT_n^{-1}(b)$ ist wie DFT_n ein Matrix-Vektor-Produkt $W^{-1}b$. Die Komplexitätsaussage folgt aus Satz 3.11.8 und Lemma 3.11.9, da w^{-1} eine primitive n-te Einheitswurzel ist. $\square$

Bevor wir die Ergebnisse zu einem effizienten Algorithmus zur Berechnung der Konvolution zusammenfassen, zeigen wir, daß die diskrete Fouriertransformierte auch bei der Berechnung der negativen Einhüllenden der Konvolution hilft.

3.11.11 Satz   *Sei R ein kommutativer Ring mit Einselement und $*$ für Vektoren die komponentenweise Multiplikation. Sei w eine primitive $(2n)$-te Einheitswurzel, so daß $(2n)^{-1}$ und w^{-1} existieren.*
i) Für $a = (a_0, \dots, a_{n-1}, 0, \dots, 0)$, $b = (b_0, \dots, b_{n-1}, 0, \dots, 0) \in R^{2n}$ ist

$$CONV(a, b) = DFT_{2n}^{-1}(DFT_{2n}(a) * DFT_{2n}(b)).$$

ii) Sei $s = w^2$, $a^* = (a_0, wa_1, \dots, w^{n-1}a_{n-1})$, $b^* = (b_0, wb_1, \dots, w^{n-1}b_{n-1})$, $d = (d_0, \dots, d_{n-1}) = CONV^-(a^*, b^*)$ und $d^* = (d_0, wd_1, \dots, w^{n-1}d_{n-1})$. Dann ist

$$d^* = DFT_n^{-1}(DFT_n(a^*) * DFT_n(b^*)).$$

B e w e i s i) Da DFT_n^{-1} die zu DFT_n inverse Abbildung ist, ist dies nur die formale Umsetzung von Algorithmus 3.11.4.

ii) Wie im Beweis von Satz 3.11.8 gezeigt, ist s eine primitive n-te Einheitswurzel. $s^{-1} = w^{-2}$. Sei $e = (e_0, \ldots, e_{n-1})$ der Vektor, von dem behauptet wird, daß er gleich d^* ist. Nach Definition ist

$$e_m = n^{-1} \sum_{0 \leq i \leq n-1} \left(\sum_{0 \leq j \leq n-1} w^j a_j \, s^{ji} \right) \left(\sum_{0 \leq k \leq n-1} w^k b_k s^{ki} \right) s^{-mi}$$

$$= \sum_{0 \leq j \leq n-1} \sum_{0 \leq k \leq n-1} w^{j+k} a_j b_k \left(n^{-1} \sum_{0 \leq i \leq n-1} s^{(j+k-m)i} \right).$$

Analog zum Beweis von Lemma 3.11.9 folgt, daß die innere Summe für $j + k = m$ und für $j + k = m + n$ den Wert 1 und sonst den Wert 0 hat. Also ist für $c = CONV(a, b)$, da $w^n = s^{n/2} = -1$ ist,

$$e_m = w^m \left(\sum_{j+k=m} a_j b_k + w^n \sum_{j+k=n+m} a_j b_k \right) = w^m (c_m - c_{n+m})$$

$$= w^m d_m = d_m^* .$$

$\square$

3.11.12 Satz   *Die Konvolution und die negative Einhüllende der Konvolution können in kommutativen Ringen mit Einselement, in denen eine primitive $(2n)$-te Einheitswurzel w, $(2n)^{-1}$ und w^{-1} existieren, mit arithmetischen Schaltkreisen über $\{+, -, *\}$ in Größe $O(n \log n)$ und Tiefe $O(\log n)$ berechnet werden.*

B e w e i s Die Aussagen folgen aus den Sätzen 3.11.8, 3.11.10 und 3.11.11, wobei wir für die negative Einhüllende der Konvolution $w^{-1}, \ldots, w^{-(n-1)}$ mit Hilfe des Präfixalgorithmus aus w^{-1} berechnen, um d aus d^* zu berechnen. $\square$

Die Fouriertransformation ist also eine effizient zu berechnende Informationsumwandlung ohne Informationsverlust. Daher spielt sie u.a. in der Signalverarbeitung und in der Mustererkennung eine zentrale Rolle.

3.12 Der Chinesische Restklassensatz

Mit Hilfe des Chinesischen Restklassensatzes können unter gewissen Voraussetzungen Rechnungen in $\mathbb{Z}_m$ für großes m auf Rechnungen in mehreren Ringen $\mathbb{Z}_{m(i)}$ für kleine $m(i)$ zurückgeführt werden.

3.12.1 Satz   *Sei $m = m_1 * \ldots * m_k$ und $ggT(m_i, m_j) = 1$ für $i \neq j$. Sei $r_j = m/m_j$ und s_j die multiplikative Inverse von r_j modulo m_j. Das Gleichungssystem $a \equiv a_i \bmod m_i$ für $1 \leq i \leq k$ hat in $\{0, \ldots, m-1\}$ eine eindeutige Lösung*

$$a \equiv \sum_{1 \leq j \leq k} a_j r_j s_j \bmod m \ .$$

B e w e i s Nach Voraussetzung ist $ggT(m_j, m/m_j) = 1$. Damit ist, wie schon im Beweis von Lemma 3.11.6 argumentiert, s_j wohldefiniert. Wir zeigen zunächst, daß a eine Lösung des Gleichungssystems ist. r_j ist, falls $i \neq j$, ein Vielfaches von m_i und damit ist $r_j \equiv 0 \bmod m_i$. Da $r_i s_i \equiv 1 \bmod m_i$, ist $a \equiv a_i r_i s_i \equiv a_i \bmod m_i$. Wenn $b \neq a$ ebenfalls eine Lösung des Gleichungssystems ist, ist $a - b \equiv 0 \bmod m_i$ für $1 \leq i \leq k$. Also ist $a - b$ ein Vielfaches von m_i. Da die m_i teilerfremd sind, ist $a - b$ ein Vielfaches von m, und a und b können nicht beide in $\{0, \ldots, m-1\}$ liegen. $\qquad\qquad\square$

3.13 Die Multiplikationsmethode von Schönhage und Strassen

Die Größenordnung der Schaltkreiskomplexität der Multiplikation ist noch unbekannt. Die beste untere Schranke ist $\Omega(n)$, während die beste obere Schranke von Schönhage und Strassen (1971) stammt.

3.13.1 Satz   *Es gibt Multiplikationsschaltkreise der Größe $O(n \log n \log \log n)$ und der Tiefe $O(\log n)$.*

Diese Multiplikationsschaltkreise haben in der Praxis kaum Bedeutung, da die konstanten Faktoren sehr groß sind. Wir bemühen uns daher gar nicht, die konstanten Faktoren zu minimieren. Bevor wir die Grobstruktur des Algorithmus beschreiben, treffen wir einige Vereinbarungen. In diesem Abschnitt unterscheiden wir nicht zwischen der Binärdarstellung x und dem Wert $|x|$ der Zahl. Es sei $n = 2^k$ und $0 \leq x, y \leq 2^n$. Ziel ist die Berechnung des Produkts $p \equiv xy \bmod (2^n + 1)$. Wir multiplizieren dann $n/2$-Bit-Zahlen x und y korrekt. Die allgemeinere Aufgabe wird deswegen betrachtet, weil sie die rekursiv zu lösende Aufgabe sein wird. Daß wir $\bmod(2^n + 1)$ rechnen wollen, überrascht nicht, da wir dann mit Radix-4 Darstellungen arbeiten können und primitive Einheitswurzeln kennen. Wir unterscheiden 3 Fälle und wählen am Ende das richtige Resultat aus. Falls $x = 2^n$, ist
$$xy = (2^n + 1)y - y \equiv 2^n + 1 - y \bmod (2^n + 1),$$
und p ist einfach zu berechnen. Gleiches gilt für den Fall $y = 2^n$. Entscheidend ist der dritte Fall $0 \leq x, y \leq 2^n - 1$.

In diesem Fall zerlegen wir die Binärdarstellungen von x und y in $b = 2^{\lfloor k/2 \rfloor}$ Blöcke mit je $l = n/b = 2^{\lceil k/2 \rceil}$ Bits, also $x = (x_{b-1}, \ldots, x_0)$, $y = (y_{b-1}, \ldots, y_0)$ mit $x_i, y_i \in \{0,1\}^l$. Es seien f und g die Polynome $(b-1)$-ten Grades mit den Koeffizientendarstellungen $x' = (x_0, \ldots, x_{b-1})$ und $y' = (y_0, \ldots, y_{b-1})$. Dann ist $x = f(2^l)$ und $y = g(2^l)$ und damit $p = xy = h(2^l)$ für das Produktpolynom $h = fg$. Wir haben also das Problem, Zahlen zu multiplizieren, auf das Problem, Polynome zu multiplizieren, zurückgeführt. Da wir nicht an dem Polynom h sondern nur an dem Funktionswert $h(2^l)$ interessiert sind, wird es genügen, die negative Einhüllende der Konvolution $z = CONV^-(x', y')$ zu berechnen. Wir können nun die Grobstruktur des Multiplikationsalgorithmus beschreiben.

3.13.2 Algorithmus

1.) Berechne $z_i' \equiv z_i \bmod (2^{2l} + 1)$ für $0 \leq i \leq b-1$. Hierbei wird auf die Darstellung der negativen Einhüllenden der Konvolution in Satz 3.11.11 zurückgegriffen. Die Multiplikation der DFT-Vektoren wird rekursiv durchgeführt.

2.) Berechne $z_i'' \equiv z_i \bmod b$ für $0 \leq i \leq b - 1$. Da b sehr klein im Verhältnis zu $2^n + 1$ ist, kann hier ein Karatsuba-Ofman Schaltkreis eingesetzt werden.

3.) Berechne $z_i^* \equiv z_i \bmod (b(2^{2l} + 1))$ aus z_i' und z_i''. Hierbei wird der Chinesische Restklassensatz benutzt.

4.) Berechne $p \bmod (2^n + 1)$ aus z^*. Dies ist mit Standardmethoden möglich.

Bevor wir die vier Schritte implementieren, setzen wir uns Ziele für Größe und Tiefe der Schaltkreise. In Schritt 1 werden rekursiv b Multiplikationen $\bmod(2^{2l} + 1)$ durchgeführt, nach unserer Fallunterscheidung können wir annehmen, daß die Zahlen Länge $2l$ haben. Alle anderen Schaltkreisteile sollen Größe $O(n \log n)$ und Tiefe $O(\log n)$ haben. Für die Größe $C(n)$ und die Tiefe $D(n)$ erhalten wir die folgenden Rekursionsgleichungen.

$$C(n) \leq b\, C(2l) + cn \log n.$$

$$D(n) \leq D(2l) + d \log n.$$

Es ist $2l \leq 2(2n)^{1/2}$ und damit $2l \leq n^{2/3}$ für $n \geq n_0$.
Für $n < n_0$ ist $D(n)$ durch eine Konstante d^* beschränkt. Also ist

$$D(n) \leq D(n^{2/3}) + d \log n \leq D(n^{4/9}) + d \log n(1 + \frac{2}{3})$$

$$\leq d^* + d\ \log n(1 + \frac{2}{3} + (\frac{2}{3})^2 + \ldots) = O(\log n).$$

Für die Schaltkreisgröße sei $C'(n) = C(n)/n$. Dann ist, da $2l \leq 4n^{1/2}$,

$$C'(n) \leq \frac{b}{b/2} \frac{C(2l)}{2l} + c\ \log n = 2\, C'(2l) + c\ \log n$$

$$\leq 2C'(4n^{1/2}) + c\ \log n.$$

Nach k Anwendungen der Rekursionsgleichung erhalten wir
$C'(n) \leq 2^k C'(a_k) + b_{k-1} + \ldots + b_1 + b_0$.
Zunächst betrachten wir die Entwicklung der a-Werte: $a_0 = n, a_1 \leq 4n^{1/2}$,
$a_2 \leq 4 * 2n^{1/4}, a_3 \leq 4 * 2 * 2^{1/2}n^{1/8}, \ldots$, also $a_k < 16n^{1/2^k}$. Da $n^{1/\log n} = 2$ (man
logarithmiere beide Seiten), ist $a_{k^*} < 32$ für $k^* = \lceil \log \log n \rceil$.
Also ist
$2^{k^*} C'(a_{k^*}) = O(\log n)$.
Es genügt nun zu zeigen, daß $b_i = O(\log n)$ für $i < k^*$ ist, um
$C(n) = O(n \log n \log \log n)$ zu beweisen. Es ist

$$b_i \leq 2^i c\ \log(16n^{1/2^i}) \leq 2^i c * 4 + c\ \log n = O(\log n).$$

Wenn wir also die von uns gesteckten Ziele erreichen, haben wir Satz 3.13.1 bewiesen.

Wir beginnen mit Schritt 4 des Algorithmus, um einzusehen, daß die negative
Einhüllende der Konvolution genügend Information zur Lösung unseres Problems
enthält.

3.13.3 Lemma

$$p \equiv \sum_{0 \leq i \leq b-1} z_i 2^{il} \bmod (2^n + 1)\ .$$

B e w e i s Sei $v = (v_0, \ldots, v_{2b-1}) = CONV(x', y')$. Dann ist

$$p = h(2^l) = \sum_{0 \leq \imath \leq 2b-1} v_\imath 2^{\imath l} \ .$$

Da $bl = n$, ist $2^{bl} = 2^n \equiv -1 \bmod (2^n + 1)$. Es ist also

$$v_\imath 2^{\imath l} + v_{b+\imath} 2^{(b+\imath)l} \equiv (v_\imath - v_{b+\imath}) 2^{\imath l} = z_\imath 2^{\imath l} \bmod (2^n + 1).$$

Damit ist das Lemma bewiesen. $\qquad\qquad\qquad\qquad\qquad\qquad\qquad\qquad\qquad\square$

Da $0 \leq x_\imath, y_\imath \leq 2^l - 1$, gilt nach Definition der negativen Einhüllenden der Konvolution

$$-(b - 1 - i)2^{2l} < z_\imath < (i + 1)2^{2l}.$$

Aus $z_\imath^* \equiv z_\imath \bmod (b(2^{2l} + 1))$ kann also $z_\imath$ exakt berechnet werden, indem eventuell $b(2^{2l} + 1)$ subtrahiert wird. Dies sind b Subtraktionen von Zahlen der Länge $O(l \log b)$, also genügen $O(bl \log b) = O(n \log n)$ Bausteine und Tiefe $O(\log n)$. Wir benutzen für die Berechnung von p^*, der Summe aller $z_\imath 2^{\imath l}$, Radix-4 Darstellungen dieser Zahlen der Länge $O(n)$. Da $|p^*| < 2^{3n}$, kann p^* exakt berechnet werden. Wir können eine Radix-4 Darstellung für $z_\imath 2^{\imath l}$ mit nur $\lceil 2l \log b \rceil$ relevanten, eventuell von 0 verschiedenen Stellen wählen. Wir addieren die Zahlen $z_\imath 2^{\imath l}$ gemäß einem balancierten binären Baum, so daß stets benachbarte Zahlen addiert werden. Dadurch wächst die Zahl der zu betrachtenden Stellen nur langsam, auf der j-ten Stufe werden $b2^{-\jmath}$ Additionen von Zahlen der Länge $O(l \log b + 2^\jmath l)$ durchgeführt. Die Kosten von Stufe j lassen sich also durch $O(n2^{-\jmath} \log b + n)$ abschätzen, die Kosten aller $\log b$ Stufen durch $O(n \log n)$. Die Tiefe ist $O(\log n)$. Wir transformieren das Ergebnis in eine Darstellung durch Betrag und Vorzeichen. Wir müssen nun $p \equiv p^* \bmod (2^n + 1)$ berechnen. Sei c das Vorzeichen von p^*. Wir zerlegen den Betrag von p^* in drei Blöcke der Länge n, dann ist

$$p^* = (-1)^c (p_2 2^{2n} + p_1 2^n + p_0).$$

Da $2^n \equiv -1 \bmod (2^n + 1)$, ist

$$p \equiv (-1)^c (p_2 - p_1 + p_0) \bmod (2^n + 1).$$

Wir berechnen $p' = (-1)^c (p_2 - p_1 + p_0), p' + 2^n + 1, p' + 2(2^n + 1)$ und $p' - (2^n + 1)$ und wählen die Zahl in $\{0, \ldots, 2^n\}$ als p aus.

Für die Implementierung von Schritt 3 berechnen wir $z_\imath^*$ als
$u_\imath = z_\imath' + (2^{2l} + 1)[(z_\imath'' - z_\imath') \bmod b]$.
Es ist $u_\imath \in \{0, \ldots, b(2^{2l} + 1) - 1\}$. Um zu zeigen, daß $z_\imath^* = u_\imath$ ist, genügt es nach dem Chinesischen Restklassensatz, da b und $2^{2l} + 1$ teilerfremd sind, zu zeigen,

daß u_i und z_i sowohl $\bmod b$ als auch $\bmod (2^{2l}+1)$ übereinstimmen. Da $2^{2l} \geq b$ ist und beide Zahlen Zweierpotenzen sind, ist $2^{2l}+1 \equiv 1 \bmod b$.
Also ist
$$u_i \equiv z_i' + z_i'' - z_i' = z_i'' \equiv z_i \bmod b \text{ und}$$
$$u_i \equiv z_i' \equiv z_i \bmod (2^{2l}+1).$$
Diese b Rechnungen können wir sogar in Binärdarstellung mit je $O(l \log b)$ Bausteinen in Tiefe $O(\log n)$ durchführen, da $z_i' \bmod b$ aus den letzten $\log b$ Bits von z_i' besteht.

Für die Implementierung von Schritt 2 arbeiten wir mit $x_i' \equiv x_i \bmod b$ und $y_i' \equiv y_i \bmod b$, x_i' und y_i' haben Länge $\log b$. Für $m = 3 \log b$ bilden wir Zahlen x'' und y'' der Länge $bm - 2 \log b$. Es sei N eine Folge aus $2 \log b$ Nullen. Dann sei
$$x'' = (x_{b-1}', N, x_{b-2}', N, \ldots, x_1', N, x_0').$$
y'' wird analog gebildet. Mit der Multiplikationsmethode von Karatsuba und Ofman wird $p'' = x'' y''$ in Tiefe $O(\log(b \log b)) = O(\log n)$ mit $O((b \log b)^{\log 3}) = o(n)$ Bausteinen berechnet. Wir zeigen, daß p'' die Vektoren z_i'' enthält. Es seien f' und g' die Polynome mit Koeffizientendarstellung $(x_0', \ldots, x_{b-1}')$ bzw. $(y_0', \ldots, y_{b-1}')$. Nach Definition von x'' und y'' ist $x'' = f'(2^m)$ und $y'' = g'(2^m)$. Also ist $p'' = h'(2^m)$ für das Produktpolynom $h' = f'g'$. Andererseits wissen wir, daß die Koeffizienten des Produktpolynoms h' durch die Konvolution $v' = CONV(x', y')$ gegeben sind. Also ist
$$p'' = h'(2^m) = \sum_{0 \leq k \leq 2b-1} v_k' 2^{mk}.$$

Da $x_i', y_i' \in \{0, \ldots, b-1\}$, ist $0 \leq v_k' < b^3 = 2^m$. Also stellen die Blöcke der Länge m in p'' gerade $v_0', \ldots, v_{2b-1}'$ dar. Nun ist es einfach, die negative Einhüllende der Konvolution $z_i'' \equiv (v_i' - v_{b+i}') \bmod b$ zu berechnen. Wie bei der Implementierung von Schritt 4, können wir z_i'' als Zahl in $\{0, \ldots, b-1\}$ berechnen.

Zur Implementierung von Schritt 1 benutzen wir die Darstellung der negativen Einhüllenden der Konvolution aus Satz 3.11.11. Die komponentenweise Multiplikation der beiden Vektoren, die die Fouriertransformierten darstellen, besteht aus b Multiplikationen von Zahlen, die für den entscheidenden dritten Fall Länge $2l$ haben. Diese Multiplikationen werden rekursiv ausgeführt. Ansonsten muß zweimal DFT_b und einmal DFT_b^{-1} berechnet werden. Wir arbeiten in $\mathbb{Z}_m$ mit $m = 2^{2l}+1$. Dann ist $m = w^b + 1$ für eine Zweierpotenz $w \neq 1$, w ist nach Lemma 3.11.6 eine primitive $(2b)$-te Einheitswurzel, für die $(2b)^{-1}$ und w^{-1} existieren und $s = w^2$ eine primitive b-te Einheitswurzel ist. In $\mathbb{Z}_m$ ist $s^b = w^{2b} = 1$ und $w^b = -1$. Also ist $w^{-1} = w^{2b-1} = -w^{b-1}, s^{-1} = s^{b-1} = w^{2b-2} = -w^{b-2}$ und $b^{-1} = 2^{-\lfloor k/2 \rfloor} = -w^b 2^{-\lfloor k/2 \rfloor}$. Die Inversen können also ebenfalls als (negative) Zweierpotenzen gewählt werden. Daher ist die Berechnung von DFT_b und DFT_b^{-1} mit $O(b \log b)$ Additionen, Subtraktionen und Multiplikationen mit Zweierpotenzen von Zahlen der Länge $O(l)$ möglich. Gleiches gilt für die in der Darstellung von

$CONV^-$ in Satz 3.11.11 nötigen Multiplikationen mit w^j und w^{-j}. Also genügen insgesamt $O(bl \log b) = O(n \log n)$ Bausteine und Tiefe $O(\log n)$. Am Ende können wir z'_i als Zahl in $\{0, \dots, 2^{2l}\}$ berechnen.

Mit dieser Implementierung aller vier Schritte von Algorithmus 3.13.2 haben wir Satz 3.13.1 bewiesen.

3.14 Die Boolesche Konvolution

Mit der Betrachtung der Booleschen Konvolution hat man versucht, das Kernproblem bei der Berechnung der Konvolution zu erfassen und von Nebenproblemen wie der Zahlenlänge zu abstrahieren.

3.14.1 Definition   Die *Boolesche Konvolution* $BCONV_n \in B_{2n,2n}$ berechnet aus $(x_0, \dots, x_{n-1})$ und $(y_0, \dots, y_{n-1})$ den Konvolutionsvektor $(z_0, \dots, z_{2n-1})$ mit

$$z_k = \bigvee_{i+j=k} x_i \wedge y_j \ .$$

Aus $CONV(x,y)$ läßt sich natürlich leicht $BCONV(x,y)$ berechnen. Um aber $(2n)$-te Einheitswurzeln zu haben, müßte man mit recht langen Zahlen arbeiten. Wir haben schon in der Implementierung von Schritt 2 des Algorithmus von Schönhage und Strassen gesehen, wie die Konvolution mit Hilfe von Multiplikationsschaltkreisen berechnet werden kann.

3.14.2 Satz   *Die Boolesche Konvolution kann mit Schaltkreisen der Größe* $O(n \log^2 n \log\log n)$ *und der Tiefe* $O(\log n)$ *berechnet werden.* $BCONV \in AC_{0,2}$.

B e w e i s Die Definition selber ist ein $AC_{0,2}$-Schaltkreis, der allerdings Größe $O(n^2)$ hat. Für die andere Aussage sei N eine Folge von $\lceil \log n \rceil$ Nullen. Sei

$$x' = (x_{n-1}, N, x_{n-2}, N, \dots, x_1, N, x_0).$$

y' sei analog definiert. x' und y' haben Länge $O(n \log n)$. Mit dem Schaltkreis von Schönhage und Strassen können wir mit $O(n \log^2 n \log\log n)$ Bausteinen in Tiefe $O(\log n)$ $p = x'y'$ berechnen. Wie bei der Implementierung von Schritt 2 des Schönhage und Strassen Algorithmus folgt, daß p die Komponenten c_k von $CONV(x,y)$ als $(\lceil \log n \rceil + 1)$-Bit-Zahlen enthält. Es ist für $z = BCONV(x,y)$ nun $z_k = 1$ genau dann, wenn c_k mindestens eine 1 enthält. $\qquad\square$

3.15 Die Schulmethode für die Division

Wenn auch Divisionen zugelassen werden, rechnen wir im Körper der rationalen Zahlen. Für rationale Zahlen kennen wir aus der Schule zwei Darstellungen, nämlich die Darstellung als Bruch, also als Zahlenpaar aus Zähler und Nenner, und die Darstellung durch eine unter Umständen periodische Binär- oder Dezimaldarstellung. Die Arithmetik der Brüche läßt sich auf die Addition, Subtraktion und Multiplikation ganzer Zahlen zurückführen. Diese Darstellung hat allerdings zwei gravierende Nachteile. Schon bei der Addition von Brüchen werden Zahlen multipliziert, so daß wir keinen Additionsschaltkreis linearer Größe kennen. Darüber hinaus arbeitet man entweder mit ungekürzten Brüchen, also mit zu großen Zahlen, oder man muß den Hauptnenner, das kleinste gemeinsame Vielfache, berechnen, eine Aufgabe, die sich (bisher noch) nicht effizient parallelisieren läßt (s.Kap. 9.2). Auch für periodische Binärdarstellungen sind lineare Additionsschaltkreise unbekannt. Daher arbeitet man in Rechnern mit endlichen Binärdarstellungen und nimmt Rundungsfehler in Kauf. Mit Methoden der Numerik werden die Rundungsfehler kontrolliert, damit sie sich nicht zu großen Fehlern „aufschaukeln".

3.15.1 Definition   Für $x = (x_{n-1}, \ldots, x_0, x_{-1}, \ldots, x_{-m}) \in \{0,1\}^{n+m}$ sei
$|x|_{-m} = x_{n-1} 2^{n-1} + \ldots + x_0 2^0 + x_{-1} 2^{-1} + \ldots + x_{-m} 2^{-m}$.
$|x| = |x|_0$ ist der Wert der (normalen) Binärdarstellung.

Additionen, Subtraktionen und Multiplikationen rationaler Zahlen in endlicher Binärdarstellung führen zu keinen neuen Problemen. Da auch bei der Division klar ist, wo „das Komma im Ergebnis stehen muß", bezeichnen wir mit der Division DIV die Folge partiell definierter Boolescher Funktionen $DIV_n \in B^*_{2n,n}$, die aus $x = (x_{n-1}, \ldots, x_0)$ und $y = (y_{n-1}, \ldots, y_0)$ mit $|y| \neq 0$ die Binärdarstellung $q = (q_{n-1}, \ldots, q_0)$ des ganzzahligen Quotienten $\lfloor |x|/|y| \rfloor$ berechnen. Um die Genauigkeit des Ergebnisses zu erhöhen, genügt es offensichtlich, x zuvor mit 2^k zu multiplizieren und im Ergebnis das Komma um k Stellen zu verschieben.

Wir beschreiben zunächst die Schulmethode, die sehr langsam ist. In Kap.3.16 entwerfen wir mit Hilfe des Newtonverfahrens einen effizienten Divisionsschaltkreis und zeigen, daß die Größenordnungen der Schaltkreiskomplexität von Multiplikation und Division übereinstimmen. Die IBM-Methode, die wir in Kap.3.17 vorstellen, ist etwas ineffizienter, sie bildet aber die Grundlage des in Kap.3.18 beschriebenen NC_1-Divisionsschaltkreises.

3.15.2 Algorithmus
Führe folgende Schritte für $i = n - 1, \ldots, 0$ durch.
1.) Vergleiche die Binärzahlen $x' = (x_{n-1}, \ldots, x_i)$ und $y = (y_{n-1}, \ldots, y_0)$.
2.) Falls $|x'| < |y|$, setze $q_i = 0$.

3.) Falls $|x'| \geq |y|$, setze $q_i = 1$ und ersetze $(x_{n-1}, \ldots, x_i)$ durch die Differenz aus x' und y.

Algorithmus 3.15.2 beschreibt die Schulmethode für die Division. Insgesamt enthält der Algorithmus n Stufen mit je einem Vergleich, einer Subtraktion und höchstens n Auswahlbausteinen. Da die zu vergleichenden Zahlen von dem Ergebnis der vorigen Stufe abhängen, lassen sich nur die einzelnen Vergleiche und Subtraktionen parallelisieren.

3.15.3 Satz   *Die Schulmethode der Schriftlichen Division führt bei Verwendung von schnellen Schaltkreisen für Vergleiche und Subtraktionen zu Divisionsschaltkreisen der Größe $O(n^2)$ und Tiefe $O(n \log n)$.*

Während die Schulmethode für die Multiplikation bei Verwendung von schnellen Addierern und einem Wallace-Tree zu einem NC_1-Algorithmus führt, ist die Tiefe des auf der Schulmethode beruhenden Divisionsschaltkreises inakzeptabel.

Alle folgenden Divisionsalgorithmen konzentrieren sich auf die wesentliche Aufgabe der Kehrwertbildung, der Berechnung der Inversen z^{-1}. INV ist die Folge Boolescher Funktionen $INV_n \in B_{n-1,n}$, die aus $z = (z_{-1} = 1, z_{-2}, \ldots, z_{-n})$ eine von $|z|_{-n}^{-1}$ höchstens um 2^{-n+1} abweichende Approximation
$y = (y_0 = 1, y_{-1}, \ldots, y_{-n})$ berechnen.

Zunächst einmal kann die Aufgabe, x/z zu approximieren, in die Aufgaben, $1/z$ zu approximieren und das Ergebnis mit x zu multiplizieren, zerlegt werden. Dabei ist die Kehrwertbildung die schwierigere Aufgabe. Auch die Voraussetzung $z_{-1} = 1$, also $1/2 \leq |z|_{-n} < 1$, ist keine wesentliche Einschränkung. Multiplikationen mit festen Zweierpotenzen sind kostenlos, daher kann angenommen werden, daß $z = (z_{-1}, \ldots, z_{-n})$ ist. Sei $z_0 = 0, u_i = \bar{z}_0 \wedge \ldots \wedge \bar{z}_{-i}$ und $v_i = u_i \wedge z_{-(i+1)}$ für $0 \leq i \leq n-1$. Alle u_i lassen sich mit Hilfe des Präfixalgorithmus in logarithmischer Tiefe und linearer Größe berechnen. Es ist $v_i = 1$ genau dann, wenn $z_{-(i+1)}$ die vorderste 1 in z ist. Indem wir z mit $(v_{n-1}, \ldots, v_0)$ multiplizieren, erhalten wir eine Zahl z' mit $1/2 \leq |z'|_{-n} < 1$. Die Approximation von $|z'|_{-n}^{-1}$ kann schließlich mit $(v_0, v_{-1}, \ldots, v_{-(n-1)})$, wobei $v_{-i} = v_i$ ist, multipliziert werden, um eine Approximation für $|z|_{-n}^{-1}$ zu erhalten. Die Komplexität von INV ist also ausschlaggebend für die Komplexität von DIV.

3.16 Die Newtonmethode

Die Newtonmethode ist eine allgemeine Methode zur Approximation der Nullstelle N einer konvexen (oder konkaven), monoton fallenden (oder wachsenden),
differenzierbaren Funktion f. Die Kehrwertbildung ist ein Spezialfall dieses Problems, da z^{-1} die einzige Nullstelle der konvexen, monoton fallenden Funktion
$f(x) = x^{-1} - z$ ist. In Abbildung 3.16.1 ist diese Situation dargestellt.

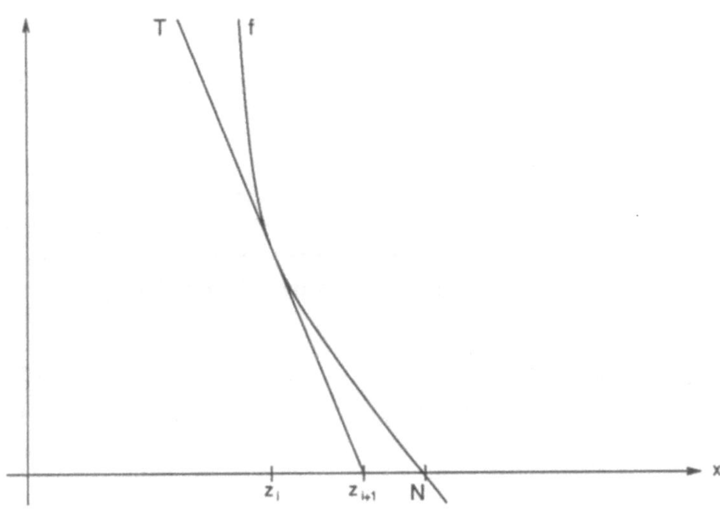

Abb. 3.16.1

Es sei z_i mit $z_i \leq N$ bekannt. Die Tangente $T(x)$, die f in $(z_i, f(z_i))$ berührt, liegt
wegen der Konvexität von f unterhalb von f. Daher liegt der Schnittpunkt z_{i+1}
von T mit der x-Achse im Intervall $(z_i, N]$ und ist eine bessere Approximation der
Nullstelle N als z_i. Von der Tangente T kennen wir einen Funktionswert $T(z_i) =
f(z_i)$, in unserem Fall $T(z_i) = z_i^{-1} - z$, und die Steigung $T'(x) = f'(z_i)$, in unserem
Fall $T'(x) = -z_i^{-2}$. Aus diesen beiden Werten läßt sich die Geradengleichung von
T berechnen.

$$T(x) = f'(z_i)x - f'(z_i)z_i + f(z_i).$$

Indem wir die Gleichung $T(x) = 0$ nach x auflösen, erhalten wir z_{i+1}.

$$z_{i+1} = f'(z_i)^{-1}(f'(z_i)z_i - f(z_i)) = z_i - f(z_i)/f'(z_i).$$

Wir haben bereits gesehen, daß z_i eine monoton wachsende durch N beschränkte Folge ist, also ist z_i konvergent. Nun ist

$$z_i - z_{i+1} = f(z_i)/f'(z_i).$$

Da $z_i - z_{i+1}$ gegen 0 konvergiert, muß $f(z_i)$ auch gegen 0 konvergieren. Damit konvergiert z_i gegen die Nullstelle N. Allerdings enthält die Gleichung für z_{i+1} eine weitere Division. Glücklicherweise fällt die Division weg, wenn wir für unseren Spezialfall die Werte für $f(z_i)$ und $f'(z_i)$ einsetzen. Dann ist nämlich

$$z_{i+1} = z_i - (z_i^{-1} - z)/(-z_i^{-2}) = 2z_i - zz_i^2.$$

Ein Approximationsschritt besteht also aus der kostenlosen Multiplikation von z_i mit 2, zwei Multiplikationen zur Berechnung von zz_i^2 und einer Subtraktion. Wenn wir für die Subtraktion die Ladner-Fischer Methode anwenden, wird die Komplexität eines Approximationsschrittes durch die Komplexität der verwendeten Multiplikationsschaltkreise bestimmt. Es ist zu beachten, daß sich die Zahlenlänge in einem Approximationsschritt verdreifachen kann. Entscheidend für die Güte der Newtonmethode ist die Konvergenzgeschwindigkeit, mit der z_i gegen N konvergiert.

3.16.1 Lemma   *Sei $z < 1, \epsilon_i = z^{-1} - z_i > 0$ und $z_{i+1} = 2z_i - zz_i^2$. Dann ist $\epsilon_{i+1} = z^{-1} - z_{i+1} < \epsilon_i^2$, das Newtonverfahren hat für $f(x) = x^{-1} - z$ quadratische Konvergenzgeschwindigkeit.*

B e w e i s Es ist, da $z_i = z^{-1} - \epsilon_i$ ist,

$$\epsilon_{i+1} = z^{-1} - z_{i+1} = z^{-1} - 2z_i + zz_i^2 = z^{-1} - 2z^{-1} + 2\epsilon_i + z(z^{-1} - \epsilon_i)^2$$
$$= -z^{-1} + 2\epsilon_i + z^{-1} - 2\epsilon_i + \epsilon_i^2 z = \epsilon_i^2 z < \epsilon_i^2.$$

$$\square$$

Als Startwert können wir $z_0 = 1$ wählen. Dann ist $0 < \epsilon_0 \leq 1$ und, da $1/2 \leq z < 1, \epsilon_1 = z^{-1} - 2 + z \leq 1/2$. Mit Lemma 3.16.1 folgt

$$\epsilon_i \leq E(i-1) := 2^{-2^{i-1}},$$

also $\epsilon_k \leq 2^{-n}$ für $k = \lceil \log n \rceil + 1$.

Wenn wir das Ergebnis nach $\lceil \log n \rceil + 1$ Stufen hinter der n-ten Stelle nach dem Komma abrunden, erhalten wir eine Approximation von z^{-1}, die um weniger als 2^{-n+1} von z^{-1} abweicht. Da z_1 Länge n hat und sich die Zahlenlänge von Schritt zu Schritt mehr als verdoppelt, müssen wir in den letzten Schritten mit Zahlen, deren Länge größer als n^2 ist, arbeiten. Dadurch wird der Schaltkreis zu teuer.

Zunächst wollen wir zeigen, daß wir die Zahlenlänge auf $2n$ beschränken können, wenn wir die Zahl der Approximationsschritte verdoppeln. Es sei $\hat{z}_0 = 1, z_{i+1} = 2\hat{z}_i - z\hat{z}_i^2$ und $\hat{z}_{i+1}$ die Zahl, die entsteht, wenn z_{i+1} an der $(2n)$-ten Stelle hinter dem Komma abgerundet wird. Da der zusätzliche Rundungsfehler kleiner als 2^{-2n} ist, folgt

$$\hat{\epsilon}_{i+1} < \hat{\epsilon}_i^2 + 2^{-2n} \text{ und}$$

$$\hat{\epsilon}_{i+2} < \hat{\epsilon}_i^4 + 2^{-2n+1}\hat{\epsilon}_i^2 + 2^{-4n} + 2^{-2n}.$$

Wenn $\hat{\epsilon}_{2i} \leq E(i-1)$ und $i \leq \lceil \log n \rceil$ ist, folgt $\hat{\epsilon}_{2i+2} \leq E(i)$.
Es genügen also $O(\log n)$ Multiplikationen und Subtraktionen von Zahlen der Länge $2n$, der Schaltkreis zur Kehrwertbildung hat also Größe $O(M(n)\log n)$ und Tiefe $O(D(n)\log n)$, wenn Multiplikationsschaltkreise der Größe $M(n)$ und Tiefe $D(n)$ eingesetzt werden. Dieses Ergebnis kann noch verbessert werden.

3.16.2 Satz   *Es seien $M(n)$ die Größe und $D(n)$ die Tiefe eines Multiplikationsschaltkreises. Wenn $M(n/m) = O(M(n)/m)$ ist, gibt es Divisionsschaltkreise der Größe $O(M(n))$ und Tiefe $O(D(n)\log n)$.*

Die Voraussetzung des Satzes ist für alle $M(n) = nh(n)$ mit nicht fallendem $h(n)$ erfüllt. Damit kann der Satz auf alle von uns vorgestellten Multiplikationsschaltkreise angewendet werden. Es ergeben sich also Divisionsschaltkreise mit den folgenden Charakteristika.
- Größe $O(n^2)$, Tiefe $O(\log^2 n)$, beruhend auf der Schulmethode für die Multiplikation.
- Größe $O(n^{\log 3})$, Tiefe $O(\log^2 n)$, beruhend auf dem Multiplikationsverfahren von Karatsuba und Ofman.
- Größe $O(n \log n \log \log n)$, Tiefe $O(\log^2 n)$, beruhend auf dem Multiplikationsverfahren von Schönhage und Strassen.
Da $M(n) = \Omega(n)$ sein muß, ist die Voraussetzung von Satz 3.16.2 für alle „vernünftigen Multiplikationsschaltkreise" erfüllt. Damit ist bezogen auf die sequentielle Rechenzeit die Division höchstens um einen konstanten Faktor aufwendiger als die Multiplikation. Da $x * y = x/(1/y)$ ist, gilt auch die Umkehrung. Während wir die von uns betrachteten Multiplikationsmethoden in Tiefe $O(\log n)$ implementieren konnten, benötigen die mit Satz 3.16.2 konstruierten Divisionsschaltkreise Tiefe $\Theta(\log^2 n)$.

B e w e i s (Satz 3.16.2) Nach den Vorbetrachtungen genügt es, effiziente Schaltkreise für die Kehrwertbildung zu entwerfen. Wir haben bereits gesehen, wie wir die Zahlenlänge auf $2n$ beschränken können. Da die Approximationsfehler auf den frühen Stufen recht groß sind, können wir uns zu Beginn auch größere Rundungsfehler leisten, also mit kürzeren Zahlen rechnen. Wenn die Zahlenlänge kleiner als

n wird, müssen wir auch z runden. Da die Newtonfolge

$$z_{i+1} = 2z_i - zz_i^2$$

monoton fallend in z ist, werden wir z stets aufrunden. Wir brechen also z nach geeignet vielen Stellen ab und addieren auf die letzte Stelle 1. Damit ist sichergestellt, daß $z_{i+1} \leq z^{-1}$ ist.

Wir nehmen nun an, daß wir einen Anfangswert $\hat{z}_0 \leq z^{-1}$ errechnet haben. Für die Berechnung von $\hat{z}_{i+1}$ aus $\hat{z}_i$ benutzen wir a_i anstelle von z. Dabei sei $\eta_i = a_i - z \geq 0$. Es sei

$$z_{i+1} = 2\hat{z}_i - a_i \hat{z}_i^2$$

und $\hat{z}_{i+1}$ die aus z_{i+1} entstehende abgerundete Zahl. Der Rundungsfehler wird mit $\delta_i = z_{i+1} - \hat{z}_{i+1}$ bezeichnet. Wir schätzen die Güte der Approximation $\hat{z}_{i+1}$ ab. Dazu sei $\hat{\epsilon}_i = z^{-1} - \hat{z}_i$. Wir wenden Lemma 3.16.1 und die Abschätzung $\hat{z}_i \leq 2$ an.

$$\hat{\epsilon}_{i+1} = z^{-1} - \hat{z}_{i+1} = z^{-1} - z_{i+1} + \delta_i = z^{-1} - 2\hat{z}_i + a_i\hat{z}_i^2 + \delta_i$$

$$= z^{-1} - 2\hat{z}_i + z\hat{z}_i^2 + \eta_i\hat{z}_i^2 + \delta_i \leq \hat{\epsilon}_i^2 + \eta_i\hat{z}_i^2 + \delta_i$$

$$\leq \hat{\epsilon}_i^2 + 4\eta_i + \delta_i.$$

Wir wollen $\hat{\epsilon}_i$ unabhängig von z durch α_i abschätzen. Wenn wir dann $4\eta_i + \delta_i$ durch α_i^2 abschätzen können, folgt
$\alpha_{i+1} \leq \alpha_i^2 + \alpha_i^2 = 2\alpha_i^2$.
Induktiv folgt dann

$$\alpha_k \leq 2 * 2^2 * \ldots * 2^{2^{k-1}} \alpha_0^{2^k} \leq 2^{2^0 + 2^1 + \ldots + 2^{k-1}} \alpha_0^{2^k} = 2^{2^k - 1} \alpha_0^{2^k} = (2\alpha_0)^{2^k}/2.$$

Wenn $2\alpha_0 \leq 1/2$ ist, genügen $k = \lceil \log n \rceil$ weitere Approximationsschritte, um die Approximation $\hat{z}_k$ zu berechnen, die um weniger als 2^{-n} von z^{-1} abweicht.

Wir starten mit dem Approximationswert 1. Dann werden 3 Schritte nach dem Newtonverfahren durchgeführt, wobei z und die Approximationswerte auf 6 Stellen nach dem Komma gerundet werden. Es ist leicht nachzurechnen, daß der entstehende Approximationswert $\hat{z}_0$ um weniger als $\alpha_0 = 1/4$ von z^{-1} abweicht. Dieser Teil des Schaltkreises hat konstante Größe und Tiefe.

Wir setzen nun $\alpha_i = 2^{-2^i}/2$ für $i \geq 1$. Dann ist mit $\alpha_0 = 1/4$ auch $\alpha_{i+1} = 2\alpha_i^2$. Wir müssen noch erreichen, daß $4\eta_i + \delta_i \leq \alpha_i^2$ ist. Für

$$\delta_i = 2^{-(2^{i+1}+3)}$$

und

$$\eta_i = 2^{-(2^{i+1}+5)}$$

ist

$$4\eta_i + \delta_i = 2 * 2^{-(2^{i+1}+3)} = 2^{-2^{i+1}}/4 = \alpha_i^2.$$

Wir runden also z_{i+1} nach $2^{i+1} + 3$ Stellen hinter dem Komma ab, um $\hat{z}_{i+1}$ zu erhalten, und z nach $2^{i+1} + 5$ Stellen hinter dem Komma auf, um a_i zu erhalten. Damit arbeitet der i-te Approximationsschritt mit Zahlen der Länge $O(2^i)$. Da $i \leq \lceil \log n \rceil$, ist die Gesamttiefe des Schaltkreises durch $O(D(n) \log n)$ beschränkt. Die Größe des Schaltkreises für die i-te Stufe kann für eine Konstante c durch

$$cM(c2^i) = cM(n/(n/c2^i)) = O(\frac{c2^i}{n} M(n))$$

abgeschätzt werden. Wenn wir die Schaltkreisgrößen für die Stufen $i = 1, \ldots, \lceil \log n \rceil$ addieren, ergibt sich die Gesamtgröße $O(M(n))$ des Schaltkreises.

Da sich die verwendeten Zahlenlängen in jedem Schritt ungefähr verdoppeln, ist für die Schaltkreisgröße der letzte Approximationsschritt ausschlaggebend. $\square$

3.17 Die IBM-Methode

Anderson, Earle, Goldschmidt und Powers (1967) beschreiben, wie die Kehrwertbildung im IBM System/360 durchgeführt wurde. Diese Approximationsmethode führt zu etwas schlechteren Ergebnissen als das Newtonverfahren, sie bildet aber die Grundlage des NC_1-Dividierers, den wir in Kap.3.18 vorstellen. Die Idee besteht darin, z^{-1} so zu erweitern, daß der Nenner ungefähr 1 wird und die approximative Berechnung des Zählers einen Näherungswert für z^{-1} liefert. Wir berechnen $x = 1 - z$. Dann ist $0 < x \leq 1/2$. Mit der Abkürzung $x(j)$ für x^{2^j} gilt

$$\frac{1}{z} = \frac{1}{1-x} = \frac{1}{1-x}\frac{1+x(0)}{1+x(0)}\frac{1+x(1)}{1+x(1)}\cdots\frac{1+x(k)}{1+x(k)} = \frac{P_k(x)}{1-x(k+1)}.$$

Der Nenner $1-x(k+1)$ ergibt sich durch fortgesetzte Anwendung der Binomischen Formel $(a - b)(a + b) = a^2 - b^2$. Da $x \leq 1/2$, ist $1 - x(k + 1)$ ungefähr 1.

3.17.1 Algorithmus
Die Parameter $k, s, \in \mathbb{N}$ sind vorgegeben. Abrunden bedeutet, die Zahlen nach der s-ten Stelle hinter dem Komma abzurunden.

1.) Es sei $x^*(0) = x(0) = x$. Für $j = 1, \ldots, k$ wird $x^*(j)$ berechnet, indem $x^*(j-1)$

quadriert und das Ergebnis abgerundet wird.

2.) Da $x^*(j) < 1$, läßt sich $1 + x^*(j)$ kostenlos bilden.

3.) Es ist $P_0^*(x) = 1 + x^*(0)$. Für $j = 1, \ldots, k$ wird $P_j^*(x)$ berechnet, indem $P_{j-1}^*(x)$ mit $1 + x^*(j)$ multipliziert und das Ergebnis abgerundet wird.

Da wir stets abrunden und den Nenner $1 - x(k+1)$ durch 1 ersetzen, ist $P_k^*(x) < z^{-1}$. Wir wollen k und s so wählen, daß $z^{-1} - P_k^*(x) \leq 2^{-n}$ ist. Wie in Kap. 3.16 gezeigt, erhalten wir dann eine geeignete Approximation von z^{-1}. Neben der Subtraktion zur Berechnung von x genügen $2k$ sequentiell auszuführende Multiplikationen von Zahlen der Länge s bzw. $s + 1$. Der Fehler beim Abrunden ist durch $\delta = 2^{-s}$ beschränkt. Da sich alte Fehler „quadrieren", bleibt in Schritt 1 von Algorithmus 3.17.1 der Fehler durch 2δ beschränkt.

3.17.2 Lemma $x(j) - 2\delta \leq x^*(j) \leq x(j)$.

B e w e i s Da wir nur abrunden, ist die zweite Ungleichung korrekt. Die erste Ungleichung gilt für $j = 1$, da wir um höchstens δ abrunden. Da $x \leq 1/2$ ist, ist $x(j) \leq 1/4$ für $j \geq 1$ und $4\delta x(j) \leq \delta$. Induktiv folgt

$$x^*(j+1) \geq x^*(j)^2 - \delta \geq (x(j)) - 2\delta)^2 - \delta$$
$$\geq x(j)^2 - 4\delta x(j) - \delta \geq x(j+1) - 2\delta.$$

$\square$

3.17.3 Lemma $P_j(x) - \epsilon_j(x) \leq P_j^*(x) \leq P_j(x)$ für
$\epsilon_j(x) = (3j + 1)\delta(1 - x(j))/(1 - x)$.

B e w e i s Wieder ist die zweite Ungleichung korrekt, da wir nur abrunden. Da $\epsilon_0(x) = \delta$ und $P_0(x) = 1 + x = P_0^*(x)$, gilt die erste Ungleichung für $j = 0$. Da wir stets um höchstens δ abrunden, können wir mit Hilfe von Lemma 3.17.2 induktiv folgern:

$$P_j^*(x) \geq P_{j-1}^*(x)(1 + x^*(j)) - \delta$$
$$\geq (P_{j-1}(x) - \epsilon_{j-1}(x))(1 + x(j) - 2\delta) - \delta$$
$$\geq P_{j-1}(x)(1 + x(j)) - \epsilon_{j-1}(x)(1 + x(j)) - 2\delta P_{j-1}(x) - \delta.$$

Der erste Term ist gerade $P_j(x)$. Da $x(j) < x(j-1)$, folgt

$$\epsilon_{j-1}(x)(1 + x(j)) < (3j - 2)\delta(1 - x(j-1))(1 + x(j-1))/(1 - x)$$
$$= (3j - 2)\delta(1 - x(j))/(1 - x).$$

Außerdem ist nach Definition
$2\delta P_{j-1}(x) = 2\delta(1 - x(j))/(1 - x)$.
Schließlich ist
$\delta \leq \delta(1 - x(j))/(1 - x)$.
Indem wir alle Abschätzungen zusammenfassen, folgt die Behauptung:
$P_j^*(x) > P_j(x) - (3j + 1)\delta(1 - x(j))/(1 - x) = P_j(x) - \epsilon_j(x)$.

$\square$

Es ist

$$z^{-1} - P_k^*(x) = (z^{-1} - P_k(x)) + (P_k(x) - P_k^*(x)).$$

Den ersten Summanden können wir, da $x \leq 1/2$, abschätzen durch

$$z^{-1} - P_k(x) = z^{-1} - (1 - x(k+1))z^{-1} = x(k+1)/(1-x) \leq 2 * 2^{-2^{k+1}}.$$

Für die Abschätzung des zweiten Summanden benutzen wir Lemma 3.17.3.

$$P_k(x) - P_k^*(x) \leq \epsilon_k(x) \leq (3k+1) * 2 * 2^{-s}.$$

Wir können jeden der beiden Summanden durch 2^{-n-1} abschätzen, wenn wir die Parameter folgendermaßen wählen:
$k = \lceil \log(n+2) \rceil - 1$ und $s = n + 4 + \lceil \log k \rceil$.

3.17.4 Satz *Der IBM-Schaltkreis zur Kehrwertbildung kommt mit einer Subtraktion und $2\lceil \log(n+2) \rceil - 2$ sequentiell auszuführenden Multiplikationen von Zahlen der Länge $O(n)$ aus.*

Wenn wir die von uns vorgestellten Multiplikationsschaltkreise einsetzen, ergibt sich als Tiefe $O(\log^2 n)$, die Schaltkreisgröße ist gegenüber den Schaltkreisen aus Kap.3.16 um einen Faktor der Größenordnung $\log n$ größer.

3.18 Ein schneller Divisionsschaltkreis

Wir kennen nun zwei Divisionsmethoden, die zu Schaltkreisen polynomieller Größe mit Tiefe $O(\log^2 n)$ führen. Die Division ist also in NC_2 enthalten. Erst 1984 konnten Beame, Cook und Hoover (1984) zeigen, daß die Division sogar in NC_1 liegt. Ihre Methode benötigt in der ursprünglichen Form $O(n^5)$ Bausteine. Die Zahl der Bausteine konnte für beliebige $\epsilon > 0$ auf $O(n^{1+\epsilon})$ gesenkt werden, wobei die Tiefe dann $O(\epsilon^{-1} \log n)$ ist (Mehlhorn und Preparata (1987)). Wegen der großen Konstanten ist die Methode aber zu teuer für praktische Anwendungen. Im Gegensatz zur Addition, Subtraktion und Multiplikation ist für die Division bisher kein Schaltkreis bekannt, der bezüglich Größe und Tiefe gleichzeitig die besten bekannten Schranken erreicht. In Kap. 3.16 haben wir gezeigt, daß die Schaltkreiskomplexität von Multiplikation und Division die gleiche Größenordnung haben. Aus diesem Abschnitt folgt, daß die Schaltkreistiefe für beide Funktionen $\Theta(\log n)$

ist. Bei gleichzeitiger Minimierung von Größe und Tiefe gibt es dagegen (noch) Unterschiede zwischen Multiplikation und Division.

Beim Entwurf ihres schnellen Dividierers machen Beame, Cook und Hoover wesentlich davon Gebrauch, daß Schaltkreise ein nichtuniformes Rechenmodell bilden (vgl. die Diskussion in Kap.1.3 und 1.5). Informationen, die nur von der Eingabelänge aber nicht vom aktuellen Input abhängen, können vorab berechnet und als konstante Inputs in den Schaltkreis eingegeben werden. Zwar hat die im folgenden dargestellte Divisionsmethode in der Praxis keine Bedeutung, aber mit ihr wissen wir, wo die Division in der NC-Hierarchie einzuordnen ist, und sind motiviert, nach billigen NC_1-Divisionsschaltkreisen zu suchen. Ziel dieses Abschnitts ist also der Entwurf eines NC_1-Dividierers, wobei wir uns nicht bemühen, die Schaltkreisgröße möglichst gut abzuschätzen.

Wir überlegen uns zunächst, daß Schaltkreise mit Tiefe $O(\log n)$ und polynomiell vielen Outputs automatisch polynomielle Größe haben. Da die Bausteine Fan-in 2 haben, können Bausteine in Tiefe d höchstens $2^d - 1$ Bausteine als Vorgänger haben. Für $d = O(\log n)$ ist 2^d polynomiell beschränkt.

Nach den Ergebnissen aus Kap.3.15 können wir uns auf die Kehrwertbildung beschränken. Wir zeigen, daß n Zahlen mit je n Bits in Tiefe $O(\log n)$ multipliziert werden können, und wenden dann die IBM-Methode aus Kap. 3.17 an. Die Zahlen $x(j)$ können parallel in Tiefe $O(\log n)$ berechnet werden. Anschließend können die Zahlen $1 + x(j)$ für $0 \leq j \leq k$ in Tiefe $O(\log n)$ multipliziert werden.

Der Algorithmus von Beame, Cook und Hoover führt die Multiplikation von n Zahlen mit Hilfe des Chinesischen Restklassensatzes 3.12.1 auf viele parallel auszuführende Rechnungen modulo kleiner Primzahlen zurück. Ein oft benutztes Hilfsmittel ist die table-look-up Methode. Informationen können in kurzen Tabellen schnell gefunden werden. Die DNF ist eine table-look-up Methode, die allerdings mit der oft sehr langen Tabelle $f^{-1}(1)$ arbeitet. Hier verstehen wir unter einer Tabelle T eine Folge von Paaren $(a_1, b_1), \ldots, (a_N, b_N)$, wobei N und die Länge der Zahlen a_i und b_i polynomiell in n sind und die a_i paarweise verschieden sind. Die Aufgabe besteht darin, für ein $x \in \{a_1, \ldots, a_N\}$ in Tiefe $O(\log n)$ das b_i mit $x = a_i$ zu berechnen. Die Eingabe x gibt also an, wo wir in der Tabelle suchen sollen. In Tiefe $O(\log n)$ werden parallel $c_1, \ldots, c_N$ berechnet, wobei $c_j = 1$ genau dann ist, wenn $x = a_j$ ist. Es sei b_{jm} das m-te Bit von b_j. Dann ist das m-te Outputbit y_m die Disjunktion aller $c_j \wedge b_{jm}$ $(1 \leq j \leq N)$ und kann in Tiefe $O(\log n)$ berechnet werden.

3.18.1 Algorithmus

Input: $x_1, \ldots, x_n$, n Zahlen der Länge n. Wir unterscheiden im folgenden nicht zwischen dem Vektor $x_i = (x_{i,n-1}, \ldots, x_{i0}) \in \{0,1\}^n$ und seinem Zahlenwert $|x_i|$. Output: Die Binärdarstellung von x, dem Produkt aller x_i.

1.) Sei $M = (2^n - 1)^n$. Berechne das kleinste r, so daß das Produkt p der kleinsten r Primzahlen $p_1, \ldots, p_r$ größer als M ist. Berechne $p_1, \ldots, p_r$ und p.

2.) Berechne $y_{ij} \equiv x_i \bmod p_j$ für $1 \leq i \leq n$ und $1 \leq j \leq r$.

3.) Berechne $z_j \equiv \prod_{1 \leq i \leq n} y_{ij} \equiv \prod_{1 \leq i \leq n} x_i \equiv x \bmod p_j$ für $1 \leq j \leq r$.

4.) Berechne x mit Hilfe des Chinesischen Restklassensatzes aus $z_1, \ldots, z_r$.

Schritt 4 von Algorithmus 3.18.1 ist ausführbar. Da die Primzahlen $p_1, \ldots, p_r$ natürlich teilerfremd sind, kann $x \bmod p$ aus $z_j \equiv x \bmod p_j$, $1 \leq j \leq r$, berechnet werden. Es ist $x_i \leq 2^n - 1$ und $0 \leq x \leq (2^n - 1)^n = M$. Da $p > M$, ist mit $x \bmod p$ auch x bekannt.

Es bleibt zu zeigen, daß sich Algorithmus 3.18.1 in Tiefe $O(\log n)$ implementieren läßt. Für die im folgenden benutzten Resultate der Elementaren Zahlentheorie wird auf das Lehrbuch von Niven und Zuckerman (1976) verwiesen.

Schritt 1 von Algorithmus 3.18.1 ist unabhängig von den aktuellen Eingaben $x_1, \ldots, x_n$ und hängt nur von n ab. Diese Rechnungen werden also vor dem Entwurf des Schaltkreises durchgeführt, und $r, p_1, \ldots, p_r, p$ stehen als konstante Inputs dem Schaltkreis zur Verfügung. Nach dem Primzahlsatz gilt für $\pi(m)$, die Anzahl der Primzahlen in $\{1, \ldots, m\}$,

$$\lim_{m \to \infty} \frac{\pi(m) \ln m}{m} = 1.$$

Daraus folgt $r = O(n^2 \log^{-1} n)$ und $p_i = O(n^2)$. Es gibt also mod p_i nur $O(n^2)$ verschiedene Zahlen, so daß table-look-ups in logarithmischer Tiefe möglich sind. Schritt 1 selber hat Tiefe 0.

In Schritt 2 können alle y_{ij} parallel berechnet werden. Die Zahlen $a_{jk} \equiv 2^k \bmod p_j$ für $1 \leq j \leq r$ und $0 \leq k \leq n - 1$ hängen nur von n und nicht vom aktuellen Input ab. Wir können also annehmen, daß diese Zahlen Inputs des Schaltkreises sind. Es ist

$$x_i = \sum_{0 \leq k \leq n-1} x_{ik} 2^k \equiv \sum_{0 \leq k \leq n-1} x_{ik} a_{jk} \bmod p_j.$$

Da $x_{ik} \in \{0,1\}$, können die Zahlen $x_{ik} a_{jk}$ in Tiefe 1 berechnet werden. Diese Zahlen können dann z.B. mit einem Wallace-Tree in Tiefe $O(\log n)$ addiert werden. Für die Summe s_{ij} gilt $0 \leq s_{ij} < n p_j$. Zu berechnen ist $y_{ij} \equiv s_{ij} \bmod p_j$. Dazu berechnen wir parallel in Tiefe $O(\log n)$ die Tabelle aller $s_{ij} - l p_j$ für $0 \leq l < n$. Ebenfalls in Tiefe $O(\log n)$ wird c_l berechnet, wobei $c_l = 1$ genau dann ist, wenn $s_{ij} - l p_j$ in $\{0, \ldots, p_j - 1\}$ liegt. y_{ij} kann dann mit einem table-look-up berechnet werden.

Für die Implementierung von Schritt 3 nutzen wir Eigenschaften von Primzahlen aus. $G_j = \{1, \ldots, p_j - 1\}$ ist bezüglich der Multiplikation mod p_j eine zyklische Gruppe, d.h. es gibt ein erzeugendes Element $g_j \in G_j$, so daß sich jedes Element $k \in G_j$ für ein $ind(k) \in \{0, \ldots, p_j - 2\}$ durch $g_j^{ind(k)} \bmod p_j$ ausdrücken läßt. $ind(k)$ heißt Index von k bezüglich g_j und G_j, wobei wir der Übersichtlichkeit halber auf den „Index" (g_j, G_j) an $ind(k)$ verzichten. Außerdem ist $g_j^{p_j-1} \equiv 1 \bmod p_j$. Die erzeugenden Elemente g_j und die Tabellen $(k, ind(k))$ bezüglich g_j können ebenfalls unabhängig von den aktuellen Inputs berechnet werden und stehen als Inputs des Schaltkreises zur Verfügung. Zur Berechnung von z_j unterscheiden wir zwei Fälle und wählen am Ende das richtige Ergebnis mit Auswahlbausteinen aus. Falls $y_{ij} = 0$ für ein $i \in \{1, \ldots, n\}$, ist $z_j = 0$. Ansonsten werden mit table-look-ups alle $ind(y_{ij})$ bezüglich (g_j, G_j) berechnet. In Tiefe $O(\log n)$ wird dann $I(j)$, die Summe aller $ind(y_{ij})$, berechnet. Da $0 \leq I(j) \leq n(p_j - 2)$ ist, kann analog zur Implementierung von Schritt 2 in Tiefe $O(\log n)$ $I^*(j) \equiv I(j) \bmod (p_j - 1)$ berechnet werden. Aufgrund der oben aufgeführten Ergebnisse der Zahlentheorie folgt

$$z_j \equiv \prod_{1 \leq i \leq n} y_{ij} \equiv \prod_{1 \leq i \leq n} g_j^{ind(y_{ij})} = g_j^{I(j)} \equiv g_j^{I^*(j)} \bmod p_j.$$

Aus $I^*(j)$ kann schließlich mit einem table-look-up in Tiefe $O(\log n)$ das gewünschte Resultat z_j berechnet werden.

Für Schritt 4 wenden wir den Chinesischen Restklassensatz 3.12.1 an. Danach ist

$$x \equiv \sum_{1 \leq j \leq n} z_j w_j \bmod p$$

für $w_j = u_j v_j$, $u_j = p/p_j$ und $v_j \equiv (p/p_j)^{-1} \bmod p_j$.
Da $w_1, \ldots, w_n$ nicht vom aktuellen Input abhängen, können wir annehmen, daß sie als Inputs des Schaltkreises vorliegen. Da $0 \leq z_j < p_j = O(n^2)$ und $0 \leq w_j < p = O(n^2 2^{n^2})$, können die Multiplikationen $z_j w_j$ parallel in Tiefe $O(\log n)$ durchgeführt werden. Danach wird in Tiefe $O(\log n)$ die Summe x^* aller $z_j w_j$ berechnet. Es ist $0 \leq x^* < n p p_r$. x ist die Zahl $x^* - lp$, die in $\{0, \ldots, p-1\}$ liegt. Für l kommen nur die $np_r = O(n^3)$ Zahlen $0, \ldots, np_r - 1$ in Frage. Analog zur Implementierung von Schritt 2 kann x in Tiefe $O(\log n)$ berechnet werden.

Insgesamt läßt sich also Algorithmus 3.18.1 in Tiefe $O(\log n)$ implementieren, und wir haben den folgenden Satz bewiesen.

3.18.2 Satz $DIV \in NC_1$.

3.18.3 Beispiel   Wir wollen Algorithmus 3.18.1 an einem Beispiel für $n = 3$ veranschaulichen. Zunächst stellen wir alle Informationen bereit, die nicht von

den aktuellen Inputs abhängen. Es ist $M = 7^3 = 343$. Das Produkt der kleinsten
5 Primzahlen $2, 3, 5, 7$ und 11 ist $2310 > 343$, während das Produkt der kleinsten
4 Primzahlen $210 < 343$ ist. Da auch $5 * 7 * 11 = 385 > 343$ ist, können wir auf die
Rechnungen mod 2 und mod 3 verzichten. Sei also $r = 3, p_1 = 5, p_2 = 7, p_3 = 11$
und $p = 385$.

Wir berechnen nun $a_{jk} \equiv 2^k \bmod p_j$. Es ist
$a_{10} = 1, a_{11} = 2, a_{12} = 4,$
$a_{20} = 1, a_{21} = 2, a_{22} = 4,$
$a_{30} = 1, a_{31} = 2, a_{32} = 4.$
Diese einfache Form ergibt sich, da wir die kleinen Primzahlen 2 und 3 nicht
betrachten.

In $G_1 = \{1, \ldots, 4\}$ mit der Multiplikation mod 5 ist $g_1 = 2$ ein erzeugendes Element.

k	1	2	3	4
$ind(k)$	0	1	3	2

In $G_2 = \{1, \ldots, 6\}$ mit der Multiplikation mod 7 ist $g_2 = 3$ (aber nicht 2) ein
erzeugendes Element.

k	1	2	3	4	5	6
$ind(k)$	0	2	1	4	5	3

In $G_3 = \{1, \ldots, 10\}$ mit der Multiplikation mod 11 ist $g_3 = 2$ ein erzeugendes
Element.

k	1	2	3	4	5	6	7	8	9	10
$ind(k)$	0	1	8	2	4	9	7	3	6	5

Es ist $u_1 = 77, u_2 = 55, u_3 = 35, 77^{-1} \equiv 2^{-1} \equiv 3 \bmod 5$, also $v_1 = 3, v_2 = 6, v_3 = 6, w_1 = 231, w_2 = 330, w_3 = 210$.

Die aktuellen Inputs seien $x_1 = 3, x_2 = 7$ und $x_3 = 6$. Für $n = 3$ kommen wir in die
Situation, die einfache Aufgabe $3 * 7 * 6 = 126$ durch viel schwierigere Aufgaben zu
ersetzen. Wir wollen ja auch nicht auf besonders elegante Weise $3 * 7 * 6$ ausrechnen
sondern Algorithmus 3.18.1 veranschaulichen.

Es ist $s_{11} = s_{12} = s_{13} = 3, s_{21} = s_{22} = s_{23} = 7$ unnd $s_{31} = s_{32} = s_{33} = 6$. Also
ist $y_{11} = y_{12} = y_{13} = 3, y_{21} = 2, y_{22} = 0, y_{23} = 7, y_{31} = 1, y_{32} = y_{33} = 6$. Es
ist $ind(y_{11}) = 3, ind(y_{21}) = 1$ und $ind(y_{31}) = 0$ in G_1. Also ist $I(1) = 4, I^*(1) = 0$
und $z_1 = 1$.

Es ist $z_2 = 0$, da $y_{22} = 0$ ist.

Es ist $ind(y_{13}) = 8, ind(y_{23}) = 7$ und $ind(y_{33}) = 9$ in G_3. Also ist $I(3) = 24, I^*(3) = 4$ und $z_3 = 5$.

Nun berechnen wir $z_1 w_1 = 231, z_2 w_2 = 0$ und $z_3 w_3 = 1050$. Es folgt $x^* = 1281$ und $x = 1281 - 3*385 = 126$.

Die Grundrechenarten sind also in der Klasse NC_1 der effizient parallel lösbaren Probleme enthalten. Wir kennen effiziente sequentielle und effiziente parallele Algorithmen. Allerdings ist die Größenordnung der Schaltkreiskomplexität von Multiplikation und Division unbekannt. Für die Division gibt es bisher noch keinen Schaltkreis, der bezüglich Größe und Tiefe die besten bekannten Schranken erreicht. Selbst für die Grundrechenarten gibt es also noch wichtige offene Probleme. Aus den Ergebnissen von Kap.10.4 wird folgen, daß die Multiplikation und Division nicht in AC_0 enthalten sind und damit „schwieriger" als Addition und Subtraktion sind.

Aufgaben

3.A.1 Es sei $R(1) = c$ und $R(n) = a\, R(n/b)$ für $n = b^k, b > 1, a, c > 0$.
a) Falls $a < b$, ist $R(n) = \Theta(n)$.
b) Falls $a = b$, ist $R(n) = \Theta(n \log n)$.
c) Falls $a > b$, ist $R(n) = \Theta(n^{\log_b a})$.

3.A.2 Zeige, daß der Carry-Look-Ahead Addierer über der Basis B_2 in Tiefe $O(\log n)$ und Größe $O(n^2)$ implementiert werden kann.

3.A.3 Im Carry-Look-Ahead Addierer 1.Ordnung werden die Summanden in $b(n)$ Blöcke ungefähr gleicher Größe eingeteilt. Wenn für die hinterste Stelle eines Blocks der Übertrag bekannt ist, wird der Übertrag zum nächsten Block direkt mit der in Kap.3.3 beschriebenen Formel berechnet, und die Zahlenblöcke der beiden Summanden werden mit der Schulmethode addiert. Schätze Größe und Tiefe dieses Addierers ab.

3.A.4 Carry-Look-Ahead Addierer 2.Ordnung arbeiten wie Carry-Look-Ahead Addierer 1.Ordnung, nur werden die Blöcke mit Carry-Look-Ahead Addierern 1. Ordnung addiert. Schätze Größe und Tiefe dieses Addierers ab.

3.A.5 Berechne die Größe des Conditional Sum Addierers bei rekursiver Implementierung.

3.A.6 Schätze Größe und Tiefe eines modifizierten Conditional Sum Addierers ab, bei dem in jedem Schritt 3 benachbarte Blöcke zusammengefaßt werden.

3.A.7 Addiere zwei 16-Bit-Zahlen/32-Bit-Zahlen mit allen vorgestellten Addierern.

3.A.8 Konstruiere aus allen vorgestellten Addierern Schaltkreise für die Subtraktion von Zahlen a und b mit $a > b$.

3.A.9 Der Wert der Einerkomplementzahl $x = (x_{n-1}, \ldots, x_0) \in \{0, 1\}^n$ ist $w_1(x) = w_2(x)$, falls $x_{n-1} = 0$, und $w_1(x) = w_2(x) + 1$, falls $x_{n-1} = 1$. Wie lassen sich Zahlen in Einerkomplementdarstellung addieren ?

3.A.10 Wie läßt sich ein Overflow bei der Addition von Zahlen in Einerkomplementdarstellung erkennen und vermeiden ?

3.A.11 Zwei komplexe Zahlen $x = a + bi$ und $y = c + di$ lassen sich mit 3 Multiplikationen und einigen Additionen und Subtraktionen reeller Zahlen multiplizieren.

3.A.12 Gib exakte Werte für die Größe und Tiefe der Schaltkreise aus Kap.3.10 für die Arithmetik mit Zahlen in Radix-4 Darstellung an.

3.A.13 Warum ist im Beweis von Satz 3.10.3 die Fallunterscheidung notwendig, d.h. warum genügt es nicht, die erste Stufe der Berechnung von (s, c^*) aus (x, y) noch einmal für (s, c^*) zu wiederholen?

3.A.14 $e^{i2\pi/n}$ ist eine primitive n-te Einheitswurzel im Körper der komplexen Zahlen.

3.A.15 Wende die Newtonmethode auf die approximative Berechnung von $x^{1/2}$ an.

3.A.16 Entwerfe explizit nach dem Newtonverfahren einen Schaltkreis für die Berechnung von INV_{16} und versuche Größe und/oder Tiefe möglichst klein zu machen.

3.A.17 Schätze die Größe des Divisionsschaltkreises von Beame, Cook und Hoover ab.

3.A.18 Berechne $12 * 5 * 7 * 2$ mit der Methode von Beame, Cook und Hoover.

4. Symmetrische Funktionen

4.1. Definitionen und Beispiele

Wir wiederholen noch einmal die Definition 2.9.4 für die Menge der symmetrischen Funktionen.

4.1.1 Definition   Eine Boolesche Funktion $f \in B_n$ heißt *symmetrisch*, Notation $f \in S_n$, wenn für einen Wertevektor $v(f) = (v_0, \ldots, v_n) \in \{0,1\}^{n+1}$ gilt $f(a) = v_{\|a\|}$, wobei $\|a\| = a_1 + \ldots + a_n$ ist.

Alle Funktionen, die mit Zählen zu tun haben, sind also symmetrisch. Da, wie in Kap. 2.9 gesehen, Minimalpolynome für die meisten symmetrischen Funktionen ineffizient sind, wollen wir hier effiziente Schaltkreise für symmetrische Funktionen entwerfen. Zunächst sollen in diesem Abschnitt die wichtigsten symmetrischen Funktionen vorgestellt werden. In Kap. 4.2 entwerfen wir Schaltkreise mit linearer Größe und logarithmischer Tiefe für symmetrische Funktionen. Die Menge der symmetrischen Funktionen ist aber nicht nur in NC_1 sondern sogar in $TC_{0,2}$ enthalten. In Kap. 4.3 untersuchen wir, wie sich die Wahl der zugrundeliegenden Basis auf die Komplexität der Paritätsfunktion auswirkt. Dabei wird sich zeigen, daß synchrone Thresholdschaltkreise wesentlich mehr Bausteine enthalten müssen als asynchrone Thresholdschaltkreise (vgl. die Diskussion in Kap. 1.3). Schließlich entscheiden wir in Kap. 4.4, welche symmetrischen Funktionen in AC_0 enthalten sind. Beim Entwurf von AC_0-Schaltkreisen benutzen wir probabilistische Schaltkreise und eine allgemeine Simulation von probabilistischen Schaltkreisen durch deterministische also „normale" Schaltkreise.

Die wichtigste Teilklasse von S_n bilden die *Intervallfunktionen* $I_{k,l}^n$. Es ist $I_{k,l}^n(a) = 1$ genau dann, wenn $k \leq \|a\| \leq l$ ist, im Wertevektor ist also $v_i = 1$ genau für $k \leq i \leq l$. Spezialfälle von Intervallfunktionen sind die *Thresholdfunktionen* $T_k^n = T_{\geq k}^n = I_{k,n}^n$, die genau dann 1 berechnen, wenn die Eingabe mindestens k Einsen enthält, die *negativen Thresholdfunktionen* $T_{\leq k}^n = I_{0,k}^n$ und die *Anzahlfunktionen* $A_k^n = I_{k,k}^n$, die 1 berechnen, wenn die Eingabe genau k Einsen enthält. Alle Thresholdfunktionen zusammen bilden die *Sortierfunktion* $S^n = (T_1^n, \ldots, T_n^n) \in S_{n,n}$. $S^n(a)$ enthält genau so viele Einsen wie a. Da $T_k^n(a) = 1$ genau für $k \leq \|a\|$, stehen die $\|a\|$ Einsen an den vorderen Positionen, die Eingabe wurde also sortiert. Die Thresholdfunktion $T^n_{\lceil n/2\rceil}$ wird auch *Majoritätsfunktion* genannt, da sie entscheidet, ob die Eingabe mindestens so viele Einsen wie Nullen enthält. Die Disjunktion OR_n ist die Thresholdfunktion T^n_1, und die Konjunktion AND_n ist gleich der Thresholdfunktion T^n_n.

Die Anzahlfunktionen A^n_k $(0 \le k \le n)$ haben als Wertevektoren gerade die Einheitsvektoren (Vektoren mit genau einer Eins). Da sich jeder 0-1-Vektor als Disjunktion von Einheitsvektoren darstellen läßt, bilden die Anzahlfunktionen eine „Basis" für S_n. Diese Tatsache halten wir in der folgenden Bemerkung fest.

4.1.2 Bemerkung   Für $f \in S_n$ mit $v(f) = (v_0, \ldots, v_n)$ ist f die Disjunktion aller A^n_k mit $v_k = 1$.

Eine zweite wichtige Teilklasse von S_n bilden die *Zählfunktionen* $C^n_{k,m}$. Es ist $C^n_{k,m}(a) = 1$ genau dann, wenn $\|a\| \equiv k \bmod m$ ist. Der wichtigste Spezialfall ist die *Paritätsfunktion* $PAR_n = C^n_{1,2}$.

4.2 Effiziente Schaltkreise für symmetrische Funktionen

Symmetrische Funktionen hängen von der Eingabe a nur über $\|a\| = a_1 + \ldots + a_n$ ab. Da die Binärdarstellung von $\|a\|$ nur Länge $\lceil \log(n+1)\rceil$ hat, ist es vernünftig, diese Informationsreduktion vorzunehmen.

4.2.1 Definition $BSUM$ *(Binäre Summe)* ist die Folge von Funktionen $BSUM_n \in B_{n,\lceil \log(n+1)\rceil}$, die aus $x = (x_1, \ldots, x_n)$ die Binärdarstellung von $x_1 + \ldots + x_n$ berechnen.

4.2.2 Satz   *Die Binäre Summe läßt sich in Schaltkreisen der Größe* $\frac{25}{3}n + O(\log^2 n)$ *und Tiefe* $3\log_{3/2} n + O(\log\log n)$ *berechnen.*

B e w e i s Zur Berechnung von $BSUM_n$, der Summe aus n 1-Bit-Zahlen, bietet sich natürlich ein Wallace-Tree (s. Kap. 3.8) an. Damit die Abschätzung der Schaltkreisgröße nicht zu ungenau wird, untersuchen wir die Zahlenlänge etwas genauer. In der ersten Stufe können aus den n Bits mit $\lfloor n/3\rfloor$ Fulladdern und, falls $n \equiv 2 \bmod 3$, einem Halfadder $\lceil n/3\rceil$ Zahlen der Länge 2, deren Summe $|BSUM_n(x)|$ ist, berechnet werden. Hierfür genügen $5\lfloor n/3\rfloor + 2$ Bausteine und Tiefe 3. Danach werden wie im Wallace-Tree CSA-Bausteine benutzt. Es genügen (s.Kap. 3.8)

$N = \lceil \log_{3/2} \lceil n/3 \rceil \rceil$ Stufen mit Tiefe 3, um aus $n_1 = \lceil n/3 \rceil$ Summanden 2 Summanden mit gleicher Summe zu machen. Wir können die Länge der n_j Summanden auf Stufe j durch $j+1$ abschätzen. Außerdem ist (s.Kap. 3.8)

$$n_j \leq (\frac{2}{3})^{j-1} \lceil n/3 \rceil + 2.$$

Die Zahl der CSA-Bausteine auf Stufe j beträgt $\lfloor n_j/3 \rfloor$. Die Tiefe des Wallace-Trees ist $3N = 3\log_{3/2} n + O(1)$, und die Zahl der Bausteine $C(n)$ kann, da ein CSA-Baustein für Zahlen der Länge $j+1$ Kosten $5(j+1)$ verursacht, abgeschätzt werden durch

$$C(n) \leq 5 \sum_{1 \leq j \leq N} \lfloor \frac{1}{3} n_j \rfloor (j+1)$$

$$\leq \frac{5}{3} \sum_{1 \leq j \leq N} j((\frac{2}{3})^{j-1} \frac{n}{3} + 3) + 5 \sum_{1 \leq j \leq N} \lfloor \frac{1}{3} n_j \rfloor .$$

Die Summe aller $(\frac{2}{3})^j j$ beträgt 6. Außerdem ist die Summe aller $\lfloor n_j/3 \rfloor$ genau die Zahl der CSA-Bausteine und damit gleich $\lceil n/3 \rceil - 2 \leq n/3$. Also folgt

$$C(n) \leq \frac{5}{3} * \frac{3}{2} * \frac{1}{3} * 6n + O(N^2) + \frac{5}{3} n = \frac{20}{3} n + O(\log^2 n).$$

Der Ladner-Fischer Addierer am Ende des Wallace-Trees muß Zahlen der Länge $\lceil \log(n+1) \rceil$ addieren. Die Größe ist also $O(\log n)$ und die Tiefe $O(\log\log n)$. Der Satz folgt nun, indem wir Größe und Tiefe der Fulladder der ersten Stufe, der CSA-Bausteine und des Ladner-Fischer Addierers addieren. $\square$

Im Beweis von Satz 4.2.2 haben wir die Größe des Schaltkreises noch überschätzt. In den CSA-Bausteinen haben die beiden berechneten Summanden je eine Null. Die Länge der Summanden wächst also langsamer als in unseren Abschätzungen. Die Leserin und der Leser sind aufgefordert, für explizite Werte von n die Schaltkreisgröße und -tiefe zu verbessern. Zum Vergleich werden in Tab. 4.1.1 einige (ohne große Anstrengungen) erreichbare Werte angegeben.

n	4	8	16	32	64
Tiefe	4	8	14	21	27
Größe	11	26	73	149	310

Tab. 4.1.1

Sei nun $m = \lceil \log(n+1) \rceil$ und $s = (s_{m-1}, \ldots, s_0) = BSUM_n(x)$. Jede Anzahlfunktion A_k^n ist nun ein Minterm in den s-Werten, da $A_k^n(x) = 1$ genau dann ist, wenn $|s| = k$ ist. Die Berechnung von $f \in S_n$ gemäß Bemerkung 4.1.2 als Disjunktion bestimmter Anzahlfunktionen ist somit eine disjunktive Normalform bezogen auf die

Eingabe s. Falls $\log(n+1)$ nicht ganzzahlig ist, sind allerdings gewisse s-Vektoren gar nicht möglich. Zur Berechnung von f kann die Lupanovsche (k,s)-Darstellung (s.Kap. 2.12) benutzt werden. Da m aber selbst für große n klein ist, geben wir uns mit einer effizienten Berechnung vieler Minterme zufrieden.

4.2.3 Lemma   *Alle Minterme auf* $y_1,\ldots,y_m$ *können mit* $2*2^m$ *Bausteinen in Tiefe* $\lceil \log m \rceil$ *realisiert werden.*

B e w e i s   Es werden alle Minterme auf $y_1,\ldots,y_{\lceil m/2 \rceil}$ und alle Minterme auf $y_{\lceil m/2 \rceil + 1},\ldots,y_m$ parallel berechnet. Danach lassen sich alle Minterme auf $y_1,\ldots,y_m$ parallel mit je einem $\wedge$-Baustein berechnen. Die Aussage über die Tiefe folgt unmittelbar. Die Aussage über die Zahl der Bausteine folgt für $m \leq 5$ durch Betrachtung der einzelnen Fälle und für $m \geq 6$ induktiv, da

$$2^m + 2*2^{\lceil m/2 \rceil} + 2*2^{\lfloor m/2 \rfloor} \leq 2^m + 2*2^{(m+1)/2} + 2*2^{(m-1)/2}$$

$$= 2^m(1 + 2^{-m/2}(2*2^{1/2} + 2*2^{-1/2})) \leq 2*2^m.$$

$\square$

4.2.4 Korollar   *Jede Menge von* l *Mintermen auf* $y_1,\ldots,y_m$ *läßt sich mit* $l + 6*2^{m/2}$ *Bausteinen in Tiefe* $\lceil \log m \rceil$ *berechnen.*

B e w e i s   Es werden nach Lemma 4.2.3 alle Minterme auf $y_1,\ldots,y_{\lceil m/2 \rceil}$ und alle Minterme auf $y_{\lceil m/2 \rceil + 1},\ldots,y_m$ mit $2*(2^{\lceil m/2 \rceil} + 2^{\lfloor m/2 \rfloor}) \leq 6*2^{m/2}$ Bausteinen berechnet. Danach genügt für jeden Minterm auf $y_1,\ldots,y_m$ ein $\wedge$-Baustein. $\square$

In unserem Fall ist $m = \lceil \log(n+1) \rceil$. Der Wertevektor von f oder der Wertevektor von $\neg f$ hat höchstens $(n+1)/2$ Einsen. Also kann f oder $\neg f$ als Disjunktion von höchstens $(n+1)/2$ Mintermen auf $s_{m-1},\ldots,s_0$ berechnet werden. Da f und $\neg f$ in B_2-Schaltkreisen die gleiche Komplexität haben, läßt sich $f \in S_n$ aus $BSUM_n(x)$ mit $n + O(n^{1/2})$ Bausteinen in Tiefe $\log n + O(\log\log n)$ berechnen. Zusammenfassend haben wir folgenden Satz bewiesen.

4.2.5 Satz   *Jede symmetrische Funktion* $f \in S_n$ *läßt sich mit* $\frac{28}{3}n + O(n^{1/2})$ *Bausteinen in Tiefe* $3\log_{3/2} n + \log n + O(\log\log n)$ *berechnen.* S_n *ist in* NC_1 *enthalten.*

Natürlich lassen sich für spezielle symmetrische Funktionen effizientere Schaltkreise entwerfen.

Wir wenden uns nun Thresholdschaltkreisen mit unbeschränktem Fan-in zu.

4.2.6 Definition   Für $f \in S_n$ mit $v(f) = (v_0, \ldots, v_n)$ ist die *Intervallkomplexität* $I(f)$ die Zahl der nicht verlängerbaren konstanten Teilvektoren von $v(f)$.

4.2.7 Beispiel $v(f) = (0,0,1,0,1,1,1,0,0)$ hat 5 maximale konstante Teilvektoren: $(v_0, v_1), (v_2), (v_3), (v_4, v_5, v_6)$ und (v_7, v_8). Also ist $I(f) = 5$.

4.2.8 Satz   *Jede symmetrische Funktion $f \in S_n$ läßt sich in Thresholdschaltkreisen mit $I(f)$ Bausteinen, $(n+1)(I(f)-1)$ Drähten und Tiefe 2 berechnen. S_n ist in $TC_{0,2}$ enthalten.*

B e w e i s Die zweite Behauptung folgt aus der ersten, da $I(f) \leq n + 1$ ist. Da in Thresholdschaltkreisen f und $\neg f$ die gleiche Komplexität haben, nehmen wir o.B.d.A. an, daß $v_0 = 0$ ist. Für jeden maximalen 1-Teilvektor, also $v_{i-1} = 0, v_i = \ldots = v_j = 1, v_{j+1} = 0$ oder $j = n$, berechnen wir in Tiefe 1 $T^n_{\geq i}(x)$ und $T^n_{\leq j}(x)$. Dieses Bausteinpaar liefert mindestens eine 1 und genau dann zwei Einsen, wenn $i \leq \|x\| \leq j$ ist. Da es $r = \lfloor I(f)/2 \rfloor$ maximale 1-Teilvektoren gibt, werden in Tiefe 1 mit $2r$ Bausteinen $g_1, \ldots, g_{2r}$ berechnet. Jedes der r Bausteinpaare liefert mindestens eine 1, zusammen gibt es also mindestens r Einsen. Eine weitere 1 wird nur geliefert, wenn $f(x) = 1$ ist. Also ist

$$f = T^{2r}_{r+1}(g_1, \ldots, g_{2r})$$

und kann mit einem weiteren Baustein in Tiefe 2 berechnet werden. Die Zahl der Bausteine ist $2r + 1$. Falls $I(f)$ ungerade, ist $2r + 1 = I(f)$. Die Zahl der Drähte zu den Bausteinen in Tiefe 1 ist $n(I(f) - 1)$, und weitere $I(f) - 1$ Drähte führen zum Outputbaustein. Falls $I(f)$ gerade, ist $v_n = 1$, und der zweite Baustein des letzten Bausteinpaares ist $T_{\leq n}(x)$ und damit konstant 1. Diesen Baustein können wir streichen und damit auch einen Draht zum Outputbaustein. Da dieser Draht konstant 1 ist, ist

$$f = T^{2r-1}_{r}(g_1, \ldots, g_{2r-1})$$

und auch in diesem Fall der Satz bewiesen. $\qquad\qquad\qquad\qquad\qquad\square$

Falls $I(f) = 1$, ist f konstant und benötigt keinen Baustein. Falls $I(f) = 2$, ist f eine Thresholdfunktion, und es genügt ein Baustein. Falls $I(f) \geq 3$, ist der Schaltkreis aus dem Beweis von Satz 4.2.8 unter den synchronen Thresholdschaltkreisen bezogen auf Größe und Tiefe optimal (Wegener (1988)).

4.3 Die Paritätsfunktion

Die Paritätsfunktionen $C_{1,2}^n(x) = x_1 \oplus \ldots \oplus x_n$ und $C_{0,2}^n = C_{1,2}^n \oplus 1$ können natürlich in B_2-Schaltkreisen mit $n-1$ Bausteinen in Tiefe $\lceil \log n \rceil$ berechnet werden. Diese Schaltkreise sind optimale Fan-in 2 Schaltkreise, da gerichtete, azyklische, zusammenhängende Graphen mit n Quellen (die Paritätsfunktionen hängen von allen n Variablen ab), einer Senke (dem Outputbaustein) und Fan-in 2 mindestens $n-1$ Knoten und Tiefe $\lceil \log n \rceil$ haben. Da die Bausteine $\oplus$ und $\equiv$ besonders schwierig zu realisieren sind, wollen wir die exakte Komplexität der Paritätsfunktionen über verschiedenen Basen untersuchen. Getreu dem Thema dieses Buches werden untere Schranken für die Komplexität nur erwähnt, dagegen die oberen Schranken durch den Entwurf effizienter Schaltkreise bewiesen.

Wir betrachten zunächst Basen $E \subseteq B_1 \cup B_2$, dann ist die Zahl der Drähte höchstens doppelt so groß wie die Zahl der Bausteine und muß nicht extra untersucht werden. Für derartige Basen E führen „gate-by-gate"-Simulationen zu optimalen Schaltkreisen, d.h. es werden einfach die binären $\oplus$-Bausteine in der Definition der Paritätsfunktion durch optimale E-Schaltkreise für $\oplus$ ersetzt.

Sei $U_2 \subseteq B_2$ die Menge der acht „$\wedge$-artigen" Funktionen $(x^a \wedge y^b)^c$ mit $a, b, c \in \{0, 1\}$. Da
$$x \oplus y = (x \wedge \bar{y}) \vee (\bar{x} \wedge y) \text{ und}$$
$$x \equiv y = x \oplus y \oplus 1 = (x \wedge y) \vee (\bar{x} \wedge \bar{y}),$$
lassen sich die Paritätsfunktionen über U_2 mit $3(n-1)$ Bausteinen in Tiefe $2\lceil \log n \rceil$ realisieren. Die Optimalität der Schaltkreisgröße wurde von Schnorr (1974) und die Optimalität der Tiefe von Krapchenko (1972) bewiesen. Da
$$x \oplus y = (x \vee y) \wedge [\neg(x \wedge y)] = [\neg(\bar{x} \wedge \bar{y})] \wedge [\neg(x \wedge y)] \text{ und}$$
$$x \oplus y \oplus 1 = (x \wedge y) \vee [\neg(x \vee y)] = [\neg(x \wedge \bar{y})] \wedge [\neg(\bar{x} \wedge y)],$$
erhalten wir für die Basis $\{\vee, \wedge, \neg\}$ Schaltkreise mit $4(n-1)$ Bausteinen und für die Basis $\{\wedge, \neg\}$ (analog $\{\vee, \neg\}$) Schaltkreise mit $7(n-1)$ Bausteinen. Redkin (1973) hat die Optimalität dieser Schaltkreise bewiesen.

Allerdings sind auch $\wedge$- und $\vee$-Bausteine nur schwer zu realisieren. Sowohl in *MOS*- als auch in *GaAs*-Technologie lassen sich genau die negativen Funktionen einfach realisieren (s. z.B. Muroga (1982)). Dabei ist f negativ (oder monoton fallend), wenn $\neg f$ monoton (s. Def. 2.9.1) ist. In B_2 sind nur $NOR(x, y) = \neg(x \vee y)$, $NAND(x, y) = \neg(x \wedge y)$ und die Negation $\bar{x} = NOR(x, x)$ negativ. Daher spielen in der Praxis NOR- und $NAND$-Schaltkreise eine wichtige Rolle. Wir behandeln NOR-Schaltkreise, $NAND$-Schaltkreise führen zu analogen Resultaten. Der in Abb. 4.3.1 dargestellte Schaltkreis mit 4 NOR-Bausteinen realisiert, wie man leicht nachrechnet, $x \oplus y \oplus 1$.

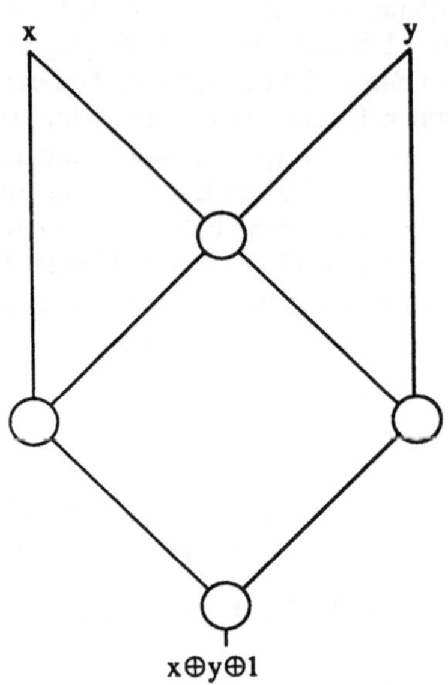

Abb. 4.3.1

Mit $4(n-1)$ NOR-Bausteinen kann also $x_1 \oplus \ldots \oplus x_n \oplus e$ für $e \equiv (n-1)$ mod 2 berechnet werden. Um die andere Paritätsfunktion zu berechnen, genügt ein weiterer Negationsbaustein. Die Notwendigkeit von $4(n-1)$ NOR-Bausteinen wurde implizit von Lai und Muroga (1987) bewiesen.

Wir fassen unsere Ergebnisse über Fan-in 2 Schaltkreise in einem Satz zusammen.

4.3.1 Satz   *Schaltkreise für die Paritätsfunktionen über $E \subseteq B_1 \cup B_2$ haben mindestens logarithmische Tiefe. Die optimalen Schaltkreisgrößen für die folgenden Basen lassen sich bei logarithmischer Tiefe erreichen. $B_2 : n-1$,*
$U_2 : 3(n-1)$, $\{\wedge, \vee, \neg\} : 4(n-1)$, $\{\wedge, \neg\}$ bzw. $\{\vee, \neg\} : 7(n-1)$, NOR bzw.
$NAND : 4(n-1)$ oder $4(n-1)+1$.

Wir kommen nun zu Schaltkreisen mit größerem Fan-in. Einerseits ist es theoretisch interessant zu sehen, ob mit unbeschränktem Fan-in sublineare Größe oder sublogarithmische Tiefe bei polynomieller Größe erreichbar ist, andererseits sind auch in der praktischen Anwendung Bausteine mit größerem aber nicht zu großem

Fan-in realisierbar. Bei größerem Fan-in spielt auch die Zahl der Drähte eine Rolle. Da von jeder Variablen ein Draht ausgehen muß, ist n für beliebige Basen eine untere Schranke für die Zahl der Drähte.

Z-Schaltkreise sind hier nicht interessant, da die Z-Basis die Paritätsfunktion selber enthält. Wir betrachten neben der Basis NOR_∞ der NOR-Bausteine mit beliebigem Fan-in und der Basis aller Thresholdfunktionen zunächst die Basis U_∞, die Bausteine für $(x_1^{a(1)} \wedge \ldots \wedge x_m^{a(m)})^b$ für $a(1), \ldots, a(m), b \in \{0,1\}$ und $m \in \mathbb{N}$ enthält, sie ist eine direkte Verallgemeinerung der Basis U_2.

Die DNF von $x \oplus y \oplus z$ ist

$$x\bar{y}\bar{z} \vee \bar{x}y\bar{z} \vee \bar{x}\bar{y}z \vee xyz$$

und läßt sich mit 5 Bausteinen und 16 Drähten über U_∞ realisieren. Analoges gilt für $x \oplus y \oplus z \oplus 1$, deren DNF die anderen 4 Minterme über x, y, z enthält. Für ungerades n genügen $(n-1)/2$ dieser Schaltkreise zur Berechnung der Paritätsfunktionen. Für gerades n wird die Paritätsfunktion auf $n-1$ Variablen wie beschrieben berechnet und x_n mit einem U_2-Schaltkreis mit 3 Bausteinen hinzuaddiert (s.Satz 4.3.1). Also genügen in jedem Fall $\lceil \frac{5}{2}(n-1) \rceil$ Bausteine und $8(n-1)$ Drähte für ungerades n bzw. $8(n-1)-2$ Drähte für gerades n. Andererseits genügen in U_2-Schaltkreisen $6(n-1)$ Drähte bei allerdings $3(n-1)$ Bausteinen. Wegener (1988) hat gezeigt, daß selbst in U_∞- Schaltkreisen $6(n-1)$ Drähte notwendig sind und $6(n-1)$ Drähte nur ausreichen, wenn mindestens $3(n-1)$ Bausteine benutzt werden. Außerdem werden stets mindestens $2n-1$ Bausteine benötigt. Es ist in U_∞-Schaltkreisen also nicht möglich, die Zahl der Bausteine und Drähte gleichzeitig zu minimieren.

Die Tiefe der bisher betrachteten Schaltkreise ist logarithmisch. Inwieweit kann die Tiefe bei polynomieller Größe reduziert werden? Mit der in Kap. 1.6 erwähnten Simulation erhalten wir aus dem B_2-Schaltkreis mit $n-1$ Bausteinen und Tiefe $\lceil \log n \rceil$ einen U_∞-Schaltkreis mit Größe $O(n^2)$ und Tiefe $\lceil \log n / \log \log n \rceil$. Hastad (1986) hat gezeigt, daß bei polynomieller Größe Tiefe $\Omega(\log n / \log \log n)$ notwendig ist. Wir fassen das Wissen über U_∞-Schaltkreise für die Paritätsfunktionen im folgenden Satz zusammen.

4.3.2 Satz *Die Paritätsfunktionen benötigen in U_∞-Schaltkreisen mindestens $2n-1$ Bausteine und $6(n-1)$ Drähte. Die minimale Drahtzahl $6(n-1)$ läßt sich nur mit mindestens $3(n-1)$ Bausteinen realisieren. Bei $8(n-1)$ Drähten genügen $\lceil \frac{5}{2}(n-1) \rceil$ Bausteine. Es gibt U_∞-Schaltkreise quadratischer Größe mit Tiefe $\lceil \log n / \log \log n \rceil$. Bei polynomieller Größe ist Tiefe $\Omega(\log n / \log \log n)$ notwendig. Insbesondere ist $PAR \notin AC_0$.*

Die folgenden Resultate für die Basis NOR_∞ wurden von Lai und Muroga (1987) bewiesen.

4.3.3 Satz   *Optimale NOR_∞-Schaltkreise für die Paritätsfunktion $C_{0,2}^n$ enthalten $3n-2$ Bausteine und $8(n-1)$ Drähte und lassen sich in logarithmischer Tiefe realisieren. Für $C_{1,2}^2$ sind 5 Bausteine notwendig, für $n \geq 3$ sind für $C_{1,2}^n$ ebenfalls $3n-2$ Bausteine optimal.*

B e w e i s Abb. 4.3.1 zeigt einen NOR-Schaltkreis mit 4 Bausteinen für $C_{0,2}^2$. Mit Hilfe eines NOR-Bausteins mit Fan-in 1, also einem Negationsbaustein, wird daraus ein NOR-Schaltkreis mit 5 Bausteinen für $C_{1,2}^2$.

Schaltkreise, die als Output eine Disjunktion, also einen OR-Baustein, und sonst nur NOR-Bausteine enthalten, nennen wir NOR_∞^*-Schaltkreise. Diese Schaltkreise lassen sich, wie wir im folgenden sehen werden, besonders gut „*kaskadieren*", d.h. ineinander schieben. Aus einem NOR_∞^*- Schaltkreis für f wird, indem wir den OR-Baustein am Ende durch einen NOR-Baustein ersetzen, ein NOR_∞-Schaltkreis für $\neg f$.

Wir entwerfen zunächst NOR_∞^*-Schaltkreise mit $3n-2$ Bausteinen für $C_{1,2}^n$. Für $n = 1$ ist dies ein OR-Baustein mit Fan-in 1. Für $n = 2$ erhalten wir aus dem NOR_∞-Schaltkreis für $C_{0,2}^2$ aus Abb. 4.3.1 einen NOR_∞^*-Schaltkreis für $C_{1,2}^2$, indem wir den letzten Baustein durch einen OR-Baustein ersetzen. Für $n \geq 3$ sei $i = \lfloor n/2 \rfloor$. Für $C_{1,2}^i(x_1,\ldots,x_i)$ und $C_{1,2}^{n-i}(x_{i+1},\ldots,x_n)$ kennen wir nach Induktionsvoraussetzung NOR_∞^*-Schaltkreise mit $3i-2$ bzw. $3(n-i)-2$ Bausteinen. Deren Ausgänge nehmen wir als Inputs des NOR_∞^*-Schaltkreises mit 4 Bausteinen für $C_{1,2}^2$. Damit berechnen wir

$$C_{1,2}^i(x_1,\ldots,x_i) \oplus C_{1,2}^{n-i}(x_{i+1},\ldots,x_n) = C_{1,2}^n(x_1,\ldots,x_n)$$

mit $3i-2+3(n-i)-2+4 = 3n$ Bausteinen. Der Schaltkreis enthält 3 OR-Bausteine, einen als letzten Baustein und zwei als innere Bausteine, die nur NOR-Bausteine als Nachfolger haben. Diese Bausteine können wir eliminieren, wie Abb.4.3.2 zeigt.

Wir erhalten also einen NOR_∞^*-Schaltkreis für $C_{1,2}^n$ mit $3n-2$ Bausteinen, wobei der letzte Baustein Fan-in 2 hat. Die Tiefe des Schaltkreises wächst natürlich logarithmisch. Wir wollen nun die Zahl der Drähte $D(n)$ berechnen. Es ist $D(1) = 1$, $D(2) = 8$ und $D(3) = 16$. Für $n \geq 4$ sind $i, n - i \geq 2$. In Abb. 4.3.2 zeigt sich, daß die Zahl der Drähte bei der Elimination eines OR-Bausteins mit Fan-in h und Fan-out k um $kh - k - h$ wächst. In unserem Fall haben die OR-Bausteine als letzte Bausteine der NOR_∞^*-Schaltkreise für $C_{1,2}^i$ bzw. $C_{1,2}^{n-i}$ Fan-in 2 und als Inputs des Schaltkreises aus Abb. 4.3.1 Fan-out 2. Die Zahl der Drähte bleibt also unverändert. Also gilt für $n \geq 4$
$$D(n) = D(i) + D(n - i) + 8.$$
Daraus folgt $D(n) = 8(n - 1)$ für $n \geq 2$. Also haben wir die Behauptungen für $C_{0,2}^n$ bewiesen.

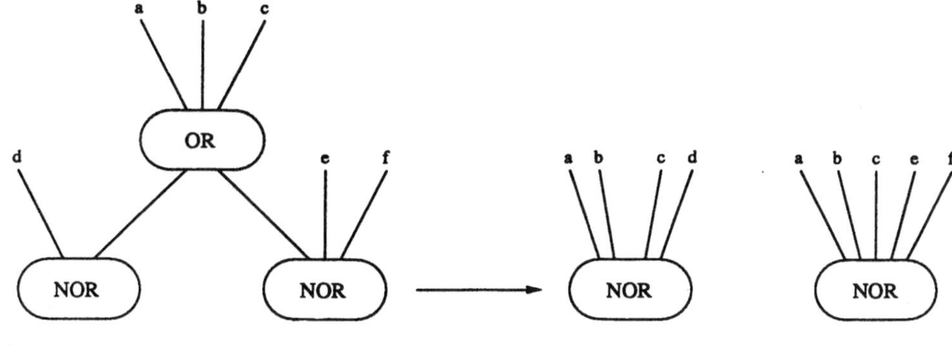

Abb. 4.3.2

Zum Beweis der Behauptungen für $C_{1,2}^n$ genügt es, einen NOR_∞^*- Schaltkreis für $C_{0,2}^3$ mit 7 Bausteinen anzugeben. Mit der oben vorgestellten Methode erhalten wir aus diesem Schaltkreis und einem NOR_∞^*- Schaltkreis für $C_{1,2}^{n-3}$ mit $3(n-3)-2$ Bausteinen einen NOR_∞^* -Schaltkreis für $C_{0,2}^n$ mit $3n-2$ Bausteinen und somit einen NOR_∞ -Schaltkreis für $C_{1,2}^n$ mit $3n-2$ Bausteinen. Wir geben den Schaltkreis durch die Aufzählung seiner Bausteine an.

$$G_1 : y_1 = NOR(x_1, x_2) = \bar{x}_1\bar{x}_2.$$

$$G_2 : y_2 = NOR(x_1, x_3, y_1) = \neg(x_1 \vee x_3 \vee \bar{x}_1\bar{x}_2) = \bar{x}_1 x_2 \bar{x}_3.$$

$$G_3 : y_3 = NOR(x_2, x_3, y_1) = x_1 \bar{x}_2 \bar{x}_3.$$

$$G_4 : y_4 = NOR(x_1, y_1, y_2) = \neg(x_1 \vee \bar{x}_1\bar{x}_2 \vee \bar{x}_1 x_2 \bar{x}_3)$$
$$= \bar{x}_1 \wedge (x_1 \vee x_2) \wedge (x_1 \vee \bar{x}_2 \vee x_3) = \bar{x}_1 x_2 x_3.$$

$$G_5 : y_5 = NOR(x_2, y_1, y_3) = x_1 \bar{x}_2 x_3.$$

$$G_6 : y_6 = NOR(x_3, y_2, y_3) = \neg(x_3 \vee \bar{x}_1 x_2 \bar{x}_3 \vee x_1 \bar{x}_2 \bar{x}_3)$$
$$= \bar{x}_3 \wedge (x_1 \vee \bar{x}_2 \vee x_3) \wedge (\bar{x}_1 \vee x_2 \vee x_3) = x_1 x_2 \bar{x}_3 \vee \bar{x}_1 \bar{x}_2 \bar{x}_3.$$

$$G_7 : y_7 = OR(y_4, y_5, y_6) = C_{0,2}^3(x_1, x_2, x_3).$$

$\square$

Für Thresholdschaltkreise haben wir bereits in Satz 4.2.8 gezeigt, daß Tiefe $2, n+1$ Bausteine und $O(n^2)$ Drähte ausreichen. Wir zeigen nun (Wegener (1988)), daß $\lceil \log(n+1) \rceil$ die minimale Zahl von Bausteinen zur Berechnung der Paritätsfunktionen ist. Diese Zahl der Bausteine läßt sich in Tiefe $\lceil \log(n+1) \rceil$ mit $O(n \log n)$

Drähten durch einen asynchronen Schaltkreis realisieren. Da in synchronen Thresholdschaltkreisen (s.Kap.4.2) $n+1$ Bausteine notwendig sind, haben wir ein Beispiel, in dem die synchrone Schaltkreiskomplexität mit $n+1$ exponentiell größer als die asynchrone Schaltkreiskomplexität $\lceil \log(n+1) \rceil$ ist.

4.3.4 Satz   *Thresholdschaltkreise mit der minimalen Bausteinzahl für die Paritätsfunktion enthalten $\lceil \log(n+1) \rceil$-Bausteine, dabei genügen weniger als $2n\lceil \log(n+1) \rceil$ Drähte.*

B e w e i s Es sei o.B.d.A. $n = 2^k - 1$, da wir ansonsten die Eingabe mit Nullen auffüllen können. Sei $(s_{k-1}, \ldots, s_0) = BSUM_n(x)$. Dann ist $C^n_{1,2}(x) = s_0$ und $C^n_{0,2}(x) = \bar{s}_0$. Es genügt also, einen Thresholdschaltkreis mit k Bausteinen zur Berechnung von $(\bar{s}_{k-1}, \ldots, \bar{s}_0)$ zu entwerfen. Da wir mit k Bausteinen auskommen wollen, muß an jedem Baustein ein Output berechnet werden. Wir numerieren hier die Bausteine $G_{k-1}, \ldots, G_0$ in umgekehrter Reihenfolge und wollen $\bar{s}_i$ an G_i berechnen.

G_i erhält die folgenden Eingaben: je einen Draht von jedem x_j ($1 \leq j \leq n$) und für $m > i$ genau 2^m Drähte von G_m. Der Fan-in von G_i ist also $n + 2^{k-1} + \ldots + 2^{i+1} < 2n$, daher reichen insgesamt weniger als $2n\lceil \log(n+1) \rceil$ Drähte. An G_i soll die negative Thresholdfunktion berechnet werden, die testet, ob höchstens $2^{k-1} + \ldots + 2^i - 1$ der in G_i eingehenden Drähte eine Eins berechnen. In Abb. 4.3.3 ist der Schaltkreis für $n = 15$ dargestellt, wobei jede von x ausgehende Kante 15 Drähte, von jedem x_i einen, darstellt. Eine Zahl an einer Kante beschreibt die Zahl der Drähte. Schließlich werden in den Knoten die Thresholdwerte angegeben.

Wir zeigen nun induktiv, daß $\bar{s}_i$ an G_i berechnet wird. An G_{k-1} wird nach Definition genau dann 1 berechnet, wenn $\|x\| \leq 2^{k-1} - 1$ und damit $s_{k-1} = 0$ ist. Sei nun die Behauptung für $G_{k-1}, \ldots, G_{i+1}$ bewiesen. Wir zählen die Einsen, die in G_i eingehen. Dies sind $\|x\| = 2^{k-1}s_{k-1} + \ldots + 2^0 s_0$ Einsen an den n Drähten von $x_1, \ldots, x_n$, dazu 2^m Einsen von G_m, $m > i$, falls $s_m = 0$ ist, also $2^m \bar{s}_m$ Einsen von G_m. Insgesamt sind dies, da $s_m + \bar{s}_m = 1$,

$$2^{k-1}s_{k-1} + \ldots + 2^0 s_0 + 2^{k-1}\bar{s}_{k-1} + \ldots + 2^{i+1}\bar{s}_{i+1} = 2^{k-1} + \ldots 2^{i+1} + 2^i s_i + \ldots + 2^0 s_0$$

Einsen. Nach Definition berechnet G_i eine Eins, wenn höchstens $2^{k-1} + \ldots + 2^i - 1$ Einsen eingehen. Dies ist äquivalent zu

$$2^i s_i + \ldots + 2^0 s_0 \leq 2^i - 1$$

und damit zu $s_i = 0$. Also ist der Satz bewiesen. $\square$

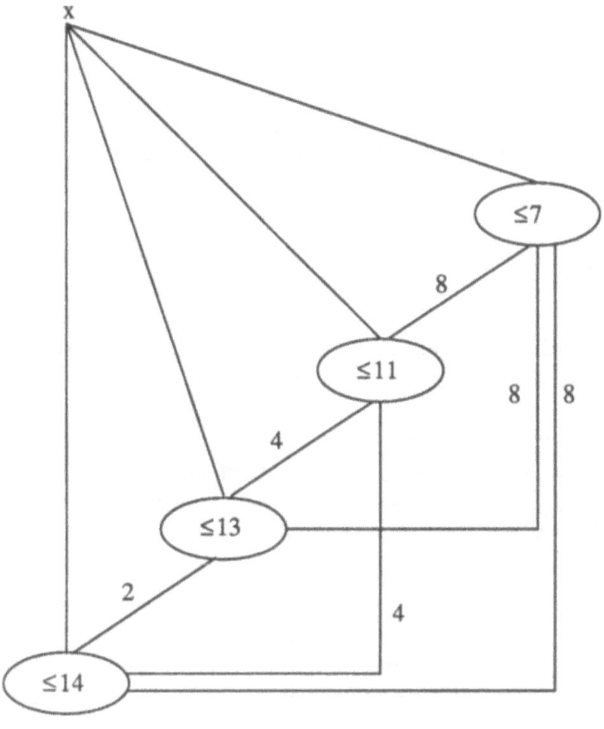

Abb. 4.3.3

Es ist noch nicht bekannt, ob sublineare Größe auch bei nur linear vielen Drähten
möglich ist und bei welcher Tiefe sublineare Größe möglich ist. Die im Beweis
von Satz 4.3.4 entworfenen Schaltkreise enthalten nur negative Bausteine. Allerdings ist der Fan-in der Bausteine zu groß für eine praktische Realisierung. Man
kann dennoch die Ideen zum Entwurf von praktisch realisierbaren Schaltkreisen
verwenden. Für ungerades n genügen $(n - 1)/2$ $\oplus$-Bausteine mit Fan-in 3 zur
Berechnung der Paritätsfunktion. Wenn wir diese Bausteine durch unsere Thresholdschaltkreise mit je 2 Bausteinen ersetzen, erhalten wir Schaltkreise für die
Paritätsfunktionen mit $n-1$ Bausteinen und logarithmischer Tiefe. Die Hälfte der
Bausteine hat Fan-in 3, die andere Hälfte Fan-in 5, wobei 2 Inputs gleich sind.

Diese Bausteine lassen sich in der Praxis leicht realisieren. Die Zahl der Drähte ist $4(n-1)$. Dieser Schaltkreis übertrifft alle anderen realistischen Entwürfe. Wir erinnern daran, daß NOR_∞-Schaltkreise $3n-2$ Bausteine und $8(n-1)$ Drähte brauchen. Wenn sogar Thresholdbausteine mit Fan-in 13 verfügbar sind, genügen (für $n \equiv 1 \bmod 6$) $(n-1)/2$ Bausteine, logarithmische Tiefe und $\frac{31}{6}(n-1)$ Drähte.

4.4 Die symmetrischen Funktionen in AC_0

Wir wissen bereits, daß alle symmetrischen Funktionen in NC_1 (Satz 4.2.5) und sogar in $TC_{0,2} \subseteq TC_0$ (Satz 4.2.8) enthalten sind. Während die Disjunktion von n Variablen natürlich in $AC_{0,1}$ liegt, sind die Paritätsfunktionen zwar in ZC_0 aber nicht in AC_0 enthalten. Es läßt sich für symmetrische Funktionen $f = (f_n)$ mit $f_n \in S_n$ leicht entscheiden, ob $f \in AC_0$ ist.

4.4.1 Satz   *Es sei $f = (f_n)$ eine Folge symmetrischer Funktionen $f_n \in S_n$ mit den Wertevektoren $v(f_n) = (v_0^n, \ldots, v_n^n)$. Dann ist $f \in AC_0$ genau dann, wenn $v_{g(n)}^n = \ldots = v_{n-g(n)}^n$ für alle n und eine polylogarithmisch wachsende Funktion g (d.h. $g = \log^{O(1)} n$) ist.*

Damit sind Intervallfunktionen $I_{k(n),l(n)}^n$ genau dann in AC_0, wenn $min\{k(n), n - k(n)\}$ und $min\{l(n), n - l(n)\}$ polylogarithmisch wachsen. Zählfunktionen $C_{k(n),m(n)}^n$ gehören für $2 \leq m(n) \leq n - n^\epsilon$, $\epsilon > 0$, nicht zu AC_0. Eine Klassifizierung der symmetrischen Funktionen in ZC_0 ist noch nicht bekannt.

Die Notwendigkeit der Bedingung aus Satz 4.4.1 folgt mit Hilfe einer Verallgemeinerung des Beweises von Hastad (1986), daß $PAR \notin AC_0$ ist, und dem Einsatz von Reduktionsmethoden (Brustmann und Wegener (1987)). Diese unteren Schranken werden wir nicht beweisen. Wir zeigen jedoch, warum die Bedingung aus Satz 4.4.1 hinreichend ist.

4.4.2 Satz   *Falls k polylogarithmisch wächst, ist $T(k) = (T_{k(n)}^n) \in AC_0$.*

Wir zeigen zunächst, daß aus Satz 4.4.2 der Teil „$\Leftarrow$" des Satzes 4.4.1 folgt. Da $f = (f_n) \in AC_0$ genau dann ist, wenn $\neg f = (\neg f_n) \in AC_0$ ist, können wir o.B.d.A. annehmen, daß $v_{g(n)}^n = \ldots = v_{n-g(n)}^n = 0$ ist. f_n ist dann eine Disjunktion von Anzahlfunktionen $A_{k(n)}^n$ mit $min\{k(n), n - k(n)\} = \log^{O(1)} n$. Es genügt also zu zeigen, daß diese Anzahlfunktionen in AC_0 sind. Da $A_{k(n)}^n = T_{k(n)}^n \wedge (\neg T_{k(n)+1}^n)$, genügt es zu zeigen, daß die zugehörigen Thresholdfunktionen in AC_0 sind. Die zu T_k^n duale Funktion ist T_{n+1-k}^n, da wir (s.Beweis von Satz 2.4.16) die duale Funktion g_d von g erhalten, indem wir in einem Polynom für g $\wedge$- und $\vee$-Bausteine vertauschen. Daraus folgt auch, daß $f \in AC_0$ genau dann ist, wenn $f_d \in AC_0$ ist. Es genügt also zu zeigen, daß die Thresholdfunktionen $T_{k(n)}^n$ mit $k(n) = \log^{O(1)} n$ in AC_0 liegen. Das ist genau die Aussage von Satz 4.4.2.

Satz 4.4.2 wurde mit verschiedenen Methoden bewiesen. Wir präsentieren den Beweis von Ajtai und Ben-Or (1984), um den Nutzen probabilistischer Schaltkreise kennenzulernen.

4.4.3 Definition   Ein *probabilistischer Schaltkreis* S ist ein Schaltkreis, dessen Arbeitsweise neu interpretiert wird. Die Inputs werden in zwei Blöcke $x_1, \ldots, x_n$ und $y_1, \ldots, y_m$ geteilt. Die Werte von $x_1, \ldots, x_n$ werden vom Benutzer eingegeben, während die Werte von $y_1, \ldots, y_m$ „ausgewürfelt" werden, alle 2^m Wertekombinationen haben die gleiche Wahrscheinlichkeit 2^{-m}. Der Output des Schaltkreises S bei Eingabe $a = (a_1, \ldots, a_n)$ ist eine Zufallsvariable $S(a)$, die von der zufälligen Belegung der y-Werte abhängt. S ist für $0 \le q < p \le 1$ eine *(p, q)-Berechnung* von $f \in B_n$, wenn folgende Bedingungen erfüllt sind:
$\forall a \in f^{-1}(1) : Prob(S(a) = 1) \ge p$ und $\forall a \in f^{-1}(0) : Prob(S(a) = 1) \le q$.
$(\frac{1}{2} + \epsilon, \frac{1}{2})$-Berechnungen von f heißen auch *ϵ-Berechnungen*.

Probabilistische Schaltkreise, die (p, q)-Berechnungen von f sind, liefern also für Eingaben aus $f^{-1}(1)$ mit größerer Wahrscheinlichkeit Einsen als für Eingaben aus $f^{-1}(0)$, die Berechnungen liegen also trendmäßig richtig. Dennoch stellt sich die Frage nach dem Nutzen derartiger Schaltkreise. Sie dienen uns als Hilfsmittel. Wir entwerfen probabilistische Schaltkreise für Thresholdfunktionen und zeigen, wie sich daraus unter bestimmten Umständen normale Schaltkreise für die gleiche Funktion mit nur polynomiell mehr Bausteinen und nur einer um eine Konstante größeren Tiefe gewinnen lassen. Allerdings werden die Schaltkreise auch dann nichtuniform sein, wenn die probabilistischen Schaltkreise uniform sind. Wir zeigen zunächst, wie sich (p, q)-Berechnungen verbessern lassen. Im folgenden betrachten wir nur U-Schaltkreise.

4.4.4 Lemma   *Sei S eine (p, q)-Berechnung für $f \in B_n$.*
i) S ist für $p \ge p' > q' \ge q$ auch eine (p', q')-Berechnung für f.
ii) Es gibt eine $(1-q, 1-p)$-Berechnung S' für $\neg f$ mit $C(S') = C(S)$ und $D(S') = D(S)$.
iii) Es gibt eine (p^l, q^l)-Berechnung S_l für f mit $C(S_l) = lC(S) + 1$ und $D(S_l) = D(S) + 1$.
iv) Falls $q < 2^{-n}$ und $1 - p < 2^{-n}$, gibt es einen (deterministischen) Schaltkreis S_d für f mit $C(S_d) \le C(S)$ und $D(S_d) \le D(S)$.

B e w e i s i) Diese Aussage folgt unmittelbar aus der Definition von (p, q)-Berechnungen.

ii) S' ensteht durch Negation des Outputs von S. Nach Anwendung der de Morgan-Regeln wandert die Negation zu den Inputs, die in U-Schaltkreisen auch negiert gegeben sind.

iii) Wir benutzen l Kopien von S, die mit verschiedenen, unabhängigen Zufallseingaben arbeiten, und verbinden die Outputs dieser l Schaltkreise durch einen $\wedge$-Baustein mit Fan-in l. Die Aussagen über Größe und Tiefe folgen sofort. S_l berechnet genau dann Eins, wenn alle l Kopien von S Einsen berechnen, die Wahrscheinlichkeit dafür ist $(Prob(S(a) = 1))^l$ für Eingabe a.

iv) Wir zeigen die Existenz einer Belegung der Zufallseingaben mit Nullen und Einsen, die zu einem Schaltkreis für f führt. Es ist allerdings kein effizientes Verfahren bekannt, um eine derartige Belegung zu konstruieren. Für die Eingabe a sei $I(a)$ die Zufallsvariable *Irrtum*, die den Wert 1 annimmt, wenn $S(a) \neq f(a)$ ist, und sonst 0 ist. Der Erwartungswert $E(I(a))$ ist also gleich der Fehlerwahrscheinlichkeit des Schaltkreises bei Eingabe a und nach Voraussetzung kleiner als 2^{-n}. Es sei I die Summe aller $I(a)$, $a \in \{0,1\}^n$. Dann ist I die Zahl der Fehler, die der Schaltkreis auf allen Eingaben macht. Da der Erwartungswert linear ist, folgt

$$E(I) = \sum_{a \in \{0,1\}^n} E(I(a)) < \sum_{a \in \{0,1\}^n} 2^{-n} = 2^n 2^{-n} = 1.$$

I ist also eine Zufallsvariable, die nur ganzzahlige Werte $r \geq 0$ annimmt und deren Durchschnittswert (Erwartungswert) kleiner als 1 ist. Daher muß es (mindestens) eine Belegung der Zufallseingaben geben, für die I den Wert 0 annimmt. Für diese Belegung der Zufallseingaben arbeitet der Schaltkreis korrekt. $\square$

Wir entwerfen nun probabilistische Schaltkreise für Thresholdfunktionen T_k^n. Wir fügen zu der Eingabe zunächst, falls $2^{h-1} < k \leq 2^h$ ist, $2^h - k$ Einsen, und dann, falls $2^{i-1} < n + 2^h - k \leq 2^i$ ist, $2^i - (n + 2^h - k)$ Nullen hinzu. Für $n' = 2^i$ und $k' = 2^h$ ist T_k^n eine Subfunktion von $T_{k'}^{n'}$. Da $n' \leq 4n$ und $k' \leq 2k$, haben wir sowohl die Anzahl der Variablen als auch den „Thresholdwert" k nicht wesentlich erhöht. Also können wir o.B.d.A. annehmen, daß n und k Zweierpotenzen sind.

4.4.5 Satz   *Es sei $p_k(s) = 1 - (1 - \frac{s}{n})^{n/k}$. Für Zweierpotenzen n und k gibt es probabilistische Schaltkreise S der Tiefe 2 mit $n^2/k + 1$ Bausteinen, die $(p_k(k), p_k(k-1))$-Berechnungen von T_k^n sind. Falls $k \leq n^{1/4}$, ist S eine $(1 - e^{-1}, 1 - e^{-1}k^{-1})$-Berechnung von T_k^n.*

B e w e i s Jede Eingabe $a \in (T_k^n)^{-1}(1)$ enthält mehr Einsen als jede Eingabe $b \in (T_k^n)^{-1}(0)$. Ein probabilistischer Schaltkreis, der für jedes $i \in \{1, \dots, n\}$ mit Wahrscheinlichkeit $1/n$ die Ausgabe x_i liefert, berechnet also für die Eingabe a

mit größerer Wahrscheinlichkeit 1 als für die Eingabe b. Für den Entwurf eines solchen Schaltkreises benutzen wir $l = \log n$ zufällige Eingabevariablen $y_1, \ldots, y_l$ und berechnen an n $\wedge$-Bausteinen $z_1, \ldots, z_n$, wobei z_i die Konjunktion aus x_i und dem i-ten Minterm (in beliebiger Numerierung) in den y-Variablen ist. Dann ist $z_1 \vee \ldots \vee z_n$ für eine zufällige Belegung der y-Variablen eine zufällige Variable x_i, ausgewählt gemäß der Gleichverteilung.

Wir benutzen nun n/k Blöcke von je l zufälligen Eingaben und berechnen z_i^j als Konjunktion von x_i und dem i-ten Minterm der zufälligen Eingaben aus dem j-ten Block. Die Disjunktion aller z_i^j $(1 \leq i \leq n, 1 \leq j \leq n/k)$ ist somit eine Disjunktion von n/k zufällig gewählten x-Eingaben. Die Aussagen über Größe und Tiefe des Schaltkreises folgen sofort. Sei nun a eine Eingabe mit s Einsen. $1 - \frac{s}{n}$ ist die Wahrscheinlichkeit, daß ein zufällig gewähltes x_i den Wert 0 hat. $(1 - \frac{s}{n})^{n/k}$ ist die Wahrscheinlichkeit, daß alle n/k zufällig gewählten x-Eingaben den Wert 0 haben. Also ist $p_k(s)$ die Wahrscheinlichkeit, daß $S(a) = 1$ ist. Da $s \to p_k(s)$ monoton wachsend ist, ist S eine $(p_k(k), p_k(k-1))$-Berechnung von T_k^n.

Zur Abschätzung von $p_k(k)$ und $p_k(k-1)$ verwenden wir die bekannten Ungleichungen

$$(1 - \frac{x}{n})^n \leq e^{-x} \leq (1 - \frac{x}{n})^{n-1}$$

und

$$e^{1/k} \geq 1 + \frac{1}{k} + \frac{1}{2k^2}.$$

Es ist für $k \leq n^{1/4}$
$$p_k(k) = 1 - (1 - \tfrac{k}{n})^{n/k} \geq 1 - e^{-1} \text{ und}$$

$$p_k(k-1) = 1 - (1 - \frac{k-1}{n})^{n/k} = 1 - (1 - \frac{(k-1)/k}{n/k})^{n/k-1}(1 - \frac{k-1}{n})$$

$$\leq 1 - e^{-(k-1)/k}(1 - \frac{k-1}{n}) \leq 1 - e^{-1}(1 + \frac{1}{k} + \frac{1}{2k^2})(1 - \frac{k-1}{n})$$

$$\leq 1 - e^{-1} - e^{-1}k^{-1}.$$

$\square$

In den späteren Anwendungen sollten die Wahrscheinlichkeiten in der Nähe von $1/2$ anstelle von $1 - e^{-1}$ liegen. Für $\alpha = \ln 2$ ist $1 - e^{-\alpha} = 1/2$. Wenn wir im Beweis von Satz 4.4.5 anstelle von n/k nur $\lceil \alpha n/(k-1) \rceil$ zufällige x-Eingaben durch Disjunktion verbinden, erhalten wir für $\epsilon = (2k)^{-1}$ eine ϵ-Berechnung von T_k^n. Wir werden nun diese probabilistischen Schaltkreise mit Hilfe von Lemma 4.4.4 in einen deterministischen Schaltkreis für T_k^n umbauen. Am Ende wird Lemma 4.4.4.iv angewendet, und alle zufälligen Eingaben werden durch Konstanten ersetzt. Aus jeder Kopie des probabilistischen Schaltkreises aus Satz 4.4.5 wird dann ein einzelner $\vee$-Baustein.

4.4.6 Lemma   *Aus einer* $\frac{1}{2}\log^{-r} n$-*Berechnung* S *von* f *läßt sich, falls* $r > 1$, *eine* $\frac{1}{2}\log^{1-r} n$-*Berechnung* S' *von* f *mit* $C(S') = O(n^2(\log n)C(S))$ *und* $D(S') = D(S) + 2$ *konstruieren.*

B e w e i s Die Konstruktion zerfällt in vier Schritte, wobei wir Lemma 4.4.4.i stets implizit anwenden.

1.) Mit Lemma 4.4.4.iii für $l = 2\log n$ entsteht aus S eine $(n^{-2}(1+2\log^{1-r} n), n^{-2})$-Berechnung S_1 von f.

2.) Mit Lemma 4.4.4.ii entsteht aus S_1 eine $(1 - n^{-2}, 1 - n^{-2}(1 + 2\log^{1-r} n))$-Berechnung S_2 von $\neg f$.

3.) Mit Lemma 4.4.4.iii für $l = \lfloor (n^2 - 1)\ln 2\rfloor$ entsteht aus S_2 eine $(1/2, 1/2 - (1/2)\log^{1-r} n)$-Berechnung S_3 von $\neg f$.

4.) Mit Lemma 4.4.4.ii entsteht aus S_3 der gewünschte Schaltkreis S' für f.

Die Aussagen über Größe und Tiefe von S' folgen sofort aus Lemma 4.4.4. Es bleibt zu zeigen, daß sich die Wahrscheinlichkeiten, mit denen die Schaltkreise korrekt rechnen, in Schritt 1 und 3 wie behauptet entwickeln. Die Aussagen müssen nur für große n bewiesen werden, da für kleinere n S' die DNF für f realisieren kann.

In Schritt 1 ist $p = \frac{1}{2}(1 + \log^{-r} n)$, $q = \frac{1}{2}$ und $l = 2\log n$. Also ist $q^l = n^{-2}$ und

$$p^l = n^{-2}\,(1 + \log^{-r} n)^{2\log n} \geq n^{-2}(1 + 2\log^{1-r} n).$$

In Schritt 3 ist $p = 1 - n^{-2}$, $q = 1 - n^{-2}(1 + 2\log^{1-r} n)$ und $l = \lfloor (n^2 - 1)\ln 2\rfloor$. Wir wenden die folgenden Abschätzungen der e-Funktion an.

(1) $e^x \geq 1 + x$.

(2) $e^{-x} \leq 1 - \frac{9}{10}x$ für $0 \leq x \leq \frac{1}{10}$.

(3) $e^{-x} \leq (1 - \frac{x}{n})^{n-1}$.

Wegen (3) ist

$$p^l \geq (1 - n^{-2})^{(n^2-1)\ln 2} \geq e^{-\ln 2} = \frac{1}{2}.$$

Die Abschätzung von q^l ist etwas komplizierter. Zur besseren Übersicht schreiben wir $exp\{x\}$ statt e^x. Wir schätzen q mit (1) ab. Da $l \geq (n^2 - 3)\ln 2$, ist

$$q^l \leq exp\{-n^{-2}(1 + 2\,\log^{1-r} n)(n^2 - 3)\ln 2\}$$

$$= exp\{-n^{-2}(n^2 - 3)\ln 2\}exp\{-n^{-2}(n^2 - 3)(\ln 2)2\log^{1-r} n\}.$$

Der erste Faktor ist

$$2^{-(n^2-3)/n^2} = \frac{1}{2}8^{n^{-2}} = \frac{1}{2}(1 + O(n^{-2})).$$

Im zweiten Faktor schätzen wir $2n^{-2}(n^2 - 3)(\ln 2)$ durch $\frac{13}{10}$ nach unten ab. Aus (2) folgt, daß der zweite Faktor nach oben abgeschätzt werden kann durch

$$1 - \frac{9}{10}\frac{13}{10}\log^{1-r} n \leq 1 - \frac{11}{10}\log^{1-r} n.$$

Da $r > 1$, ist für große n und eine Konstante c

$$q^l \leq \frac{1}{2}(1 + cn^{-2})(1 - \frac{11}{10}\log^{1-r} n) \leq \frac{1}{2} - \frac{1}{2}\log^{1-r} n.$$

$\square$

4.4.7 Lemma *Aus einer $\frac{1}{2}\log^{-1} n$-Berechnung S von f läßt sich ein Schaltkreis S' für f mit $C(S') = O(n^6(\log^2 n)C(S))$ und $D(S') \leq D(S) + 4$ konstruieren.*

B e w e i s Die Parameter p und q beziehen sich stets auf den Schaltkreis, auf den Lemma 4.4.4 gerade angewendet wird.
1.) Mit Lemma 4.4.4.iii für $l = 2\log n$ entsteht aus S eine $(3n^{-2}, n^{-2})$-Berechnung S_1 von f. Da $q = \frac{1}{2}$, ist $q^l = n^{-2}$. Da $p = \frac{1}{2}(1 + \log^{-1} n)$, ist

$$p^l = n^{-2}(1 + \log^{-1} n)^{2\log n} \geq n^{-2}(1 + 2\log n \log^{-1} n) = 3n^{-2}.$$

2.) Mit Lemma 4.4.4.ii entsteht aus S_1 eine $(1 - n^{-2}, 1 - 3n^{-2})$- Berechnung S_2 von $\neg f$.
3.) Mit Lemma 4.4.4.iii für $l = \lfloor 2(n^2 - 1)\ln n \rfloor$ entsteht aus S_2 eine (n^{-2}, n^{-5})-Berechnung S_3 von $\neg f$. Es ist nämlich

$$p^l \geq (1 - n^{-2})^{2(n^2-1)\ln n} \geq e^{-2\ln n} = n^{-2}$$

und

$$q^l \leq (1 - 3n^{-2})^{2(n^2-1)\ln n - 1}$$

$$= (1 - 3n^{-2})^{(1/3)n^2(6\ln n)}(1 - 3n^{-2})^{-2\ln n - 1}$$

$$\leq e^{-6\ln n}(1 - 3n^{-2})^{-2\ln n - 1} \leq n^{-5}.$$

4.) Mit Lemma 4.4.4.ii entsteht aus S_3 eine $(1 - n^{-5}, 1 - n^{-2})$-Berechnung S_4 von f.
5.) Mit Lemma 4.4.4.iii für $l = n^3$ entsteht aus S_4 eine $(1 - n^{-1}, e^{-n})$-Berechnung S_5 von f. Es ist nämlich

$$p^l = (1 - n^{-5})^{n^3} = 1 - n^3 n^{-5} + \binom{n^3}{2}n^{-10} - \ldots \geq 1 - n^{-1}$$

und
$$q^l = (1 - n^{-2})^{n^3} \le e^{-n}.$$
6.) Mit Lemma 4.4.4.ii entsteht aus S_5 eine $(1 - e^{-n}, n^{-1})$-Berechnung S_6 von $\neg f$.
7.) Mit Lemma 4.4.4.iii für $l = n$ entsteht aus S_6 eine $(1 - 2ne^{-n}, n^{-n})$-Berechnung S_7 von $\neg f$. Es ist nämlich

$$p^l = (1 - e^{-n})^n = 1 - n\,e^{-n} + \binom{n}{2} e^{-2n} - \ldots \ge 1 - 2n\,e^{-n}.$$

8.) Mit Lemma 4.4.4.ii entsteht aus S_7 eine $(1 - n^{-n}, 2ne^{-n})$-Berechnung S_8 von f.
9.) Mit Lemma 4.4.4.iv entsteht aus S_8 ein Schaltkreis S' für f. Für große n ist nämlich $2ne^{-n} < 2^{-n}$.
Die Aussagen über Größe und Tiefe von S' folgen direkt aus Lemma 4.4.4. $\square$

4.4.8 Satz   *Für $k(n) = \lfloor \log^m n \rfloor$ gibt es für $T^n_{k(n)}$ U-Schaltkreise der Tiefe $2m + 3$ mit $O(n^{2m+4}(\log n)^{m+1})$ Bausteinen.*

B e w e i s Satz 4.4.5 und die folgende Bemerkung liefern eine $\frac{1}{2} \log^{-m} n$ -Berechnung von $T^n_{k(n)}$, wobei Größe und Tiefe nach Ersetzung der zufälligen Eingaben durch konstante Werte 1 betragen. Obwohl diese Ersetzung erst am Ende geschieht, können wir mit diesen Werten für Größe und Tiefe arbeiten. Nach $m - 1$ Anwendungen von Lemma 4.4.6 erhalten wir eine $\frac{1}{2} \log^{-1} n$-Berechnung von $T^n_{k(n)}$, die Größe wächst um den Faktor $n^{2(m-1)} \log^{m-1} n$ und die Tiefe um $2(m - 1)$. Die anschließende Anwendung von Lemma 4.4.7 liefert den gewünschten Schaltkreis für $T^n_{k(n)}$, wobei die Größe um den Faktor $n^6 \log^2 n$ und die Tiefe um 4 wächst. $\square$

Mit Satz 4.4.8 ist auch die schwächere Aussage von Satz 4.4.2 bewiesen. Für konstante m hat der Schaltkreis aus Satz 4.4.8 polynomielle Größe und konstante Tiefe. Wir wollen die Methoden dieses Abschnitts noch auf eine konkrete Funktion anwenden.

4.4.9 Beispiel   Es sei $f = T^{1000}_{20}$. Es ist $20 \approx 2 \log 1000$. Mit der folgenden Konstruktion folgen wir der in Satz 4.4.5 und Lemma 4.4.6 und 4.4.7 entwickelten Strategie. Disjunktionen von 50 zufällig ausgewählten Variablen sind nach Satz 4.4.5 $(p_{20}(20), p_{20}(19))$- und damit $(0.63583, 0.61678)$-Berechnungen von f. Nach Anwendung von Lemma 4.4.4.iii mit $l_1 = 24$ erhalten wir eine $(1.90629 * 10^{-5}, 0.91854 * 10^{-5})$-Berechnung von f. Nach Anwendung von Lemma 4.4.4.ii und Lemma 4.4.4.iii mit $l_2 = 75300$ erhalten wir eine $(0.500719, 0.23801)$-Berechnung von $\neg f$. Nun werden Lemma 4.4.4.ii und Lemma 4.4.4.iii mit $l_3 = 51$ angewendet. Wir erhalten eine $(0.95393 * 10^{-6}, 4.12639 * 10^{-16})$-Berechnung von f. Die nächste Runde soll die beiden Wahrscheinlichkeiten trennen. Nach

Lemma 4.4.4.ii wird Lemma 4.4.4.iii mit $l_4 = 10^9$ angewendet. Wir erhalten eine $(1 - 5 * 10^{-7}, e^{-1000})$-Berechnung von $\neg f$. Nach Anwendung von Lemma 4.4.4.ii und Lemma 4.4.4.iii für $l_5 = 48$ erhalten wir schließlich für ein $\epsilon > 0$ eine $(1 - 2^{-1000} + \epsilon,\ 2^{-1000} - \epsilon)$-Berechnung von f und daraus mit Lemma 4.4.4.iv einen Schaltkreis für f. Dieser Schaltkreis hat Tiefe 6 und Größe

$$((((l_1 + 1)l_2 + 1)l_3 + 1)l_4 + 1)l_5 + 1 \leq 4.61 * 10^{18}.$$

Es bleibt der Leserin und dem Leser überlassen, für Tiefe 5, 6 und 7 Schaltkreise mit möglichst wenigen Bausteinen zu entwerfen. Wir stellen nur fest, daß das Minimalpolynom für f, wie in Kap. 2.9. gezeigt, $\binom{1000}{20} \approx 4.11 * 10^{41}$ Primimplikanten enthält und die Tiefe des in Kap. 4.2 entworfenen Schaltkreises (mit linearer Größe und Fan-in 2) 78 beträgt.

Aufgaben

4.A.1 Wieviele symmetrische Funktionen auf n Variablen gibt es?

4.A.2 Wieviele symmetrische Funktionen in S_n sind monoton?

4.A.3 Entwerfe möglichst effiziente Schaltkreise für T_k^n und $2 \leq k \leq 5$.

4.A.4 Die Sortierfunktion S^n läßt sich in Tiefe $O(\log n)$ mit $\frac{34}{3}n + O(n^{1/2})$ Bausteinen berechnen.

4.A.5 Entwerfe möglichst effiziente Schaltkreise für $C_{k,m}^n$ und $3 \leq m \leq 8$.

4.A.6 Verbessere die Abschätzung der Schaltkreisgröße im Beweis von Satz 4.2.2.

4.A.7 $x \equiv y$ benötigt in NOR-Schaltkreisen mit Fan-in 2 mindestens 4 Bausteine, $x \oplus y$ sogar 5 Bausteine.

4.A.8 Es wurde erwähnt, daß NOR_∞-Schaltkreise für die Paritätsfunktion mindestens $8(n-1)$ Drähte benötigen. Entwerfe Thresholdschaltkreise für die Paritätsfunktionen, die weniger als $8(n-1)$ Drähte und möglichst wenige Bausteine haben.

4.A.9 Entwerfe U-Schaltkreise für T_{30}^{1000} $(30 \approx 3 \log 1000)$, T_{100}^{1000} $(100 \approx \log^2 1000)$ und T_{20}^{10000}. Zeige, wie sich die Größe bei Erhöhung der Tiefe verringert.

5. Speicherzugriffsfunktionen

Wir untersuchen Speicher, die $n = 2^k$ Speicherwörter der Länge l enthalten. Das i-te Speicherwort ($0 \le i \le n-1$) soll über die Adresse $a = (a_{k-1}, \ldots, a_0)$ mit $|a| = i$ angesprochen werden.

5.1 Definition Die *Speicherzugriffsfunktion SZ* ist die Folge von Funktionen $SZ_{n,l} \in B_{k+nl,l}, n = 2^k$, die aus der Adresse $a = (a_{k-1}, \ldots, a_0)$ und dem Speicherinhalt mit n Wörtern $x_i = (x_{i1}, \ldots, x_{il})$, $0 \le i \le n-1$, das Speicherwort $x_{|a|}$ berechnen.

Die einzelnen Outputs der Speicherzugriffsfunktion sind alle vom gleichen Typ. Daher nehmen wir bei der Konstruktion eines Minimalpolynoms zunächst $l = 1$ an. Wir schreiben dann SZ_n statt $SZ_{n,1}$ und x_i statt x_{i1}. Welche Monome sind Primimplikanten von SZ_n?

5.2 Lemma *Genau die Monome*

$$m = a_{j(1)}^{h(1)} \wedge \ldots \wedge a_{j(r)}^{h(r)} \wedge \bigwedge_{i \in H} x_i$$

mit $0 \le r \le k$, $0 \le j(1) < \ldots < j(r) \le k-1$, $h(1), \ldots, h(r) \in \{0,1\}$ *und H als Menge der i, deren Binärdarstellung für $1 \le u \le r$ an der Stelle $j(u)$ den Wert $h(u)$ hat, sind Primimplikanten von SZ_n. Für $r = 0$ ist $m = x_0 \wedge \ldots \wedge x_{n-1}$.*

B e w e i s Falls $m(a,x) = 1$ ist, zeigt die Adresse a auf eine Speicherzelle $i \in H$. Da alle x_i mit $i \in H$ den Wert 1 haben, ist $SZ_n(a,x) = 1$ und m ein Implikant von SZ_n. Sei m' eine Verkürzung von m um ein Literal. Wenn in m' gegenüber m ein a-Literal fehlt, nimmt m' den Wert 1 auch dann an, wenn die Adresse auf ein $i \notin H$ zeigt und $x_i = 0$ ist. Wenn m' gegenüber m das x-Literal x_i mit $i \in H$ fehlt, nimmt m' den Wert 1 auch dann an, wenn die Adresse a auf dieses i zeigt und $x_i = 0$ ist. In beiden Fällen folgt, daß m' kein Implikant von SZ_n ist. Also ist m sogar Primimplikant. Mit den gleichen Argumenten folgt, daß alle Implikanten Verlängerungen der bisher entdeckten Primimplikanten sind. $\square$

Für jedes der 3^k Monome in den a-Variablen gibt es also genau einen Primimplikanten von SZ_n, die Zahl der Primimplikanten von SZ_n ist mit $3^k = n^{\log 3}$ ein Polynom kleinen Grades in der Zahl der Inputvariablen $n + \log n$.

5.3 Lemma *Sei $M_i(a)$ der Minterm in den a-Variablen, der für $|a| = i$ den Wert 1 liefert. Die Primimplikanten $M_i(a) \wedge x_i$ sind Kernimplikanten von SZ_n.*

B e w e i s Wir betrachten die Eingabe mit $|a| = i$, $x_i = 1$ und $x_j = 0$ für $j \neq i$. Es folgt aus Lemma 5.2, daß $M_i(a) \wedge x_i$ der einzige Primimplikant ist, der diese Eingabe überdeckt. $\qquad\Box$

Wir haben nun n Kernimplikanten gefunden. Wenn diese bereits SZ_n überdecken, bilden sie das eindeutige Minimalpolynom.

5.4 Satz   *i)* $SZ_n = SZ_{n,1}$ *hat ein eindeutiges Minimalpolynom, das aus den Kernimplikanten* $M_i(a) \wedge x_i$, $0 \leq i \leq n-1$, *besteht.*
ii) $SZ_{n,l}$ *hat ein eindeutiges Minimalpolynom, wobei der j-te Output durch das Minimalpolynom für* $SZ_{n,1}$ *auf der entsprechenden Variablenmenge dargestellt wird.*
iii) SZ *ist in* NC_1 *und sogar in* $AC_{0,2}$ *enthalten.*

B e w e i s i) Jede Eingabe (a,x), die von SZ_n auf 1 abgebildet wird, wird für $i = |a|$ von dem Kernimplikanten $M_i(a) \wedge x_i$ überdeckt. Also überdeckt die Disjunktion der Kernimplikanten bereits SZ_n.
ii) Wir betrachten die Eingabe mit $|a| = i, x_{ij} = 1$, und $x_{i'j'} = 0$ für $(i',j') \neq (i,j)$. Nach Satz 2.8.4 enthalten Minimalpolynome für $SZ_{n,l}$ nur multiple Primimplikanten, also nur Primimplikanten von Konjunktionen einiger Outputs. Nach Lemma 5.2 wird die oben angegebene Eingabe außer von dem Kernimplikanten $M_i(a) \wedge x_{ij}$ des j-ten Outputs von keinem anderen multiplen Primimplikanten überdeckt. Also müssen die n Kernimplikanten des j-ten Outputs im Minimalpolynom von $SZ_{n,l}$ vorkommen.
iii) folgt aus i), da das Minimalpolynom nur n und damit polynomiell viele Primimplikanten enthält. $\qquad\Box$

Wir haben in Kap. 2.2 besprochen, wie Polynome effizient durch PLA's realisiert werden können. Ein RAM (Random Access Memory) für $n = 2^k$ Speicherwörter der Länge l benötigt danach ein PLA mit $k + nl$ Inputzeilen (k Adreßbits, nl Bits der Speicherwörter), l Outputzeilen und nl Spalten zur Berechnung der nl Primimplikanten im Minimalpolynom für $SZ_{n,l}$. Das PLA enthält also $(k+nl+l)nl$ PLA-Zellen. Ein ROM (Read Only Memory) mit unveränderlichen Speicherwörtern läßt sich sogar mit $(k+l)n$ PLA-Zellen realisieren. Die k Adreßbits werden in die ersten k Zeilen eingegeben. In den k Inputzeilen werden in den n Spalten die n verschiedenen Minterme in den k Adreßvariablen berechnet. Im unteren Teil des PLA werden die n Speicherwörter „gespeichert". Die i-te Spalte enthält in den unteren l Zeilen das i-te Speicherwort als Typen der PLA-Zellen. Der j-te Output eines PLA berechnet bekanntermaßen genau dann eine 1, wenn in dieser Zeile eine PLA-Zelle den Typ 1 hat und das zu der Spalte dieser PLA-Zelle gehörende Monom den Wert 1 hat. In unserem Fall liefert bei jeder Eingabe genau ein Minterm, nämlich der der Spalte i mit $i = |a|$, den Wert 1. Der j-te Output ist dann gleich dem Typ der PLA-Zelle in der j-ten Outputzeile und der i-ten Spalte, das Outputwort ist also gleich der Typkombination in der i-ten Spalte und den Outputzeilen und damit gleich dem i-ten Speicherwort. *ROM*'s können somit besonders effizient durch *PLA*'s realisiert werden.

5.5 Satz   *i) Die Speicherzugriffsfunktion $SZ_{n,l}$ kann durch ein $(k + nl + l) * nl$-PLA realisiert werden.*
ii) Ein ROM mit $n = 2^k$ Speicherwörtern der Länge l kann durch ein $(k + l) * n$-PLA realisiert werden.

Wir wollen nun die Schaltkreiskomplexität von $SZ_{n,l}$ näher untersuchen. Wir wissen aus Korollar 4.2.4, daß sich alle n Minterme auf $(a_{k-1}, \ldots, a_0)$ mit $n + O(n^{1/2})$ Bausteinen in Tiefe $\lceil \log k \rceil = \lceil \log \log n \rceil$ berechnen lassen. Anschließend kann für den j-ten Output die Variable x_{ij} mit $M_i(a)$ durch eine Konjunktion verbunden werden und danach die Disjunktion der Kernimplikanten gebildet werden. Insgesamt erhalten wir einen Schaltkreis der Tiefe $\log n + \lceil \log \log n \rceil + 1$ mit $n + nl + (n-1)l + O(n^{1/2})$ Bausteinen.

Für $l = 1$ führt ein Divide-and-Conquer Ansatz zu einem etwas effizienteren Schaltkreis. Für $k = 0$ und damit $n = 1$ ist $SZ_1(x_0) = x_0$ und kostenlos gegeben. Für größere k entscheidet das Adreßbit a_{k-1}, ob wir in der vorderen oder in der hinteren Hälfte des Speichers suchen sollen. Wo in der richtigen Hälfte gesucht werden soll, gibt die Restadresse $(a_{k-2}, \ldots, a_0)$ an. Es ist

$$SZ_n(a_{k-1}, \ldots, a_0, x_0, \ldots, x_{n-1}) =$$

$$(a_{k-1} \wedge SZ_{n/2}(a_{k-2}, \ldots, a_0, x_{n/2}, \ldots, x_{n-1})) \vee$$

$$(\bar{a}_{k-1} \wedge SZ_{n/2}(a_{k-2}, \ldots, a_0, x_0, \ldots, x_{n/2-1})).$$

SZ_n läßt sich also aus zwei parallelen Schaltkreisen für $SZ_{n/2}$ und einem Auswahlbaustein zusammensetzen. Für die Schaltkreisgröße $C(n)$ und die Tiefe $D(n)$ erhalten wir die folgenden Rekursionsgleichungen.
$C(1) = 0, C(n) = 2C(n/2) + 3$, also $C(n) = 3n - 3$.
$D(1) = 0, D(n) = D(n/2) + 2$, also $D(n) = 2 \log n$.
Indem wir die l Outputs von $SZ_{n,l}$ unabhängig voneinander realisieren, erhalten wir einen Schaltkreis der Tiefe $2 \log n$ und Größe $(3n - 3)l$ für $SZ_{n,l}$.

Paul (1977) hat gezeigt, daß zur Berechnung von $SZ_{n,1}$ $2n - 2$ Bausteine notwendig sind. Mit seinen Argumenten folgt leicht eine untere Schranke von $(2n - 2)l$ für die Schaltkreiskomplexität von $SZ_{n,l}$. Klein und Paterson (1980) haben gezeigt, daß diese Zahl von Bausteinen für beliebiges l im wesentlichen auch ausreicht. Wir zeigen zunächst, wie sich SZ_n mit $2n + O(n^{1/2})$ Bausteinen berechnen läßt. Das Minimalpolynom ist nach Satz 5.4 die Disjunktion aller $M_i(a) \wedge x_i$. Die Adresse a wird nun in zwei ungefähr gleich große Hälften $b = (a_{k-1}, \ldots, a_{\lceil k/2 \rceil})$ und $c =$

$(a_{\lceil k/2 \rceil - 1}, \ldots, a_0)$ zerlegt. Dann ist $|a| = |b|2^{\lfloor k/2 \rfloor} + |c|$. Für $r = 2^{\lceil k/2 \rceil}$ und $s = 2^{\lfloor k/2 \rfloor}$ folgt mit Hilfe des Distributivgesetzes

$$SZ_n(a,x) = \bigvee_{0 \leq i \leq r-1} \quad \bigvee_{0 \leq j \leq s-1} M_i(b) \wedge M_j(c) \wedge x_{is+j}$$

$$= \bigvee_{0 \leq i \leq r-1} M_i(b) \wedge [\ \bigvee_{0 \leq j \leq s-1} M_j(c) \wedge x_{is+j}].$$

Nach Korollar 4.2.4 lassen sich alle Minterme $M_i(b)$ und $M_j(c)$ mit $r + s + O(r^{1/2} + s^{1/2})) = O(n^{1/2})$ Bausteinen in Tiefe $\lceil \log \log n \rceil - 1$ berechnen. Für die Berechnung der inneren Summen genügen zusammen n parallele $\wedge$-Bausteine und $n - r$ $\vee$-Bausteine, die Tiefe dieses Schaltkreisteils beträgt $\lfloor k/2 \rfloor + 1$. Danach reichen r parallele $\wedge$-Bausteine und $r - 1$ $\vee$-Bausteine zur Berechnung von $SZ_n(a,x)$. Die Tiefe des letzten Schaltkreisteils beträgt $\lceil k/2 \rceil + 1$. Da die Minterme $M_i(a)$ nicht explizit berechnet werden, wird der dritte Summand n in den zwei zuvor beschriebenen Schaltkreisentwürfen „fast" eingespart. Die Gesamtzahl der Bausteine ist $2n + O(n^{1/2})$ bei einer Tiefe, die genauso klein wie im ersten Entwurf ist, nämlich $\log n + \lceil \log \log n \rceil + 1$. Für alle l Outputs von $SZ_{n,l}$ genügen bei gleicher Tiefe $2nl + O(ln^{1/2})$ Bausteine, wobei die Minterme $M_i(b)$ und $M_j(a)$ nur einmal berechnet werden müssen. Wir fassen unsere Ergebnisse zusammen.

5.6 Satz   *$SZ_{n,l}$ kann durch Schaltkreise der folgenden Größen und Tiefen berechnet werden:*
- *Größe $n + 2nl - l + O(n^{1/2})$, Tiefe $\log n + \lceil \log \log n \rceil + 1$.*
- *Größe $3nl - 3l$, Tiefe $2 \log n$.*
- *Größe $2nl + O(ln^{1/2})$, Tiefe $\log n + \lceil \log \log n \rceil + 1$.*

Der zweite Schaltkreis ist nur für kleine n wegen des fehlenden $O(n^{1/2})$ -Termes konkurrenzfähig. Der erste und der dritte Schaltkreis haben exakt gleiche Tiefe, für (im Verhältnis zu n) große l ist der erste Schaltkreis besser. Wenn allerdings wie in großen Speichern l klein gegenüber n ist, ist der dritte Schaltkreis überlegen.

Es ist insgesamt natürlich nicht überraschend, daß sich die Speicherzugriffsfunktionen effizient durch Schaltkreise und sogar durch *PLA*'s realisieren lassen. Die Speicherzugriffsfunktionen gehören zu den wenigen grundlegenden, in der Praxis oft realisierten Booleschen Funktionen, für die Minimalpolynome eine effiziente Berechnung darstellen.

Aufgaben

5.A.1 Wie groß sind DNF, KNF und RSE von $SZ_{n,1}$?

5.A.2 Bei der indirekten Adressierung zeigt die eingegebene Adresse a auf ein Wort W, das die Adresse des eigentlich gesuchten Speicherwortes W^* darstellt. W^* steht dann in einem anderen Speicher. Formalisiere die Definition der Speicherzugriffsfunktion SZI bei indirekter Adressierung.

5.A.3 Entwerfe effiziente Schaltkreise für SZI.

5.A.4 Wie groß sind Minimalpolynome für SZI?

6. Das Rechnen mit Matrizen

6.1 Addition und Multiplikation

Beim Rechnen mit Matrizen gehen wir normalerweise nicht auf die Bitebene zurück sondern benutzen die arithmetischen Operationen als Elementaroperationen. Arithmetische Schaltkreise über der eingeschränkten Basis $\{+, -, *\}$ sind geeigneter als arithmetische Schaltkreise, die auch Divisionen erlauben. Im allgemeinen Fall stammen nämlich die Matrixelemente aus kommutativen Ringen mit Einselement, so daß Divisionen a/b auch für $b \neq 0$ nicht immer durchführbar sind. In diesem ersten Abschnitt zeigen wir, daß die Addition von Matrizen und die Multiplikation mit Skalaren keine Probleme bereiten. Die Schulmethode für die Multiplikation zweier Matrizen wird sich als nicht optimal erweisen. In Kap. 6.2 und 6.3 behandeln wir die Berechnung der Determinante und des charakteristischen Polynoms einer Matrix. Effiziente Algorithmen für diese Probleme dienen u.a. auch der effizienten Berechnung der Inversen einer Matrix. In Kap. 6.2 diskutieren wir das Gaußsche Eliminationsverfahren, das als Schulmethode für die Determinantenberechnung gelten kann. Diese Methode kommt zwar mit recht wenigen Rechenoperationen aus, sie benutzt allerdings Divisionen sowie if-Tests und läßt sich nicht effizient parallelisieren. Daher stellen wir in Kap. 6.3 einen effizienten parallelen Algorithmus zur Berechnung der Determinante und des charakteristischen Polynoms vor.

6.1.1 Definition   Es seien $X = (x_{ij})$ und $Y = (y_{ij})$ zwei $n \times n$-Matrizen mit Elementen aus einem kommutativen Ring R mit Einselement.

i) Die *Addition* von X und Y besteht in der Berechnung der Matrix $X + Y$ mit den Elementen $x_{ij} + y_{ij}$.

ii) Die *Skalarmultiplikation* von $\lambda \in R$ und X besteht in der Berechnung der Matrix λX mit den Elementen λx_{ij}.

iii) Die *Multiplikation* von X und Y besteht in der Berechnung der Matrix $Z = XY$ mit den Elementen

$$z_{ij} = \sum_{1 \leq k \leq n} x_{ik} y_{kj}.$$

6.1.2 Bemerkung $X + Y$ und λX lassen sich mit n^2 arithmetischen Operationen, die parallel ausgeführt werden können, berechnen.

Diese Bemerkung zeigt, daß die Berechnung von $X + Y$ und λX kein Problem bereitet. Da der Output n^2 Elemente enthält, sind n^2 Operationen auch notwendig.

6.1.3 Bemerkung   Zwei $n \times n$-Matrizen X und Y lassen sich mit $2n^3 - n^2$ arithmetischen Operationen aus $\{+, -, *\}$ in Tiefe $\lceil \log n \rceil + 1$ multiplizieren.

B e w e i s   Die n^3 Multiplikationen $x_{ik}y_{kj}$ können parallel ausgeführt werden. Danach läßt sich jedes z_{ij} als Summe von n Summanden mit $n - 1$ Additionen in Tiefe $\lceil \log n \rceil$ berechnen. $\square$

Das in Bemerkung 6.1.3 benutzte Multiplikationsverfahren ist die Schulmethode zur Multiplikation von Matrizen. Wenn wir auf die Bitebene zurückgehen und x_{ij} als n-Bit-Zahlen auffassen, lassen sich die Multiplikationen durch NC_1-Schaltkreise und die Summen durch Wallace-Trees (s.Kap. 3) realisieren. Insgesamt erhalten wir bei Verwendung von Multiplikationsschaltkreisen der Größe $M(n)$ und Tiefe $O(\log n)$ einen Schaltkreis der Größe $O(n^3 M(n))$ und Tiefe $O(\log n)$. Also gilt

6.1.4 Bemerkung   Die Matrizenmultiplikation ist in NC_1 enthalten.

Es ist schwer vorstellbar, daß sich zwei $n \times n$-Matrizen mit weniger als $2n^3 - n^2$ arithmetischen Operationen über $\{+, -, *\}$ multiplizieren lassen. Es war daher ein Durchbruch, als es Strassen (1969) gelang, die Schulmethode zu schlagen. Es folgte ab 1978 eine stürmische Entwicklung. Für immer kleinere c wurden $O(n^c)$-Algorithmen entworfen, der Rekord steht im Jahr 1989 bei $c \approx 2.38$ und wurde von Coppersmith und Winograd (1989) auf der Basis der Methode von Strassen (1986) erzielt. Da bisher die erste Arbeit von Strassen (1969) die einzige Methode darstellt, die die Schulmethode für realistische n übertrifft, stellen wir nur diese Methode vor.

Strassens Algorithmus ist ein Divide-and-Conquer Algorithmus. Die Multiplikation von 1×1-Matrizen ist eine gewöhnliche Multiplikation. Für $n = 2^k$ werden die $n \times n$-Matrizen X, Y und $Z = XY$ in jeweils vier $(n/2) \times (n/2)$-Matrizen eingeteilt.

$$X = \begin{bmatrix} X_{11} & X_{12} \\ X_{21} & X_{22} \end{bmatrix} \qquad Y = \begin{bmatrix} Y_{11} & Y_{12} \\ Y_{21} & Y_{22} \end{bmatrix} \qquad Z = \begin{bmatrix} Z_{11} & Z_{12} \\ Z_{21} & Z_{22} \end{bmatrix}$$

Für $n = 2$ ist nach Definition $Z_{12} = X_{11}Y_{12} + X_{12}Y_{22}$, und die Operationen sind arithmetische Operationen. Für $n > 2$ gilt die Gleichung für Z_{12} weiterhin, nur beziehen sich diese Operationen nun auf $(n/2) \times (n/2)$-Matrizen. Sei z.B. z_{ij} mit $1 \leq i \leq n/2 < j \leq n$ ein Element aus Z_{12}. Dann ist

$$z_{ij} = \sum_{1 \leq k \leq n/2} x_{ik}y_{kj} + \sum_{n/2 < k \leq n} x_{ik}y_{kj} = z_{ij}^1 + z_{ij}^2.$$

Der Summand z_{ij}^1 ist Element von $X_{11}Y_{12}$, und z_{ij}^2 ist das entsprechende Element in $X_{12}Y_{22}$. Die Schulmethode zur Multiplikation von 2×2-Matrizen benötigt 8 Multiplikationen und 4 Additionen. Da hier die Operationen wieder Matrizenoperationen sind und Matrizenmultiplikationen (vermutlich) aufwendiger als Matrizenadditionen sind, müßte es sich lohnen, die Zahl der Multiplikationen auch auf Kosten von zusätzlichen Additionen und Subtraktionen zu senken.

6.1.5 Satz *2×2-Matrizen lassen sich mit 12 Additionen, 6 Subtraktionen und 7 Multiplikationen in Tiefe 4 multiplizieren.*

B e w e i s Der Beweis läßt sich leicht nachvollziehen aber nur schwer motivieren. In Tiefe 2 lassen sich mit 6 Additionen, 4 Subtraktionen und 7 Multiplikationen, die alle in der zweiten Stufe parallel ausgeführt werden, die folgenden Werte berechnen.

$$m_1 = (x_{12} - x_{22})(y_{21} + y_{22}), \quad m_2 = (x_{11} + x_{22})(y_{11} + y_{22}),$$

$$m_3 = (x_{21} - x_{11})(y_{11} + y_{12}), \quad m_4 = (x_{11} + x_{12})y_{22},$$

$$m_5 = x_{11}(y_{12} - y_{22}), \quad m_6 = x_{22}(y_{21} - y_{11}),$$

$$m_7 = (x_{21} + x_{22})y_{11}.$$

Es ist einfach nachzurechnen, daß sich Z nun in Tiefe 2 mit 6 Additionen und 2 Subtraktionen berechnen läßt.

$$z_{11} = m_1 + m_2 - m_4 + m_6, \quad z_{12} = m_4 + m_5,$$

$$z_{21} = m_6 + m_7, \quad z_{22} = m_2 + m_3 + m_5 - m_7.$$

$\square$

Wir wenden Satz 6.1.5 auf $n \times n$-Matrizen mit $n = 2^k$ an, die Multiplikationen der $(n/2) \times (n/2)$-Matrizen werden rekursiv durchgeführt. Für die Zahl $C(n)$ der Operationen dieses Algorithmus gilt dann

$$C(1) = 1 \quad \text{und} \quad C(n) = 7C(n/2) + 18(n/2)^2,$$

da sich die 18 Additionen und Subtraktionen auf $(n/2) \times (n/2)$-Matrizen beziehen. Für die Tiefe $D(n)$ gilt

$$D(1) = 1 \quad \text{und} \quad D(n) = D(n/2) + 3,$$

da die zweite der vier Stufen des Algorithmus aus Satz 6.1.5 die rekursiven Aufrufe enthält und Matrizenadditionen und -subtraktionen Tiefe 1 haben. Offensichtlich ist

$$D(n) = 3\log n + 1.$$

Damit ist die Tiefe gegenüber der Schulmethode ungefähr um den Faktor 3 größer. Die Rekursionsgleichung für die Zahl der Operationen lösen wir explizit.

$$C(n) = 7C\left(\frac{n}{2}\right) + \frac{9}{2}n^2$$

$$= 7^2 C\left(\frac{n}{2^2}\right) + \frac{9}{2}n^2\left(1 + \frac{7}{4}\right)$$

$$= 7^3 C\left(\frac{n}{2^3}\right) + \frac{9}{2}n^2\left(1 + \frac{7}{4} + \left(\frac{7}{4}\right)^2\right)$$

$$= 7^k C(1) + \frac{9}{2}n^2\left(1 + \frac{7}{4} + \ldots + \left(\frac{7}{4}\right)^{k-1}\right)$$

$$= 7^k + \frac{9}{2}n^2\left[\left(\left(\frac{7}{4}\right)^k - 1\right) \Big/ \left(\frac{7}{4} - 1\right)\right]$$

$$= 7^k + 6n^2\left(\frac{7}{4}\right)^k - 6n^2$$

$$= 7^k(1 + (6n^2)/n^2) - 6n^2$$

$$= 7n^{\log 7} - 6n^2,$$

da $4^k = (2^k)^2 = n^2$ und $7^k = 7^{\log n} = n^{\log 7}$.

6.1.6 Satz   *Zwei $n \times n$-Matrizen lassen sich für $n = 2^k$ mit $7n^{\log 7} - 6n^2$ arithmetischen Operationen über $\{+, -, *\}$ in Tiefe $3\log n + 1$ multiplizieren.*

Natürlich läßt sich die Methode auch auf beliebige n verallgemeinern (s. 6.A.1). Analog zu der Diskussion der Multiplikationsverfahren in Kap. 3 ist klar, daß die reine Strassen-Methode PUR bei den Multiplikationen kleiner Matrizen zu viele Operationen verbraucht. Wir betrachten daher auch die Methode MIX, die im ersten Schritt die Zerlegung nach der Strassen-Methode benutzt und für die kleineren Matrizen die bessere der Methoden $SCHUL$ (Schulmethode) und MIX wählt. In Tabelle 6.1.1 werden die Methoden $SCHUL$, PUR und MIX verglichen. MIX schlägt $SCHUL$ schon für $n = 16$.

n	2	4	8	16	32	64
$SCHUL$	12	112	960	7 936	64 512	520 192
PUR	25	247	2 017	15 271	111 505	798 967
MIX	25	156	1 072	7 872	59 712	436 416

Tabelle 6.1.1

In Kap. 7 behandeln wir das Problem, Graphen darauf zu testen, ob sie zusammenhängend sind. Dabei wird sich die Boolesche Matrizenmultiplikation als wichtige Operation erweisen.

6.1.7 Definition   Die *Boolesche Matrizenmultiplikation BMAT* ist die Folge
Boolescher Funktionen $BMAT_n \in B_{2n^2,n^2}$, die aus zwei Booleschen Matrizen die
Produktmatrix Z berechnen, wobei

$$z_{ij} = \bigvee_{1 \leq k \leq n} x_{ik} \wedge y_{kj}$$

ist.

6.1.8 Bemerkung $BMAT$ ist in NC_1 und sogar in $AC_{0,2}$ enthalten.

Diese Bemerkung folgt direkt aus der Definition. Um Bausteine einzusparen und
z.B. die Methode von Strassen anwenden zu können, berechnen wir anstelle von
z_{ij} zunächst z_{ij}^*, die Summe (in $\mathbb{Z}$) aller $x_{ik}y_{kj}$. Dann ist z_{ij}^* eine ganze Zahl
in $\{0,\ldots,n\}$ und $z_{ij}^* = 0$ genau dann, wenn $z_{ij} = 0$ ist. Also ergibt sich z_{ij} als
Disjunktion aller Bits von z_{ij}^*. Um z_{ij}^* korrekt zu berechnen, können wir in jedem
Ring $\mathbb{Z}_m$ mit $m > n$ und daher mit Zahlen der Länge $O(\log n)$ arbeiten. Effiziente arithmetische Schaltkreise über der Basis $\{+,-,*\}$ für die Berechnung des
Matrizenprodukts führen also zu effizienten B_2-Schaltkreisen für die Berechnung
des Booleschen Matrizenprodukts.

6.2 Das Gaußsche Eliminationsverfahren

Wir wollen hier die Schulmethode der Linearen Algebra zur Berechnung der Determinante diskutieren.

6.2.1 Definition   i) Für eine Permutation π hat $sgn(\pi)$ (*Signum* von π) den
Wert $+1$ oder -1 abhängig davon, ob π das Produkt einer geraden oder ungeraden
Anzahl von Transpositionen ist.
ii) Sei $S(n)$ die Menge aller Permutationen auf $\{1,\ldots,n\}$. Für eine $n \times n$-Matrix
ist die *Determinante* $DET_n(X)$ definiert durch

$$DET_n(X) = \sum_{\pi \in S(n)} sgn(\pi) * x_{1,\pi(1)} * \ldots * x_{n,\pi(n)}.$$

iii) Die *Boolesche Determinante BDET* ist die Folge Boolescher Funktionen
$BDET_n \in B_{n^2}$, die für eine Boolesche Matrix die Determinante über dem Körper
$\mathbb{Z}_2$ berechnen.

Über dem Körper $\mathbb{Z}_2$ ist die Summe die $\oplus$-Summe und die Multiplikation die Konjunktion. Da $-1 = +1$ in $\mathbb{Z}_2$, hat $sgn(\pi)$ für alle π den Wert 1 und kann wegfallen. Die Definition enthält für alle $n!$ Permutationen in $S(n)$ einen Summanden und führt somit zu keinem effizienten Algorithmus zur Berechnung der Determinante.

Das Gaußsche Eliminationsverfahren ist ein effizienter sequentieller Algorithmus zur Berechnung der Determinante von Matrizen, die über einem Körper K definiert sind. Wir benutzen die folgenden elementaren Eigenschaften der Determinantenfunktion (s. z.B. Lipschutz (1979)). Dabei bezeichnen wir mit $X(i,j)$ die Matrix, die aus X durch Streichung der i-ten Zeile und der j-ten Spalte entsteht.

6.2.2 Lemma   *i) Falls $x_{21} = \ldots = x_{n1} = 0$, ist*

$$DET_n(X) = x_{11} DET_{n-1}(X(1,1)).$$

ii) Entsteht X' aus X durch Vertauschung zweier Zeilen, so ist $DET_n(X') = -DET_n(X)$.
iii) Entsteht X' aus X, indem zu einer Zeile eine Linearkombination der übrigen Zeilen hinzuaddiert wird, so ist $DET_n(X') = DET_n(X)$.

6.2.3 Algorithmus (Gaußsches Eliminationsverfahren)
1.) Falls $n = 1$, ist $DET_n(X) = x_{11}$.
2.) Falls $n > 1$ und $x_{11} = x_{21} = \ldots = x_{n1} = 0$, ist $DET_n(X) = 0$.
3.) Es ist $n > 1$, und es gibt ein i mit $x_{i1} \neq 0$. X' entstehe aus X durch Vertauschung der Zeilen 1 und i. Falls $i = 1$, ist $DET_n(X) = DET_n(X')$ und sonst $DET_n(X) = -DET_n(X')$. Im folgenden wird $DET_n(X')$ berechnet.
4.) Für $i = 2, \ldots, n$ wird von der i-ten Zeile von X' das $x'_{i1} x'^{-1}_{11}$-fache der ersten Zeile subtrahiert. Für die entstehende Matrix X'' gilt $DET_n(X') = DET_n(X'')$ und $x''_{21} = \ldots = x''_{n1} = 0$.
5.) Es ist $DET_n(X'') = x''_{11} DET_{n-1}(X''(1,1))$. $DET_{n-1}(X''(1,1))$ wird mit Hilfe des Gaußschen Eliminationsverfahrens berechnet.

6.2.4 Satz   *Das Gaußsche Eliminationsverfahren berechnet mit $O(n^3)$ arithmetischen Operationen und $O(n^2)$ if-Tests die Determinante einer $n \times n$-Matrix X über einem Körper K.*

B e w e i s Der Algorithmus kommt mit $O(n^2)$ arithmetischen Operationen, $O(n)$ if-Tests und dem rekursiven Aufruf des Algorithmus für $X(1,1)$ aus. Für die Zahl der Operationen $C(n)$ gilt also für eine Konstante c

$$C(1) \leq c, \; C(n) \leq C(n-1) + cn^2, \quad \text{also} \;\; C(n) \leq cn^3.$$

$\square$

Wir überlassen es als Übungsaufgabe, diesen Algorithmus in einen B_2-Schaltkreis (also ohne if-Tests) zur Berechnung der Booleschen Determinante zu übersetzen. Die Zahl der Bausteine bleibt $O(n^3)$, und es folgt $BDET \in P$. Allerdings ist die Rekursionstiefe von Algorithmus 6.2.3 im allgemeinen n, und das Gaußsche Eliminationsverfahren führt zu keinem effizienten parallelen Algorithmus.

6.3 Ein effizienter paralleler Algorithmus zur Determinantenberechnung

Aus einer Reihe von effizienten parallelen Algorithmen zur Determinantenberechnung stellen wir die Methode von Berkowitz (1984) vor, die ohne if-Tests und Divisionen auskommt. Sie führt also direkt zu arithmetischen Schaltkreisen über $\{+, -, *\}$. In den Sätzen 6.3.1, 6.3.3 und 6.3.5 stellen wir ohne Beweis (siehe z.B. Lipschutz (1979)) einige bekannte Ergebnisse der Linearen Algebra vor, die für die Beschreibung des Algorithmus benötigt werden.

6.3.1 Satz (Laplace-Entwicklung)   *$DET_n(X)$ läßt sich nach der i-ten Zeile oder nach der j-ten Spalte entwickeln, d.h. es gilt*

$$DET_n(X) = \sum_{1 \leq j \leq n} (-1)^{i+j} x_{ij} DET_{n-1}(X(i,j))$$

$$= \sum_{1 \leq i \leq n} (-1)^{i+j} x_{ij} DET_{n-1}(X(i,j)).$$

6.3.2 Definition   Die *Adjungierte $ADJ(X)$* von X ist die $n \times n$-Matrix, die an Position (i,j) die Zahl $(-1)^{i+j} DET_{n-1}(X(j,i))$ enthält.

6.3.3 Satz   *Für die n-te Einheitsmatrix E_n gilt*
$X * ADJ(X) = ADJ(X) * X = DET_n(X) * E_n.$

6.3.4 Definition   Das *charakteristische Polynom p_X* der $n \times n$-Matrix X über R ist für $\lambda \in R$ definiert durch
$p_X(\lambda) = DET_n(X - \lambda E_n).$

Die effiziente Berechnung des charakteristischen Polynoms ist ebenfalls ein grundlegendes Problem. Indem wir die Determinante nach Definition formal ausrechnen
und die Terme nach dem Grad von λ sortieren, erhalten wir für p_X ein Polynom
in λ vom Grad n. Da λ nur in der Hauptdiagonalen von $X - \lambda E_n$ vorkommt,
trägt nur die identische Permutation id zum Koeffizienten von λ^n bei, dieser Koeffizient ist also $(-1)^n$. Wir beschreiben p_X durch seine Koeffizientendarstellung
$p = (p_n, \ldots, p_0)$, so daß

$$p_X(\lambda) = p_0 + p_1 \lambda \ldots + p_n \lambda^n$$

ist. Nach Definition ist $DET_n(X) = p_X(0) = p_0$. Die Koeffizientendarstellung des
charakteristischen Polynoms enthält also die Determinante. In der obigen Darstellung von p_X können wir für λ formal auch wieder Matrizen einsetzen. Der Satz
von Cayley und Hamilton sagt aus, daß sich nach Einsetzen der Matrix X die
Nullmatrix O ergibt.

6.3.5 Satz   *Es sei $p_X(\lambda) = p_0 + p_1 \lambda + \ldots + p_n \lambda^n$ das charakteristische Polynom
von X. Dann ist $p_0 + p_1 X + \ldots + p_n X^n = O$.*

Wir haben bereits gesehen, daß die Berechnung der Koeffizientendarstellung des
charakteristischen Polynoms die Berechnung der Determinante umfaßt. Da der
Algorithmus von Berkowitz die Berechnung der Determinante auf die Berechnung des charakteristischen Polynoms von $X(1,1)$ und Matrizenmultiplikationen
zurückführt, betrachten wir nur die Aufgabe, die Koeffizientendarstellung des charakteristischen Polynoms zu berechnen. Wenn wir diesen rekursiven Ansatz später
iterativ implementieren, besteht er nur noch aus Matrizenmultiplikationen, die wir
bereits effizient parallel durchführen können.

Wir bezeichnen mit R_i den Zeilenvektor $(x_{i,i+1}, \ldots, x_{in})$, mit S_i den Spaltenvektor
$(x_{i+1,i}, \ldots, x_{ni})$ und mit M_i die Teilmatrix von X, die nach Streichung der ersten
i Zeilen und Spalten entsteht. Da wir uns zunächst länger mit dem Fall $i = 1$
beschäftigen, kürzen wir R_1, S_1 und M_1 durch R, S und M ab. Offensichtlich läßt
sich X zerlegen als

$$X = \begin{bmatrix} x_{11} & R \\ S & M \end{bmatrix}$$

Mit dem nächsten Lemma stellen wir den schon angedeuteten Zusammenhang
zwischen dem charakteristischen Polynom von X mit Koeffizientendarstellung
$p = (p_n, \ldots, p_0)$ und dem charakteristischen Polynom von M mit Koeffizientendarstellung $q = (q_{n-1}, \ldots, q_0)$ her. Wir fassen p und q als Spaltenvektoren auf.

6.3.6 Lemma   *Es sei X eine $n \times n$-Matrix über $\mathbb{Z}_m$, $\mathbb{Z}, \mathbb{Q}$, $\mathbb{R}$ oder $\mathbb{C}$. Es sei D die $(n+1) \times n$-Diagonalmatrix (alle Diagonalen sind konstant) mit folgendem Aussehen:*

$$
D = \begin{bmatrix}
-1 & 0 & \cdots & 0 \\
x_{11} & \cdot & \cdots & \cdot \\
RM^0 S & \cdot & \cdots & \cdot \\
RM^1 S & \cdot & \cdots & \cdot \\
\vdots & \vdots & \ddots & \vdots \\
RM^{n-2} S & \cdot & \cdots & \cdot
\end{bmatrix}
$$

Dann ist $p = D * q$.

Nach dem Beweis dieses Lemmas können wir den darin beschriebenen Ansatz natürlich iterieren, bis wir p als Matrizenprodukt von Matrizen dargestellt haben, deren Elemente wiederum Matrizenprodukte sind.

B e w e i s (Lemma 6.3.6) Das charakteristische Polynom $p(\lambda) = p_X(\lambda)$ von X ist als Determinante von $X - \lambda E_n$ definiert. Wir entwickeln diese Determinante zunächst nach der ersten Zeile und dann nach der ersten Spalte. Es folgt

$$p(\lambda) = DET_n(X - \lambda E_n) =$$

$$(x_{11} - \lambda)DET_{n-1}(M - \lambda E_{n-1}) + \sum_{2 \le j \le n} (-1)^{1+j} x_{1j} DET_{n-1}((X - \lambda E_n)(1,j)) =$$

$$(x_{11} - \lambda)q(\lambda) + \sum_{2 \le j \le n} \sum_{2 \le k \le n} (-1)^{1+j+k} x_{1j} x_{k1} DET_{n-2}((X - \lambda E_n)(1,j)(k,1)).$$

Die Matrix $(X - \lambda E_n)(1,j)(k,1)$ soll die Matrix sein, die aus X nach Streichung der Zeilen 1 und k und der Spalten 1 und j entsteht. Da aber die k-te Zeile von X zur $(k-1)$-ten Zeile von $(X - \lambda E_n)(1,j)$ wird, erhält -1 den Exponenten $1 + j + (k-1) + 1 = 1 + j + k$. Die Matrix $(X - \lambda E_n)(1,j)(k,1)$ ist gleich der Matrix $(M - \lambda E_{n-1})(k,j)$, wenn wir in $M - \lambda E_{n-1}$ die Zeilen und Spalten von $2, \ldots, n$ numerieren. Nach Definition 6.3.2 ist

$$ADJ(M - \lambda E_{n-1})_{j,k} = (-1)^{j+k} DET_{n-2}(M - \lambda E_{n-1})(k,j),$$

und wir erhalten

$$p(\lambda) = (x_{11} - \lambda)q(\lambda) - \sum_{2 \le j \le n} \sum_{2 \le k \le n} x_{1j} ADJ(M - \lambda E_{n-1})_{j,k} x_{k1}$$

$$= (x_{11} - \lambda)q(\lambda) - R * ADJ(M - \lambda E_{n-1}) * S.$$

Unser Ziel besteht nun darin, die Adjungierte durch Matrizenprodukte anstelle der in der Definition vorkommenden Determinanten auszudrücken. Dafür beweisen wir die folgende Zwischenbehauptung. |

$$(*) := ADJ(M - \lambda E_{n-1}) * (M - \lambda E_{n-1})$$

$$= - \sum_{0 \leq k \leq n-2} \lambda^k \sum_{k+1 \leq l \leq n-1} q_l M^{l-k-1}(M - \lambda E_{n-1}).$$

Nach Satz 6.3.3 und der Definition von $q(\lambda)$ ist

$$(*) = DET_{n-1}(M - \lambda E_{n-1}) * E_{n-1}$$

$$= q(\lambda) E_{n-1} = \sum_{0 \leq l \leq n-1} q_l \lambda^l E_{n-1}.$$

Nach dem Satz 6.3.5 von Cayley und Hamilton können wir als Nullmatrix O die Summe aller $q_l M^l$ subtrahieren. Es folgt, da $q_0 \lambda^0 E_{n-1} = q_0 M^0$ ist,

$$(*) = \sum_{0 \leq l \leq n-1} (q_l \lambda^l E_{n-1} - q_l M^l) = \sum_{1 \leq l \leq n-1} q_l(\lambda^l E_{n-1} - M^l).$$

Die Differenz $\lambda^l E_{n-1} - M^l$ ist nach elementaren Umformungen gleich
$-(\lambda^{l-1} M^0 + \ldots + \lambda^0 M^{l-1})(M - \lambda E_{n-1})$.
Also ist

$$(*) = - \sum_{1 \leq l \leq n-1} q_l(\sum_{0 \leq k \leq l-1} \lambda^k M^{l-1-k})(M - \lambda E_{n-1}).$$

Um unsere Zwischenbehauptung zu erhalten, muß diese Summe nur noch umgeordnet werden. Es wird λ^k für $0 \leq k \leq n - 2$ multipliziert mit allen $q_l M^{l-k-1}$ für $k + 1 \leq l \leq n - 1$. Damit ist die Zwischenbehauptung bewiesen.

Wir würden nun gerne die als Zwischenbehauptung bewiesene Gleichung mit $(M - \lambda E_{n-1})^{-1}$ multiplizieren, um so eine Aussage für $ADJ(M - \lambda E_{n-1})$ zu erhalten. Dies ist aber nur möglich, wenn $q(\lambda) = DET_{n-1}(M - \lambda E_{n-1}) \neq 0$ ist. Nach unseren einführenden Überlegungen bei der Definition des charakteristischen Polynoms ist $q(\lambda)$ ein Polynom $(n - 1)$-ten Grades, dessen Koeffizient $q_{n-1} = (-1)^{n-1} \neq 0$ ist. Über $\mathbb{R}$ oder $\mathbb{C}$ kann das Polynom höchstens $n - 1$ Nullstellen haben, und für alle anderen Werte von λ folgt

$$ADJ(M - \lambda E_{n-1}) = - \sum_{0 \leq k \leq n-2} \lambda^k \sum_{k+1 \leq l \leq n-1} q_l M^{l-k-1}.$$

Da beide Seiten dieser Gleichung stetig in λ sind, gilt die Gleichung sogar für alle λ. Dies folgt dann auch sofort für die Teilmengen $\mathbb{Z}$ oder $\mathbb{Q}$ von $\mathbb{R}$. Matrizen über

$\mathbb{Z}_m$ können auch als Matrizen über $\mathbb{Z}$ aufgefaßt werden. Wenn eine Gleichung über $\mathbb{Z}$ für alle $\lambda \in \mathbb{Z}$ gilt, dann ist sie auch über $\mathbb{Z}_m$ für alle $\lambda \in \mathbb{Z}_m$ korrekt. Wir haben die obige Gleichung also über $\mathbb{Z}_m$, $\mathbb{Z}$, $\mathbb{Q}$, $\mathbb{R}$ oder $\mathbb{C}$ für alle λ bewiesen. Wir setzen diese Aussage in unsere Gleichung für $p(\lambda)$ ein und ersetzen $p(\lambda)$ und $q(\lambda)$ durch die zugehörigen Polynomformen. Dann folgt

$$p(\lambda) = \sum_{0 \leq k \leq n} \lambda^k p_k =$$

$$(x_{11} - \lambda) \left(\sum_{0 \leq k \leq n-1} \lambda^k q_k \right) + R \left(\sum_{0 \leq k \leq n-2} \lambda^k \sum_{k+1 \leq l \leq n-1} q_l M^{l-k-1} \right) S.$$

Wir können nun die Koeffizienten der Polynome auf beiden Seiten der Gleichung gleichsetzen. Dann erhalten wir

$$p_n = -q_{n-1}, \; p_{n-1} = -q_{n-2} + x_{11}q_{n-1}$$

$$\text{und mit} \;\; q_{-1} = 0 \;\; \text{für} \;\; 0 \leq k \leq n-2$$

$$p_k = -q_{k-1} + x_{11}q_k + \sum_{k+1 \leq l \leq n-1} q_l R M^{l-k-1} S.$$

Diese Darstellung für p wird gerade durch die Behauptung $p = D * q$ ausgedrückt.
$\square$

Wir wollen nun Lemma 6.3.6 iterieren und bezeichnen daher D mit D_1. Es sei D_i für $2 \leq i \leq n-1$ die analog zu D_1 gebildete $(n+2-i) \times (n+1-i)$-Diagonalmatrix, deren erste Spalte gleich $(-1, x_{ii}, R_i M_i^0 S_i, \ldots, R_i M_i^{n-i-1} S_i)$ ist. Schließlich sei D_n der Spaltenvektor mit den Koeffizienten des charakteristischen Polynoms von $M_{n-1} - \lambda E_1 = (x_{nn} - \lambda)$, also $D_n = (-1, x_{nn})$. Nach mehrmaliger Anwendung von Lemma 6.3.6 folgt $p = D_1 * \ldots * D_n$. Der Koeffizientenvektor des charakteristischen Polynoms einer Matrix läßt sich also als Produkt von Matrizen berechnen, deren Elemente sich wiederum als Matrizenprodukte berechnen lassen. Wir fassen dieses Ergebnis in einem Satz zusammen.

6.3.7 Satz *Es sei D_i für $1 \leq i \leq n$ die $(n+2-i) \times (n+1-i)$-Diagonalmatrix, deren erste Zeile der Vektor $(-1, 0, \ldots, 0)$ und deren erste Spalte der Vektor $(-1, x_{ii}, R_i M_i^0 S_i, \ldots, R_i M_i^{n-i-1} S_i)$ ist. Dann gilt für die Koeffizientendarstellung $p = (p_n, \ldots, p_0)$ (als Spaltenvektor) des charakteristischen Polynoms der $n \times n$-Matrix X über $\mathbb{Z}_m$, $\mathbb{Z}$, $\mathbb{Q}$, $\mathbb{R}$ oder $\mathbb{C}$, daß $p = D_1 * \ldots * D_n$ ist. Außerdem ist $p_0 = DET_n(X)$.*

Im folgenden Satz zeigen wir, wie sich das Ergebnis aus Satz 6.3.7 auf naheliegende Weise in einen arithmetischen Schaltkreis übersetzen läßt.

6.3.8 Satz   *i) Das charakteristische Polynom und die Determinante einer $n \times n$-Matrix X über $\mathbb{Z}_m$, $\mathbb{Z}$, $\mathbb{Q}$, $\mathbb{R}$ oder $\mathbb{C}$ können in arithmetischen Schaltkreisen über $\{+, -, *\}$ mit $O(n^5)$ Bausteinen in Tiefe $O(\log^2 n)$ berechnet werden.*
ii) BDET ist in NC_2 und sogar in ZC_1 enthalten.

B e w e i s i) Zwei $n \times n$-Matrizen können mit $O(n^3)$ Bausteinen in Tiefe $O(\log n)$ multipliziert werden. Zur Berechnung der Elemente von D_i berechnen wir mit dem Präfixalgorithmus aus Kap. 3.5 alle M_i^j $(0 \leq j \leq n - 1 - i)$. Die Operation o ist dabei die Matrizenmultiplikation. Es genügen $O(n)$ o-Operationen und o-Tiefe $O(\log n)$ für festes i. Also können alle $R_i M_i^j S_i$ für $0 \leq j \leq n - 1 - i$ und $1 \leq i \leq n$ mit $O(n^5)$ arithmetischen Operationen in Tiefe $O(\log^2 n)$ berechnet werden. Die abschließende Berechnung von $D_1 * \ldots * D_n$ ist mit weiteren $O(n^4)$ arithmetischen Operationen in Tiefe $O(\log^2 n)$ möglich.
ii) Da $BDET$ über $\mathbb{Z}_2$ definiert ist und in $\mathbb{Z}_2$ arithmetische Operationen Bitoperationen sind, folgt bereits aus Aussage i), daß $BDET$ in NC_2 enthalten ist. Die Klasse ZC_1 enthält, analog zur Klasse AC_1, alle Folgen Boolescher Funktionen, die durch polynomielle Z-Schaltkreise (Z ist die Basis aus $\wedge-$ und $\oplus$-Bausteinen mit unbeschränktem Fan-in) in Tiefe $O(\log n)$ berechenbar sind. Die Matrizenmultiplikation ist, da z_{ij} die $\oplus$-Summe aller $x_{ik} y_{kj}$ ist, in Z-Schaltkreisen in Tiefe 2 mit $O(n^3)$-Bausteinen durchführbar. Daher folgt mit den Beweismethoden des Beweises von i), daß $BDET$ sogar in ZC_1 enthalten ist.   □

Bisher haben wir noch nicht genügend ausgenutzt, daß R_i und S_i Vektoren und keine Matrizen sind. Die folgende Implementierung von Satz 6.3.7 macht von dieser Tatsache ausgiebig Gebrauch.

6.3.9 Lemma   *Es seien R, M und S $1 \times m$, $m \times m$ bzw. $m \times 1$-Matrizen und $\epsilon > 0$. Dann können $RM^0 S, \ldots, RM^{m-1} S$ mit $O(m^{3+\epsilon})$ arithmetischen Operationen über $\{+, -, *\}$ in Tiefe $O(\log^2 m)$ berechnet werden.*

B e w e i s Mit R und S sind auch RM^i und $M^i S$ Vektoren. Die Exponenten von $RM^k S$ stellen wir für $m' = \lceil m^{1/2} \rceil$ eindeutig als $k = im' + j$ mit $0 \leq i, j < m'$ dar. Es werden zunächst alle RM^j und alle $M^{im'} S$ berechnet. Danach läßt sich jedes $RM^k S$ als Skalarprodukt aus RM^j und $M^{im'} S$ mit $O(m)$ Operationen in Tiefe $O(\log m)$ berechnen, für alle $RM^k S$ genügen dann $O(m^2)$ Operationen und Tiefe $O(\log m)$. Die Matrix $M^{m'}$ läßt sich durch fortgesetztes Quadrieren mit $O(\log m)$ Matrizenmultiplikationen, also mit $O(m^3 \log m)$ Operationen und Tiefe $O(\log^2 m)$ berechnen.

Es genügt also zu zeigen, daß sich alle $RM^j, 0 \leq j \leq m'$, mit $O(m^{3+\epsilon})$ Operationen in Tiefe $O(\log^2 m)$ berechnen lassen, die Berechnung aller $M^{im'} S$ verläuft, da $M^{m'}$ bereits berechnet wurde, analog.

Das Problem $P(\alpha)$ sei die Berechnung aller RM^j mit $0 \leq j \leq \lceil m^\alpha \rceil$. Wir wollen $P(\frac{1}{2})$ lösen. $P(0)$, die Berechnung von $RM^0 = R$, verursacht keine Kosten. Wir zeigen, wie aus der Lösung von $P(\alpha - \epsilon)$ mit $O(m^{3+\epsilon})$ Operationen in Tiefe $O(\log^2 m)$ die Lösung von $P(\alpha)$ berechnet werden kann. Es reichen dann $\lceil (2\epsilon)^{-1} \rceil = O(1)$ dieser Schritte, um die Lösung von $P(\frac{1}{2})$ aus der Lösung von $P(0)$ zu berechnen.

Sei $l = \lceil m^{\alpha-\epsilon} \rceil$. Wir berechnen durch fortgesetztes Quadrieren mit $O(\log m)$ Matrizenmultiplikationen, also $O(m^3 \log m)$ Operationen in Tiefe $O(\log^2 m)$, die Matrix M^l. Mit Hilfe des Präfixalgorithmus werden nun alle $M^{rl}, 0 \leq r < \lceil m^\epsilon \rceil$, berechnet. Die assoziative Verknüpfung o ist die Matrizenmultiplikation. Nach den Ergebnissen aus Kap. 3.5 genügen $O(m^\epsilon)$ o-Operationen und o-Tiefe $O(\log m)$, also $O(m^{3+\epsilon})$ arithmetische Operationen und Tiefe $O(\log^2 m)$.

Zur Berechnung von RM^j mit $0 \leq j \leq \lceil m^\alpha \rceil$ stellen wir j als $rl + i$ mit $l = \lceil m^{\alpha-\epsilon} \rceil$, $0 \leq r < \lceil m^\epsilon \rceil$ und $0 \leq i \leq l$ dar. RM^i ist Teil der Lösung von $P(\alpha - \epsilon)$, die als bekannt vorausgesetzt wird, und M^{rl} wurde mit Hilfe des Präfixalgorithmus berechnet. Die Vektoren RM^i mit $0 \leq i < l$ fassen wir zu der Matrix M^* mit l Zeilen der Länge m zusammen. Wir erhalten die Vektoren RM^j für $0 \leq j < \lceil m^\alpha \rceil$, indem wir M^* mit den Matrizen M^{rl}, $0 \leq r < \lceil m^\epsilon \rceil$ multiplizieren. Dazu genügen $O(m^{3+\epsilon})$ Operationen und Tiefe $O(\log m)$. Insgesamt reichen zur Lösung von $P(\frac{1}{2})$ also $O(m^{3+\epsilon})$ arithmetische Operationen und Tiefe $O(\log^2 m)$. Also ist das Lemma bewiesen. $\qquad\Box$

Dieses Lemma kann nun zur Berechnung der Elemente aller Matrizen D_m, $1 \leq m \leq n$, parallel angewendet werden. Die anschließende Multiplikation der Matrizen D_m besteht aus $n - 1$ Matrizenmultiplikationen, die gemäß einem balancierten Baum durchgeführt werden können. Daher genügen $O(n^4)$ Operationen und Tiefe $O(\log^2 n)$. Alle bisherigen Überlegungen haben für Matrizenmultiplikationen $O(n^3)$ Operationen vorgesehen. Es ist leicht zu sehen, daß die Zahl der Operationen um den Faktor $\Theta(n^{1-c})$ sinkt, wenn wir für Matrizenmultiplikationen mit $O(n^{2+c})$ Operationen auskommen. Daher erhalten wir folgendes Ergebnis.

6.3.10 Satz   *Wenn für die Multiplikation zweier $n \times n$-Matrizen ein arithmetischer Schaltkreis über $\{+, -, *\}$ mit $O(n^{2+c})$ Bausteinen, $c > 0$, und Tiefe $O(\log n)$ zur Verfügung steht, dann können für $\epsilon > 0$ das charakteristische Polynom und die Determinante von $n \times n$-Matrizen über $\mathbb{Z}_m$, $\mathbb{Z}$, $\mathbb{Q}$, $\mathbb{R}$ oder $\mathbb{C}$ in arithmetischen Schaltkreisen über $\{+, -, *\}$ mit $O(n^{3+c+\epsilon})$ Bausteinen und Tiefe $O(\log^2 n)$ berechnet werden.*

Bei Verwendung der Schulmethode für die Matrizenmultiplikation muß in Satz 6.3.10 für c der Wert 1 eingesetzt werden, die Zahl der Bausteine ist $O(n^{4+\epsilon})$. Damit der konstante Faktor für die Tiefe $O(\log^2 n)$ nicht zu groß wird, sollte ϵ nicht zu klein gewählt werden. Der Mehraufwand an Operationen gegenüber dem

Gaußschen Eliminationsverfahren ist zwar spürbar, dafür ist der Algorithmus von Berkowitz bei Parallelverarbeitung überlegen.

Aufgrund der Ergebnisse dieses Abschnitts und ihrer Anwendung z.B. bei der Berechnung der Inversen einer Matrix kann gesagt werden, daß „die Lineare Algebra in NC_2 enthalten" ist.

Aufgaben

6.A.1 Untersuche die auf der Strassen-Methode beruhenden Algorithmen PUR und MIX für beliebige n.

6.A.2 Implementiere das Gaußsche Eliminationsverfahren für $BDET$ als B_2-Schaltkreis mit $O(n^3)$ Bausteinen und Tiefe $O(n \log n)$. Versuche die konstanten Faktoren für Größe und Tiefe möglichst klein zu machen.

6.A.3 Schätze die Zahl der arithmetischen Operationen und if-Tests im Gaußschen Eliminationsverfahren möglichst genau ab.

6.A.4 Schätze Größe und Tiefe des auf Satz 6.3.8 beruhenden arithmetischen Schaltkreises zur Determinantenberechnung für $n = 4, 8, 16, 32$ und 64 möglichst genau ab.

6.A.5 Schätze Größe und Tiefe des auf Satz 6.3.10 beruhenden arithmetischen Schaltkreises zur Determinantenberechnung für $n = 4, 8, 16, 32, 64$ und $\epsilon = 1/2, 1/4, 1/6, 1/8$ möglichst genau ab. Benutze für die Matrizenmultiplikation die Schulmethode.

6.A.6 Entwerfe effiziente arithmetische Schaltkreise zur Berechnung der Inversen einer regulären Matrix.

7. Einfache Grapheigenschaften

7.1 Zusammenhangskomponenten

Viele Probleme in der Informatik und im Operations Research lassen sich am einfachsten als Graphprobleme beschreiben. Die Entwicklung effizienter Algorithmen für Probleme auf Graphen bildet daher seit langem ein zentrales Teilgebiet der Informatik. In vielen Lehrbüchern, u.a. von Christofides (1975), Mehlhorn (1984), Papadimitriou und Steiglitz (1982) und Reingold, Nievergelt und Deo (1977), sind effiziente, sequentielle Algorithmen für grundlegende Graphprobleme dargestellt. Andererseits sind viele wichtige Graphprobleme, wie das Traveling Salesman Problem, NP-hart (s. Garey und Johnson (1979)) und damit vermutlich nicht effizient lösbar. Wir beschränken uns auf Probleme, für die sequentielle Algorithmen mit polynomieller Rechenzeit wohlbekannt sind, und untersuchen, ob es für diese Probleme auch effiziente parallele Algorithmen gibt. Selbst unter dieser Einschränkung können wir nur einen kleinen Einblick in das Gebiet paralleler Algorithmen für Graphprobleme geben.

In diesem Abschnitt behandeln wir das Problem, für alle Knotenpaare in einem ungerichteten Graphen zu entscheiden, ob sie durch einen Weg verbunden sind. In Kap. 7.2 diskutieren wir die Probleme der Berechnung der transitiven Hülle, der starken Zusammenhangskomponenten und der maximalen zweifach zusammenhängenden Komponenten. Algorithmen zur effizienten parallelen Berechnung kürzester Wege und minimaler Spannbäume werden in Kap. 7.3 und 7.4 vorgestellt. Schließlich folgen in Kap. 7.5 einige Literaturhinweise.

Wir setzen im folgenden die Grundbegriffe der Graphentheorie voraus. Ungerichtete Graphen $G = (V, E)$ mit $V = \{1, \ldots, n\}$ werden durch ihre Adjazenzmatrix $X = (x_{ij})$ beschrieben. Es ist $x_{ii} = 1$ und $x_{ij} = 1$ genau dann, wenn es eine Kante zwischen den Knoten i und j gibt. Also ist $x_{ij} = x_{ji}$, und G wird eindeutig durch die $\binom{n}{2}$ Variablen x_{ij} mit $1 \leq i < j \leq n$ beschrieben.

7.1.1 Definition CON (connectivity = Zusammenhang) ist die Folge Boolescher Funktionen $CON_n \in B_{m,m}$, $m = \binom{n}{2}$, die aus der Adjazenzmatrix X eines ungerichteten Graphen G auf n Knoten die *Zusammenhangsmatrix* Y berechnen. Es ist $y_{ij} = 1$ genau dann, wenn i und j in G durch einen Weg verbunden sind.

Eine *Zusammenhangskomponente* von G ist eine maximale Knotenmenge V', so daß $y_{ij} = 1$ für $i, j \in V'$ ist.

7.1.2 Satz   *i) CON_n kann in B_2-Schaltkreisen der Tiefe $(\lceil \log n \rceil + 1)\lceil \log(n-1) \rceil$ mit $(2n^3 - n^2)\lceil \log(n-1) \rceil$ Bausteinen berechnet werden.*
ii) CON_n kann in U-Schaltkreisen der Tiefe $2\lceil \log(n-1) \rceil$ mit $(n^3 + n^2)\lceil \log(n-1) \rceil$ Bausteinen berechnet werden.
iii) $CON \in AC_1 \subseteq NC_2$.

B e w e i s   Ein k-Weg ist ein Weg, dessen Länge höchstens k ist, d.h. der höchstens k Kanten enthält. Wenn es in G zwischen i und j einen Weg gibt, muß es auch einen kreisfreien und damit einen $(n-1)$-Weg geben. Es sei $x_{ij}^{(k)} = 1$ genau dann, wenn zwischen i und j ein k-Weg existiert. Dann ist $x_{ij}^{(1)} = x_{ij}$ und $y_{ij} = x_{ij}^{(N)}$ für jedes $N \geq n - 1$. Jeder k-Weg läßt sich in einen l-Weg und einen $(k-l)$-Weg zerlegen. Also gilt

$$x_{ij}^{(k)} = \bigvee_{1 \leq m \leq n} x_{im}^{(l)} \wedge x_{mj}^{(k-l)}.$$

Ein Vergleich mit Definition 6.1.7 zeigt, daß $X^{(k)}$ das Boolesche Matrizenprodukt von $X^{(l)}$ und $X^{(k-l)}$ ist. Für $N = 2^{\lceil \log(n-1) \rceil} \geq n-1$ berechnen wir mit $\lceil \log(n-1) \rceil$ sequentiellen Booleschen Matrizenmultiplikationen $X^{(2)}$, $X^{(4)}, \ldots, X^{(N)} = Y$. Die Aussagen über Größe und Tiefe der zugehörigen B_2- und U-Schaltkreise folgen direkt aus der Definition des Booleschen Matrizenprodukts. Damit sind alle Aussagen des Satzes bewiesen.   □

Wir arbeiten in diesem Kapitel nur mit der Schulmethode für die Matrizenmultiplikation. Es bleibt der Leserin und dem Leser überlassen, andere Algorithmen anzuwenden.

7.1.3 Korollar   *CON_n läßt sich von einer EREW PRAM mit $O(n^3 / \log n)$ Prozessoren in Zeit $O(\log^2 n)$ und von einer CRCW COMMON mit $O(n^3)$ Prozessoren in Zeit $O(\log n)$ berechnen.*

B e w e i s   Die Aussagen folgen aus den allgemeinen Simulationen von Schaltkreisen durch parallele Registermaschinen, die in Kap. 1.6 diskutiert und in Kap. 11.3 bewiesen werden.   □

Die in Korollar 7.1.3 erzielten parallelen Rechenzeiten sind die besten bekannten oberen Schranken für Parallelrechner mit polynomiell vielen Prozessoren. Es stellt sich die Frage, ob diese Rechenzeiten auch mit weniger Prozessoren erreicht werden können. Der folgende *CREW PRAM*-Algorithmus wurde von Hirschberg (1976) entworfen.

7.1.4 Satz CON_n *kann von einer CREW PRAM mit n^2 Prozessoren in Zeit $O(\log^2 n)$ berechnet werden.*

B e w e i s Wir wollen für jeden Knoten i die Nummer $D(i)$ des Knotens berechnen, der unter allen mit i durch einen Weg verbundenen Knoten die kleinste Nummer hat. Dann ist $y_{ij} = 1$ genau dann, wenn $D(i) = D(j)$ ist. Der Algorithmus bildet stufenweise immer größer werdende Gruppen von Knoten, die durch Wege in G verbunden sind. Alle Knoten i aus einer Gruppe zeigen mit $D(i)$ auf den Gruppenführer, das ist der Knoten mit der kleinsten Nummer in der Gruppe. Mit der Initialisierung $D(i) = i$ für alle Knoten ist diese Forderung erfüllt.

Schritt 1: $C(i) = \min\{D(j)|x_{ij} = 1 \text{ und } D(i) \neq D(j)\}$, falls diese Menge nicht leer ist, und $C(i) = D(i)$ sonst.

Für jeden Knoten i werden also alle Nachbarknoten ($x_{ij} = 1$), die in anderen Gruppen liegen ($D(i) \neq D(j)$), untersucht. $C(i)$ ist der kleinste Gruppenführer in benachbarten Gruppen, und nur, wenn es keine benachbarte Gruppe gibt, ist $C(i) = D(i)$. Da für jedes Knotenpaar (i,j) ein Prozessor zur Verfügung steht, kann dieser in konstanter Zeit $x_{ij} = 1$ und $D(i) \neq D(j)$ testen und gegebenenfalls die Information $D(j)$ bereitstellen. Mit n Prozessoren kann das Minimum von n Zahlen in Zeit $\lceil \log n \rceil$ berechnet werden, indem ein balancierter Baum simuliert wird. Schritt 1 kann also in Zeit $O(\log n)$ durchgeführt werden.

Schritt 2 $D(i) = \min\{C(j)|D(j) = i \text{ und } C(j) \neq i\}$, falls diese Menge nicht leer ist, und $D(i)$ unverändert sonst. $C(i) = D(i)$.

Nur für Knoten i, die Gruppenführer sind, gibt es Knoten j mit $D(j) = i$. Für alle Knoten i, die keine Gruppenführer sind, behält also $D(i)$ den alten Wert und $C(i) = D(i)$. Für die Gruppenführer werden die $C(j)$-Werte aller Gruppenmitglieder untersucht. Wenn die Gruppe um i überhaupt noch mit einer anderen Gruppe verbunden ist, zeigt der neue Wert $D(i)$ auf den kleinsten Gruppenführer einer Nachbargruppe. Da die eigene Gruppe nicht berücksichtigt wird, kann $j = D(i) > i$ sein. Dann ist aber $D(j) \leq i$, da die Gruppe um j mit der Gruppe um i verbunden ist. Auch Schritt 2 kann in Zeit $O(\log n)$ durchgeführt werden.

Schritt 3: Für alle Knoten i wird parallel $\lceil \log n \rceil$-mal $D(i)$ durch $D(D(i))$ ersetzt.

Für diesen Schritt genügen offensichtlich n Prozessoren und Zeit $O(\log n)$. Was bewirkt dieser Schritt? Die $D(i)$-Werte aus Schritt 2 bilden einen gerichteten Graphen G' mit Fan-out 1 für jeden Knoten. Nur für Gruppen, die bereits eine Zusammenhangskomponente bilden, ist $D(j) = i$ für alle Knoten j und den Gruppenführer i. Diese D-Werte werden in Schritt 3 nicht verändert. Ansonsten zeigt $D(i)$ für Gruppenführer auf die Nachbargruppe mit dem kleinsten Gruppenführer. Da die Nachbarschaftsrelation symmetrisch ist, kann es keinen Kreis mit 3 oder mehr Gruppenführern geben. Also haben alle Kreise in G' die Länge 1 oder 2. In jedem

Knoten beginnt ein eindeutiger Weg in G', der in einem Kreis endet. Für Gruppen, die Zusammenhangskomponenten bilden, hat der Kreis Länge 1, für die anderen Gruppen Länge 2. Abbildung 7.1.1 zeigt einen typischen Graphen G', in dem nur die Gruppenführer Nummern erhalten haben.

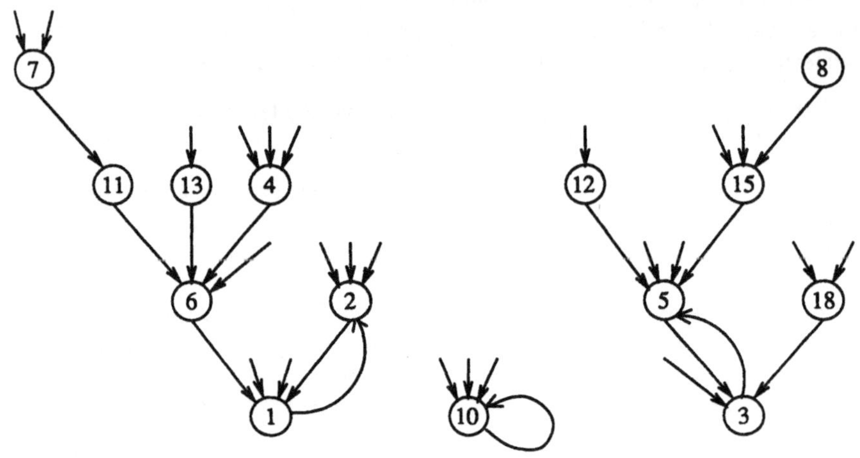

Abb. 7.1.1

Auf Wegen in G' wird durch $D(i) = D(D(i))$ der Nachfolger im Abstand 2 berechnet. Nach $\lceil \log n \rceil$-maliger Wiederholung wird also der Nachfolger im Abstand $2^{\lceil \log n \rceil}$ berechnet. Dies ist stets ein Knoten in dem Kreis an der Wurzel der zugehörigen G'- Komponente. Die zur gleichen G'-Komponente gehörenden Gruppen sollen verschmolzen werden. Dies ist bisher erst „fast" gelungen.

Schritt 4 $D(i) = \min\{D(i),\ C(D(i))\}$.

Für diesen Schritt genügen n Prozessoren und Zeit $O(1)$. Für jeden Knoten j ist $C(j)$ der direkte Nachfolger in G'. Da $D(i)$ einer der Knoten im Kreis an der Wurzel der jeweiligen G'-Komponente ist und Kreise Länge 1 oder 2 haben, enthält $\{D(i),\ C(D(i))\}$ die Nummern der Knoten im Kreis. Also wird $D(i)$ korrekt als Gruppenführer der neuen Gruppe berechnet.

Wieviele Iterationen der Schritte 1, 2, 3 und 4 sind ausreichend? Es sei Z eine Zusammenhangskomponente in G mit k Knoten. Zu Beginn sind alle Knoten in Gruppen der Größe 1. Wenn die Zahl der Gruppen in Z zu Beginn von Schritt 1 g beträgt, ist sie am Ende von Schritt 4 auf höchstens $\lfloor g/2 \rfloor$ gesunken. Es werden nämlich g D-Kanten zwischen Gruppenführern berechnet, und zwischen 2 Gruppen können maximal 2 ausgewählte D-Kanten verlaufen. Also bildet Z nach maximal $\lfloor \log k \rfloor \leq \lfloor \log n \rfloor$ Iterationen eine Gruppe. Damit haben wir den Satz bewiesen. $\square$

Zur Berechnung aller Zusammenhangskomponenten sind n^2 Rechenschritte nötig, da jeder Eintrag der Adjazenzmatrix gelesen werden muß. Das Produkt aus paralleler Rechenzeit und Prozessorzahl ist also mindestens n^2. Vishkin (1984) hat einen *CRCW COMMON*-Algorithmus entworfen, der die Zusammenhangskomponenten mit $O(n^2/\log^2 n)$ Prozessoren in Zeit $O(\log^2 n)$ berechnet.

Savage und Ja'Ja' (1981) haben angenommen, daß Graphen G mit m Kanten durch eine Liste der m Kanten gegeben sind. Dann kann eine *CREW PRAM* mit nur $O(m + n\log n)$ Prozessoren die Zusammenhangskomponenten von G in Zeit $O(\log^2 n)$ berechnen. Shiloah und Vishkin (1982) haben einen *CRCW ARBITRARY*-Algorithmus entworfen, der mit $O(m + n)$ Prozessoren die Zusammenhangskomponenten in Zeit $O(\log n)$ berechnet.

7.2 Transitiver Abschluß, starker Zusammenhang und zweifacher Zusammenhang

Die in diesem Abschnitt untersuchten Probleme befassen sich weiterhin mit dem Zusammenhang in Graphen. Gerichtete Graphen G sind ebenfalls durch ihre Adjazenzmatrix X gegeben. Dabei ist $x_{ij} = 1$, wenn es eine Kante von i nach j gibt, und $x_{ii} = 1$. Gerichtete Graphen lassen sich also durch $m = n(n-1)$ Boolesche Variablen x_{ij}, $i \neq j$, beschreiben.

7.2.1 Definition   i) TH ist die Folge Boolescher Funktionen $TH_n \in B_{m,m}$, $m = n(n-1)$, die aus der Adjazenzmatrix X eines gerichteten Graphen auf n Knoten die Adjazenzmatrix T der *transitiven Hülle* von G berechnen. Es ist $t_{ij} = 1$ genau dann, wenn es in G einen Weg von i nach j gibt.
ii) $SCON$ ist die Folge Boolescher Funktionen $SCON \in B_{m,m/2}$, $m = n(n-1)$, die aus der Adjazenzmatrix X eines gerichteten Graphen auf n Knoten die Matrix S berechnen. Dabei ist $s_{ij} = 1$ genau dann, wenn i und j in G *stark zusammenhängend* sind, d.h. wenn es Wege von i nach j und von j nach i gibt.

Mit TH_n wird im wesentlichen auch $SCON_n$ berechnet, denn es ist offensichtlich $s_{ij} = t_{ij} \wedge t_{ji}$. Es sei $x_{ij}^{(k)} = 1$, wenn es in G einen gerichteten k-Weg von i nach j gibt. Dann ist $T = X^{(N)}$ für jedes $N \geq n - 1$. Da $X^{(k)}$ das Boolesche Matrizenprodukt von $X^{(l)}$ und $X^{(k-l)}$ ist, folgt Satz 7.2.2 analog zu Satz 7.1.2.

7.2.2 Satz   *i) TH_n kann in B_2-Schaltkreisen der Tiefe $(\lceil \log n \rceil + 1)\lceil \log(n-1) \rceil$ mit $(2n^3 - n^2)\lceil \log(n-1) \rceil$ Bausteinen berechnet werden.*
ii) TH_n kann in U-Schaltkreisen der Tiefe $2\lceil \log(n-1) \rceil$ mit $(n^3 + n^2)\lceil \log(n-1) \rceil$ Bausteinen berechnet werden.
iii) $TH \in AC_1 \subseteq NC_2$ und $SCON \in AC_1 \subseteq NC_2$.

Natürlich gilt auch die zu Korollar 7.1.3 analoge Aussage. Allerdings ist hier im Gegensatz zu den Zusammenhangskomponenten ungerichteter Graphen kein Algorithmus bekannt, der die gleichen Zeitschranken mit weniger Prozessoren als für die Matrizenmultiplikation erreicht.

7.2.3 Definition $ZCON$ ist die Folge Boolescher Funktionen $ZCON_n \in B_{m,m}$, $m = \binom{n}{2}$, die aus der Adjazenzmatrix X eines ungerichteten Graphen auf n Knoten die Matrix Z berechnen. Es ist $z_{ij} = 1$ genau dann, wenn die Knoten i und j zweifach zusammenhängend sind, d.h. wenn es für alle $k \notin \{i,j\}$ in dem Graphen $G(k)$, der durch Herausnahme des Knotens k aus G entsteht, einen Weg zwischen i und j gibt.

7.2.4 Satz   *i) $ZCON_n$ kann in B_2-Schaltkreisen der Tiefe $O(\log^2 n)$ mit $O(n^4 \log n)$ Bausteinen berechnet werden.*
ii) $ZCON_n$ kann in U-Schaltkreisen der Tiefe $O(\log n)$ mit $O(n^4 \log n)$ Bausteinen berechnet werden.
iii) $ZCON \in AC_1 \subseteq NC_2$.

B e w e i s   Es sei $z_{ij}(k) = 1$, wenn i und j in $G(k)$ durch einen Weg verbunden sind. Die Matrizen $Z(1), \ldots, Z(n)$ können mit Hilfe von Satz 7.1.2 berechnet werden. Nach Definition ist z_{ij} die Konjunktion aller $z_{ij}(k)$ mit $k \notin \{i,j\}$. $\square$

Auch alle weiteren Resultate aus Kap. 7.1 für die Berechnung von CON können auf gleiche Weise wie im Beweis von Satz 7.2.4 für die Berechnung von $ZCON$ benutzt werden.

7.3 Kürzeste Wege

7.3.1 Definition   Ein *bewerteter Graph G* auf n Knoten ist durch eine $n \times n$-Matrix X gegeben, wobei $x_{ij} \in \mathbb{N}_0$ die Länge der Kante (Kosten der Kante) von i nach j angibt und $x_{ii} = 0$ ist. Die *Länge eines Weges* ist die Summe der Längen seiner Kanten. Die *Distanzmatrix D* von G enthält mit d_{ij} die Länge eines kürzesten Weges von i nach j.

Kucera (1982) hat effiziente *PRAM*-Algorithmen zur Berechnung der Distanzmatrix entworfen.

7.3.2 Satz   *Die Distanzmatrix D eines Graphen G kann von einer CREW PRAM mit n^3 Prozessoren in Zeit $O(\log^2 n)$ und von einer CRCW COMMON mit n^4 Prozessoren in Zeit $O(\log n)$ berechnet werden.*

B e w e i s   Es sei $x_{ij}^{(k)}$ die Länge eines kürzesten k-Weges von i nach j. Dann ist $x_{ij}^{(1)} = x_{ij}$. Da sich jeder k-Weg in einen l-Weg und einen $(k-l)$-Weg zerlegen läßt, folgt

$$x_{ij}^{(k)} = \min\{x_{im}^{(l)} + x_{mj}^{(k-l)} \mid 1 \leq m \leq n\}.$$

Mit dieser Formel können wir für $N = 2^{\lceil \log(n-1) \rceil}$ sequentiell $X^{(2)}, X^{(4)}, \ldots, X^{(N)}$ berechnen. Da alle x_{ij} nicht negativ sind, ist $X^{(N)} = D$. Es muß also nur gezeigt werden, wie $X^{(k)}$ aus $X^{(k/2)}$ berechnet werden kann.

Auf der *CREW PRAM* stehen für festes k zur Berechnung jedes $x_{ij}^{(k)}$ genau n Prozessoren zur Verfügung. Sie berechnen parallel die Summen $x_{im}^{(k/2)} + x_{mj}^{(k/2)}$ und danach mit Hilfe eines balancierten binären Baumes zusammen das Minimum dieser n Zahlen in Zeit $O(\log n)$.

Auf der *CRCW COMMON* stehen für jedes $x_{ij}^{(k)}$ sogar n^2 Prozessoren zur Verfügung. Es genügt zu zeigen, daß das Minimum von n Zahlen $y_1, \ldots, y_n$ mit n^2 Prozessoren P_{ij} $(1 \leq i,j \leq n)$ in konstanter Zeit berechnet werden kann. Wir benutzen dazu n Register $M_1, \ldots, M_n$ im gemeinsamen Speicher, die mit Nullen initialisiert sind. Prozessor P_{ij} schreibt, falls $y_i < y_j$, eine 1 in M_j. Dies verursacht nach der *COMMON*-Regel für Schreibkonflikte keine Probleme. In M_j steht nun genau dann eine 0, wenn y_j minimal ist. Prozessor P_{i1} schreibt, falls M_i eine 0 enthält, y_i in das für das Minimum vorgesehene Register. Da alle minimalen Zahlen gleich sind, gibt es keine Konflikte.   □

Wir erhalten eine Boolesche Funktion KW_n für die Berechnung der Distanzmatrix, wenn wir annehmen, daß die Zahlen x_{ij} Binärzahlen der Länge n sind. KW_n hat $n^3 - n^2$ Inputs (da $x_{ii} = 0$) und $n^3 - n^2$ Outputs (da $d_{ii} = 0$ und $d_{ij} \leq x_{ij}$). Mit KW bezeichnen wir die Folge der Funktionen KW_n.

7.3.3 Satz   *i) KW_n kann in U-Schaltkreisen der Tiefe $O(\log n)$ mit $O(n^5 \log n)$ Bausteinen berechnet werden.*
ii) $KW \in AC_1 \subseteq NC_2$.

B e w e i s Wir folgen dem *CRCW COMMON*-Algorithmus aus Satz 7.3.2. Dieser Algorithmus hat $\lceil \log(n-1) \rceil$ Stufen. Es bleibt zu zeigen, daß sich $X^{(k)}$ aus $X^{(k/2)}$ in Tiefe $O(1)$ mit $O(n^5)$ Bausteinen berechnen läßt. Für jedes $x_{ij}^{(k)}$ sollen $O(n^3)$ Bausteine und Tiefe $O(1)$ ausreichen. Die n Additionen $x_{im}^{(k/2)} + x_{mj}^{(k/2)}$ können nach Satz 3.3.2 in Tiefe 3 mit je $O(n^2)$ Bausteinen durchgeführt werden. Wir werden in Satz 8.3.1 zeigen, daß das Minimum von n Zahlen der Länge $n+1$ in Tiefe 4 mit $O(n^3)$ Bausteinen berechnet werden kann. $\qquad\square$

7.4 Minimale Spannbäume

7.4.1 Definition   Gegeben sei ein ungerichteter, zusammenhängender Graph $G = (V, E)$, in dem jeder Kante $e \in E$ Kosten $c(e) \in \mathbb{N}_0$ zugewiesen sind. Ein *Spannbaum* ist ein Baum $T = (V, E')$, der alle Knoten in V verbindet. Die *Kosten* von T sind gleich der Summe aller $c(e)$, $e \in E'$. Ein Spannbaum T heißt *minimal*, wenn kein Spannbaum T' geringere Kosten als T hat.

Ein minimaler Spannbaum hat unter allen Teilgraphen von G, die alle Knoten verbinden, die kleinsten Kosten. Daher spielen minimale Spannbäume beim Aufbau von Netzwerken aber auch z.B. bei der approximativen Lösung des Traveling Salesman Problems eine wichtige Rolle.

Wir werden zur Berechnung minimaler Spannbäume sowohl einen *CREW PRAM*- als auch einen *CRCW COMMON*-Algorithmus vorstellen. Dazu werden bekannte sequentielle Algorithmen, deren Korrektheit u.a. in den in Kap. 7.1 genannten Lehrbüchern bewiesen wird, parallelisiert.

7.4.2 Algorithmus   In jeder Stufe des Algorithmus wird ein spannender Wald auf V, d.h. eine disjunkte Menge von Bäumen, die V überdecken, erzeugt. Zu Beginn besteht der Wald aus n Bäumen mit je einem Knoten. Die Kante $e = \{i, j\}$ mit $i < j$ heißt billiger als die Kante $e' = \{i', j'\}$ mit $i' < j'$, wenn $c(e) < c(e')$ oder wenn $c(e) = c(e')$ und $i < i'$ oder wenn $c(e) = c(e')$, $i = i'$ und $j < j'$ ist.

1.) Für jeden Baum im spannenden Wald wird die billigste Kante zu einem anderen Baum berechnet.
2.) Die in Schritt 1 gefundenen Kanten werden dem Wald hinzugefügt.
3.) Der Algorithmus stoppt, wenn der Wald nur noch aus einem Baum besteht. Ansonsten wird in Schritt 1 fortgefahren.

Da die „Billiger-Relation" eine vollständige Ordnung auf der Menge E ist, erhalten wir in Schritt 2 von Algorithmus 7.4.2 stets einen spannenden Wald. Wenn der Wald $k \geq 2$ Bäume hat, werden in Schritt 1 mindestens $\lceil k/2 \rceil$ Kanten ausgewählt, da jede Kante höchstens zweimal ausgewählt wird. Spätestens nach $\lfloor \log n \rfloor$ Iterationen ist aus dem Wald mit n Bäumen ein einziger Baum geworden. Savage und Ja'Ja' (1981) haben Algorithmus 7.4.2 parallel implementiert.

7.4.3 Satz   *Ein minimaler Spannbaum auf einem Graphen mit n Knoten kann von einer CREW PRAM mit n^2 Prozessoren in Zeit $O(\log^2 n)$ berechnet werden.*

B e w e i s Nach unseren Vorüberlegungen ist es ausreichend, die Schritte 1 und 2 aus Algorithmus 7.4.2 $\lfloor \log n \rfloor$-mal hintereinander auszuführen. Wir zeigen, daß jeweils n^2 Prozessoren P_{ij}, $1 \leq i$, $j \leq n$, und Zeit $O(\log n)$ genügen. Für jeden Baum des bisher erzeugten Waldes gibt es einen Gruppenführer, auf den alle Knoten i des Baumes mit $D(i)$ zeigen. Zu Beginn ist $D(i) = i$ für alle Knoten i.

Für Schritt 1 des Algorithmus testet P_{ij} in konstanter Zeit, ob j in einer anderen Gruppe ist ($D(j) \neq D(i)$) und es die Kante $\{i,j\}$ gibt. Danach können $P_{i1}, \ldots, P_{in}$ in Zeit $\lceil \log n \rceil$ die billigste Kante $e(i)$, die von i aus zu einer anderen Gruppe führt, berechnen. Falls von i aus keine Kante zu einer anderen Gruppe führt, ist $e(i) = \$$ für ein Sonderzeichen $\$$.

P_{ij} testet dann in konstanter Zeit, ob $D(j) = D(i)$ und $e(j)$ billiger als $e(i)$ ist. Danach können $P_{i1}, \ldots, P_{in}$ in Zeit $\lceil \log n \rceil$ feststellen, ob $e(i)$ die billigste Kante ist, die den Baum mit Knoten i mit einem anderen Baum verbindet. Im positiven Fall wird $e(i)$ in die Ausgabe und in das Register M_i geschrieben.

Für Schritt 2 des Algorithmus müssen die D-Werte neu berechnet werden. Wenn die Kante $e(i) = \{i,j\}$ dem Wald hinzugefügt wurde, wird für den Gruppenführer $D(i)$ von i der vorläufige neue D-Wert $D(D(i)) := D(j)$ und $C(D(i)) := D(j)$ berechnet. Unter den Gruppenführern bilden die neuen D-Werte einen gerichteten Graphen mit Fan-out 1. Hätte dieser Graph einen Kreis mit mindestens 3 Knoten, dann wäre in Schritt 2 des Algorithmus kein Wald sondern ein nicht kreisfreier Graph entstanden. Also haben alle Kreise Länge 2. Diese Kreise entstehen für Kanten $\{i,j\}$, die zweimal gewählt wurden, d.h. $e(i) = e(j) = \{i,j\}$. Die neuen D-Werte können nun, wie in Schritt 3 und 4 des Beweises von Satz 7.1.4 beschrieben, von n Prozessoren in Zeit $O(\log n)$ berechnet werden. $\qquad \square$

Kucera (1982) hat den im folgenden dargestellten sequentiellen Algorithmus von Kruskal (1956) parallelisiert.

7.4.4 Algorithmus
0.) Starte mit dem Wald aus n Bäumen mit je einem Knoten.
1.) Sortiere die m Kanten, so daß $c(e_1) \leq \ldots \leq c(e_m)$ gilt.
2.) Für $i = 1, \ldots, m$ prüfe, ob e_i in dem bisher erzeugten Wald zwei Bäume verbindet. Im positiven Fall füge e_i zu dem Wald hinzu.

7.4.5 Satz   *Ein minimaler Spannbaum auf einem Graphen mit n Knoten kann von einer CRCW COMMON mit n^5 Prozessoren in Zeit $O(\log n)$ berechnet werden.*

B e w e i s Wir benutzen einen Sortieralgorithmus, der n Zahlen $a_1, \ldots, a_n$ mit n^2 Prozessoren in Zeit $O(\log n)$ sortiert. Da die Zahl der Kanten $m \leq \binom{n}{2}$ ist, genügen in unserem Fall n^4 Prozessoren. Prozessor P_{ij}, $1 \leq i$, $j \leq n$, berechnet in konstanter Zeit $d_{ij} \in \{0,1\}$, wobei $d_{ij} = 1$ ist, falls $a_i > a_j$ oder $a_i = a_j$ und $i \geq j$ ist. Die Prozessoren $P_{i1}, \ldots, P_{in}$ berechnen in Zeit $\lceil \log n \rceil$ die Summe $s_i = d_{i1} + \ldots + d_{in}$. Danach schreibt P_{i1} die Zahl a_i an die Position s_i der Ausgabe. Dieser Sortieralgorithmus kann sogar von einer *CREW PRAM* ausgeführt werden.

Der zweite Schritt aus Algorithmus 7.4.4 scheint eine schwer zu parallelisierende Schleife zu sein. Wir können aber die Bedingung, ob e_i dem Wald hinzugefügt wird, umformulieren. Die Kante e_i gehört zum minimalen Spannbaum genau dann, wenn die Endpunkte von e_i in dem von den Kanten $e_1, \ldots, e_{i-1}$ aufgespannten Graphen G_i in verschiedenen Zusammenhangskomponenten liegen. Jedem Graphen G_i werden n^3 Prozessoren zugeteilt, die gemäß Korollar 7.1.3 in Zeit $O(\log n)$ die Zusammenhangskomponenten von G_i berechnen und entscheiden, ob e_i zum minimalen Spannbaum gehört. $\qquad \Box$

Wir wollen nun das Problem, minimale Spannbäume zu berechnen, durch eine Familie Boolescher Funktionen MSP ausdrücken. Es sei x_{ij} eine n-Bit-Zahl, die die Kosten der Kante zwischen i und j, $i < j$, beschreibt. MSP_n hat also $n\binom{n}{2}$ Boolesche Inputs. Es soll die Adjazenzmatrix eines minimalen Spannbaumes berechnet werden, also hat $MSP_n\binom{n}{2}$ Outputs. Der im Beweis von Satz 7.4.5 angegebene *CRCW COMMON*-Algorithmus benutzt so einfache Operationen, daß er auf einer *RES CRCW PRIORITY* (s.Kap. 11.4) ausgeführt werden kann. Damit kann er durch einen U-Schaltkreis polynomieller Größe und logarithmischer Tiefe simuliert werden, und es gilt folgender Satz.

7.4.6 Satz $MSP \in AC_1 \subseteq NC_2$.

7.5 Planarität, Matchings und Flußprobleme

Neben den bereits behandelten gibt es drei weitere prominente Vertreter in der Menge der sequentiell in polynomieller Zeit lösbaren Graphprobleme.

Graphen heißen *planar*, wenn sie so auf ein Blatt Papier gezeichnet werden können, daß sich Kanten nicht schneiden. Ja'Ja' und Simon (1982) haben einen *CREW PRAM*-Algorithmus entworfen, mit dem für Graphen G auf n Knoten in Zeit $O(\log^2 n)$ mit $O(n^4)$ Prozessoren entschieden werden kann, ob G planar ist.

Ein *Matching* ist eine Menge von Kanten in einem Graphen, so daß je zwei Kanten keinen Knoten gemeinsam haben. Es ist nicht bekannt, ob Matchings mit maximaler Kantenzahl von deterministischen parallelen Registermaschinen mit polynomiell vielen Prozessoren in polylogarithmischer Zeit berechnet werden können. Mit probabilistischen parallelen Registermaschinen ist dies möglich (Mulmuley, Vazirani und Vazirani (1987)).

Flußprobleme sind auf gerichteten Graphen $G = (V, E)$ mit einer Quelle Q mit Fan-in 0 und einer Senke S mit Fan-out 0 und einer Kapazitätsbeschränkung $c(e) \in \mathbb{N}_0$ für jede Kante $e \in E$ definiert. Ein *Fluß* ist eine Abbildung $f : E \to \mathbb{N}_0$ mit $0 \leq f(e) \leq c(e)$, so daß für jeden Knoten i außer der Quelle und der Senke die Kirchhoff-Regel erfüllt ist:

$$\sum_{e=(h,i)\in E} f(e) = \sum_{e=(i,j)\in E} f(e).$$

Der *Wert des Flusses* f ist die Summe aller $f(e)$ mit $e = (Q, i) \in E$. Goldschlager, Shaw und Staples (1982) haben gezeigt, daß das Problem der Berechnung eines Flusses mit maximalem Wert selbst in dem eingeschränkten Fall $c(e) \in \{0, 1\}$ P-vollständig ist (für die Definition der P-Vollständigkeit siehe Garey und Johnson (1979)). Es wird vermutet, daß P-vollständige Probleme zwar in P aber nicht in NC liegen.

Aufgaben

7.A.1 Beweise Korollar 7.1.3, ohne die allgemeinen Simulationsergebnisse zu benutzen.

7.A.2 Der im Beweis von Satz 7.3.2 angegebene Algorithmus zur Berechnung der Distanzmatrix kann so implementiert werden, daß für eine *CREW PRAM* $O(n^3/\log n)$ Prozessoren und Zeit $O(\log^2 n)$ ausreichen.

7.A.3 Entwerfe möglichst effiziente *CREW PRAM*- und *CRCW COMMON*-Algorithmen, die nicht nur die Länge kürzester Wege von i nach j sondern auch die kürzesten Wege selber berechnen.

7.A.4 Entwerfe einen möglichst effizienten U-Schaltkreis für MSP_n, ohne die allgemeine Simulation paralleler Registermaschinen durch Schaltkreise zu benutzen.

8. Sortieren

8.1 Schaltkreise für Sortierprobleme

Die Wichtigkeit von Sortierproblemen ist so unumstritten, daß sie hier nicht mehr diskutiert werden muß. Wir beginnen daher gleich mit der Aufzählung der von uns untersuchten Probleme.

8.1.1 Definition   Die Objekte $x_1, \ldots, x_n$, $y_1, \ldots, y_n$ seien Elemente einer vollständig geordneten Menge.

i) Die *Vergleichsfunktion* (Vergleich = comparison) $COMP_{\geq}(x_1, x_2)$ berechnet genau dann 1, wenn $x_1 \geq x_2$ ist. Analog sind $COMP_{>}, COMP_{\leq}$ und $COMP_{<}$ definiert.

ii) Der *Gleichheitstest* $EQ(x_1, x_2)$ berechnet genau dann 1, wenn $x_1 = x_2$ ist.

iii) Die *Sortierfunktion* SOR_n sortiert die Eingabe, d.h. es ist $SOR_n(x_1, \ldots, x_n) = (x_{\pi(1)}, \ldots, x_{\pi(n)})$ für eine Permutation $\pi \in S(n)$, so daß $x_{\pi(1)} \geq \ldots \geq x_{\pi(n)}$ ist. Der *Rang* von x_i ist $\pi^{-1}(i)$.

iv) Die *Auswahlfunktion* SEL_k^n ist die Subfunktion von SOR_n, die nur $x_{\pi(k)}$, also das Objekt vom Rang k, berechnet. Für $k = 1$ heißt sie *Maximumsfunktion* MAX_n und für $k = \lceil n/2 \rceil$ *Medianfunktion* MED_n.

v) Die partiell definierte Funktion $MER_n(x_1, \ldots, x_n, y_1, \ldots, y_n)$, die, falls $x_1 \geq \ldots \geq x_n$ und $y_1 \geq \ldots \geq y_n$ ist, mit SOR_{2n} übereinstimmt, heißt *Mischfunktion* (mischen = to merge).

Diese Funktionen werden zu Booleschen Funktionen, wenn als vollständig geordnete Menge M die Menge $\{0, 1\}^n$ mit der Ordnung $x \leq y$, falls $|x| \leq |y|$, gewählt wird. In Kap. 8.1 wollen wir effiziente Schaltkreise für diese Booleschen Funktionen entwerfen und insbesondere entscheiden, wo diese Funktionen in der NC-AC-Hierarchie einzuordnen sind. Danach werden wir die Bitebene verlassen und Vergleiche sowie if-Tests und Vertauschungen als elementare Operationen ansehen. In Kap. 8.2-8.5 werden die bekannten sequentiellen Sortieralgorithmen vorgestellt und verglichen. Die optimale Zahl an Vergleichen ist für uneingeschränkte Sortierprobleme $\Theta(n \log n)$. In Kap. 8.6 wird gezeigt, daß jedes Auswahlproblem mit linearer Anzahl von Operationen gelöst werden kann, und in Kap. 8.7 werden für spezielle geordnete Mengen M Sortieralgorithmen vorgestellt, die mit $O(n)$ Operationen auskommen. Der Nachteil aller in Kap. 8.2-8.7 vorgestellten Algorithmen ist, daß sie sich wegen des intensiven Gebrauchs von if-Tests nicht auf effiziente Weise hardwaremäßig implementieren lassen. Sortiernetzwerke, die wir in Kap. 8.8 entwerfen, lassen dagegen als spezielle straight-line Programme eine hardwaremäßige Implementierung zu. Da das für den praktischen Gebrauch beste Sortiernetzwerk Tiefe $\Theta(\log^2 n)$ hat, wird in Kap. 8.9 ein $PRAM$-Sortieralgorithmus, der mit $O(n)$ Prozessoren in Zeit $O(\log n)$ sortiert, dargestellt.

Im Rest von Kap. 8.1 wird vorausgesetzt, daß die zu sortierenden Objekte n-stellige Binärzahlen sind. Daher werden auch die Vergleichsfunktionen und der Gleichheitstest mit dem Index n versehen.

8.1.2 Satz   *i) EQ_n läßt sich in einem U-Schaltkreis der Tiefe 2 mit $2n + 1$ Bausteinen berechnen. Also ist $EQ \in AC_{0,2} \subseteq AC_0 \subseteq NC_1$.*
ii) $COMP_>^n$ läßt sich in einem U-Schaltkreis der Tiefe 3 mit $3n + 1$ Bausteinen berechnen. Also ist $COMP_> \in AC_{0,3} \subseteq AC_0 \subseteq NC_1$. Gleiches gilt für $COMP_\geq$, $COMP_\leq$ und $COMP_<$.

B e w e i s Die beiden Eingaben seien $x = (x_{n-1}, \ldots, x_0)$ und $y = (y_{n-1}, \ldots, y_0)$.

$$i) \qquad EQ_n(x,y) = \bigwedge_{0 \leq i \leq n-1} ((x_i \vee \bar{y}_i) \wedge (\bar{x}_i \vee y_i)).$$

Es genügen also $2n$ $\vee$-Bausteine mit Fan-in 2 zur Berechnung aller $x_i \vee \bar{y}_i$ und $\bar{x}_i \vee y_i$ sowie ein $\wedge$-Baustein mit Fan-in $2n$.

ii) Es ist $|x| > |y|$, falls es ein i gibt, so daß $x_i = 1$, $y_i = 0$ und $x_j = y_j$ für $j > i$ ist. Also folgt die Behauptung aus der folgenden Darstellung von $COMP_>^n$.

$$COMP_>^n(x,y) = \bigvee_{0 \leq i \leq n-1} \left(x_i \wedge \bar{y}_i \wedge \bigwedge_{i < j \leq n-1} [(x_j \vee \bar{y}_j) \wedge (\bar{x}_j \vee y_j)] \right).$$

Darüber hinaus ist $COMP_<^n(x,y) = COMP_>^n(y,x)$, $COMP_\geq^n(x,y) = \neg COMP_<^n(x,y)$ und $COMP_\leq^n(x,y) = \neg COMP_>^n(x,y)$. Die Negationen können mit Hilfe der deMorgan-Regeln kostenlos zu den Inputs gebracht werden.   □

8.1.3 Satz   *MAX_n läßt sich in U-Schaltkreisen der Tiefe 4 mit $O(n^3)$ Bausteinen berechnen. Also ist $MAX \in AC_{0,4} \subseteq AC_0 \subseteq NC_1$.*

B e w e i s Es werden alle $c_{ij} = COMP_<^n(x_i, x_j)$ für $i \neq j$ in Tiefe 3 mit je $O(n)$ also insgesamt $O(n^3)$ Bausteinen berechnet. Da die letzte Stufe eine $\vee$-Stufe ist, können in Tiefe 3 auch alle d_i, die Disjunktionen aller c_{ij}, berechnet werden.

Es ist $d_\iota = 1$ genau dann, wenn x_ι nicht maximal ist. Also ist $e_\iota = \neg d_\iota = 1$ genau dann,wenn x_ι maximal ist. Die e_ι können in Tiefe 3 mit $O(n^3)$ Bausteinen berechnet werden, wobei die letzte Stufe eine $\wedge$-Stufe ist. Alle x_ι mit $e_\iota = 1$ sind gleich. Sei $x_{\iota j}$ das j-te Bit von x_ι und MAX_j das j-te Bit von $MAX_n(x_1,\ldots,x_n)$. Dann ist

$$MAX_j = \bigvee_{1 \leq \iota \leq n} x_{\iota j} \wedge e_\iota.$$

Die Konjunktionen $x_{\iota j} \wedge e_\iota$ können in die Stufe 3 integriert werden. Also erhalten wir insgesamt einen Schaltkreis der Tiefe 4 mit $O(n^3)$ Bausteinen für die Maximumsfunktion. $\qquad\square$

8.1.4 Satz MER_n *läßt sich in* U-*Schaltkreisen der Tiefe 4 mit* $O(n^3)$ *Bausteinen berechnen. Also ist* $MER \in AC_{0,4} \subseteq AC_0 \subseteq NC_1$.

B e w e i s   Der $AC_{0,3}$-Schaltkreis für $COMP_<^n$ aus dem Beweis von Satz 8.1.2 hat als dritte Stufe eine $\vee$-Stufe, gleiches gilt für $COMP_>^n$. Da $EQ \in AC_{0,2}$ und

$$COMP_>^n(x_j,y_\iota) = (\neg COMP_<^n(x_j,y_\iota)) \wedge (\neg EQ_n(x_j,y_\iota))$$

ist, gibt es für alle Vergleichsfunktionen Schaltkreise der Tiefe 3 mit $O(n)$ Bausteinen, wobei die letzte Stufe wahlweise eine $\vee$- oder $\wedge$-Stufe ist. Wir wählen als dritte Stufe eine $\wedge$-Stufe und berechnen in Tiefe 3 mit $O(n^3)$ Bausteinen alle $c_{\iota j} = COMP_<^n(x_j,y_\iota)$, $\bar c_{\iota j}$, $d_{\iota j} = COMP_>^n(x_\iota,y_j)$ und $\bar d_{\iota j}$. Es sei $c_j = 0^{n-j}c_{nj}\ldots c_{1j}1^j$. Es ist $c_{nj} \leq \ldots \leq c_{1j}$, und die Zahl der Einsen in c_j ist gleich dem Rang von x_j in der sortierten Folge, wenn wir annehmen, daß gleiche x-Objekte ihre Reihenfolge behalten und x_j vor allen gleich großen y-Objekten stehen soll. Analog gibt die Zahl der Einsen in $d_j = 0^{n-j}d_{nj}\ldots d_{1j}1^j$ den Rang von y_j in der sortierten Folge an. Für Vektoren (oder Strings) $e = e_{2n}\ldots e_1$ mit $e_{2n} \leq \ldots \leq e_1$ und $e_{2n+1} = 0$ ist $E_k(e) = e_k \wedge \bar e_{k+1}$ genau dann 1, wenn e genau k Einsen enthält. Damit läßt sich $z_{k\iota}$, das i-te Bit der Zahl mit Rang k in der sortierten Folge, berechnen als

$$z_{k\iota} = \bigvee_{1 \leq j \leq n} [(E_k(c_j) \wedge x_{j\iota}) \vee (E_k(d_j) \wedge y_{j\iota})].$$

Die Konjunktionen $E_k(c_j) \wedge x_{j\iota}$ und $E_k(d_j) \wedge y_{j\iota}$ können in die dritte Stufe der Berechnungen von $c_{\iota j}, \bar c_{\iota j}, d_{\iota j}$ und $\bar d_{\iota j}$ integriert werden. Damit hat der Schaltkreis Größe $O(n^3)$ und Tiefe 4. $\qquad\square$

Wir erinnern daran, daß TC_0 die Folgen Boolescher Funktionen enthält, die in Thresholdschaltkreisen mit polynomiell vielen Bausteinen und Drähten in konstanter Tiefe berechnet werden können. Da nach den Ergebnissen aus Kap. 4 die Thresholdfunktionen in NC_1 liegen, folgt $TC_0 \subseteq NC_1$. Wenn nämlich jeder Thresholdbaustein in einem TC_0-Schaltkreis durch einen NC_1-Schaltkreis für die entsprechende Thresholdfunktion ersetzt wird, erhalten wir einen NC_1-Schaltkreis.

8.1.5 Satz   *SOR_n läßt sich in Thresholdschaltkreisen der Tiefe 6 mit $O(n^3)$ Bausteinen berechnen. Also ist $SOR \in TC_{0,6} \subseteq TC_0 \subseteq NC_1$.*

B e w e i s Da $\wedge$- und $\vee$-Bausteine insbesondere auch Thresholdbausteine sind, können in Tiefe 3 alle c_{ij} berechnet werden, wobei $c_{ij} = COMP^n_{\leq}(x_i, x_j)$ für $i \geq j$ und $c_{ij} = COMP^n_{<}(x_i, x_j)$ für $i < j$ ist. In der vierten Stufe werden alle $d_{ik} = T^n_{\geq k}(c_{i1}, \ldots, c_{in})$ berechnet. Dann ist $d_{in} \leq \ldots \leq d_{i1}$, und die Zahl der Einsen in $d_i = d_{in} \ldots d_{i1}$ gibt den Rang von x_i in der sortierten Folge an, wobei gleich große Objekte ihre Reihenfolge beibehalten. Damit läßt sich z_{ki}, das i-te Bit der Zahl mit Rang k in der sortierten Folge, berechnen als

$$z_{ki} = \bigvee_{1 \leq j \leq n} E_k(d_j) \wedge x_{ji}.$$

Der gesamte Schaltkreis hat also Größe $O(n^3)$ und Tiefe 6. $\square$

Die obere Schranke aus Satz 8.1.5 gilt natürlich auch für die Auswahlfunktion. Da Razborov (1986) gezeigt hat, daß die Majoritätsfunktion, die ja nichts weiter als die Medianfunktion für 1-Bit-Zahlen ist, nicht in ZC_0 enthalten ist, haben wir den in Sortierproblemen auftretenden Booleschen Funktionen ihren Platz in der NC-Hierarchie zugeordnet.

Allerdings sind die für die Beweise von Satz 8.1.3-8.1.5 verwendeten Algorithmen unbefriedigend. Um konstante Tiefe zu erreichen, werden stets alle $\binom{n}{2}$ möglichen paarweisen Vergleiche parallel durchgeführt. Die entstehenden Kosten sind zwar polynomiell aber viel zu groß. Wir werden im folgenden Vergleiche als Elementaroperationen auffassen und zunächst effiziente sequentielle Algorithmen entwerfen. Dabei wird als Rechenmodell eine Registermaschine benutzt, so daß if-Tests zulässige Operationen sind. Es kann im folgenden mit Ausnahme von Kap. 8.7 o.B.d.A. angenommen werden (s. 8.A.6), daß die zu sortierenden Objekte verschieden sind.

8.2 INSERTION SORT

Für die in Kap. 8.2-8.5 beschriebenen Sortieralgorithmen wird angenommen, daß die zu sortierenden Objekte $x_1, \ldots, x_n$ in einem Array der Länge n gegeben sind. Im allgemeinen Fall, daß die Objekte aus einer beliebigen vollständig geordneten

Menge M stammen, sind Vergleiche die einzigen Operationen zur Informationsbeschaffung. Da es $n!$ Permutationen gibt, mit denen die sortierte Folge in Unordnung gebracht worden sein kann, und Vergleiche die Menge der möglichen Permutationen in zwei Teilmengen zerlegen, benötigen Sortieralgorithmen im worst case mindestens $\lceil \log(n!)\rceil$ Vergleiche. Nach der Stirling Formel ist

$$\log(n!) = n\log n - n\log e + \frac{1}{2}\log n + \Theta(1) \approx n\log n - 1.44n + O(\log n).$$

INSERTION SORT nimmt im i-ten Schritt an, daß $x_1,\ldots,x_i$ bereits in sortierter Form im Array stehen. Dies ist für $i = 1$ sicher erfüllt. Mit der Methode der binären Suche wird die passende Position für x_{i+1} gefunden und danach x_{i+1} an dieser Stelle eingefügt. Für x_{i+1} sind zunächst $i+1$ Positionen möglich: vor x_1, zwischen x_j und x_{j+1} $(1 \le j \le i-1)$ und hinter x_i. Da die Zahl möglicher Positionen mit jedem Vergleich halbiert wird, genügen $\lceil \log(i+1)\rceil$ Vergleiche. Zunächst wird x_{i+1} mit x_k für $k = \lfloor (i+1)/2\rfloor$ verglichen. Falls $x_{i+1} < x_k$, wird x_{i+1} in $x_1,\ldots,x_{k-1}$ und sonst in $x_{k+1},\ldots,x_i$ eingefügt. Die Gesamtzahl der Vergleiche, die INSERTION SORT durchführt, beträgt also

$$\sum_{1\le i\le n-1} \lceil \log(i+1)\rceil = \sum_{2\le i\le n} \lceil \log i\rceil \le \log(n!) + n - 1.$$

Für $n = 2^k$ geben wir die Zahl der Vergleiche exakt an. Sie beträgt

$$\sum_{1\le j\le k} j2^{j-1} = k2^k - 2^k + 1 = n\log n - n + 1.$$

Die Zahl der Vergleiche ist also nahezu optimal. Um allerdings x_{i+1} zwischen x_j und x_{j+1} einzufügen, müssen $x_{j+1},\ldots,x_i$ eine Position nach rechts rücken, im Durchschnitt sind beim Einfügen von x_{i+1} genau $i/2$ Vertauschungen notwendig, insgeamt also $\Theta(n^2)$ Vertauschungen. Die bei den Vergleichen gesparte Arbeit muß beim INSERTION SORT für Vertauschungen aufgewendet werden.

8.2.1 Satz   *INSERTION SORT sortiert Folgen der Länge n mit weniger als $(\log n!) + n - 1$ Vergleichen, benötigt aber sogar im Durchschnitt $\Theta(n^2)$ Vertauschungen.*

8.3 MERGE SORT

Dem MERGE SORT liegt ein einfacher Divide-and-Conquer Algorithmus zugrunde.

8.3.1 Algorithmus MERGE SORT

1.) Falls $n = 1$, ist nichts zu tun.

2.) Falls $n > 1$, werden die beiden Hälften $x_1, \ldots, x_{\lceil n/2 \rceil}$ und $x_{\lceil n/2 \rceil + 1}, \ldots, x_n$ rekursiv sortiert.

3.) Die beiden sortierten Folgen werden gemischt.

Das Mischen in Schritt 3 muß noch implementiert werden. Es seien $a_1, \ldots, a_j$ und $b_1, \ldots, b_{n-j}$ zwei sortierte Folgen, die zu $y_1, \ldots, y_n$ gemischt werden sollen. Offensichtlich ist $y_1 = \max\{a_1, b_1\}$. Falls $y_1 = a_1$, sind $a_2, \ldots, a_j$ und $b_1, \ldots, b_{n-j}$ und ansonsten $a_1, \ldots, a_j$ und $b_2, \ldots, b_{n-j}$ zu mischen. In jedem Fall genügen $n - 1$ Vergleiche. Für die von MERGE SORT für $n = 2^k$ benötigte Zahl von Vergleichen $V(n)$ gilt daher

$V(1) = 0$, $V(n) = 2V(n/2) + n - 1$ und somit $V(n) = n \log n - n + 1$.

MERGE SORT benötigt also für $n = 2^k$ die gleiche Zahl von Vergleichen wie INSERTION SORT. Wir haben bisher noch nicht beschrieben, wie wir die Daten verwalten. Wir benutzen ein Array der Länge $2n$. Nach jedem Durchgang ist eine Hälfte des Arrays leer, und die gemischten Listen können in die freie Arrayhälfte geschrieben werden. Es gibt also keine Vertauschungen, jedes Objekt wird $\log n$-mal an eine neue Position geschrieben. Da oft sehr lange Folgen sortiert werden sollen, ist der zusätzliche Speicherplatzbedarf unerwünscht. Die Sortieralgorithmen in Kap. 8.4 und 8.5 vermeiden sowohl zusätzliche Vertauschungen als auch zusätzlichen Speicherplatzbedarf. Wir fassen die Ergebnisse dieses Abschnitts im folgenden Satz zusammen.

8.3.2 Satz   *i) Zwei Folgen der Länge j und $n - j$ können mit $n - 1$ Vergleichen gemischt werden.*

ii) MERGE SORT sortiert Folgen der Länge $n = 2^k$ mit $n \log n - n + 1$ Vergleichen ohne zusätzliche Operationen und benötigt ein Array der Länge $2n$.

8.4 QUICK SORT

QUICK SORT (Hoare (1962)) ist der vermutlich am häufigsten angewendete Sortieralgorithmus. Er arbeitet mit einem Array der Länge n. Die Zahl der Vertauschungen ist nicht größer als die Zahl der Vergleiche. Zwar müssen im worst case alle $\binom{n}{2}$ paarweisen Vergleiche durchgeführt werden, im average case macht QUICK SORT jedoch seinem Namen alle Ehre.

8.4.1 Algorithmus QUICK SORT

1.) Für $n = 0$ oder $n = 1$ ist nichts zu tun.

2.) Für $n > 1$ wird ein $i \in \{1, \ldots, n\}$ zufällig gemäß der Gleichverteilung gewählt.

3.) Es wird $Teile(x_1, \ldots, x_n, i)$ aufgerufen. Diese Prozedur ergibt eine Folge $(x_{\pi(1)}, \ldots, x_{\pi(n)})$, in der x_i an der richtigen Stelle steht, d.h. $\pi(k) = i$, falls x_i den Rang k hat, und $x_{\pi(1)}, \ldots, x_{\pi(k-1)} \geq x_i \geq x_{\pi(k+1)}, \ldots, x_{\pi(n)}$ ist.

4.) Es wird QUICK SORT auf $(x_{\pi(1)}, \ldots, x_{\pi(k-1)})$ und auf $(x_{\pi(k+1)}, \ldots, x_{\pi(n)})$ angewendet.

Die Korrektheit dieses Algorithmus ist offensichtlich. Die Prozedur *Teile* wird mit Hilfe von zwei Zeigern l und r, die an Position 1 bzw. n starten, implementiert. Der Zeiger l bleibt, wenn er auf x_i zeigt, stehen und vergleicht ansonsten das Objekt, auf das er zeigt, mit x_i. Wenn er ein Objekt $x_j < x_i$ findet, bleibt er stehen, ansonsten rückt er eine Position nach rechts. Der Zeiger r arbeitet auf ähnliche Weise von rechts nach links und stoppt auf Objekten $x_j > x_i$ oder auf x_i. Wenn beide Zeiger x_i erreichen, hat das Array die gewünschte Form. Ansonsten hat das Array links von Zeiger l und rechts von Zeiger r die gewünschte Form, aber mindestens einer der Zeiger zeigt auf ein Objekt, das bzgl. x_i auf der falschen Seite steht. Es werden die Objekte, auf die l und r zeigen, ausgetauscht und dann wird wie beschrieben fortgefahren. Dabei müssen natürlich die Objekte, auf die l und r zeigen, nicht noch einmal mit x_i verglichen werden.

Bis l und r sich treffen, werden genau $n - 1$ Zeigerbewegungen durchgeführt. Das Objekt x_i wird mit allen anderen Objekten verglichen, und jeder Vergleich betrifft x_i. Also werden $n - 1$ Vergleiche durchgeführt. Jeder Vertauschung geht ein Vergleich voraus, also werden höchstens $n - 1$ Vertauschungen durchgeführt. Da Vergleiche am aufwendigsten sind, zählen wir im folgenden nur Vergleiche.

8.4.2 Bemerkung   QUICK SORT führt im worst case $\binom{n}{2}$ Vergleiche durch.

B e w e i s Da x_i nach der Prozedur *Teile* nicht mehr betrachtet wird, werden Vergleiche nicht doppelt ausgeführt. Die Zahl der Vergleiche ist also höchstens $\binom{n}{2}$. Wenn x_i stets das größte Objekt ist, wird *Teile* für Probleme der Größe $n, n-1, \ldots, 2$ aufgerufen. Die Zahl der Vergleiche beträgt dann
$$(n - 1) + (n - 2) + \ldots + 1 = \binom{n}{2}. \qquad \square$$

QUICK SORT vergleicht niemals Objekte $y > x_i$ und $z < x_i$, da diese Objekte durch die Prozedur *Teile* getrennt werden. Also ist QUICK SORT am schnellsten, wenn x_i stets der Median ist. Die Zahl der Vergleiche $V(n)$ ist dann

$$V(0) = V(1) = 0 \text{ und } V(n) = V(\lfloor n/2 \rfloor) + V(\lceil n/2 \rceil - 1) + n - 1$$

und damit kleiner als beim INSERTION SORT oder MERGE SORT. Die zufällige Wahl von x_i sichert natürlich nicht, daß x_i der Median ist, aber die Wahrscheinlichkeit, daß x_i sehr oft am Rand liegt, ist sehr klein. Wenn wir den Median mit cn Vergleichen berechnen können, dann läßt sich die worst case Zahl von Vergleichen durch $(c+1)n \log n$ beschränken. Dieser Ansatz führt nicht zu effizienten Sortieralgorithmen, da c nicht klein genug gemacht werden kann. Die Stärke von QUICK SORT zeigt sich bei der Abschätzung der Zahl der im Durchschnitt benötigten Vergleiche.

8.4.3 Satz   *QUICK SORT benötigt für jede Eingabe der Länge n im Durchschnitt nicht mehr als $(2 \ln 2)n \log n \approx 1.386 n \log n$ Vergleiche.*

B e w e i s   Wenn der Rang des zufällig gewählten Objektes x_i gerade k ist, wird QUICK SORT rekursiv für Folgen der Länge $k-1$ und $n-k$ aufgerufen. Da jedes Objekt x_i mit Wahrscheinlichkeit $1/n$ gewählt wird, nimmt auch k jeden Wert in $\{1, \ldots, n\}$ mit Wahrscheinlichkeit $1/n$ an. Für die durchschnittliche Zahl $V_d(n)$ der für QUICK SORT benötigten Vergleiche gilt also $V_d(0) = V_d(1) = 0$ und für $n > 1$

$$V_d(n) = n - 1 + \frac{1}{n} \sum_{1 \leq k \leq n} (V_d(k-1) + V_d(n-k)) = n - 1 + \frac{2}{n} \sum_{2 \leq k \leq n-1} V_d(k).$$

Die Behauptung gilt offensichtlich für $n \leq 2$. Für $n \geq 3$ wenden wir die Induktionsvoraussetzung an und erhalten, da $(\ln 2) \log k = \ln k$ ist,

$$V_d(n) \leq n - 1 + \frac{2}{n} \sum_{2 \leq k \leq n-1} (2\ln 2)k \log k = n - 1 + \frac{4}{n} \sum_{2 \leq k \leq n-1} k \ln k.$$

Da die Funktion $x \ln x$ monoton wächst, gilt

$$\int_{k-1}^{k} x \ln x \, dx \leq k \ln k \leq \int_{k}^{k+1} x \ln x \, dx$$

und

$$\int_{1}^{n-1} x \ln x \, dx \leq \sum_{2 \leq k \leq n-1} k \ln k \leq \int_{2}^{n} x \ln x \, dx.$$

Die Stammfunktion von $x \ln x$ ist $\frac{1}{2}x^2 \ln x - \frac{1}{4}x^2$. Also ist

$$
\begin{aligned}
V_d(n) &\leq n - 1 + \frac{4}{n}\left(\frac{1}{2}n^2 \log n(\ln 2) - \frac{1}{4}n^2 - 2\ln 2 + 1\right) \\
&= n - 1 + 2(\ln 2)n \log n - n - \frac{1}{n}(8\ln 2 - 4) \\
&\leq 2(\ln 2)n \log n.
\end{aligned}
$$

$\square$

Diese obere Schranke für $V_d(n)$ ist sehr genau, da wir $\sum k \ln k$ nach unten durch fast die gleiche Funktion abschätzen können. Offensichtlich wird nur ein Array der Länge n benötigt, und die Operationen, die keine Vergleiche sind, werden durch die Zahl der Vergleiche dominiert. In der Praxis wird die zufällige Auswahl von x_i oft durch die heuristische Regel, den Median der drei Objekte x_1, $x_{\lceil n/2 \rceil}$ und x_n zu wählen, ersetzt. Dies sichert allerdings nicht für jede Eingabe, daß (im Durchschnitt) nur $O(n \log n)$ Vergleiche benötigt werden.

8.5 HEAP SORT

HEAP SORT (Williams (1964)) wurde von Floyd (1964) so implementiert, daß ein Array der Länge n als Datenstruktur genügt. Dieses Array A wird jedoch gleichzeitig als balancierter binärer Baum mit n Knoten aufgefaßt, der ohne Zeiger verwaltet wird. Position 1 ist der Platz für die Wurzel, die Söhne stehen im Array an den Positionen 2 und 3. Allgemein stehen die Knoten des Baumes auf Level i im Array an den Positionen $2^i, \ldots, 2^{i+1} - 1$. Die Söhne von Knoten j sind die Knoten $2j$ und $2j + 1$, und der Vater von j ist der Knoten $\lfloor j/2 \rfloor$. Wegen dieser einfachen Beziehung sind Zeiger überflüssig.

8.5.1 Definition   Ein Array mit den Objekten $x_1, \ldots, x_n$ heißt *Heap*, wenn $x_i \leq x_{2i}$ (oder $2i > n$) und $x_i \leq x_{2i+1}$ (oder $2i + 1 > n$) für alle i gilt.

Ein Heap ist vorsortiert. An der Wurzel steht das kleinste Objekt. Wenn wir die Objekte an den Positionen 1 und n vertauschen, steht das kleinste Objekt an der richtigen Stelle. Danach wird nur noch das Array mit den Positionen $1, \ldots, n - 1$ betrachtet. Dieses Array ist „fast ein Heap", die Heapeigenschaft kann nur am Knoten 1 verletzt sein. Die Prozedur *Reheap*(m, i) dient dazu, einen Teilbaum,

für den die Heapeigenschaft nur an der Wurzel (vielleicht) nicht gilt, zu einem
Heap zu machen. Der Parameter m zeigt an, daß nur die Arraypositionen $1, \ldots, m$
betrachtet werden, und der Parameter i gibt die Wurzel des betrachteten Teilbaumes an.

8.5.2 Algorithmus $Reheap(m, i)$

1.) Falls $i > m/2$, ist nichts zu tun.
2.) Falls $i \leq m/2$, wird mit 2 Vergleichen das Minimum MIN der Objekte x_i, x_{2i}
und x_{2i+1} (falls $2i + 1 \leq m$) berechnet.
3.) a) Falls $MIN = x_i$, ist die Aufgabe erfüllt.
b) Falls $MIN \neq x_i$ und $MIN = x_{2i}$, vertausche x_i und x_{2i}. Führe $Reheap(m, 2i)$
durch.
c) Falls $MIN \neq x_i$, $MIN \neq x_{2i}$ und $MIN = x_{2i+1}$, vertausche x_i und x_{2i+1}.
Führe $Reheap(m, 2i + 1)$ durch.

Da in Algorithmus 8.5.2 das Minimum an die Wurzel des betrachteten Teilbaumes
gebracht wird, ist dort die Heapeigenschaft für die Zukunft erfüllt. Gleiches gilt
für den Teilbaum, in dem nichts verändert wurde. Für den anderen Teilbaum
wird $Reheap$ aufgerufen. Wenn der betrachtete Teilbaum Tiefe d hat, benötigt
$Reheap$ maximal $2d$ Vergleiche und d Vertauschungen. In dem von $Reheap(m, i)$
betrachteten Teilbaum besteht der längste Pfad aus den Knoten $i, 2i, 2^2 i, \ldots 2^l i$,
wobei l die größte Zahl mit $2^l i \leq m$ ist. Also ist $l = \lfloor \log \frac{m}{i} \rfloor$, und Algorithmus
8.5.2 kommt mit maximal $2 \lfloor \log \frac{m}{i} \rfloor$ Vergleichen aus. HEAP SORT baut zunächst
einen Heap auf, bringt das Minimum an die richtige Position und baut auf der
Reststruktur wieder einen Heap auf, usw.

8.5.3 Algorithmus HEAP SORT

1.) Für $i = \lfloor n/2 \rfloor, \ldots, 1 : Reheap(n, i)$.
2.) Für $m = n, \ldots, 2 :$ Vertausche die Objekte an den Positionen 1 und m und
führe $Reheap(m - 1, 1)$ durch.

Schritt 1 baut einen Heap auf. Knoten $\lfloor n/2 \rfloor$ ist der letzte Knoten mit mindestens
einem Sohn. Vor dem Aufruf von $Reheap(n, i)$ bilden alle Teilbäume mit Wurzel
$j > i$ bereits einen Heap. Nach Ausführung von $Reheap(n, i)$ gilt dies auch für $j =$
i. Schritt 2 bringt das aktuelle Minimum an die korrekte Position und betrachtet
dieses Objekt nicht mehr. Die Heapeigenschaft wird durch die Vertauschung in
dem eingeschränkten Array nur an der Wurzel verletzt. $Reheap(m - 1, 1)$ nimmt
die notwendige Korrektur vor.

Wir schätzen nun die Zahl der Vergleiche ab. In Schritt 1 genügt die folgende Zahl
an Vergleichen:

$$2 \sum_{1 \leq i \leq \lfloor n/2 \rfloor} \lfloor \log \frac{n}{i} \rfloor \leq 2 \sum_{1 \leq i \leq \lfloor n/2 \rfloor} (\log n - \log i) \leq 2(\frac{n}{2} \log n - \log(\lfloor n/2 \rfloor!))$$

$$\approx (1 + \log e)n \approx 2.44n.$$

Für Schritt 2 von HEAP SORT ist die Zahl der Vergleiche

$$2 \sum_{2 \leq m \leq n} \lfloor \log(m-1) \rfloor \leq 2\log((n-1)!) \leq 2n\log n - 2(\log e)n + O(\log n).$$

Die Gesamtzahl der Vergleiche beträgt $2n\log n - (\log e - 1)n + O(\log n)$ und ist
gegenüber INSERTION SORT und MERGE SORT um den Faktor 2 größer. Die
Zahl der Vertauschungen ist nur halb so groß wie die Zahl der Vergleiche, und es
wird nur ein Array der Länge n benötigt. Bei der *Reheap* Prozedur müssen wir in
Schritt 2 von HEAP SORT, da ein großes Objekt an die Wurzel gebracht wurde,
mit großer Wahrscheinlichkeit damit rechnen, bis hinab zu den Blättern Vertauschungen durchführen zu müssen. Die durchschnittliche Rechenzeit von HEAP
SORT ist also kaum geringer als die worst case Rechenzeit. Bei dieser Implementierung von HEAP SORT gilt, daß QUICK SORT im worst case schlechter aber
im average case besser ist. Daher wird QUICK SORT in der Praxis HEAP SORT
vorgezogen.

Carlsson (1987) hat die Prozedur *Reheap* und damit HEAP SORT verbessert.
Reheap(m, i) verläuft nun in zwei Phasen. Zunächst wird das Objekt an Position i gar nicht betrachtet. Es wird vom Knoten i aus der Weg zu einem Blatt
durchlaufen, der stets zum kleineren der beiden Söhne geht. Dazu genügen $\lfloor \log \frac{m}{i} \rfloor$
Vergleiche, da nun auf jedem Level nur ein Vergleich durchgeführt wird. Der Pfad
wird nicht abgespeichert, sondern nur die Nummer j des Blattes (im Array mit
den Knoten $1, \ldots, m$), das wir erreichen.

Wir kennen nun den Anfangsknoten i und den Endknoten j des Pfades. Wegen
der Heapeigenschaft innerhalb des Baumes mit Wurzel i enthalten die Knoten auf
dem Pfad mit Ausnahme der Wurzel eine monoton wachsende Folge von Objekten.
Wir wollen nun das am Knoten i stehende Objekt y mit Hilfe der binären Suche
in die sortierte Folge der Objekte auf unserem Pfad einsortieren. Dazu genügen
(s.Kap. 8.2) $\lceil \log(\lfloor \log \frac{m}{i} \rfloor + 1) \rceil$ Vergleiche. Die Frage ist nur, wie wir auf die entsprechenden Objekte zugreifen können, da die Folge der Objekte nicht in einem
Array gespeichert ist. Wir betrachten den ausgewählten Pfad von j zu i, also in
umgekehrter Richtung. Da der Pfad dann stets zum Vaterknoten geht, enthält der
Pfad die Knoten j, $\lfloor j/2 \rfloor, \lfloor \lfloor j/2 \rfloor/2 \rfloor = \lfloor j/4 \rfloor, \ldots$ Im Abstand l von j liegt der
Knoten $\lfloor j/2^l \rfloor$, dieser Knoten kann also direkt angesprochen werden. Wenn y auf
diesem Pfad zwischen dem Objekt an Position $\lfloor k/2 \rfloor$ und dem Objekt an Position
k eingefügt werden muß, d.h. $A(\lfloor k/2 \rfloor) \leq y \leq A(k)$, erhalten wir einen Heap, wenn
y im Knoten $\lfloor k/2 \rfloor$ abgespeichert wird und alle Knoten auf dem Pfad von Knoten
$\lfloor k/2 \rfloor$ an zu ihrem Vaterknoten wandern.

Die verbesserte Version von *Reheap*(m, i) kommt also mit
$\lfloor \log \frac{m}{i} \rfloor + \lceil \log(\lfloor \log \frac{m}{i} \rfloor + 1) \rceil$ Vergleichen aus. Für Schritt 1 von HEAP SORT

machen wir uns nicht die Mühe, den Gewinn abzuschätzen, da Schritt 1 nur lineare Rechenzeit benötigt. Für Schritt 2 ist die Zahl der Vergleiche nun

$$\sum_{2\leq m\leq n} (\lfloor\log(m-1)\rfloor + \lceil\log(\lfloor\log(m-1)\rfloor + 1)\rceil).$$

Den ersten Teil der Summe haben wir bereits durch $n\log n - (\log e)n + O(\log n)$ abgeschätzt. Der zweite Teil kann leicht durch $n\log\log n + n$ abgeschätzt werden.

8.5.4 Satz   *HEAP SORT kann so implementiert werden, daß n Objekte auf einem Array der Länge n mit höchstens $n\log n + n\log\log n + 2n + \log n$ Vergleichen sortiert werden können. Die Zahl der Vertauschungen ist kleiner als die Zahl der Vergleiche.*

Mit dieser Implementierung ist für größere n die worst case Zahl an Vergleichen von HEAP SORT kleiner als die durchschnittliche Zahl an Vergleichen, die QUICK SORT benötigt. Wir erinnern uns, daß QUICK SORT im Durchschnitt $(2\ln 2)n\log n$ Vergleiche durchführt. HEAP SORT kommt mit weniger Vergleichen aus, wenn folgende Ungleichung erfüllt ist.

$$\log\log n + 2 + (\log n)/n < 0.386\log n.$$

Diese Ungleichung ist für $n = 50000$ erfüllt. Die verbesserte Version von HEAP SORT übertrifft QUICK SORT also bereits für realistische Eingabegrößen, für kürzere Eingabelängen ist HEAP SORT im Durchschnitt kaum schlechter als QUICK SORT und vermeidet die Gefahr großer Rechenzeiten im worst case.

8.6 Ein linearer Algorithmus zur Medianberechnung

Wir haben bereits gesehen, daß auch QUICK SORT im worst case nur $O(n\log n)$ Vergleiche benötigt, wenn der Median vorab mit $O(n)$ Vergleichen berechnet werden kann. Wir stellen sogar für beliebige Auswahlfunktionen einen Algorithmus vor, der mit $O(n)$ Vergleichen auskommt.

Die grundlegende Idee bei der Berechnung von SEL_k^n besteht darin, zunächst ein Objekt x^* gegenüber allen anderen Objekten zu klassifizieren. Wir kennen dann den Rang l von x^*, die Menge G der $l-1$ größeren und die Menge K der $n-l$ kleineren Objekte. Wenn $k = l$ ist, sind wir fertig. Wenn $k < l$ ist, müssen wir SEL_k^{l-1} auf die Menge G anwenden und ansonsten SEL_{k-l}^{n-l} auf die Menge K. Dieser Ansatz erinnert sehr an QUICK SORT und, wenn wir Pech haben und abwechselnd das größte und das kleinste Objekt als x^* wählen, werden $\binom{n}{2}$ Vergleiche zur Berechnung des Medians durchgeführt. Es muß also Vorsorge getroffen werden, daß x^* nicht zu weit am Rand liegt. Dies ist Blum, Floyd, Pratt, Rivest und Tarjan (1972) gelungen.

Für $n \leq n_0$ werden die Auswahlfunktionen mit Hilfe von MERGE SORT berechnet. Wir wählen $n_0 = 54$, dann macht der zusätzliche Speicherplatz für MERGE SORT keine Probleme. Für $n > n_0$ werden die Objekte in $\lfloor n/5 \rfloor$ Gruppen zu je 5 Objekten eingeteilt, dabei gehören $l \equiv n \bmod 5$ Objekte keiner Gruppe an.

In jeder Fünfergruppe werden die Menge G der beiden größten Objekte, der Median M und die Menge K der beiden kleinsten Objekte berechnet. Dazu genügen jeweils 7 Vergleiche. Mit 3 Vergleichen werden die ersten 3 Objekte sortiert, mit einem Vergleich die beiden anderen Objekte. Diese beiden sortierten Listen können mit 4 Vergleichen gemischt werden (Satz 8.3.2). Wir können dabei auf den letzten Vergleich verzichten, da er nur das kleinere der beiden kleinsten Objekte berechnet. Für alle Fünfergruppen genügen also $7\lfloor n/5 \rfloor$ Vergleiche.

Nun wird rekursiv von den $\lfloor n/5 \rfloor$ Medianen der Fünfergruppen der Median x^* berechnet. Wenn unser Algorithmus zur Berechnung der Auswahlfunktionen $V(n)$ Vergleiche benötigt, genügen hierfür $V(\lfloor n/5 \rfloor)$ Vergleiche.

Was wissen wir über den Rang von x^*? Unter den Medianen hat x^* Rang $r = \lceil \lfloor n/5 \rfloor /2 \rceil$. Größer als x^* sind also mit Sicherheit $r - 1$ Mediane, die jeweils zwei größten Objekte der zugehörigen Fünfergruppen sowie die zwei größten Objekte der zu x^* gehörenden Fünfergruppe. Der Rang von x^* ist also mindestens $3r$. Mit den gleichen Argumenten folgt, daß der Rang von x^* höchstens $n - 3r + 1$ ist. Wir vergleichen x^* nun mit allen $2(\lfloor n/5 \rfloor - 1) + l$ Objekten, von denen wir noch nicht wissen, ob sie größer oder kleiner als x^* sind. Dies sind je 2 Objekte aus jeder Fünfergruppe, die x^* nicht enthält, und die l Objekte außerhalb von Fünfergruppen. Hinterher muß noch rekursiv eine Auswahlfunktion auf einer Menge von höchstens $n - 3r$ Objekten berechnet werden. Insgesamt folgt

$$V(n) \leq n \log n - n + 1 \text{ für } n \leq 54 \text{ und}$$
$$V(n) \leq 7\lfloor n/5 \rfloor + 2\lfloor n/5 \rfloor + l - 2 + V(\lfloor n/5 \rfloor) + V(n - 3\lceil \lfloor n/5 \rfloor /2 \rceil)$$
$$\leq \frac{9}{5}n + V\left(\frac{1}{5}n\right) + V\left(\frac{7}{10}n + \frac{27}{10}\right) \text{ für } n > 54.$$

Für $n > 54$ ist $\frac{7}{10}n + \frac{27}{10} \leq \frac{3}{4}n$ und daher

$$V(n) \leq \frac{9}{5}n + V\left(\frac{1}{5}n\right) + V\left(\frac{3}{4}n\right).$$

Nun folgt induktiv leicht, daß $V(n) \leq 36n$ ist.

8.6.1 Satz   *Jede Auswahlfunktion kann mit 36n Vergleichen berechnet werden.*

Es lassen sich bessere Abschätzungen erzielen. Dennoch hat der obige Algorithmus keine praktische Relevanz, da er für realistische n von den besten Sortieralgorithmen übertroffen wird. Er zeigt jedoch, daß für die Auswahlfunktion $O(n)$ Vergleiche genügen. Schönhage, Pippenger und Paterson (1976) konnten sogar Algorithmen für die Medianfunktion entwerfen, die mit $3n + o(n)$ Vergleichen auskommen, allerdings steckt hier der Teufel im $o(n)$-Term, so daß dieser Algorithmus für realistische n nicht besser als HEAP SORT ist. Wenn wir die Ergebnisse aus Kap. 8.5 über die Effizienz von HEAP SORT berücksichtigen, wird klar, daß die Vorabberechnung des Medians QUICK SORT so verlangsamt, daß er keine Konkurrenz mehr für HEAP SORT darstellt.

8.7 BUCKET SORT

Im allgemeinen Fall sind, wie wir gesehen haben, $\Theta(n \log n)$ Vergleiche für das Sortieren von n Objekten notwendig und hinreichend. Können wir für Objekte aus Mengen M, von denen wir etwas mehr wissen, als daß sie vollständig geordnet sind, mit weniger Vergleichen auskommen? Wir alle wissen, daß wir ein Kartenspiel schneller sortieren können als andere Mengen mit 32 Objekten. Die dabei verwendete Idee wollen wir verallgemeinern. Wir benutzen hierbei als Datenstrukturen Queues, also lineare Listen mit einem Zeiger auf das letzte Element, so daß das Hintereinanderhängen von Queues eine einfache Operation ist.

8.7.1 Lemma   *Falls die n zu sortierenden Objekte aus $M = \{0, \ldots, N-1\}$ stammen, genügen $O(n + N)$ Operationen zum Sortieren.*

B e w e i s Wir starten mit N leeren Queues $L(0), \ldots, L(N-1)$. Das Objekt $x_i \in \{0, \ldots, N-1\}$ wird an das Ende seines Buckets, d.h. der Queue $L(x_i)$, gehängt. Wir erhalten eine Liste der sortierten Objekte, indem wir die Queues $L(N-1), \ldots, L(0)$ aneinanderhängen. $\qquad\qquad\qquad\qquad\qquad\qquad\qquad\qquad\qquad\qquad\qquad\qquad\qquad$ $\square$

8.7.2 Satz   *Falls die n zu sortierenden Objekte aus $M = \{0, \ldots, N-1\}^c$, versehen mit der lexikographischen Ordnung, stammen, genügen $O(c(n + N))$ Operationen zum Sortieren.*

B e w e i s Sei $x_i = (x_{ic}, \ldots, x_{i1})$. In der lexikographischen Ordnung ist $x_i > x_j$, falls es ein k mit $x_{ik} > x_{jk}$ und $x_{il} = x_{jl}$ für $l > k$ gibt. Wir führen nun c

Durchgänge von BUCKET SORT aus Lemma 8.7.1 durch, wobei im l-ten Durchgang die Buckets bzgl. x_{il} ($1 \leq i \leq n$) gebildet werden. Wenn nun, wie oben beschrieben, $x_i > x_j$ ist, dann wird x_i im k-ten Durchgang vor x_j eingeordnet. Diese Reihenfolge bleibt in den folgenden Durchgängen erhalten, da BUCKET SORT aus Lemma 8.7.1 „gleiche" Objekte in ihrer Reihenfolge beläßt. Es ist daher wichtig, daß die Objekte stets an das Ende der Queues gehängt werden. Die Aussage über die Rechenzeit folgt direkt aus Lemma 8.7.1. $\square$

Der in Satz 8.7.2 beschriebene verallgemeinerte BUCKET SORT kann auch auf c-buchstabige Wörter, also Namen, angewendet werden. Das Alphabet $\{A, \ldots, Z\}$ wird dann mit der Menge $\{0, \ldots, 25\}$ identifiziert. Im verallgemeinerten BUCKET SORT wird zwar Extraplatz für die Zeiger benötigt, dafür arbeiten die Operationen nur auf einzelnen Buchstaben und sind somit einfacher als Vergleiche ganzer Wörter. Für 10-buchstabige Namen ist die Zahl der einfachen Operationen im verallgemeinerten BUCKET SORT bereits für $n = 3000$ kleiner als die Zahl der Vergleiche in allgemeinen Sortieralgorithmen.

Mit dem verallgemeinerten BUCKET SORT können Zahlenfolgen mit n Zahlen polynomieller Größe $O(n^c)$ nun in linearer Zeit sortiert werden. Kirkpatrick und Reisch (1984) haben gezeigt, daß $O(n)$ Operationen sogar für das Sortieren von n Zahlen der Größe $O(2^{cn})$ ausreichen. Allerdings werden in ihrem Algorithmus arithmetische Operationen auf sehr viel größeren Zahlen als Elementaroperationen benutzt. Daher hat ihr Algorithmus keine praktische Relevanz.

8.8 Sortiernetzwerke

Wir wollen uns nun effizienten parallelen Sortieralgorithmen zuwenden. Die sequentiellen Algorithmen für Registermaschinen aus Kap. 8.2-8.5 und der PRAM-Algorithmus aus Kap. 8.9 verwenden neben Vergleichen if-Tests als Elementaroperationen. If-Tests bereiten zwar in Programmen (Softwarelösungen) keine Probleme wohl aber für Hardwarelösungen. Als Hardwarelösungen kommen straightline Programme (SLP's, s. Definition 1.3.1) in Frage, diese lassen sich natürlich auch als Programme interpretieren.

SLP's zur Lösung des Sortierproblems haben als Eingabealphabet die Menge M, aus der die zu sortierenden Objekte stammen. Die Basis, also die Menge der Elementaroperationen, besteht aus den binären Operationen min und max.

Sortiernetzwerke sind eine weitere Einschränkung von $\{max, min\}$-SLP's. Es wird angenommen, daß es genau n Speicherplätze gibt, in denen zu Beginn $x_1, \ldots, x_n$ stehen. Ein Vergleich (i, j) mit $i < j$ behandelt die an den Positionen i und j stehenden Objekte y und z. An die Position i wird $max(y, z)$ und an die Position j wird $min(y, z)$ geschrieben. Der nächste Vergleich (i, k) oder (l, i) greift an Position i nicht mehr auf y sondern auf $max(y, z)$ zu. Zwei Vergleiche (i, j) und (i, k) können also nicht parallel ausgeführt werden. Zu jedem Zeitpunkt kann die Position i nur an einem Vergleich beteiligt sein. Parallele Registermaschinen können daher Sortiernetzwerke ohne Lese- und Schreibkonflikte simulieren. Für jede Position wird ein Prozessor P_i vorgesehen, der das Objekt an seiner Position kennt. Für einen Vergleich (i, j) liest P_i an Position j und P_j an Position i, danach schreibt P_i $max(y, z)$ an Position i, und P_j schreibt $min(y, z)$ an Position j. Also kann ein Sortiernetzwerk für n Objekte mit Tiefe d von einer EREW PRAM mit n Prozessoren in paralleler Rechenzeit d simuliert werden. Dabei werden n Register im gemeinsamen Speicher benutzt. Darüber hinaus haben Sortiernetzwerke Anwendung bei der Lösung von Netzwerk- und Routingproblemen.

Batcher (1968) hat ein Sortiernetzwerk entworfen, das mit $O(n \log^2 n)$ Vergleichen und Tiefe $O(\log^2 n)$ auskommt. Wir setzen im folgenden $n = 2^k$ voraus. Der Algorithmus von Batcher beruht auf MERGE SORT, wobei die beiden Hälften natürlich parallel sortiert werden. Es sei $S(n)$ die Zahl der Vergleiche für das Sortieren einer Folge der Länge n und $M(m)$ die Zahl der Vergleiche für das Mischen zweier Folgen der Länge m. $DS(n)$ und $DM(m)$ sollen die Tiefen der zugehörigen Sortiernetzwerke sein. Aus Algorithmus 8.3.1 folgt

$$S(n) = 2S(n/2) + M(n/2), \ \ S(1) = 0,$$

$$DS(n) = DS(n/2) + DM(n/2) \text{ und } DS(1) = 0.$$

Der Algorithmus für das Mischen aus Kap. 8.3 läßt sich nicht effizient parallelisieren. Batcher hat auch für das Mischen einen rekursiven Algorithmus angegeben. Wenn $a_1, \ldots, a_m$ und $b_1, \ldots, b_m$ gemischt werden sollen, sind für jedes Objekt noch $m + 1$ Rangplätze möglich.

Es werden zunächst die Folgen der Objekte mit ungeradem Index und parallel dazu die Folgen der Objekte mit geradem Index (daher auch der Name odd-even-merge) gemischt. Das Ergebnis sind sortierte Listen $v_1, \ldots, v_m$ und $w_1, \ldots, w_m$, die noch gemischt werden müssen. Was haben wir also gewonnen? Wir werden zeigen, daß nun für jedes Objekt nur noch 2 Rangplätze in Frage kommen und sich die v- und w-Liste auf sehr einfache Weise mischen lassen.

8.8.1 Algorithmus (odd-even-merge)

Für $m = 2^k$ werden die sortierten Folgen $a_1, \ldots, a_m$ und $b_1, \ldots, b_m$ zu $z_1, \ldots, z_{2m}$ gemischt.

1.) Falls $m = 1$, genügt ein Vergleich zum Mischen von a_1 und b_1.

2.) Falls $m > 1$, werden rekursiv und parallel die Folgen $a_1, a_3, \ldots, a_{m-1}$ und $b_1, b_3, \ldots, b_{m-1}$ zu $v_1, \ldots, v_m$ und $a_2, a_4, \ldots, a_m$ und $b_2, b_4, \ldots, b_m$ zu $w_1, \ldots, w_m$ gemischt.

3.) Mit $m-1$ parallelen Vergleichen wird $z_1, \ldots, z_{2m}$ berechnet. Es ist $z_1 = v_1$, $z_{2i} = max(v_{i+1}, w_i)$, $z_{2i+1} = min(v_{i+1}, w_i)$ für $1 \le i \le m-1$ und $z_{2m} = w_m$.

Wir beweisen die Korrektheit dieses Algorithmus. Es genügt zu zeigen, daß für v_{i+1} und w_i ($1 \le i \le m-1$) nur noch die Rangplätze $2i$ und $2i+1$ in Frage kommen. Es ist offensichtlich, daß z_1 und z_{2m} korrekt berechnet werden. Das größte Objekt ist a_1 oder b_1 und damit gleich v_1. Wir führen den Beweis nur für v_{i+1}, da der Beweis für w_i analog verläuft. Das Objekt v_{i+1} ist in einer der beiden Folgen $a_1, a_3, \ldots, a_{m-1}$ und $b_1, b_3, \ldots, b_{m-1}$ enthalten. O.B.d.A. sei $v_{i+1} = a_{2j-1}$. Also sind $2j-2$ a-Objekte größer als v_{i+1} und $m-2j+1$ a-Objekte kleiner als v_{i+1}. Von den a-Objekten stehen in der v-Folge genau $j-1$, nämlich $a_1, \ldots, a_{2j-3}$, vor v_{i+1}. Da insgesamt i Objekte vor v_{i+1} stehen, sind die anderen $i-j+1$ Objekte die b-Objekte $b_1, \ldots, b_{2i-2j+1}$. Also sind mindestens $2j-2+2i-2j+1 = 2i-1$ Objekte größer als v_{i+1}, der Rang von v_{i+1} ist daher mindestens $2i$. Die b-Objekte mit ungeradem Index, die in der v-Liste nicht vor v_{i+1} stehen, müssen hinter v_{i+1} stehen und daher kleiner als v_{i+1} sein. Dies sind $b_{2i-2j+3}, \ldots, b_{m-1}$. Insgesamt sind also mindestens $m-2i+2j-2$ b-Objekte kleiner als v_{i+1}, und damit sind mindestens $m-2j+1+m-2i+2j-2 = 2m-2i-1$ Objekte kleiner als v_{i+1}. Der Rang von v_{i+1} ist also höchstens $2i+1$. Der odd-even-merge Algorithmus mischt also die gegebenen Folgen auf korrekte Weise.

8.8.2 Satz *i) Der odd-even-merge Algorithmus mischt zwei Folgen der Länge m mit $m \log m + 1$ Vergleichen in Tiefe $\log m + 1$.*
ii) Der parallele MERGE SORT, der für das Mischen den odd-even-merge Algorithmus verwendet, sortiert Folgen der Länge n mit $\frac{1}{4}n(\log n)(\log n - 1) + n - 1$ Vergleichen in Tiefe $\frac{1}{2}(\log n)(\log n + 1)$.

B e w e i s i) Aus Algorithmus 8.8.1 folgen sofort die Rekursionsgleichungen

$$M(m) = 2M(m/2) + m - 1, \ M(1) = 1,$$

$$DM(m) = DM(m/2) + 1 \text{ und } DM(1) = 1,$$

die die behaupteten Lösungen haben.
ii) Die bereits zu Beginn dieses Abschnitts für MERGE SORT aufgestellten Rekursionsgleichungen erhalten mit dem Ergebnis aus i) folgendes Aussehen.

$$S(n) = 2S(n/2) + \frac{n}{2} \log \frac{n}{2} + 1, \ S(1) = 0,$$

$$DS(n) = DS(n/2) + \log \frac{n}{2} + 1 \text{ und } DS(1) = 0.$$

Es ist leicht nachzurechnen, daß hieraus die Behauptung folgt. $\square$

Es ist Ajtai, Komlós und Szemerédi (1983) gelungen, die Existenz von Sortiernetzwerken zu beweisen, die mit $O(n \log n)$ Vergleichen in Tiefe $O(\log n)$ auskommen. Allerdings ist die Tiefe mit ungefähr $6100 \log n$ so riesig, daß diese Methode keine praktische Bedeutung hat. Ob es Sortiernetzwerke der Tiefe $c \log n$ „für ein akzeptables c" gibt, ist ein noch offenes Problem. Statt des Sortiernetzwerkes von Ajtai, Komlós und Szemerédi stellen wir einen CREW PRAM-Algorithmus vor, der mit $4n$ Prozessoren Folgen der Länge n in paralleler Rechenzeit $c \log n$ „für ein nicht zu großes c" sortiert.

8.9 Sortieren mit parallelen Registermaschinen

Parallele Registermaschinen (s.a. Kap. 1.3) können im Gegensatz zu fest verdrahteten Sortiernetzwerken mit if-Tests arbeiten und arithmetische Operationen ausführen. Dennoch muß die parallele Rechenzeit eines CREW PRAM-Sortieralgorithmus $\Omega(\log n)$ betragen (Cook, Dwork und Reischuk (1986)). Da insgesamt $\Omega(n \log n)$ Vergleiche notwendig sind, können Sortieralgorithmen, die mit $O(n)$ Prozessoren in $O(\log n)$ Schritten sortieren, als (asymptotisch) optimal bezeichnet werden. Cole (1988) hat derartige Sortieralgorithmen für CREW PRAM's und sogar für EREW PRAM's entworfen. Wir beschränken uns auf den CREW PRAM-Algorithmus, da er mit kleineren konstanten Faktoren für die parallele Rechenzeit auskommt und einfacher zu beschreiben ist.

Der Algorithmus beruht auf einer iterativen Version von MERGE SORT. Wir nehmen o.B.d.A. $n = 2^k$ an und beschreiben MERGE SORT an einem balancierten binären Baum mit n Blättern, in denen zunächst die Objekte stehen. In jeder Stufe des Algorithmus werden die in benachbarten Knoten vorliegenden sortierten Teillisten gemischt und das Ergebnis im Vaterknoten gespeichert. Jeder Knoten v erhält somit die sortierte Liste aller Objekte, die zu Beginn in Blättern unterhalb von v standen. Nach k Stufen steht die sortierte Liste aller Objekte an der Wurzel des Baumes.

Dieser naive Ansatz kann nicht zu einem Algorithmus mit paralleler Rechenzeit $O(\log n)$ führen, da für das Mischen zweier sortierter Listen mit je n Objekten $\Omega(\log \log n)$ Schritte notwendig sind (Borodin und Hopcroft (1985)). Als Ausweg aus diesem Dilemma werden Mischalgorithmen benutzt, die zwar $\Theta(\log n)$ parallele Rechenzeit benötigen aber ein Pipelining ermöglichen. Der Knoten u im Baum habe $m = 2^l$ Blätter als Nachfolger. In seinen Söhnen v und w müssen je 2^{l-1} Objekte sortiert werden. Nachdem dort i Stufen lang gearbeitet wurde, sollen sortierte Listen der Länge 2^i vorliegen, wobei diese Stichprobe von 2^i Objekten möglichst gleichmäßig über die eigentlich zu sortierenden Objekte gestreut ist. Für den Knoten u werden in jeder Stufe Teillisten der an den Söhnen v und w berechneten Listen gemischt. Dies wird aufgrund der aus früheren Stufen vorliegenden Informationen in jeweils $O(1)$ Schritten möglich sein. Im Gegensatz zum naiven Ansatz wird also für den Knoten u bereits gearbeitet, wenn die Arbeit an den Söhnen noch nicht beendet ist. Im folgenden werden diese Ideen präzisiert.

Für den Knoten u besteht die Aufgabe darin, die sortierte Liste $L(u)$ aller Objekte, die zu Beginn in Blättern unterhalb von u stehen, zu erzeugen. Wenn diese Aufgabe erfüllt ist, wird u ein externer Knoten. Zu Beginn sind nur die Blätter extern. Sie enthalten ein Objekt, das natürlich auch eine sortierte Liste bildet. Alle anderen Knoten sind intern.

Wir legen alle erzeugten Listen in Arrays ab. Der Algorithmus geht stufenweise vor. Für eine feste Stufe bezeichnen wir für den Knoten u mit $M(u)$ die für diese Stufe erzeugte sortierte Liste einiger Objekte, die zu Beginn in Blättern unterhalb von u stehen. Mit $ALTM(u)$ bezeichnen wir die Liste, die für die vorhergehende Stufe zur Verfügung gestellt wurde und mit $NEUM(u)$ die für die nächste Stufe zu erzeugende Liste. Damit auch der Vater von u arbeiten kann, wird aus $M(u)$ eine Stichprobe $STM(u)$ gezogen. Solange u intern ist und in der ersten Stufe, in der u extern ist, besteht $STM(u)$ aus jedem vierten Element aus $M(u)$. Wenn $M(u)$ genau m Objekte enthält, werden die Objekte mit Rang $m - 3 - 4i$ für $0 \leq i < \lfloor m/4 \rfloor$ genommen. Da die Listen in Arrays stehen, ist ein direkter Zugriff auf diese Objekte möglich. In der zweiten Stufe, in der u extern ist, wird jedes zweite Element aus $M(u)$ in die Stichprobe genommen. In der dritten Stufe, in der u extern ist, ist $STM(u) = M(u)$ und danach werden keine Stichproben aus $M(u)$ mehr benötigt. Die Bezeichnungen $ALTSTM(u)$ und $NEUSTM(u)$ werden analog zu $ALTM(u)$ und $NEUM(u)$ verwendet. Es ist nun noch zu beschreiben, wie $NEUM(u)$ gebildet wird.
Wenn u intern ist, entsteht $NEUM(u)$ durch Mischen von $STM(v)$ und $STM(w)$, wobei v und w die Söhne von u sind. Wenn u extern ist, sei $NEUM(u) = M(u)$. Später beschreiben wir eine effiziente Implementierung dieses Schrittes.

Drei Stufen, nachdem v und w extern geworden sind, ist $STM(v) = M(v) = L(v)$ und $STM(w) = M(w) = L(w)$. Dann folgt $NEUM(u) = L(u)$, und u wird extern. Nach $3 \log n$ Stufen wird also die Wurzel extern und enthält die sortierte Liste.

8.9.1 Bemerkung   Der Algorithmus stoppt nach $3 \log n$ Stufen.

8.9.2 Lemma   *Wenn der Knoten u Abstand $d \geq 1$ von den Blättern hat, nimmt die Länge von $M(u)$ im Verlauf des Algorithmus die Werte $2^1, \ldots, 2^d$ an.*

B e w e i s Wir führen den Beweis durch Induktion über d. Für $d = 1$ und $d = 2$ folgt die Aussage direkt. Wenn u den Abstand $d \geq 3$ von den Blättern hat, gibt es nach Induktionsvoraussetzung eine Stufe, in der die Listen $M(v)$ und $M(w)$ an den Söhnen von u Länge 4 haben. Dann enthalten $STM(v)$ und $STM(w)$ zum ersten Mal je ein Objekt, und $NEUM(u)$ bekommt Länge 2. Danach verdoppelt sich nach Induktionsvoraussetzung die Länge der Listen $M(v)$ und $M(w)$ und damit auch von $STM(v)$ und $STM(w)$ in jedem Schritt, bis v und w extern werden. In den nächsten beiden Stufen verdoppelt sich die Länge von $STM(v)$ und $STM(w)$, da nicht mehr jedes vierte sondern erst jedes zweite und dann jedes Element aus $M(v)$ und $M(w)$ genommen wird. Also verdoppelt sich in jeder Stufe die Länge von $M(u)$, bis u extern wird. $\square$

Um eine Gesamtrechenzeit von $O(\log n)$ zu erreichen, muß die Berechnung von $NEUM(u)$ in konstanter Zeit möglich sein. Dazu müssen nach unseren Vorbetrachtungen Informationen aus früheren Stufen benutzt werden. Wir führen einige Notationen ein, um diese Informationen einfacher beschreiben zu können. O.B.d.A. (s.8.A.6) nehmen wir an, daß alle Objekte verschieden sind. Da wir Intervalle zwischen Objekten definieren wollen, fassen wir hier sortierte Listen als aufsteigende Listen $x_1 < \ldots < x_m$ auf. Entsprechend hat nun das kleinste Objekt Rang 1. Gedanklich fügen wir zu allen Listen die Objekte $-\infty$ mit Rang 0 und $+\infty$ mit Rang $m + 1$ hinzu. Wenn nun e und g in der Liste L benachbart sind, umfaßt das von e induzierte Intervall $[e, g)$ alle Objekte f mit $e \leq f < g$. Der Rang von f bzgl. L wird gleich dem Rang von e in L definiert. Die Notation $J \to L$ soll anzeigen, daß für jedes Objekt in J der Rang bzgl. L bekannt ist. Schließlich wollen wir präzisieren, was eine gute Stichprobe ist. L heißt c-*Überdeckung* von J, wenn in jedem von einem Objekt in L induzierten Intervall höchstens c Objekte aus J liegen.

8.9.3 Lemma   *i) Für $k \geq 1$ enthalten k benachbarte Intervalle der Liste $STM(u)$ höchstens $2k + 1$ Objekte aus $NEUSTM(u)$.*
ii) $STM(u)$ ist eine 3-Überdeckung von $NEUSTM(u)$.
iii) $M(u)$ ist eine 3-Überdeckung sowohl von $STM(v)$ als auch von $STM(w)$, wobei v und w die Söhne von u sind.

B e w e i s i) Wir führen den Beweis durch Induktion über die Stufennummer. Solange $STM(u)$ leer ist, hat $NEUSTM(u)$ maximal ein Objekt. In der ersten Stufe, in der $STM(u)$ nicht leer ist, enthält $STM(u)$ ein Objekt und $NEUSTM(u)$ zwei Objekte. In diesen Fällen gilt die Behauptung offensichtlich.

Für den Induktionsschritt betrachten wir k benachbarte Intervalle von $STM(u)$. Nach Induktionsvoraussetzung enthalten für jeden Knoten u' im Baum k' benachbarte Intervalle von $ALTSTM(u')$ höchstens $2k' + 1$ Objekte aus $STM(u')$. Zunächst nehmen wir an, daß u zu Beginn der von uns betrachteten Stufe noch nicht extern ist. Dann setzen sich k benachbarte Intervalle von $STM(u)$ nach Konstruktion aus $4k$ benachbarten Intervallen von $M(u)$ zusammen. Da $M(u)$ durch das Mischen von $ALTSTM(v)$ und $ALTSTM(w)$ entstand, gibt es $h \geq 1$ und $j \geq 1$ mit $h + j = 4k + 1$, so daß h benachbarte Intervalle von $ALTSTM(v)$ und j benachbarte Intervalle von $ALTSTM(w)$ einen nichtleeren Schnitt mit den $4k$ benachbarten Intervallen von $M(u)$ haben. Anfangsobjekte dieser Intervalle sind die $4k$ Anfangsobjekte der betrachteten $4k$ Intervalle in $M(u)$ und ein weiteres Objekt. Wenn das kleinste der $4k$ identifizierten Anfangsobjekte das Objekt e (o.B.d.A.) aus $ALTSTM(v)$ ist und e bzgl. $ALTSTM(w)$ in dem von e' induzierten Intervall liegt, dann ist e' Anfangsobjekt des $(4k+1)$-ten Intervalls. Falls $e = -\infty$, ist auch $e' = -\infty$.

Die h benachbarten Intervalle von $ALTSTM(v)$ enthalten höchstens $2h + 1$ Objekte aus $STM(v)$, und die j benachbarten Intervalle von $ALTSTM(w)$ enthalten höchstens $2j + 1$ Objekte aus $STM(w)$. Die Liste $NEUM(u)$ entsteht durch Mischen von $STM(v)$ und $STM(w)$. Also enthalten die $4k$ benachbarten Intervalle von $M(u)$ höchstens $2h + 1 + 2j + 1 = 8k + 4$ Objekte aus $NEUM(u)$. Da für $NEUSTM(u)$ nur jedes vierte Objekt von $NEUM(u)$ gewählt wird, enthalten die k benachbarten Intervalle von $STM(u)$, die den $4k$ benachbarten Intervallen von $M(u)$ entsprechen, höchstens $2k + 1$ Objekte aus $NEUSTM(u)$. Damit haben wir die Behauptung für den Fall bewiesen, daß u nicht extern ist.

Wir betrachten nun die erste Stufe, nachdem u extern wurde. $STM(u)$ enthält dann jedes vierte Objekt aus $M(u) = L(u)$. Da u extern, ist auch $NEUM(u) = L(u)$. Nach Konstruktion enthält $NEUSTM(u)$ jedes zweite Objekt aus $L(u)$. Also enthalten k benachbarte Intervalle aus $STM(u)$ genau $2k$ Objekte aus $NEUSTM(u)$. Das gleiche gilt für die zweite Stufe, nachdem u extern wurde, da dann $STM(u)$ jedes zweite Objekt aus $L(u)$ enthält und $NEUSTM(u) = L(u)$ ist. In späteren Stufen wird $NEUSTM(u)$ nicht mehr gebildet.

ii) Dies ist die Aussage i) für $k = 1$.

iii) Nach Aussage ii) ist für jeden Knoten u' im Baum $ALTSTM(u')$ eine 3-Überdeckung von $STM(u')$. Da $M(u)$ durch das Mischen von $ALTSTM(v)$ und $ALTSTM(w)$ entsteht und somit kleinere Intervalle als diese Listen hat, ist $M(u)$ erst recht eine 3-Überdeckung von $STM(v)$ und $STM(w)$. $\qquad\square$

Um die eigentliche Aufgabe, $NEUM(u)$ durch Mischen von $STM(v)$ und $STM(w)$ zu berechnen, effizient durchführen zu können, nehmen wir an, daß weitere Informationen vorliegen.

I1) $M(u) \rightarrow STM(v)$ und $M(u) \rightarrow STM(w)$.

I2) Für jedes Objekt aus $M(u)$ ist bekannt, ob es aus $ALTSTM(v)$ oder aus $ALTSTM(w)$ stammt.

I3) Für jedes Objekt f aus $ALTSTM(v)$ (bzw. $ALTSTM(w)$) sind die beiden

begrenzenden Objekte e und g aus $ALTSTM(w)$ (bzw. $ALTSTM(v)$) bekannt, dies sind die benachbarten Objekte e und g mit $e \leq f < g$. Insbesondere liegen die Informationen $ALTSTM(v) \rightarrow ALTSTM(w) \rightarrow ALTSTM(v)$ vor.
Vor Beginn der ersten Stufe des Algorithmus sind I1-I3 triviale Informationen, die bekannt sind.

8.9.4 Lemma   *Für alle Knoten u' im Baum seien die Listen $M(u')$ und $ALTM(u')$ sowie I1-I3 bekannt. Dann können die Listen $NEUM(u')$ und die zugehörigen neuen Informationen I1-I3 von einer CREW PRAM, die für jeden Arrayplatz einen Prozessor zur Verfügung hat, in paralleler Rechenzeit $O(1)$ berechnet werden.*

B e w e i s Die Liste $NEUM(u)$ entsteht nach Definition durch das Mischen von $STM(v)$ und $STM(w)$. Der Rang eines Objektes e aus $STM(v)$ in $NEUM(u)$ ist also gleich der Summe des Ranges von e in $STM(v)$ und des Ranges von e bzgl. $STM(w)$, analoges gilt für Objekte aus $STM(w)$. Wir zeigen zunächst, wie wir für ein Objekt e aus $STM(v)$ den Rang bzgl. $STM(w)$ und die neuen Informationen I2 und I3 berechnen.

Als erstes soll für e der Rang bzgl. $M(u)$ berechnet werden. Dafür werden die für $M(u)$ verantwortlichen Prozessoren benutzt. Sei y aus $M(u)$. Der zugehörige Prozessor kennt den Rang von y in $M(u)$ und wegen der Information I1 den Rang von y bzgl. $STM(v)$. Er kann also auf die Objekte in $STM(v)$ zugreifen, die in dem von y in $M(u)$ induzierten Intervall liegen, und für diese Objekte den Rang bzgl. $M(u)$ berechnen und abspeichern. Da jedes Objekt e in $STM(v)$ nur für ein y in dem von y induzierten Intervall liegt, berechnet nur ein Prozessor den Rang von e bzgl. $M(u)$, und es kommt für die PRAM zu keinem Schreibkonflikt. Da nach Lemma 8.9.3 die Liste $M(u)$ eine 3-Überdeckung von $STM(v)$ ist, liegen höchstens 3 Objekte aus $STM(v)$ in dem von y induzierten Intervall. Der für y verantwortliche Prozessor muß also nur 3 Objekte untersuchen und ist nach $O(1)$ Rechenschritten fertig.

Nun wird der Rang von e aus $STM(v)$ bzgl. $STM(w)$ von dem für e verantwortlichen Prozessor berechnet. Da der Rang von e bzgl. $M(u)$ bekannt ist, können die beiden begrenzenden Objekte d und f aus $M(u)$ berechnet werden. Hierbei kommt es höchstens zu Lesekonflikten, die einer CREW PRAM keine Probleme bereiten. Anschließend benutzt der Prozessor die Information I1, um den Rang r von d und den Rang t von f bzgl. $STM(w)$ abzulesen. Alle Objekte aus $STM(w)$ mit Rang $r' \leq r$ sind kleiner als e, und alle Objekte aus $STM(w)$ mit Rang $t' > t$ sind größer als e. Da $M(u)$ eine 3-Überdeckung von $STM(w)$ ist, gibt es höchstens 3 Objekte in $STM(w)$, mit denen e noch verglichen werden muß. Mit Hilfe der binären Suche genügen also stets 2 Vergleiche zur Berechnung des Ranges von e bzgl. $STM(w)$. Wie zu Beginn dieses Beweises argumentiert, ist damit der Rang von e in $NEUM(u)$ bekannt. Das Objekt e wird von dem für e verantwortlichen Prozessor (und damit ohne Schreibkonflikt) an die richtige Position des $NEUM(u)$-Arrays geschrieben. Gleichzeitig wird die Information I2, ob e aus $STM(v)$ oder $STM(w)$ stammt, abgespeichert. Da wir den Rang von e bzgl. $STM(w)$ berechnet haben, sind auch die begrenzenden Objekte aus $STM(w)$ und damit Information I3 leicht ablesbar.

Wir müssen noch die neue Information I1 bereitstellen, also für Objekte e aus $NEUM(u)$ den Rang bzgl. $NEUSTM(v)$ (und analog bzgl. $NEUSTM(w)$) berechnen.

Da wir die Ränge der Objekte aus $M(u)$ bzgl. $STM(v)$ und $STM(w)$ kennen, können wir durch Addition dieser Ränge den Rang von y aus $M(u)$ bzgl. $NEUM(u)$ berechnen. $NEUM(u)$ entsteht ja durch Mischen von $STM(v)$ und $STM(w)$. Analog erhalten wir die Ränge der Objekte aus $M(v)$ bzgl. $NEUM(v)$. Da jedes Objekt aus $STM(v)$ auch in $M(v)$ enthalten ist und $NEUSTM(v)$ eine Stichprobe aus $NEUM(v)$ ist, kennen wir auch die Ränge der Objekte aus $STM(v)$ bzgl. $NEUSTM(v)$. Für die Objekte aus $NEUM(u)$, die aus $STM(v)$ stammen, ist der Rang bzgl. $NEUSTM(v)$ also bereits bekannt. Daher müssen nur noch die Objekte aus $NEUM(u)$ betrachtet werden, die aus $STM(w)$ stammen.

Da wir die neue Information I3 bereits berechnet haben, kennen wir für jedes Objekt e aus $STM(w)$ die begrenzenden Objekte d und f aus $STM(v)$. Wir benutzen den für e verantwortlichen Prozessor. Dieser Prozessor kann, wie im vorigen Abschnitt erläutert, die Ränge r und t der Objekte d bzw. f bzgl. $NEUSTM(v)$ errechnen. Es sind alle Objekte in $NEUSTM(v)$ mit Rang $r' \leq r$ kleiner als e und alle Objekte mit Rang $t' > t$ größer als e. Da $STM(v)$ nach Lemma 8.9.3 eine 3-Überdeckung von $NEUSTM(v)$ ist, muß e nur noch mit höchstens 3 Objekten verglichen werden. Mit Hilfe der binären Suche genügen also stets 2 Vergleiche zur Berechnung des Ranges von e bzgl. $NEUSTM(v)$. $\qquad\Box$

Im Beweis von Lemma 8.9.4 haben wir jedem Arrayplatz einen Prozessor zugeordnet. Bei strikter Befolgung dieser Regel benötigen wir $\Theta(n \log n)$ Prozessoren. Da aber 3 Stufen, nachdem ein Knoten u extern wurde, die am Knoten u berechneten Informationen nicht mehr benötigt werden, können die zugehörigen Prozessoren an anderer Stelle aktiv werden.

Nach dem im Beweis von Lemma 8.9.4 beschriebenen Algorithmus wird nur für jeden Arrayplatz in den M-, STM- und $NEUM$-Arrays je ein Prozessor benötigt. Wir untersuchen zunächst die Länge $|M(u)|$ der $M(u)$-Listen. Seien die Söhne v und w von u noch nicht extern oder gerade extern geworden. Falls $M(u)$ nicht leer ist, gilt $|NEUM(u)| = 2|M(u)|$ nach Lemma 8.9.2. Da $M(v)$ und $M(w)$ gleiche Länge haben, folgt nach Definition

$$|NEUM(u)| = |STM(v)| + |STM(w)| = \frac{1}{4}(|M(v)| + |M(w)|) = \frac{1}{2}|M(v)|.$$

Also ist $|M(u)| = \frac{1}{4}|M(v)|$. Da es auf dem u-Niveau des Baumes nur halb so viele Knoten wie auf dem v-Niveau gibt, werden auf dem u-Niveau nur ein Achtel der Arrayplätze des v-Niveaus benutzt.

Wenn v in der zweiten Stufe extern ist, gilt $|M(u)| = \frac{1}{2}|M(v)|$, und, wenn v in der dritten Stufe extern ist, $|M(u)| = |M(v)|$, da dann größere Stichproben gezogen werden.

Stets gibt es ein Baumniveau, dessen Knoten extern aber deren Väter nicht extern sind. Auf diesem Niveau stehen alle Objekte in M-Listen, es werden also n Arrayplätze benötigt. Die Information in den Knoten, die näher zu den Blättern liegen, wird nicht mehr benötigt. Nach der obigen Betrachtung ist die Zahl der benötigten Arrayplätze am größten, wenn Knoten in der dritten Stufe extern sind. Dann läßt sich, wie wir gezeigt haben, die Zahl der Arrayplätze für die M-Listen abschätzen durch

$$n + \frac{1}{2}n + \frac{1}{2}n \left(\frac{1}{8} + (\frac{1}{8})^2 + \dots \right) = \left(1 + \frac{4}{7} \right) n.$$

Auch die STM-Listen sind dann am längsten, wenn Knoten in der dritten Stufe extern sind. An diesen externen Knoten stimmen die Stichproben mit den M-Listen überein, es werden also n Arrayplätze benötigt. Für alle internen Knoten haben die STM-Listen nur ein Viertel der Länge der M-Listen. Es genügen also $(1 + \frac{1}{7})n$ Arrayplätze. Gleiches gilt für die $NEUM$-Listen, da sie durch Mischen aus den STM-Listen entstehen. Insgesamt genügen also $(3 + \frac{6}{7})n$ und damit weniger als $4n$ Prozessoren. Da jede der $3\log n$ Stufen in paralleler Rechenzeit $O(1)$ durchgeführt werden kann, haben wir folgenden Satz bewiesen.

8.9.5 Satz   *Das Sortierproblem kann auf einer CREW PRAM mit weniger als $4n$ Prozessoren in Zeit $O(\log n)$ gelöst werden.*

Bei einem Vergleich mit dem Algorithmus von Batcher fällt sofort auf, daß der CREW PRAM-Algorithmus schwieriger zu implementieren ist und etwas mehr Prozessoren benutzt. Wichtigstes Vergleichsmerkmal ist jedoch die parallele Rechenzeit. Im Algorithmus von Batcher sind alle Operationen Vergleiche. Im Algorithmus von Cole ist der Verwaltungsaufwand größer. Pro Stufe sind 7 sequentielle Vergleiche nötig: 3 Vergleiche bei der Berechnung der Ränge bzgl. $M(u)$ für die Objekte aus $STM(v)$ und $STM(w)$, 2 Vergleiche für die Berechung der Ränge bzgl. $STM(w)$ für die Objekte aus $STM(v)$ (und umgekehrt) und 2 Vergleiche für die Berechnung der Information I3. Damit beträgt die parallele Rechenzeit (bezogen auf die Vergleiche) $21\log n$ im Vergleich zu $\frac{1}{2}(\log n)(\log n + 1)$ im Algorithmus von Batcher. Für praktische Anwendungen ist also der Algorithmus von Batcher dem Algorithmus von Cole überlegen.

Es ist weiterhin eine offene Frage, ob es einen Sortieralgorithmus gibt, der für kleine c und d mit cn Prozessoren in Zeit $d \log n$ sortiert.

Aufgaben

8.A.1 Die Vergleichsfunktionen $COMP^n_{\geq}$ sind nicht in $AC_{0,2}$ enthalten.

8.A.2 Entwerfe für EQ_n und $COMP^n_{\geq}$ B_2-Schaltkreise mit linearer Größe und logarithmischer Tiefe.

8.A.3 Zwei sortierte Folgen der Länge n bzw. m können gemischt werden, indem die Objekte der einen Liste durch binäre Suche in die andere Liste eingefügt werden. Wann ist die Zahl der Vergleiche kleiner als in dem in Kap. 8.3 behandelten Mischalgorithmus?

8.A.4 Wieviele Vertauschungen sind im Durchschnitt mindestens notwendig, wenn ein Sortieralgorithmus nur im Array benachbarte Objekte vertauscht?

8.A.5 Ein Sortieralgorithmus heißt *stabil*, wenn Objekte x_i und x_j mit gleichem Wert in der gegebenen Reihenfolge bleiben. Warum ist Stabilität in der Praxis wichtig? Welche Sortieralgorithmen sind stabil?

8.A.6 In jedem Sortieralgorithmus kann Stabilität erreicht werden, wenn vorab die Objekte x_i durch (x_i, i) ersetzt werden.

8.A.7 Wenn beim QUICK SORT für ein $\epsilon > 0$ stets ein Objekt mit Rang $r \in [\epsilon n, (1 - \epsilon)n]$ als x_i ausgewählt wird, hat QUICK SORT im worst case Laufzeit $O(n \log n)$.

8.A.8 Warum werden im Algorithmus zur Berechnung einer Auswahlfunktion Fünfergruppen und nicht z.B. Dreier- oder Siebenergruppen gebildet ?

8.A.9 Wenn ein zufällig gewähltes Objekt x^* mit allen anderen Objekten verglichen wird und danach rekursiv in der Menge G oder K (s.Kap. 8.6) weitergearbeitet wird, dann ist die durchschnittliche Zahl der Vergleiche zur Berechnung einer beliebigen Auswahlfunktion $O(n)$.

8.A.10 Wenn der Median mit höchstens cn Vergleichen berechnet werden kann, dann kann jede Auswahlfunktion mit höchstens $2cn$ Vergleichen berechnet werden.

8.A.11 Zur Berechnung des zweitgrößten Objektes genügen $n + \lceil \log n \rceil - 2$ Vergleiche.

8.A.12 Jeder Algorithmus zum Mischen zweier sortierter Folgen der Länge n bzw. m benötigt im worst case mindestens $\lceil \log \binom{n+m}{n} \rceil$ Vergleiche.

8.A.13 Der BUCKET SORT läßt sich verallgemeinern auf n Wörter $x_1, \ldots, x_n$ über einem N-buchstabigen Alphabet, wobei die Wortlängen $l_1, \ldots, l_n$ verschieden sein können. In der sortierten Folge sollen kürzere Wörter vor ihren Verlängerungen stehen, z.B. EI vor EIMER. Es sei l_{max} die Länge des längsten Wortes und l_{total} die Summe aller l_i. Dann können die n Wörter in $O(l_{total}+l_{max}N)$ Schritten sortiert werden.

8.A.14 Beschreibe für das Batcher Sortiernetzwerk, welche Vergleiche (i,j) vorkommen.

8.A.15 Gib eine iterative Version des Batcher Sortieralgorithmus an.

8.A.16 Beweise das 0-1-Prinzip für Sortiernetzwerke. Ein Sortiernetzwerk, das alle 0-1-Folgen sortiert, kann beliebige Eingabefolgen sortieren.

8.A.17 Schätze die Zahl der Vergleiche im Sortieralgorithmus von Cole möglichst genau ab. Hinweis: Es genügen $\frac{15}{4}n\log n$ Vergleiche.

9. Elementare Zahlentheorie

9.1 Kryptographische Systeme

Die Zahlentheorie zählt zu den ältesten mathematischen Disziplinen. Allerdings befaßt sich die mathematische Zahlentheorie vor allem mit strukturellen Aspekten. Die Entwicklung effizienter Algorithmen für Probleme der Zahlentheorie gelangte erst mit der Entwicklung der Informatik in den Mittelpunkt des Interesses. Besonders die Kryptographie, die sich mit Chiffriermethoden befaßt, stellt ein Bindeglied zwischen der Zahlentheorie und dem Entwurf effizienter Algorithmen dar.

Der Vorteil effizienter Algorithmen in der Zahlentheorie, z.B. bei der Berechnung des größten gemeinsamen Teilers zweier Zahlen oder bei dem Test, ob eine gegebene Zahl prim ist, zeigt sich vor allem bei großen Zahlen. Zur Motivation der in diesem Kapitel behandelten Probleme stellen wir daher zunächst das RSA-System vor. Dieses System ist das am häufigsten benutzte, mit öffentlich bekannten Schlüsseln arbeitende kryptographische Verfahren. Es benötigt effiziente Algorithmen für den Umgang mit 200-stelligen Binärzahlen und die meisten grundlegenden Probleme der Elementaren Zahlentheorie. In Kap. 9.2 stellen wir effiziente Algorithmen für die Berechnung von a^n, des größten gemeinsamen Teilers zweier Zahlen und der multiplikativen Inversen in $\mathbb{Z}_m$ vor. Kap. 9.3 befaßt sich mit der effizienten Berechnung des Jacobi-Symbols, und in Kap. 9.4 wird schließlich ein effizienter Primzahltest vorgestellt.

Die Kryptographie, wörtlich übersetzt die Lehre von den Geheimschriften, ist eine sehr alte Wissenschaft, die bis in die 70er Jahre hinein fast ausschließlich von militärischen Anforderungen geprägt wurde. Schon Cäsar verschlüsselte Nachrichten, allerdings auf sehr einfache Weise. Eine auf seiner Verschlüsselung beruhende Familie von Chiffrierfunktionen wird Cäsar-Chiffre genannt. Heutzutage bedient sich neben dem Militär der Datenschutz kryptographischer Verfahren. Um den unberechtigten Zugriff auf schutzwürdige Daten zu verhindern, werden Daten verschlüsselt. Da über einen langen Zeitraum das gleiche kryptographische System verwendet werden soll, wird davon ausgegangen, daß das benutzte kryptographische Verfahren allgemein bekannt ist.

9.1.1 Definition Ein *kryptographisches System* besteht aus folgenden Komponenten:

- der endlichen *Schlüsselmenge* K (z.B. $\{0,1\}^{100}$).

- der *Nachrichtenmenge* M (z.B. $\{0,1\}^*$, der Menge der endlichen Folgen über $\{0,1\}$).

- der Menge der *Kryptogramme* Y (z.B. $\{0,1\}^*$).

- einer *Chiffrierfunktion* $E : K \times M \to Y$.

- einer *Dechiffrierfunktion* $D : K \times Y \to M$, so daß $D(k, E(k,m)) = m$ für alle $m \in M$ und $k \in K$ ist.

Wie wird ein solches kryptographisches System benutzt? Wenn zwei Benutzer kommunizieren wollen, vereinbaren sie einen Schlüssel $k \in K$. Der Absender einer Nachricht m verschlüsselt diese mit Hilfe des Schlüssels, indem er das Kryptogramm $y = E(k,m)$ berechnet. Das Kryptogramm wird über einen unter Umständen unsicheren Kommunikationskanal an den Empfänger gesendet. Der Empfänger kann das Kryptogramm entschlüsseln, indem er $m = D(k,y)$ berechnet. Damit die Verwendung des kryptographischen Systems die Kommunikation nicht wesentlich verlangsamt, sollten die notwendigen Operationen, also die Vereinbarung eines Schlüssels und die Anwendung der Chiffrier- und Dechiffrierfunktion, effizient durchführbar sein.

Darüber hinaus soll die Nachricht bei der Kommunikation geschützt sein. Ein Dritter, hier Gegner genannt, der das Kryptogramm y abfängt, soll daraus (fast) keinen Informationsgewinn erlangen können. Daher muß ihm auf jeden Fall der Schlüssel k unbekannt bleiben, denn sonst könnte er das Kryptogramm wie der legale Benutzer dechiffrieren. Wegen der Redundanz jeder natürlichen Sprache, die sich in den Nachrichten widerspiegelt, sind alle kryptographischen Systeme, die mit endlich vielen verschiedenen Schlüsseln arbeiten, im Prinzip zu „knacken". Der Gegner kann, wenn das Kryptogramm lang genug ist, die Nachricht m und den verwendeten Schlüssel k mit hoher Wahrscheinlichkeit korrekt errechnen. Die Sicherheit kryptographischer Systeme beruht darauf, daß der Gegner zur Berechnung von m und/oder k so viel Aufwand treiben muß, daß sich die Berechnung für ihn nicht lohnt oder daß die benötigten Ressourcen praktisch nicht verfügbar sind, da er z.B. 10000 Jahre CPU-Zeit auf dem schnellsten Rechner benötigt. Ein sicheres kryptographisches System muß also so beschaffen sein, daß die von den legalen Benutzern auszuführenden Operationen effizient durchführbar sind, während es für die Kryptanalyse durch einen Gegner keinen effizienten Algorithmus gibt.

Bis zum Jahr 1976 waren nur kryptographische Systeme mit geheimen Schlüsseln (secret key cryptosystems) bekannt. Dabei tauschen die Kommunikationspartner den von ihnen verwendeten Schlüssel auf einem sicheren Kommunikationsweg aus, z.B. mit Hilfe eines vertrauenswürdigen Kuriers. Im militärischen Bereich sind derartige Systeme gut einsetzbar. Auch zur Datensicherung, an der nur ein Benutzer oder ein Rechner beteiligt ist, eignen sich Systeme mit geheimen Schlüsseln.

In postalischen Netzen (Telefon, Fernschreiber, usw.) sind solche Systeme aber ungeeignet. Das Wesen dieser Kommunikationssysteme besteht ja gerade darin, daß jeder Benutzer mit jedem anderen, ihm zuvor eventuell unbekannten Benutzer kommunizieren kann. Die Vereinbarung eines Schlüssels auf sicherem Weg ist dann nicht möglich, wenn man die Post nicht für einen vertrauenswürdigen Kurier hält.

Diffie und Hellman (1976) haben die Benutzung kryptographischer Systeme mit öffentlich bekannten Schlüsseln (public key cryptosystems) vorgeschlagen, ein auf den ersten Blick undurchführbarer Vorschlag. Wenn alle Informationen öffentlich sind, muß doch der Gegner genauso wie der Empfänger einer Nachricht das Kryptogramm entschlüsseln können. Der faszinierende Trick in dem Vorschlag von Diffie und Hellman läßt sich einfach beschreiben. Jeder Benutzer B erzeugt sich einen Schlüssel k_B und eine mit dem Schlüssel verbundene zusätzliche Information $I(k_B)$. Der Schlüssel k_B wird öffentlich bekannt gemacht. Wenn Benutzer A eine Nachricht m an B senden will, benutzt er den Schlüssel k_B und berechnet das Kryptogramm $y = E(k_B, m)$. Die Zusatzinformation $I(k_B)$ muß nun so beschaffen sein, daß die Dechiffrierung, also die Berechnung von $m = D(k_B, y)$, mit Hilfe von y, k_B und $I(k_B)$ auf effiziente Weise möglich ist, während eine effiziente Berechnung von m aus y und k_B, ohne $I(k_B)$ zu kennen, unmöglich ist.

Rivest, Shamir und Adleman (1978) haben ein vermutlich sicheres kryptographisches System mit öffentlich bekannten Schlüsseln entworfen. Wir wollen dieses sogenannte RSA-System vorstellen, bevor wir den Zusatz „vermutlich" im vorigen Satz erläutern.

Jeder Benutzer B erzeugt sich zwei Primzahlen $p, q \geq 2^l$ mit je $l + 1$ Bits. Es ist $l = 100$ eine gute Wahl (s. z.B. Konheim (1981)). Zur Erzeugung von p und q werden Zufallszahlen darauf getestet, ob sie Primzahlen sind. Da es genügend viele Primzahlen gibt (s. Kap. 3.18), müssen im Durchschnitt nicht zu viele Versuche unternommen werden. Für diesen Schritt stellen wir in Kap. 9.4 einen effizienten, probabilistischen Primzahltest vor, der mit sehr kleiner Wahrscheinlichkeit auch Zahlen, die keine Primzahlen sind, als Primzahlen klassifiziert. Durch einen derartigen Fehler erhält der Gegner keine zusätzliche Information, allerdings wird die Kommunikation zwischen den beiden legalen Benutzern gestört. In diesem seltenen Fall muß B einen neuen Schlüssel erzeugen. Im Normalfall berechnet B nun $n = pq$ und den Wert der Euler-Funktion $\phi(n)$. Hierbei ist $\phi(n)$ die Anzahl aller $a \in \{1, \ldots, n-1\}$, die mit n keinen gemeinsamen Teiler haben. Für Primzahlen p und q ist $\phi(pq) = (p-1)(q-1)$. Außerdem erzeugt sich B eine Zufallszahl $e \in \{0, \ldots, n-1\}$, die teilerfremd zu $\phi(n)$ ist, und berechnet $d \equiv e^{-1} mod \phi(n)$. In Kap. 9.2 geben wir effiziente Algorithmen für die Berechnung von größten gemeinsamen Teilern und von multiplikativen Inversen in $\mathbb{Z}_m$ an. Der öffentlich bekannt gegebene Schlüssel k besteht aus dem Paar (n, e), während das Paar $(\phi(n), d)$ die geheime Zusatzinformation von B ist.

Nehmen wir nun an, daß A eine Nachricht $m \in \{0,1\}^*$ an B senden will. Dann zerlegt A die Nachricht m in Blöcke m_i der Länge $2l$. Jeder Block wird auch als Binärzahl aufgefaßt, deren Wert ebenfalls mit m_i bezeichnet wird. Es ist $0 \leq m_i < 2^{2l}$. Die Chiffrierfunktion E ist definiert durch

$$E((n,e), m_i) \equiv m^s e_i \bmod n$$

und kann (s. Kap. 9.2) effizient berechnet werden. Sei

$$D((n,e), y) \equiv y^d \bmod n,$$

dann ist D ebenfalls effizient berechenbar. Es ist

$$D((n,e), E((n,e), m_i)) \equiv m_i^{ed} \bmod n.$$

Da nach Konstruktion $ed \equiv 1 \bmod \phi(n)$ ist, folgt aus der Elementaren Zahlentheorie $m_i^{ed} \equiv m_i \bmod n$. Für die von uns verwendeten und nicht bewiesenen Aussagen der Elementaren Zahlentheorie wird auf Niven und Zuckerman (1976) verwiesen. Da $n \geq 2^{2l}$, haben wir mit $m_i \bmod n$ auch m_i eindeutig berechnet.

Die für die folgenden Abschnitte angekündigten Resultate implizieren also, daß die legalen Benutzer das RSA-System effizient benutzen können. Es gibt bisher keinen effizienten Algorithmus für die Kryptanalyse, also keinen effizienten Algorithmus, mit dem der Gegner das RSA-System effizient knacken kann. Wenn er in der Lage wäre, Zahlen effizient zu faktorisieren, d.h. in ihre Primfaktoren zu zerlegen, dann könnte er aus (n,e) auf effiziente Weise die geheime Zusatzinformation $(\phi(n), d)$ berechnen. Es wird aber vermutet, daß es wesentlich schwieriger ist, eine Zahl zu faktorisieren, als zu entscheiden, ob sie Primzahl ist. Daher liefern effiziente Primzahltests für Zahlen, die keine Primzahlen sind, im allgemeinen keine Teiler. Wir wollen jedoch nicht tiefer in die Diskussion über die Sicherheit des RSA-Systems einsteigen, da dieses System in unserem Kontext seine Aufgabe, die Beschäftigung mit Problemen der Elementaren Zahlentheorie für sehr große Zahlen zu motivieren, bereits erfüllt hat.

9.2 Potenzen, multiplikative Inverse und größte gemeinsame Teiler

Wir benutzen nun die arithmetischen Operationen Addition, Subtraktion, Multiplikation und (approximative) Division als Elementaroperationen. Dann ist auch die Berechnung von $a \bmod m$ in konstanter Zeit möglich. In $\mathbb{Z}_m$ können wir also Addition, Subtraktion und Multiplikation als Elementaroperationen ansehen.

Im RSA-System müssen Potenzen $x^n \bmod m$ für sehr große n berechnet werden. Wir haben schon in früheren Kapiteln oft die einfache Tatsache benutzt, daß sich x^n aus x mit $O(\log n)$ Multiplikationen berechnen läßt. Hier wollen wir einen effizienten Algorithmus zur Berechnung von x^n explizit angeben.

9.2.1 Algorithmus
0.) Es ist $x^1 = x$.
1.) Falls n gerade, berechne rekursiv $y = x^{n/2}$. Dann ist $x^n = y^2$.
2.) Falls n ungerade, berechne rekursiv $y = x^{n-1}$. Dann ist $x^n = xy$.

9.2.2 Satz   *Es sei $(n_{k-1}, \ldots, n_0)$ für $k = \lceil \log(n+1) \rceil$ die Binärdarstellung von $n \geq 1$ und $A(n)$ die Zahl der Einsen in der Binärdarstellung von n. Dann berechnet Algorithmus 9.2.1 x^n mit $k + A(n) - 2 \leq 2\lceil \log(n+1) \rceil - 2$ Multiplikationen.*

B e w e i s Wir führen den Beweis durch Induktion über n. Für $n = 1$ gilt die Behauptung offensichtlich. Für $n \geq 2$ ist $k \geq 2$. Falls n gerade, ist $n_0 = 0$, und $n/2$ hat die Binärdarstellung $(n_{k-1}, \ldots, n_1)$. Nach Induktionsvoraussetzung wird $x^{n/2}$ mit $(k-1) + A(n) - 2$ Multiplikationen berechnet. Zur Berechnung von x^n wird eine Multiplikation mehr durchgeführt. Falls n ungerade, ist $n_0 = 1$ und $n - 1$ gerade. Nach Induktionsvoraussetzung wird x^{n-1} mit $k + (A(n) - 1) - 2$ Multiplikationen berechnet. Zur Berechnung von x^n wird eine Multiplikation mehr durchgeführt. $\square$

Im RSA-System besteht die Chiffrierung und Dechiffrierung jedes Nachrichtenblocks in der Berechnung einer Potenz $m^e \bmod n$ bzw. $y^d \bmod n$. Dabei können e und d bis zu 200-stellige Binärzahlen sein. Nach Satz 9.2.2 ist die Chiffrierung und Dechiffrierung mit je höchstens 400 Multiplikationen und Divisionen mit Rest von Zahlen der Länge 400 möglich. Hier zeigt sich auch, daß Multiplikations- und Divisionsverfahren, die erst für große Zahlen andere Verfahren schlagen, ihre Bedeutung in der Praxis haben.

Der in Kap. 9.4 zu besprechende Primzahltest wird u.a. für die zu testende Zahl n und Zufallszahlen a entscheiden, ob sie einen gemeinsamen Teiler haben. Dies geschieht durch die Berechnung des größten gemeinsamen Teilers $ggT(a, n)$ der Zahlen a und n. Die Schulmethode für die ggT-Berechnung geht auf die Primfaktorzerlegung von a und n zurück. Wie schon in Kap. 9.1 erwähnt, ist die Faktorisierung großer Zahlen eine bisher nicht effizient durchführbare Aufgabe. Allerdings steht mit dem Euklidischen Algorithmus seit langem ein effizienter Algorithmus zur Berechnung des größten gemeinsamen Teilers zur Verfügung. Es wird definiert, daß $ggT(a, 0) = a$ ist.

9.2.3 Lemma   *Falls $b \neq 0$, gilt $ggT(a,b) = ggT(b, a \bmod b)$.*

B e w e i s Wir erhalten $a \bmod b$, indem wir $a - \lfloor a/b \rfloor b$ berechnen, also indem wir b so oft wie möglich von a subtrahieren. Es genügt daher, für $a \geq b$ zu beweisen, daß $ggT(a,b) = ggT(a-b,b)$ ist. Falls eine Zahl c zwei Zahlen i und j mit $i \geq j$ teilt, dann teilt c auch $i+j$ und $i-j$. Jeder gemeinsame Teiler von a und b teilt somit auch $a-b$ und b, und umgekehrt teilt jeder gemeinsame Teiler von $a-b$ und b auch $(a-b)+b = a$ und b. □

Im folgenden stellen wir einen erweiterten Euklidischen Algorithmus vor, der neben der Berechnung des größten gemeinsamen Teilers noch eine weitere Aufgabe, die wir etwas später diskutieren, löst. Wenn in Algorithmus 9.2.4 die mit * versehenen Zeilen ausgelassen werden, ergibt sich der Euklidische Algorithmus.

9.2.4 Algorithmus (* Erweiterter) Euklidischer Algorithmus
Input: a,b mit $a \geq b \geq 0$ und $a \neq 0$.
Output: $a_l = ggT(a,b)$, $*v_{l-1}$.
0.) Setze $l = 0$, $a_0 = a$, $b_0 = b$,
$*u_{-1} = 1$, $v_{-1} = 0$, $u_0 = 0$, $v_0 = 1$, $g_{-1} = a$, $g_0 = b$.
1.) Falls $b_l = 0$, stoppt der Algorithmus.
2.) Falls $b_l \neq 0$, berechne $a_{l+1} = b_l$, und $b_{l+1} \equiv a_l \bmod b_l$.
* Berechne $g_{l+1} \equiv g_{l-1} \bmod g_l$, $y_l = \lfloor g_{l-1}/g_l \rfloor$, $u_{l+1} = u_{l-1} - y_l u_l$ und $v_{l+1} = v_{l-1} - y_l v_l$.
Erhöhe l um 1 und gehe zu Schritt 1.

9.2.5 Satz   *Der Euklidische Algorithmus berechnet den größten gemeinsamen Teiler von a und b mit $O(\log(a+b))$ arithmetischen Operationen. Die Zahl der wesentlichen Operationen, d.h. die Zahl der mod-Operationen ist nicht größer als $\lfloor \log_{3/2}(a+b) \rfloor$.*

B e w e i s Wir zeigen zunächst die Korrektheit des Euklidischen Algorithmus durch Induktion über b. Falls $b = 0$, stoppt der Algorithmus sofort, und es ist $a = a_0 = ggT(a,b)$. Ansonsten arbeitet der Algorithmus mit dem Zahlenpaar $(a_1, b_1) = (b, a \bmod b)$ weiter. Da $a \bmod b$ kleiner als b ist, berechnet der Algorithmus nach Induktionsvoraussetzung den größten gemeinsamen Teiler von b und $a \bmod b$ und damit nach Lemma 9.2.3 den größten gemeinsamen Teiler von a und b.

Für die Abschätzung der Rechenzeit untersuchen wir, wie schnell $a_l + b_l$ kleiner wird. Wenn der Algorithmus nach l Stufen stoppt, ist $b_l = 0$ und $a_l \geq 1$, also $a_l + b_l \geq 1$. Wir zeigen zunächst für $a \geq b$ und $r \equiv a \bmod b$ die Zwischenbehauptung

$$(*) \qquad\qquad r + b \leq \frac{2}{3}(a+b).$$

1.Fall: $a \geq 2b$. Dann ist $a + b \geq 3b$ und

$$r + b < 2b = \frac{2}{3} * 3b \leq \frac{2}{3}(a + b).$$

2.Fall: $a < 2b$, also $\frac{1}{2}a < b$. Da $a \geq b$, ist $r = a - b$ und

$$r + b = a = \frac{2}{3}(a + \frac{1}{2}a) \leq \frac{2}{3}(a + b).$$

Aus $(*)$ folgt

$$1 \leq (a_l + b_l) \leq \frac{2}{3}(a_{l-1} + b_{l-1}) \leq \ldots \leq \left(\frac{2}{3}\right)^l (a + b).$$

Also gilt

$$\left(\frac{3}{2}\right)^l \leq a + b \text{ und } l \leq \lfloor \log_{3/2}(a + b) \rfloor.$$

$\square$

Der Euklidische Algorithmus hat logarithmische Laufzeit bezogen auf die Größe der beiden Inputs. Üblicherweise beziehen wir die Laufzeit von Algorithmen jedoch auf die Länge der Inputs, hier also auf $\lceil \log a \rceil + \lceil \log b \rceil$. Bezogen auf die Länge der Zahlen benötigt der Euklidische Algorithmus lineare Rechenzeit und ist ein effizienter sequentieller Algorithmus. Wenn a und b wie im RSA-System 200-stellige Binärzahlen sind, genügen also 341 wesentliche Operationen zur Berechnung von $ggT(a, b)$. Wenn wir für zwei n-Bit-Zahlen auf die Schaltkreisebene zurückgehen, genügen bei Verwendung des NC_1-Dividierers polynomielle Schaltkreisgröße und Tiefe $O(n \log n)$ und bei Verwendung der Newtonmethode Größe $O(n^2 \log n \log \log n)$ und Tiefe $O(n \log^2 n)$. Es gibt bisher noch keinen NC-Algorithmus für die Berechnung des größten gemeinsamen Teilers. Kannan, Miller und Rudolph (1984) sind die ersten, die sublineare Zeit $O(n \log \log n / \log n)$ mit Hilfe einer $CRCW$ $COMMON$ erreichen konnten, bei der die Prozessorenzahl mit $O(n^2 \log^2 n)$ polynomiell wächst und die Prozessoren nur Bitoperationen ausführen.

Es sei $kgV(a, b)$ das kleinste gemeinsame Vielfache von a und b. Für zwei gekürzte Brüche $q = a/b$ und $r = c/d$ ist $kgV(b, d)$ der Hauptnenner von q und r. Da bekanntlich

$$bd = ggT(b, d) * kgV(b, d)$$

ist, folgt aus den obigen Diskussionen die in Kap. 3.15 benutzte Behauptung, daß es bisher keinen effizienten parallelen Algorithmus zur Berechnung des Hauptnenners zweier Brüche gibt.

In Kap. 3.11-3.18 haben wir ausgiebig davon Gebrauch gemacht, daß $b^{-1} \bmod a$, falls $ggT(a,b) = 1$ ist, existiert und effizient berechnet werden kann. Der erweiterte Euklidische Algorithmus dient zur Berechnung von multiplikativen Inversen in $\mathbb{Z}_a$. Wir bemerken zunächst, daß $g_l = b_l$ und $g_{l-1} = a_l$ ist. Dies ist für $l = 0$ nach Definition der Fall. Dann folgt induktiv $g_{(l+1)-1} = g_l = b_l = a_{l+1}$ und $g_{l+1} \equiv g_{l-1} \bmod g_l$, also $g_{l+1} \equiv a_l \bmod b_l$ und $g_{l+1} = b_{l+1}$.

Außerdem gilt $g_l = u_l a + v_l b$. Für $l = -1$ und $l = 0$ folgt dies nach Definition. Dann folgt induktiv, da sich $g_{l+1} \equiv g_{l-1} \bmod g_l$ auch durch $g_{l+1} = g_{l-1} - y g_l$ ausdrücken läßt,

$$g_{l+1} = g_{l-1} - y g_l = u_{l-1} a + v_{l-1} b - y(u_l a + v_l b)$$

$$= (u_{l-1} - y u_l)a + (v_{l-1} - y v_l)b = u_{l+1} a + v_{l+1} b.$$

Diese Eigenschaft ist also auch erfüllt, wenn der Algorithmus nach l Stufen stoppt. Wenn nun $ggT(a,b) = 1$ vorausgesetzt wird, ist

$$1 = a_l = g_{l-1} = u_{l-1} a + v_{l-1} b \equiv v_{l-1} b \bmod a.$$

Also ist $v_{l-1} \equiv b^{-1} \bmod a$, und $b^{-1} \bmod a$ kann aus v_{l-1} mit einer weiteren Anwendung der mod-Operation berechnet werden.

9.2.6 Satz *Falls $ggT(a,b) = 1$, existiert b^{-1} in $\mathbb{Z}_a$. Mit dem erweiterten Euklidischen Algorithmus wird $b^{-1} \bmod a$ mit $O(\log(a+b))$ Operationen berechnet.*

9.3 Das Jacobi-Symbol

Der für das RSA-System benötigte Primzahltest wird zunächst den größten gemeinsamen Teiler von der auf ihre Primzahleigenschaft zu testenden Zahl n und einer Zufallszahl $a \in \{1, \ldots, n-1\}$ bilden. Wenn $ggT(a,n) \neq 1$ ist, dann ist n keine Primzahl. Ansonsten wird die Primzahleigenschaft mit Hilfe des Jacobi-Symbols von a bzgl. n getestet. Die hierfür benötigten theoretischen Grundlagen und effizienten Algorithmen werden in diesem Abschnitt vorgestellt.

9.3.1 Definition Die Zahl $a \in \mathbb{Z}_n$ ist ein *quadratischer Rest mod n*, Notation $a \in QR(n)$, falls die Gleichung $x^2 \equiv a \bmod n$ eine Lösung hat.

Für Primzahlen p gibt es in $\mathbb{Z}_p^* = \mathbb{Z}_p - \{0\}$ ein erzeugendes Element g (s.a. Kap.3.18). Es ist dann $a \equiv g^{ind(a)} \bmod p$ für $a \in \mathbb{Z}_p^*$ und den Index $ind(a) \in \{0, \ldots, p-2\}$. Wenn $ind(a)$ bekannt ist, kann man leicht entscheiden, ob $a \in QR(p)$ ist.

9.3.2 Satz   *Sei $p \neq 2$ eine Primzahl und g ein erzeugendes Element in $\mathbb{Z}_p^*$. Es ist $a \in QR(p)$ genau dann, wenn $ind(a)$ gerade ist.*

B e w e i s   Es sei $ind(a) = 2m$, also gerade. Dann hat die Gleichung $x^2 \equiv a \equiv g^{2m} \bmod p$ natürlich die Lösung $g^m \bmod p$. Sei nun andererseits $x^2 \equiv a \bmod p$. Für $m = ind(x)$ ist $a \equiv g^{2m} \bmod p$. Es ist $0 \leq m \leq p-2$, also $0 \leq 2m \leq 2(p-2)$. Falls $0 \leq 2m \leq p-2$, ist $ind(a) = 2m$ und damit gerade. Ansonsten ist $p-1 \leq 2m \leq 2(p-2)$. Da $g^{p-1} \equiv 1 \bmod p$, ist $a \equiv g^{2m-(p-1)} \bmod p$ und $0 \leq 2m - (p-1) \leq p-2$. Also ist $ind(a) = 2m - (p-1)$. Da $p \neq 2$ und Primzahl ist, ist $p-1$ und damit $ind(a)$ gerade. $\qquad\square$

9.3.3 Definition   i) Für Primzahlen p und $a \in \mathbb{Z}_p^*$ ist das *Legendre-Symbol* $\left(\frac{a}{p}\right)$ von a bzgl. p definiert als $+1$, falls $a \in QR(p)$, und als -1, falls $a \notin QR(p)$.
ii) Für ungerade Zahlen $q \geq 3$ mit der Primfaktorzerlegung $q = q_1 * \ldots * q_k$ ist das *Jacobi-Symbol* $\left(\frac{a}{q}\right)$ von a bzgl. q definiert als Produkt der Legendre-Symbole $\left(\frac{a}{q_i}\right)$, $1 \leq i \leq k$.

Mit Definition 9.3.3 ist das Legendre-Symbol ein Spezialfall des Jacobi-Symbols. Wir werden für das Legendre-Symbol eine einfache Formel angeben und einen effizienten Algorithmus zur Berechnung des Jacobi-Symbols entwerfen. Der Primzahltest wird für die zu testende Zahl n und eine Zufallszahl a mit $ggT(a,n) = 1$ das Jacobi-Symbol $\left(\frac{a}{n}\right)$ mit dem effizienten Algorithmus berechnen und die Formel für das Legendre-Symbol auf a und n anwenden. Für Primzahlen n liefern beide Rechnungen das gleiche Resultat. Für zusammengesetzte Zahlen (Zahlen, die keine Primzahlen sind) hängt es von a ab, ob beide Rechnungen das gleiche Resultat liefern. Wenn also die Ergebnisse verschieden sind, muß n eine zusammengesetzte Zahl sein. Die Wahrscheinlichkeit, mit der zusammengesetzte Zahlen durch diesen Test überführt werden, untersuchen wir in Kap. 9.4. Wir beginnen mit der einfachen Formel für das Legendre-Symbol, die nach Satz 9.2.2 in $O(\log p)$ Schritten ausgewertet werden kann.

9.3.4 Satz   *Für Primzahlen $p \neq 2$ und $a \in \mathbb{Z}_p^*$ gilt $a^{(p-1)/2} \equiv \left(\frac{a}{p}\right) \bmod p$.*

B e w e i s   1. **Fall:** $\left(\frac{a}{p}\right) = 1$. Dann ist $a \in QR(p)$, also gibt es ein x mit $x^2 \equiv a \bmod p$. Da für alle x gilt $x^{p-1} \equiv 1 \bmod p$, folgt $a^{(p-1)/2} \equiv x^{p-1} \equiv 1 \bmod p$.

2. Fall: $\left(\frac{a}{p}\right) = -1$. Sei g ein erzeugendes Element in $\mathbf{Z}_p^*$. Dann ist $(g^{(p-1)/2})^2 = g^{p-1} \equiv 1 \bmod p$ und $g^{(p-1)/2}$ eine Lösung der Gleichung $x^2 \equiv 1 \bmod p$. Diese quadratische Gleichung hat aber in $\mathbf{Z}_p^*$ nur die Lösungen $+1$ und -1. Falls $g^{(p-1)/2} \equiv 1 \bmod p$, kann $g^0, \ldots, g^{p-2}$ nicht $\mathbf{Z}_p^*$ erzeugen. Also ist $g^{(p-1)/2} \equiv -1 \bmod p$. Da $\left(\frac{a}{p}\right) = -1$, ist $a \notin QR(p)$. Nach Satz 9.3.2 ist der Index von a ungerade, $ind(a) = 2m + 1$. Also ist

$$a^{(p-1)/2} \equiv (g^{2m+1})^{(p-1)/2} = (g^{p-1})^m g^{(p-1)/2} \equiv -1 \bmod p.$$

$\square$

Wir diskutieren nun Rechenregeln für Legendre-Symbole und leiten daraus Rechenregeln für Jacobi-Symbole ab. Auf diesen Rechenregeln wird der effiziente Algorithmus zur Berechnung des Jacobi-Symbols beruhen.

9.3.5 Lemma   *Für Primzahlen $p \neq 2$ und $a, b \in \mathbf{Z}_p^*$ gilt $\left(\frac{ab}{p}\right) = \left(\frac{a}{p}\right) \left(\frac{b}{p}\right)$.*

B e w e i s Sei $i = ind(a)$ und $j = ind(b)$ bzgl. eines erzeugenden Elements g in $\mathbf{Z}_p^*$. Da

$$ab \equiv g^{i+j} \equiv g^{i+j-(p-1)} \bmod p,$$

ist $ind(ab) \equiv ind(a) + ind(b) \bmod (p-1)$. Da $p-1$ gerade ist, gilt auch $ind(ab) \equiv ind(a) + ind(b) \bmod 2$. Nach Satz 9.3.2 ist $\left(\frac{a}{p}\right) = 1$ genau dann, wenn $ind(a) \equiv 0 \bmod 2$ ist. Die Aussage des Lemmas folgt nun leicht durch Fallunterscheidung.

1. Fall: $ind(a) \equiv ind(b) \equiv 0 \bmod 2$. Daraus folgt $ind(ab) \equiv 0 \bmod 2$ und $\left(\frac{a}{p}\right) = \left(\frac{b}{p}\right) = \left(\frac{ab}{p}\right) = 1$.

2. Fall: $ind(a) \equiv 0 \bmod 2$ und $ind(b) \equiv 1 \bmod 2$ (oder umgekehrt). Daraus folgt $ind(ab) \equiv 1 \bmod 2$ und $\left(\frac{a}{p}\right) = 1$, $\left(\frac{b}{p}\right) = \left(\frac{ab}{p}\right) = -1$.

3. Fall: $ind(a) \equiv ind(b) \equiv 1 \bmod 2$. Daraus folgt $ind(ab) \equiv 0 \bmod 2$ und $\left(\frac{a}{p}\right) = \left(\frac{b}{p}\right) = -1$, $\left(\frac{ab}{p}\right) = 1$.

$\square$

9.3.6 Satz Quadratisches Reziprozitätsgesetz   *Für ungerade, verschiedene Primzahlen p und q gilt*

$$\left(\frac{p}{q}\right) \left(\frac{q}{p}\right) = (-1)^{(p-1)(q-1)/4}.$$

Auf dem Weg zum Beweis von Satz 9.3.6 zeigen wir noch zwei Lemmas. Im folgenden sei stets $x \bmod p \in \{0, \ldots, p-1\}$.

9.3.7 Lemma   *Sei $p \neq 2$ eine Primzahl, a eine Zahl mit $ggT(a, p) = 1$ und n die Anzahl aller $i \in \{1, \ldots, (p-1)/2\}$, für die $ia \bmod p > (p-1)/2$ ist. Dann gilt $\left(\frac{a}{p}\right) = (-1)^n$.*

B e w e i s Wir leiten eine Beziehung zwischen n und $\left(\frac{a}{p}\right)$ her. Für

$i, j \in \{1, \ldots, (p-1)/2\}$ mit $i \neq j$ ist $ia \not\equiv ja \bmod p$. Da $a^{-1} \bmod p$ existiert (s. Kap. 9.2), würde sonst $i \equiv j \bmod p$ folgen. Wir betrachten die $(p-1)/2$ verschiedenen Zahlen $ia \bmod p$, $1 \leq i \leq (p-1)/2$, von denen nach Voraussetzung n Zahlen $r_1, \ldots, r_n$ größer als $(p-1)/2$ sind und die übrigen $k = (p-1)/2 - n$ Zahlen $s_1, \ldots, s_k$ höchstens $(p-1)/2$ sind. Auch die Zahlen $p - r_1, \ldots, p - r_n$ sind nicht größer als $(p-1)/2$. Es ist $p - r_l \neq s_m$ für $1 \leq l \leq n$, $1 \leq m \leq k$. Sonst würde es $i, j \in \{1, \ldots, (p-1)/2\}$ mit $p - ia \equiv ja \bmod p$ geben. Daraus folgt $j + i \equiv 0 \bmod p$ im Widerspruch zu $i, j \in \{1, \ldots, (p-1)/2\}$. Also enthält die Folge $p - r_1, \ldots, p - r_n, s_1, \ldots, s_k$ jede der Zahlen $1, \ldots, (p-1)/2$ genau einmal. Mit der Definition von r_l und s_m folgt

$$\left(\frac{p-1}{2}\right)! = \prod_{1 \leq l \leq n} (p - r_l) \prod_{1 \leq m \leq k} s_m \equiv (-1)^n \prod_{1 \leq l \leq n} r_l \prod_{1 \leq m \leq k} s_m$$

$$\equiv (-1)^n \prod_{1 \leq i \leq (p-1)/2} (ia) = (-1)^n a^{(p-1)/2} \left(\frac{p-1}{2}\right)! \bmod p.$$

Da alle Faktoren in $\left(\frac{p-1}{2}\right)!$ teilerfremd zu p sind, hat dieses Produkt ein multiplikatives Inverses $\bmod\, p$. Es folgt

$$1 \equiv (-1)^n a^{(p-1)/2} \bmod p \quad \text{und} \quad (-1)^n \equiv a^{(p-1)/2} \bmod p.$$

Die Behauptung folgt nun direkt aus Satz 9.3.4. $\qquad\qquad\qquad\qquad\qquad\square$

9.3.8 Lemma   *Sei $p \neq 2$ eine Primzahl und a eine ungerade Zahl mit $ggT(a, p) = 1$.*

i)
$$\left(\frac{a}{p}\right) = (-1)^t \; \text{mit } t = \sum_{1 \leq i \leq (p-1)/2} \left\lfloor \frac{ia}{p} \right\rfloor.$$

ii)
$$\left(\frac{2}{p}\right) = (-1)^{(p^2-1)/8}.$$

B e w e i s Wir benutzen weiterhin die Bezeichnungen aus dem Beweis von Lemma 9.3.7. Für jede Zahl b gilt $b = \lfloor b/p \rfloor p + (b \bmod p)$. Also folgt nach Definition der Zahlen r_l und s_m

$$\sum_{1 \leq i \leq (p-1)/2} ia = \sum_{1 \leq i \leq (p-1)/2} \left(\left\lfloor \frac{ia}{p} \right\rfloor p + (ia \bmod p) \right)$$

$$= \sum_{1 \leq i \leq (p-1)/2} \left\lfloor \frac{ia}{p} \right\rfloor p + \sum_{1 \leq l \leq n} r_l + \sum_{1 \leq m \leq k} s_m.$$

Da die Folge $p - r_1, \ldots, p - r_n, s_1, \ldots, s_k$ jede der Zahlen $1, \ldots, (p-1)/2$ genau einmal enthält, gilt

$$\sum_{1 \leq i \leq (p-1)/2} i = \sum_{1 \leq l \leq n} (p - r_l) + \sum_{1 \leq m \leq k} s_m = np - \sum_{1 \leq l \leq n} r_l + \sum_{1 \leq m \leq k} s_m.$$

Indem wir die letzten beiden Gleichungen subtrahieren, erhalten wir als Ergebnis der allgemeinen Betrachtungen

$$(a - 1) \sum_{1 \leq i \leq (p-1)/2} i = p \left(\sum_{1 \leq i \leq (p-1)/2} \left\lfloor \frac{ia}{p} \right\rfloor - n \right) + 2 \sum_{1 \leq l \leq n} r_l.$$

Um i) zu beweisen, betrachten wir die letzte Gleichung mod 2. Da a und p ungerade sind, folgt aus der Definition von t

$$0 \equiv \sum_{1 \leq i \leq (p-1)/2} \left\lfloor \frac{ia}{p} \right\rfloor - n = t - n \bmod 2.$$

Also ist $t \equiv n \bmod 2$ und $(-1)^t = (-1)^n$. Da $(-1)^n = \left(\frac{a}{p} \right)$ nach Lemma 9.3.7, folgt die Behauptung.

Um ii) zu beweisen, betrachten wir das Ergebnis der allgemeinen Betrachtungen mod 2 und setzen $a = 2$. Dabei ist zu beachten, daß $\left\lfloor \frac{2i}{p} \right\rfloor = 0$ für $1 \leq i \leq (p-1)/2$ ist. Also folgt aus der bekannten Formel für $\sum i$ und der Voraussetzung, daß p ungerade ist,

$$\frac{p^2 - 1}{8} = \frac{1}{2} * \frac{p+1}{2} * \frac{p-1}{2} = \sum_{1 \leq i \leq (p-1)/2} i \equiv -n \equiv n \bmod 2.$$

Also ist $(-1)^{(p^2-1)/8} = (-1)^n$. Da $(-1)^n = \left(\frac{2}{p} \right)$ nach Lemma 9.3.7, folgt die Behauptung. $\qquad \square$

Nun können wir das Quadratische Reziprozitätsgesetz beweisen.

B e w e i s von Satz 9.3.6. Sei $S = \{1,\ldots,(p-1)/2\} \times \{1,\ldots,(q-1)/2\}$, also ist $|S|$, die Mächtigkeit von S, $(p-1)(q-1)/4$. Sei f die Gerade $f(x) = \frac{q}{p}x$. Da p und q verschiedene Primzahlen sind, liegt auf f kein Punkt aus S. Sei S_1 die Menge der Paare $(i,j) \in S$, die unterhalb von f liegen, und $S_2 = S - S_1$. Für festes i ist $(i,j) \in S_1$, wenn $j < qi/p$ ist. Daher gibt es für festes i genau $\lfloor qi/p \rfloor$ Paare $(i,j) \in S_1$. Eine analoge Überlegung gilt für S_2. Daraus folgt

$$|S_1| = \sum_{1 \le i \le (p-1)/2} \left\lfloor \frac{qi}{p} \right\rfloor \text{ und } |S_2| = \sum_{1 \le j \le (q-1)/2} \left\lfloor \frac{pj}{q} \right\rfloor .$$

Nach Lemma 9.3.8 gilt

$$\left(\frac{p}{q}\right)\left(\frac{q}{p}\right) = (-1)^{|S_1|}(-1)^{|S_2|} = (-1)^{|S|} = (-1)^{(p-1)(q-1)/4}.$$

$\square$

Als nächstes werden wir das Quadratische Reziprozitätsgesetz und Lemma 9.3.8.ii auf Jacobi-Symbole verallgemeinern.

9.3.9 Satz   *Es seien p,q ungerade und $ggT(p,q) = 1$.*
i) $\left(\frac{2}{q}\right) = (-1)^{(q^2-1)/8}$.
ii) $\left(\frac{p}{q}\right)\left(\frac{q}{p}\right) = (-1)^{(p-1)(q-1)/4}$.

B e w e i s i) Es sei $q = q_1 * \ldots * q_k$ die Primfaktorzerlegung von q. Nach Lemma 9.3.8.ii folgt

$$\left(\frac{2}{q}\right) = \prod_{1 \le i \le k} \left(\frac{2}{q_i}\right) = \prod_{1 \le i \le k} (-1)^{(q_i^2-1)/8} = (-1)^{\sum (q_i^2-1)/8}.$$

Da Exponenten von -1 nur $\bmod\, 2$ interessieren, genügt es zu zeigen, daß $\sum(q_i^2 - 1) \equiv q^2 - 1 \bmod 16$ ist. Für $k = 1$ ist diese Behauptung trivial. Da alle q_i ungerade sind, ist

$$\prod_{1 \le i \le k-1} q_i^2 \equiv q_k^2 \equiv 1 \bmod 4 \text{ und } \left(\prod_{1 \le i \le k-1} q_i^2 - 1 \right) (q_k^2 - 1) \equiv 0 \bmod 16.$$

Also folgt nach Induktionsvoraussetzung

$$\sum_{1 \le i \le k} (q_i^2 - 1) \equiv \left(\prod_{1 \le i \le k-1} q_i^2 - 1 \right) + (q_k^2 - 1)$$

$$= \left(\prod_{1 \leq i \leq k} q_i^2 - 1 \right) - \left(\prod_{1 \leq i \leq k-1} q_i^2 - 1 \right) (q_k^2 - 1) \equiv q^2 - 1 \bmod 16.$$

ii) Es seien $p = p_1 * \ldots * p_l$ und $q = q_1 * \ldots * q_k$ die Primfaktorzerlegungen von p und q. Dann gilt nach Definition des Jacobi-Symbols, Lemma 9.3.5 und Satz 9.3.6

$$\left(\frac{p}{q} \right) = \prod_{1 \leq i \leq k} \left(\frac{p}{q_i} \right) = \prod_{1 \leq i \leq k} \prod_{1 \leq j \leq l} \left(\frac{p_j}{q_i} \right)$$

$$= \prod_{1 \leq j \leq l} \prod_{1 \leq i \leq k} \left[\left(\frac{q_i}{p_j} \right) (-1)^{(p_j - 1)(q_i - 1)/4} \right]$$

$$= \left(\frac{q}{p} \right) (-1)^s \text{ mit } s = \left(\sum_{1 \leq j \leq l} (p_j - 1)/2 \right) \left(\sum_{1 \leq i \leq k} (q_i - 1)/2 \right).$$

Es bleibt also zu zeigen, daß $s \equiv (p-1)(q-1)/4 \bmod 2$ ist. Zunächst zeigen wir, daß $\sum (p_j - 1) \equiv p - 1 \bmod 4$ ist. Für $l = 1$ ist die Behauptung trivial. Da alle p_j ungerade sind, ist

$$\prod_{1 \leq j \leq l-1} p_j \equiv p_l \equiv 1 \bmod 2 \text{ und } \left(\prod_{1 \leq j \leq l-1} p_j - 1 \right) (p_l - 1) \equiv 0 \bmod 4.$$

Also folgt nach Induktionsvoraussetzung

$$\sum_{1 \leq j \leq l} (p_j - 1) \equiv \left(\prod_{1 \leq j \leq l-1} p_j - 1 \right) + (p_l - 1)$$

$$= \left(\prod_{1 \leq j \leq l} p_j - 1 \right) - \left(\prod_{1 \leq j \leq l-1} p_j - 1 \right) (p_l - 1) \equiv p - 1 \bmod 4.$$

Die entsprechende Aussage für q folgt analog. Also gilt

$$\sum_{1 \leq j \leq l} (p_j - 1)/2 \equiv (p-1)/2 \bmod 2 \text{ und } \sum_{1 \leq i \leq k} (q_i - 1)/2 \equiv (q-1)/2 \bmod 2$$

und damit $s \equiv (p-1)(q-1)/4 \bmod 2$. $\qquad\square$

Nun haben wir alle Hilfsmittel bereitgestellt, um einen effizienten Algorithmus zur Berechnung des Jacobi-Symbols zu entwerfen.

9.3.10 Algorithmus
Input: $q^* > 1$ ungerade und p^* mit $ggT(p^*, q^*) = 1$.
Output: $s = \left(\frac{p^*}{q^*}\right)$.
0.) Setze $s = 1$, $p = p^*$ und $q = q^*$.
Kommentar: Es soll stets $\left(\frac{p^*}{q^*}\right) = s\left(\frac{p}{q}\right)$ gelten.
1.) Ersetze p durch $p \bmod q$.
2.) Spalte von p alle Faktoren 2 ab, d.h. $p = 2^k p'$ und p' ungerade. Falls k ungerade, ersetze s durch $s * (-1)^{(q^2-1)/8}$. In jedem Fall ersetze p durch p'.
3.) Falls $p = 1$, Output s. Stop.
4.) Vertausche p und q. Ersetze s durch $s * (-1)^{(p-1)(q-1)/4}$.
Gehe zu Schritt 1.

9.3.11 Satz   *Mit Algorithmus 9.3.10 wird das Jacobi-Symbol $\left(\frac{p^*}{q^*}\right)$ in $O(\log(p^* + q^*))$ Schritten berechnet.*

B e w e i s Wir zeigen zunächst induktiv, daß die Beziehung $\left(\frac{p^*}{q^*}\right) = s\left(\frac{p}{q}\right)$ nach jedem Schritt des Algorithmus gilt.
Schritt 1: Es sei $\hat{p} \equiv p \bmod q$. Es soll $\left(\frac{p}{q}\right) = \left(\frac{\hat{p}}{q}\right)$ gelten. Die Gleichungen $x^2 \equiv p \bmod q$ und $x^2 \equiv \hat{p} \bmod q$ sind äquivalent. Falls q Primzahl ist, folgt $\left(\frac{p}{q}\right) = \left(\frac{\hat{p}}{q}\right)$ aus der Definition des Legendre-Symbols. Falls $q = q_1 * \ldots * q_k$ die Primfaktorzerlegung von q ist, gilt natürlich $\hat{p} \equiv p \bmod q_i$ für $1 \leq i \leq k$. Also folgt $\left(\frac{p}{q_i}\right) = \left(\frac{\hat{p}}{q_i}\right)$ und daraus nach Definition des Jacobi-Symbols $\left(\frac{p}{q}\right) = \left(\frac{\hat{p}}{q}\right)$.
Schritt 2: Nach Lemma 9.3.5 ist $\left(\frac{p}{q}\right) = \left(\frac{p'}{q}\right)\left(\frac{2}{q}\right)^k$. Falls k gerade, ist $\left(\frac{2}{q}\right)^k = 1$. Falls k ungerade, ist nach Satz 9.3.9

$$\left(\frac{2}{q}\right)^k = \left(\frac{2}{q}\right) = (-1)^{(q^2-1)/8}.$$

Schritt 3: Da $p = 1$, ist $\left(\frac{p^*}{q^*}\right) = s\left(\frac{1}{q}\right)$. Da $1 \in QR(q_i)$ für alle Primfaktoren q_i von q, ist $\left(\frac{1}{q}\right) = 1$.
Schritt 4: Durch Anwendung von Schritt 2 ist p ungerade. Die Zahl q wird nur in Schritt 4 verändert. Da q zu Beginn ungerade ist, sind p und q vor und daher auch nach Schritt 4 ungerade. Es kann nun Satz 9.3.9.ii in der Form

$$\left(\frac{p}{q}\right) = \left(\frac{q}{p}\right)(-1)^{(p-1)(q-1)/4}$$

angewendet werden.

Wenn der Algorithmus stoppt, ist also $s = \left(\frac{p^*}{q^*}\right)$.

Die Summe $p + q$ wird während des Algorithmus nur verkleinert. In Schritt 4 und 1 wird das Paar (p, q) mit $p < q$ durch das Paar $(q \bmod p, p)$ ersetzt. Dies ist genau ein Iterationsschritt des Euklidischen Algorithmus zur Berechnung von $ggT(p, q)$. Da q in Schritt 2 stets ungerade ist, wird der größte gemeinsame Teiler von p und q durch das Abspalten der Faktoren 2 in p nicht verändert. Da nach Voraussetzung $ggT(p, q) = 1$ ist, würde der Euklidische Algorithmus mit $p = 0$ und $q = 1$ stoppen. Ein Iterationsschritt vorher ist $p = 1$ und $q > 1$. Algorithmus 9.3.10 stoppt in dieser Situation und produziert die Ausgabe $\left(\frac{p^*}{q^*}\right)$.

Nach Satz 9.2.5 wird die Schleife weniger als $\lfloor \log_{3/2}(p^* + q^*) \rfloor$-mal durchlaufen. Die Schritte 1, 3 und 4 verursachen jeweils Kosten $O(1)$. Schritt 2 läßt sich in $O(k)$ Schritten ausführen. Da aber insgesamt höchstens $(\lfloor \log p^* \rfloor + \lfloor \log q^* \rfloor)$-mal ein Faktor 2 von den Zahlen abgespalten werden kann, sind auch die Gesamtkosten von Schritt 2 durch $O(\log(p^* + q^*))$ beschränkt. $\qquad\Box$

9.4 Ein probabilistischer Primzahltest

Der hier vorgestellte probabilistische Primzahltest wurde von Solovay und Strassen (1977) entworfen. Der Parameter k gibt die Zahl der Iterationen an, in denen die getestete Zahl nicht als zusammengesetzt überführt werden darf, um als Primzahl zu gelten.

9.4.1 Algorithmus
Input: $n \geq 3$, $k \geq 1$.
Output: „n ist vermutlich Primzahl" oder „n ist zusammengesetzt".
1.) Falls n gerade, Output „n ist zusammengesetzt".
2.) Wähle unabhängig voneinander gemäß der Gleichverteilung k Zufallszahlen $a_1, \ldots, a_k \in \{1, \ldots, n-1\}$.
3.) Berechne $ggT(a_i, n)$ für $1 \leq i \leq k$. Falls $ggT(a_i, n) \neq 1$ für ein i, Output „n ist zusammengesetzt".
4.) Berechne $b_i \equiv a_i^{(n-1)/2} \bmod n$ für $1 \leq i \leq k$.
5.) Berechne $c_i = \left(\frac{a_i}{n}\right)$ für $1 \leq i \leq k$.
6.) Falls $b_i \not\equiv c_i \bmod n$ für ein i, Output „n ist zusammengesetzt". Sonst Output „n ist vermutlich Primzahl".

9.4.2 Satz   *i) Algorithmus 9.4.1 ist in Zeit $O(k \log n)$ und damit für konstantes k in linearer Zeit bezogen auf die Inputlänge durchführbar.*
ii) Für Primzahlen n liefert Algorithmus 9.4.1 den Output „n ist vermutlich Primzahl".
iii) Für zusammengesetzte Zahlen n liefert Algorithmus 9.4.1 den Output „n ist zusammengesetzt" mit einer Wahrscheinlichkeit von mindestens $1 - (1/2)^k$.

B e w e i s i) Wir haben in den Sätzen 9.2.2, 9.2.5 und 9.3.11 gezeigt, daß die einzelnen Schritte des Algorithmus für jedes i in $O(\log n)$ Schritten durchführbar sind.

ii) Der Output „n ist zusammengesetzt" wird nur erzeugt, wenn n gerade, $ggT(a_i,n) \neq 1$ für ein $i \in \{1,\dots,k\}$ oder $a_i^{(n-1)/2} \not\equiv \left(\frac{a_i}{n}\right) \bmod n$ für ein $i \in \{1,\dots,k\}$ ist. Für Primzahlen ist (s. Satz 9.3.4) keine dieser Bedingungen erfüllbar.

iii) Für gerades n ist die Wahrscheinlichkeit, daß der Output „n ist zusammengesetzt" erzeugt wird, sogar 1. Falls $ggT(a_i,n) \neq 1$ für eine der Zufallszahlen a_i, wird n ebenfalls als zusammengesetzt entlarvt. Ansonsten sind die Zufallszahlen $a_1,\dots,a_k$ alle in

$$\mathbb{Z}_n^* = \{1 \leq b \leq n-1 | ggT(b,n) = 1\}$$

enthalten. Es sei

$$S = \{a \in \mathbb{Z}_n^* | a^{(n-1)/2} \equiv \left(\frac{a}{n}\right) \bmod n\}$$

die Menge der Zahlen, die als Testzahlen die Eingabe n nicht als zusammengesetzt entlarven. Wir zeigen, daß $|S| \leq |\mathbb{Z}_n^*|/2$ für zusammengesetzte Zahlen n ist. Die Wahrscheinlichkeit, daß alle Testzahlen $a_1,\dots,a_k$ schlecht, also in S enthalten sind, ist dann höchstens $(1/2)^k$.

Es ist eine elementare Aussage der Theorie endlicher Gruppen, daß die Ordnung einer Untergruppe (Anzahl der Elemente der Untergruppe) die Ordnung der Gruppe teilt. $\mathbb{Z}_n^*$ ist (s. Kap. 9.2) eine Gruppe bzgl. der Multiplikation mod n. Wir zeigen, daß S eine echte Untergruppe von $\mathbb{Z}_n^*$ ist. Da kein echter Teiler von $|\mathbb{Z}_n^*|$ größer als $|\mathbb{Z}_n^*|/2$ ist, folgt daraus der Satz.

Zunächst zeigen wir, daß S eine Untergruppe von $\mathbb{Z}_n^*$ ist. Für $a,b \in S$ ist

$$(ab)^{(n-1)/2} = a^{(n-1)/2}b^{(n-1)/2} \equiv \left(\frac{a}{n}\right)\left(\frac{b}{n}\right) = \left(\frac{ab}{n}\right) \bmod n.$$

Die letzte Gleichung haben wir in Lemma 9.3.5 für Primzahlen n bewiesen. Nach Definition des Jacobi-Symbols als Produkt von Legendre-Symbolen gilt diese Aussage auch für zusammengesetzte Zahlen n. Offensichtlich ist $1 \in S$. Sei nun $a \in S$. Da, wie gerade gezeigt, S gegenüber der Multiplikation abgeschlossen ist, sind alle Zahlen $a^i \bmod n$, $i \in \mathbb{N}_0$, in S enthalten. Da S endlich, gibt es i und j mit $i > j$

und $a' \equiv a^j \bmod n$. Da a^{-1} in $\mathbb{Z}_n^*$ existiert, ist $a^{-1} \equiv a^{i-j-1} \bmod n$. Also ist a^{-1} in S enthalten.

Der schwierigste Teil des Beweises besteht darin, die Annahme $S = \mathbb{Z}_n^*$ zu widerlegen. Die Annahme bedeutet, daß $a^{(n-1)/2} \equiv \left(\frac{a}{n}\right) \bmod n$ für alle $a \in \mathbb{Z}_n^*$ gilt. Da $\left(\frac{a}{n}\right) \in \{-1,1\}$, impliziert dies $a^{n-1} \equiv 1 \bmod n$ für alle $a \in \mathbb{Z}_n^*$. Sei $n = p(1)^{\alpha(1)} * \ldots * p(l)^{\alpha(l)}$ die Primfaktorzerlegung von n mit $p(i) \neq p(j)$ für $i \neq j$ und $\alpha(1) \geq \ldots \geq \alpha(l)$.

Sei $p = p(1)$ und $m = p^{\alpha(1)}$. Dann ist (s. Niven und Zuckerman (1976)) $\mathbb{Z}_m^*$ eine zyklische Gruppe der Ordnung $\phi(m) = (p-1)p^{\alpha(1)-1}$. Sei g ein erzeugendes Element in $\mathbb{Z}_m^*$. Da m und n/m teilerfremd sind, gibt es nach dem Chinesischen Restklassensatz 3.12.1 genau ein $a \in \mathbb{Z}_n$ mit

$$a \equiv g \bmod m \text{ und } a \equiv 1 \bmod(n/m)$$

Da $g \in \mathbb{Z}_m^*$, ist $ggT(g,m) = 1$ und daher $ggT(a,m) = 1$. Da $ggT(1,n/m) = 1$, ist $ggT(a,n/m) = 1$. Aus diesen beiden Eigenschaften folgt $ggT(a,n) = 1$ und $a \in \mathbb{Z}_n^*$. Aus der Annahme $S = \mathbb{Z}_n^*$ folgt, wie oben gezeigt, $a^{n-1} \equiv 1 \bmod n$. Da m ein Teiler von n ist, gilt auch $a^{n-1} \equiv 1 \bmod m$ und, da $a \equiv g \bmod m$, $g^{n-1} \equiv 1 \bmod m$.

Da g ein erzeugendes Element in $\mathbb{Z}_m^*$ ist, ist $(p-1)p^{\alpha(1)-1}$ die kleinste Zahl r mit $g^r \equiv 1 \bmod n$. Also muß $n-1$ ein Vielfaches von $(p-1)p^{\alpha(1)-1}$ sein. Falls $\alpha(1) \geq 2$, teilt p sowohl die Zahl $n-1$ als auch die Zahl n, ein Widerspruch zu $S = \mathbb{Z}_n^*$.

Sei also $\alpha(1) = 1$ und damit $\alpha(2) = \ldots = \alpha(l) = 1$. Nach Definition des Jacobi-Symbols ist

$$\left(\frac{a}{n}\right) = \left(\frac{a}{p}\right) * \left(\frac{a}{p(2)}\right) * \ldots * \left(\frac{a}{p(l)}\right).$$

Da $a \equiv g \bmod p$, ist $\left(\frac{a}{p}\right) = \left(\frac{g}{p}\right)$. Diese Schlußfolgerung wurde zu Beginn des Beweises von Satz 9.3.11 hergeleitet. Für $j \neq 1$ ist $p(j)$ ein Teiler von $n/p = n/m$. Aus $a \equiv 1 \bmod(n/m)$ folgt also $a \equiv 1 \bmod p(j)$ und $\left(\frac{a}{p(j)}\right) = \left(\frac{1}{p(j)}\right) = 1$ für $j \neq 1$. Zusammenfassend folgt $\left(\frac{a}{n}\right) = \left(\frac{g}{p}\right)$.

Offensichtlich ist $ind(g) = 1$ bzgl. g in $\mathbb{Z}_m^*$. Nach Satz 9.3.2 ist $g \notin QR(p) = QR(m)$ und nach Definition des Legendre-Symbols $\left(\frac{a}{n}\right) = \left(\frac{g}{p}\right) = -1$. Also ist

$$a^{(n-1)/2} \equiv \left(\frac{a}{n}\right) = -1 \bmod n.$$

Da n/m ein Teiler von n ist, folgt

$$a^{(n-1)/2} \equiv -1 \bmod(n/m).$$

Nach Konstruktion war jedoch $a \equiv 1 \bmod(n/m)$ und

$$a^{(n-1)/2} \equiv 1 \bmod(n/m).$$

Also ist $1 \equiv -1 \bmod(n/m)$ und $2 \equiv 0 \bmod(n/m)$. Dies ist ein Widerspruch, da $n/m = p(2) * \ldots * p(l)$ ein Produkt ungerader Primzahlen ist. $\square$

Unser probabilistischer Primzahltest kann zusammengesetzte Zahlen entlarven. Die Antwort „n ist zusammengesetzt" ist irrtumsfrei. Für Primzahlen kommt es mit Sicherheit zur Aussage „n ist vermutlich Primzahl". Diese Aussage wird bei Tests mit k Zufallszahlen (z.B. $k = 100$) für zusammengesetzte Zahlen n nur mit der (verschwindend kleinen) Wahrscheinlichkeit $(1/2)^k$ erzeugt. Diese geringe Fehlerwahrscheinlichkeit ist für die meisten kommerziellen Anwendungen kryptographischer Systeme tolerabel. Die Tests für die einzelnen Zufallszahlen können natürlich auch parallel ausgeführt werden.

Für die legalen Benutzer des RSA-Systems stehen also sowohl für die Schlüsselerzeugung als auch für die Chiffrierung und Dechiffrierung der einzelnen Nachrichtenblöcke effiziente Algorithmen zur Verfügung.

Die in diesem Kapitel vorgestellten effizienten Algorithmen für die Elementare Zahlentheorie haben lineare Laufzeit bezogen auf die Länge der eingegebenen Zahlen. Für den Primzahltest gilt dies nur, solange k konstant ist. Da die Algorithmen alle auf dem Schema des Euklidischen Algorithmus basieren, lassen sie sich bisher nicht effizient parallelisieren.

Aufgaben

9.A.1 Gib eine iterative Version von Algorithmus 9.2.1 an, die mit der gleichen Zahl von Multiplikationen auskommt.

9.A.2 Die in Algorithmus 9.2.1 benutzte Zahl von Multiplikationen ist für $n = 2^k$ optimal.

9.A.3 Die in Algorithmus 9.2.1 benutzte Zahl von Multiplikationen ist im allgemeinen nicht optimal, z.B. nicht für $n = 15$.

9.A.4 Die Fibonacci-Zahlen $F(n)$ sind definiert durch $F(0) = 0, F(1) = 1$ und $F(n) = F(n-1) + F(n-2)$ für $n \geq 2$. $F(n)$ kann mit $O(\log n)$ Operationen berechnet werden. Es ist nämlich

$$(F(n+1), F(n)) = (F(n), F(n-1)) * A \text{ für } A = \begin{pmatrix} 1 & 1 \\ 1 & 0 \end{pmatrix}.$$

9.A.5 Konstruiere Eingaben, für die der Euklidische Algorithmus eine besonders große Laufzeit hat.

9.A.6 Es seien q, q' ungerade und $ggT(pp', qq') = 1$. Dann ist $\left(\frac{p^2}{q}\right) = \left(\frac{p}{q^2}\right) = 1$ und $\left(\frac{p'p^2}{q'q^2}\right) = \left(\frac{p'}{q'}\right)$.

9.A.7 Falls $p \neq 2$ Primzahl ist, hat die Gleichung $x^2 \equiv a \bmod p$ für $a \neq 0$ keine oder zwei Lösungen.

9.A.8 Ist die Bedingung p Primzahl in 9.A.7 notwendig?

10. Reduktionen und automatische Parallelisierung

10.1 Parallelisierung polynomieller Formeln

Wir haben für viele grundlegende Funktionen effiziente parallele Algorithmen und Schaltkreise mit wenigen Bausteinen und geringer Tiefe entworfen. Neben allgemeinen Entwurfsmethoden für effiziente parallele Algorithmen wurden stets auch Kenntnisse über die speziellen Funktionen und die dahinter stehende Theorie, z.B. die Graphentheorie oder die Zahlentheorie, benötigt. Wir wollen nun allgemeine Eigenschaften von Problemen vorstellen, die implizieren, daß die Probleme effizient parallel lösbar sind. Polynomielle Formeln werden in Kap. 10.1 durch NC_1-Schaltkreise simuliert. In Kap. 10.2 zeigen wir den schon in der Einleitung diskutierten Zusammenhang zwischen Speicherplatz und paralleler Rechenzeit auf. Insbesondere können endliche Automaten durch NC_1-Schaltkreise simuliert werden. Schließlich werden in Kap. 10.3 Reduktionskonzepte vorgestellt und in Kap. 10.4 Probleme bzgl. ihrer Komplexität verglichen.

10.1.1 Definition Eine *Formel* ist ein Schaltkreis, in dem der Fan-out der Bausteine durch 1 beschränkt ist.

In Formeln müssen also mehrfach benutzte Zwischenergebnisse auch mehrfach berechnet werden. Dies entspricht der üblichen Schreibweise von Formeln wie z.B. in

$$([(x \oplus y) \vee z] \oplus [(a \vee b) \wedge (x \oplus y)]) \wedge (x \oplus y \oplus z).$$

Da allgemein vermutet wird, daß $P/poly \neq NC$ ist, wird es wohl keine Simulation polynomieller Schaltkreise durch NC-Schaltkreise geben. Für die kleinere Klasse polynomieller B_2-Formeln hat Spira (1971) gezeigt, daß sie sich sogar durch NC_1-Schaltkreise simulieren lassen.

10.1.2 Satz *i) Wenn eine Boolesche Funktion f durch eine B_2-Formel mit l Bausteinen dargestellt werden kann, dann gibt es für f auch einen B_2-Schaltkreis mit durch $c\log(l+1)$, $c = 3\log^{-1}(3/2) \approx 5.13$, beschränkter Tiefe.*
ii) Boolesche Funktionen $f = (f_n), f_n \in B_n$, mit polynomieller B_2-Formelgröße sind in NC_1 enthalten.

B e w e i s Die Aussage ii) folgt leicht aus Aussage i). Schaltkreise mit Fan-in 2 und Tiefe d für Funktionen $f_n \in B_n$ haben nicht mehr als 2^d Bausteine. Da nach Aussage i) f_n durch B_2-Schaltkreise mit Tiefe $d(n) \leq c\log(p(n)+1)$ für ein Polynom p berechnet werden kann, ist die Tiefe $O(\log n)$ und die Größe durch $2^{d(n)} \leq (p(n)+1)^c$ und damit polynomiell beschränkt.

Aussage i) beweisen wir durch Induktion über l. Für $l \leq 2$ ist die Aussage trivial. Für $l > 3$ stellen wir B_2-Formeln graphisch dar. Es genügt, Funktionen mit einem Output und damit Formeln, in denen alle Bausteine bis auf den Outputbaustein genau einen direkten Nachfolger haben, zu betrachten. Wenn wir Inputs mit Fan-out i durch i Knoten repräsentieren, erhalten wir für die Formel F, die f darstellt, einen binären Baum mit l Bausteinen (inneren Knoten).

Es seien F_1 und F_2 die Formeln, die die beiden Teilformeln von F darstellen. Sie berechnen f_1 und f_2 mit l_1 bzw. l_2 Bausteinen. Wenn e die Operation an der Wurzel von F ist, gilt $f = e(f_1, f_2)$. O.B.d.A. sei $l_1 \leq l_2$. Da $l_1 + l_2 + 1 = l$, folgt

$$0 \leq l_1 \leq \frac{1}{2}l - \frac{1}{2} \text{ und } 1 \leq \frac{1}{2}(l-1) \leq l_2 \leq l-1.$$

Wir konzentrieren uns auf F_2, da F_1 klein genug ist, um die Induktionsvoraussetzung erfolgreich anzuwenden. Von der Wurzel von F_2 gehen wir stets zu dem Sohn, der Wurzel des größeren Teilbaumes ist. Falls beide Teilbäume gleiche Größe haben, können wir uns beliebig entscheiden. Sei v der letzte Knoten, der Wurzel eines Baumes mit mindestens $\lceil l_2/3 \rceil$ Bausteinen ist. Die Teilformel mit Wurzel v wird F_0 genannt, sie berechnet f_0 und enthält l_0 Bausteine. Da in jedem Teilbaum von F_0 höchstens $\lceil l_2/3 \rceil - 1$ Bausteine enthalten sind, gilt

$$1 \leq \lceil l_2/3 \rceil \leq l_0 \leq 2(\lceil l_2/3 \rceil - 1) + 1 \leq \frac{2}{3}l_2 + \frac{1}{3} \leq \frac{2}{3}l - \frac{1}{3}.$$

Außerdem ist

$$l_2 - l_0 \leq l_2 - \lceil l_2/3 \rceil \leq \frac{2}{3}l_2 \leq \frac{2}{3}l - \frac{1}{3}.$$

Also haben sowohl F_0 als auch F_2^*, die aus F_2 nach Ersetzung von F_0 durch die neue Variable z entstehende Formel, nicht zu viele Bausteine. Wir bezeichnen mit $f_{2,a}^*$ die von F_2^* für $z = a \in \{0,1\}$ berechnete Funktion. Nach Betrachtung der beiden möglichen Ergebnisse von f_0 folgt

$$f_2 = (f_0 \wedge f_{2,1}^*) \vee (\neg f_0 \wedge f_{2,0}^*).$$

Da $f = e(f_1, f_2)$ für ein $e \in B_2$, kann f aus $f_0, f_1, f_{2,0}^*$ und $f_{2,1}^*$ in einem B_2-Schaltkreis der Tiefe 3 berechnet werden. Auf die Formeln $F_0, F_1, F_{2,0}^*$ und $F_{2,1}^*$, die jeweils höchstens $(2l-1)/3$ Bausteine enthalten, wenden wir die Induktionsvoraussetzung an. Insgesamt erhalten wir einen B_2-Schaltkreis für f, dessen Tiefe beschränkt ist durch

$$c\log\left(\frac{2l-1}{3}+1\right)+3 = c\log\left(\frac{2}{3}(l+1)\right)+3 =$$

$$c\log(l+1)+c\log\frac{2}{3}+3 = c\log(l+1).$$

Im letzten Schritt haben wir die Definition von c ausgenutzt. $\square$

Die Majoritätsfunktion hat polynomielle Formeln (Valiant (1984)), sie ist aber weder in AC_0 noch in ZC_0 enthalten (Razborov (1986)). Also kann in Satz 10.1.2 die Klasse NC_1 nicht durch AC_0 oder ZC_0 ersetzt werden.

Arithmetische Formeln werden üblicherweise als *arithmetische Ausdrücke* bezeichnet. Basierend auf der im Beweis von Satz 10.1.2 vorgestellten Methode haben Valiant, Skyum, Berkowitz und Rackoff (1983) gezeigt, wie arithmetische Ausdrücke polynomieller Größe auf effiziente Weise parallel ausgewertet werden können.

10.2 Speicherplatz und parallele Rechenzeit

In diesem Abschnitt setzen wir voraus, daß die Leserin und der Leser mit den grundlegenden Eigenschaften von Turingmaschinen und endlichen Automaten vertraut sind (s. Hopcroft und Ullman (1979)). Beides sind Konzepte für uniforme Rechner. Der Einfachheit halber beschränken wir uns auf Turingakzeptoren, die auf Eingaben aus $\{0,1\}^*$ arbeiten und für $x \in \{0,1\}^*$ den Output 0 (x wird verworfen) oder den Output 1 (x wird akzeptiert) liefern. Die Menge L der akzeptierten Eingaben x wird als die von der Turingmaschine akzeptierte Sprache bezeichnet. Zu jeder Sprache $L \subseteq \{0,1\}^*$ gehört auf natürliche Weise die Folge Boolescher Funktionen $f^L = (f_n^L)$, $f_n^L \in B_n$, wobei $f_n^L(a) = 1$ genau dann ist, wenn $a \in L$ ist.

Borodin (1977) hat sich für Turingmaschinen interessiert, die mit sehr wenig Speicherplatz auskommen. Daher soll die Eingabe, durch das Sonderzeichen # auf beiden Seiten begrenzt, auf einem Extraband stehen, auf dem nur gelesen werden darf. Der Lesekopf auf diesem Eingabeband darf die Grenzsymbole # nicht überschreiten. Der von der Turingmaschine benötigte Speicherplatz $s(n)$ wird definiert als Maximalzahl von Speicherzellen, die die Turingmaschine bei Eingaben der Länge n auf dem eigentlichen Arbeitsband besucht. Insbesondere ist $s(n) \geq 1$.

Wieso können wir hoffen, daß Turingmaschinen, die mit wenig Speicherplatz auskommen, durch Schaltkreise mit geringer Tiefe simuliert werden können? Mit einem kurzen Arbeitsband gibt es nur wenige Konfigurationen, d.h. mögliche Momentaufnahmen der Turingmaschine. Eine *Konfiguration* einer Turingmaschine wird vollständig durch die folgenden Informationen beschrieben:
- den Zustand q aus der endlichen Zustandsmenge Q,
- die Position $i \in \{0, \ldots, n+1\}$ des Kopfes auf dem Eingabeband,
- die Position $j \in \{1, \ldots, s(n)\}$ des Kopfes auf dem Arbeitsband,
- den Inhalt $(a_1, \ldots, a_{s(n)})$ der Speicherzellen des Arbeitsbandes, wobei jedes a_m aus dem endlichen Bandalphabet Σ stammt.
Die Zahl verschiedener Konfigurationen beträgt also

$$k(n) = |Q|(n+2)s(n)|\Sigma|^{s(n)}.$$

Rechnungen der Länge $k(n) + 1$ sind bei einer deterministischen Turingmaschine in eine Schleife geraten. Entweder ist der akzeptierende Zustand bereits erreicht worden, oder er wird nie erreicht. Bei nichtdeterministischen Turingmaschinen gibt es, falls es überhaupt eine akzeptierende Berechnung gibt, stets eine akzeptierende Berechnung, die nach höchstens $k(n)$ Konfigurationen den akzeptierenden Zustand erreicht.

10.2.1 Satz   *i) Wenn die Sprache $L \subseteq \{0,1\}^*$ durch eine (deterministische oder nichtdeterministische) Turingmaschine mit einem Arbeitsspeicher der Länge $s(n)$ akzeptiert wird, gibt es für f_n^L U-Schaltkreise der Größe $O(k(n)^3 \log k(n))$ und Tiefe $2\lceil \log k(n) \rceil + 1$ und B_2-Schaltkreise der Größe $O(k(n)^3 \log k(n))$ und Tiefe $(\lceil \log k(n) \rceil + 2)\lceil \log k(n) \rceil$.*
ii) Wenn $s(n) = O(\log n)$ ist, läßt sich f^L durch AC_1-Schaltkreise berechnen.

B e w e i s Die Aussage ii) folgt aus Aussage i), da für $s(n) = O(\log n)$ die Zahl der Konfigurationen $k(n)$ polynomiell wächst.

Für den Beweis der Aussage i) ändern wir die Turingmaschine so ab, daß sie nie stoppt und den akzeptierenden Zustand nicht wieder verläßt, wenn sie ihn einmal erreicht hat. Die Konfigurationen der Turingmaschine werden durchnumeriert. Es sei $y_{ij}(x) = 1$ genau dann, wenn die Turingmaschine bei Eingabe $x \in \{0,1\}^n$ in einem Schritt aus der i-ten Konfiguration in die j-te Konfiguration gelangen kann. Die Funktion y_{ij} hängt nur von dem Bit x_l der Eingabe ab, das der Lesekopf auf dem Eingabeband in der i-ten Konfiguration liest. Somit ist $y_{ij}(x) \in \{0, 1, x_l, \bar{x}_l\}$ und in U-Schaltkreisen ein Input des Schaltkreises. Die Matrix $Y(x) = (y_{ij}(x))$ ist die Übergangsmatrix der Turingmaschine für einen Schritt.

Durch fortgesetztes Quadrieren kann mit $\lceil \log k(n) \rceil$ Booleschen Matrizenmultiplikationen die $2^{\lceil \log k(n) \rceil}$-te Potenz $Z(x)$ von $Y(x)$ berechnet werden. Die Turingmaschine akzeptiert x genau dann, wenn aus der Anfangskonfiguration in $2^{\lceil \log k(n) \rceil}$

Schritten eine akzeptierende Konfiguration erreicht werden kann. $f_n^L(x)$ ist also
die Disjunktion der entsprechenden Einträge der $Z(x)$-Matrix. Die Aussagen über
Größe und Tiefe der Schaltkreise folgen direkt aus der Definition des Booleschen
Matrizenprodukts. □

Für polylogarithmische $s(n)$, z.B $s(n) = \lfloor \log^2 n \rfloor$, erhalten wir zwar Schaltkreise
mit polylogarithmischer Tiefe, die Schaltkreisgröße wächst aber stärker als polynomiell, wenn $s(n) = \omega(\log n)$ ist. Für sehr geringen Speicherplatzbedarf $s(n)$, z.B.
$s(n) = \lfloor \log \log n \rfloor$, ist $\log k(n) = \Theta(\log n)$. Es ist $\log k(n) \geq \log n$, da in der Simulation im Beweis von Satz 10.2.1 die Position des Lesekopfes auf dem Eingabeband
wie ein Speicher der Größe $\Theta(\log n)$ wirkt. Dieser „Pseudospeicher" steht endlichen
Automaten nicht zur Verfügung, da der Lesekopf endlicher Automaten die Eingabe
von links nach rechts liest. Dies führt zu besonders effizienten Simulationen.

10.2.2 Satz   *Für reguläre Sprachen L lassen sich die Booleschen Funktionen f_n^L
durch Schaltkreise der Größe $O(n)$ und Tiefe $O(\log n)$, also durch NC_1-Schalt-
kreise, berechnen.*

B e w e i s   Da L regulär ist, gibt es einen endlichen deterministischen Automaten (DFA), der L akzeptiert. Für jede Eingabe $x \in \{0,1\}^n$ werden genau n Rechenschritte durchgeführt. Es sei $Q = \{q_1,\ldots,q_r\}$ die endliche Zustandsmenge
des DFA. Wir berechnen $|Q| \times |Q|$-Matrizen $M_1(x),\ldots,M_n(x)$. Dabei enthält
$M_k(x)$ an Position (i,j) den Wert $m_{k,i,j}(x)$, der genau dann 1 ist, wenn der
DFA aus dem Zustand q_i beim Lesen von x_k in den Zustand q_j wechselt. Also
ist $m_{k,i,j}(x) \in \{0,1,x_k,\bar{x}_k\}$.

Es sei $M(x)$ das Boolesche Matrizenprodukt $M_1(x) * \ldots * M_n(x)$. Das Matrixele-
ment $m_{ij}(x)$ in $M(x)$ ist genau dann 1, wenn der DFA bei Start in q_i nach dem
Lesen von x im Zustand q_j ist. Also ist $f_n^L(x)$ für den Startzustand q_1 und die
Menge der akzeptierenden Zustände F die Disjunktion aller $m_{1j}(x)$ mit $q_j \in F$.
Da r eine von n unabhängige Konstante ist, kann hier jede Matrizenmultiplikation
durch Schaltkreise konstanter Größe und Tiefe realisiert werden. □

Die Sprache der 0-1-Vektoren, in denen die Zahl der Einsen durch 3 teilbar ist, ist
offensichtlich regulär, sie ist aber weder in AC_0 noch in ZC_0 enthalten (Smolensky
(1987)). Also kann in Satz 10.2.2 die Klasse NC_1 weder durch AC_0 noch durch
ZC_0 ersetzt werden.

10.3 Reduktionskonzepte

Das in der Informatik bisher erfolgreichste Reduktionskonzept ist das Konzept der polynomiellen Reduktion, das die Grundlage der Theorie NP-vollständiger Probleme bildet (s. Garey und Johnson (1979)). Obwohl noch unbekannt ist, ob $NP \neq P$ ist, weiß man viel über die relative Komplexität dieser Probleme. Insbesondere gibt es entweder für alle NP-vollständigen Probleme polynomielle Algorithmen oder für kein NP-vollständiges Problem einen polynomiellen Algorithmus. In diesem Sinn sind alle NP-vollständigen Probleme gleich schwierig.

Wir interessieren uns mehr für die NC- und die AC-Hierarchie. Die zugehörigen Reduktionskonzepte basieren daher auf Schaltkreisen über B_2 bzw. U. Allgemein läßt sich ein Problem P_1 auf ein Problem P_2 reduzieren, wenn P_1 unter der Voraussetzung, daß es einen effizienten Algorithmus für P_2 gibt, effizient lösbar ist. Das unbekannte effiziente Programm für P_2 kann als Black Box im Programm für P_1 eingesetzt werden. Ähnlich gehen wir bei der Definition von Orakelschaltkreisen vor.

10.3.1 Definition   Es sei $g = (g_n)$ mit $g_n \in B_{k(n),l(n)}$ für polynomiell wachsende Funktionen k und l. Eine Folge $S = (S_n)$ von Schaltkreisen S_n auf n Booleschen Variablen heißt *g-Orakelschaltkreis über der Basis E*, wenn S_n neben Bausteinen für Funktionen aus E auch Bausteine für g_i und $\bar{g}_i$, wobei $i \leq p(n)$ für ein Polynom p, enthalten darf.

Der Einfachheit halber nehmen wir im folgenden an, daß auch die negativen Literale $\bar{x}_1, \ldots, \bar{x}_n$ zu den Inputs des Schaltkreises gehören. Ein Problem P_1 ist insbesondere dann auf P_2 reduzierbar, wenn P_1 in einem gewissen Sinn ein Spezialfall von P_2 ist.

10.3.2 Definition $f = (f_n)$ ist eine *Projektion* von $g = (g_n)$, Notation $f \leq_p g$, wenn f durch g-Orakelschaltkreise berechenbar ist, die nur aus einem Orakelbaustein bestehen.

Im allgemeinen enthalten Orakelschaltkreise sowohl viele normale Bausteine als auch viele Orakelbausteine. Daher stellt sich die Frage, welche Kosten die Orakelbausteine verursachen.

10.3.3 Definition   i) $f = (f_n)$ heißt NC_1-*reduzierbar* auf $g = (g_n)$, Notation $f \leq_1 g$, wenn f durch g-Orakelschaltkreise über B_2 mit polynomieller Größe und Tiefe $O(\log n)$ berechenbar ist. Ein Orakelbaustein für g_i oder $\bar{g}_i$ trägt den Summanden i zur Schaltkreisgröße bei, seine Tiefe ist $\lceil \log i \rceil$.

ii) $f = (f_n)$ heißt AC_0-*reduzierbar* (constant depth reducible) auf $g = (g_n)$, Notation $f \leq_{cd} g$, wenn f durch g-Orakelschaltkreise über U mit polynomieller Größe und Tiefe $O(1)$ berechenbar ist. Ein Orakelbaustein für g_i oder $\bar{g}_i$ trägt den Summanden i zur Schaltkreisgröße bei, seine Tiefe ist 1.

Konzepte für NC_k-Reduzierbarkeit ($k \geq 2$) und AC_k-Reduzierbarkeit ($k \geq 1$) lassen sich analog definieren und behandeln (10.A.6 und 10.A.7). Wir zeigen zunächst, daß unsere Reduktionskonzepte angenehme Eigenschaften haben.

10.3.4 Lemma   *i)* $f \leq_p g \Rightarrow f \leq_{cd} g \Rightarrow f \leq_1 g$.
ii) $\leq_p, \leq_{cd}$ *und* $\leq_1$ *sind reflexiv und transitiv.*

B e w e i s   i) Falls $f \leq_p g$, läßt sich f_n durch einen Orakelbaustein für g_i oder $\bar{g}_i$ berechnen, wobei $i \leq p(n)$ für ein Polynom p ist. Der g-Orakelschaltkreis (über U) hat Größe $i \leq p(n)$ und Tiefe 1.

Falls $f \leq_{cd} g$, läßt sich f durch g-Orakelschaltkreise über U berechnen, deren Größe polynomiell wächst und deren Tiefe durch eine Konstante c beschränkt ist. Zunächst ersetzen wir wie im Beweis von Satz 1.5.6 U-Bausteine durch B_2-Schaltkreise polynomieller Größe und logarithmischer Tiefe. Für die Orakelbausteine ändert sich nur die Bewertung der Tiefe. Statt Tiefe 1 haben sie nun für ein Polynom p durch $\lceil \log p(n) \rceil = O(\log n)$ beschränkte Tiefe. Wir erhalten also einen g-Orakelschaltkreis über B_2 mit polynomieller Größe und logarithmischer Tiefe.

ii) Die Reduktionskonzepte sind reflexiv, d.h. $f \leq_p f, f \leq_{cd} f$ und $f \leq_1 f$, da sich f_n durch einen f-Orakelschaltkreis berechnen läßt, der nur aus einem Orakelbaustein für f_n besteht.

Wir zeigen die Transitivität zunächst für Projektionen. Sei $f \leq_p g$ und $g \leq_p h$. Dann gibt es (o.B.d.A. monoton wachsende) Polynome p und q, so daß sich f_n durch einen Orakelbaustein g_i oder $\bar{g}_i$ mit $i \leq p(n)$ und g_i durch einen Orakelbaustein h_j oder $\bar{h}_j$ mit $j \leq q(i)$ berechnen läßt. Also läßt sich f_n durch einen Orakelbaustein h_j oder $\bar{h}_j$ mit $j \leq q \circ p(n)$ berechnen, wobei $q \circ p$ ein Polynom ist.

Sei nun $f \leq_{cd} g$ und $g \leq_{cd} h$. Wir konstruieren einen h-Orakelschaltkreis für f, indem wir in dem wegen $f \leq_{cd} g$ existierenden g-Orakelschaltkreis über U für f, der polynomielle Größe und durch eine Konstante c beschränkte Tiefe hat, jeden g-Orakelbaustein durch einen wegen $g \leq_{cd} h$ existierenden h-Orakelschaltkreis über U für die jeweilige g-Funktion ersetzen. Diese h-Orakelschaltkreise haben polynomielle Größe und eine durch eine Konstante c' beschränkte Tiefe. Der h-Orakelschaltkreis über U für f hat dann eine durch cc' beschränkte Tiefe. Die Kosten der Orakelbausteine für g_i oder $\bar{g}_i$ mit $i \leq p(n)$ werden nun ersetzt durch die Kosten der h-Orakelschaltkreise für g_i oder $\bar{g}_i$, die für ein Polynom q durch $q(i)$ beschränkt sind. Die Kosten bleiben polynomiell, da die Menge der Polynome gegenüber Addition, Multiplikation und Hintereinanderausführung abgeschlossen ist.

Sei nun $f \leq_1 g$ und $g \leq_1 h$. Der h-Orakelschaltkreis über B_2 für f wird analog dem Vorgehen im letzten Abschnitt konstruiert. Auf gleiche Weise folgt, daß die Größe polynomiell ist. Für die Abschätzung der Tiefe betrachten wir einen Pfad in dem g-Orakelschaltkreis über B_2 für f. Wenn der Pfad k B_2-Bausteine und m Orakelbausteine für g-Funktionen mit $i(1), \ldots, i(m)$ Inputs enthält, gilt für eine Konstante c

$$k + \lceil \log i(1) \rceil + \ldots + \lceil \log i(m) \rceil \leq c \log n.$$

Die Tiefe des h-Orakelschaltkreises, der den Orakelbaustein $g_{i(j)}$ oder $\bar{g}_{i(j)}$ ersetzt, ist für eine Konstante $c' \geq 1$ und ein Polynom p durch $c' \lceil \log p(i(j)) \rceil$ und damit für eine Konstante $c'' \geq 1$ durch $c'' \lceil \log i(j) \rceil$ beschränkt. Insgesamt ist also die Tiefe des h-Orakelschaltkreises für f durch $cc'' \log n$ beschränkt. $\qquad\square$

10.3.5 Satz   *i) Falls $g \in AC_k$ und $f \leq_{cd} g$, ist $f \in AC_k$.*
ii) Falls $g \in NC_k$ und $f \leq_1 g$, ist $f \in NC_k$.

B e w e i s i) Wir starten mit g-Orakelschaltkreisen über U, die f_n mit polynomieller Größe und einer durch eine Konstante c beschränkten Tiefe berechnen. Diese Schaltkreise existieren wegen der Voraussetzung $f \leq_{cd} g$. Nun ersetzen wir die g-Orakelbausteine durch AC_k-Schaltkreise. Analog zu dem Beweis von Lemma 10.3.4 folgt, daß die Größe polynomiell bleibt. Jeder g-Orakelbaustein wird durch einen Schaltkreis der Tiefe $O(\log^k n)$ ersetzt, also ist die Gesamttiefe $O(\log^k n)$.

ii) Der Beweis verläuft bis auf die Abschätzung der Tiefe analog zum Beweis von Aussage i). Auf einem Pfad im g-Orakelschaltkreis über B_2 für f liegen $O(\log n)$ B_2-Bausteine und Orakelbausteine für $g_{i(1)}, \ldots, g_{i(m)}$ oder deren Negationen. Dabei ist die Summe aller $\lceil \log i(j) \rceil$ für eine Konstante c durch $c \log n$ beschränkt. Die Orakelbausteine werden durch B_2-Schaltkreise ersetzt, deren Tiefe für ein Polynom p durch $O(\log^k p(i(j)))$ und damit für eine Konstante c' durch $c' \log^k i(j)$ beschränkt ist. Da für $k \geq 1$ die Funktion $x \to x^k$ konvex ist, ist die Summe aller $c' \log^k i(j)$ durch $c'' \log^k n$ beschränkt. $\qquad\square$

Die Aussage $f \leq_{cd} g$ bedeutet also, daß f bzgl. der AC-Hierarchie nicht schwerer zu berechnen ist als g. Falls $g \in AC_k$, ist auch $f \in AC_k$. Wenn $f \leq_{cd} g$ und $g \leq_{cd} f$ ist, Notation $f =_{cd} g$, sind f und g bzgl. der AC-Hierarchie äquivalent und damit gleich schwer zu berechnen. Gleiches gilt für $f \leq_1 g$ und $f =_1 g$ bezogen auf die NC-Hierarchie. Wir können also nun die Komplexität von Problemen vergleichen, ohne die Komplexität der Probleme zu kennen.

Die Reduktionskonzepte $\leq_{cd}$ und $\leq_1$ haben auch Bezug zu den Komplexitätsklassen ZC_k und TC_k. Analog zu Satz 10.3.5 läßt sich der folgende Satz beweisen (10.A.8).

10.3.6 Satz   *i) Falls $g \in ZC_k$ ($g \in TC_k$) und $f \leq_{cd} g$, ist $f \in ZC_k$ ($f \in TC_k$).*
ii) Falls $g \in ZC_k$ ($g \in TC_k$) für ein $k \geq 1$ und $f \leq_1 g$, ist $f \in ZC_k$ ($f \in TC_k$).

10.4 Reduktionen

Wir fassen noch einmal zusammen, für welche Funktionen wir nachgewiesen haben, daß sie in AC_0 liegen. Es sind dies die Addition ADD (Satz 3.3.2), die Subtraktion SUB (Kap. 3.7), die Boolesche Konvolution BCONV (Satz 3.14.2), Table-look-ups (Kap. 3.18), bestimmte symmetrische Funktionen (Satz 4.4.1), die Speicherzugriffsfunktion SZ (Satz 5.4), das Boolesche Matrizenprodukt BMAT (Bemerkung 6.1.8), der Gleichheitstest EQ (Satz 8.1.2), die Vergleichsfunktionen COMP (Satz 8.1.2), die Berechnung des Maximums von n n-Bit-Zahlen MAX (Satz 8.1.3) und das Mischen von zwei sortierten Listen aus je n n-Bit-Zahlen MER (Satz 8.1.4). Diese Funktionen sind natürlich bzgl. $\leq_{cd}$ äquivalent.

Von der Paritätsfunktion PAR wissen wir aus Satz 4.4.1, daß sie zwar in ZC_0 aber nicht in AC_0 enthalten ist. Gleiches gilt nach den Ergebnissen aus Kap. 10.3 für alle Funktionen f mit $f =_{cd} PAR$. Wir untersuchen die Zählfunktionen $C^n_{0,m}$, wobei zur Erinnerung $C^n_{0,m}(a) = 1$ genau dann ist, wenn $\|a\| \equiv 0 \bmod m$, also wenn m ein Teiler von $\|a\|$ ist. Nach Satz 4.4.1 sind die Funktionen $C_m = (C^n_{0,m})$ für konstantes m nicht in AC_0 enthalten. Welche dieser Funktionen liegen in ZC_0? Smolensky (1987) hat diese Frage mit Hilfe von Reduktionen und dem Satz, daß C_p für Primzahlen $p \neq 2$ nicht in ZC_0 enthalten ist, entschieden.

10.4.1 Lemma   *i) Falls k ein Teiler von m ist, gilt $C_k \leq_p C_m$.*
ii) Für konstante r und Primzahlen p gilt $C_{p^r} \leq_{cd} C_p$.

B e w e i s i) Wir benutzen einen $C^{mn/k}_{0,m}$-Orakelbaustein, der jede Variable x_i mit $1 \leq i \leq n$ genau m/k-mal als Input hat. Für die Eingabe $a = (a_1, \ldots, a_n)$ hat der Orakelbaustein genau $m \|a\| /k$ Einsen als Inputs. Da $m \|a\| /k$ genau dann durch m teilbar ist, wenn $\|a\|$ durch k teilbar ist, berechnet der Orakelbaustein $C^n_{0,k}(a)$.
ii) Wir untersuchen zunächst Eigenschaften bestimmter Binomialkoeffizienten. Es sei $q = p^k s$ und p kein Teiler von s. Für jedes $i \leq k$ ist

$$b(i) := \binom{q}{p^i} = \frac{q}{p^i} \binom{q-1}{p^i - 1} = \frac{q}{p^i} * \frac{q-1}{p^i-1} * \ldots * \frac{q - p^i + 1}{1}.$$

Offensichtlich ist $b(i)$ für $0 \leq i < k$ durch p teilbar. Wir zeigen nun, daß $b(k)$ nicht durch p teilbar ist. Dazu betrachten wir die Darstellung von $b(k)$ als Produkt aus p^i Brüchen. Der erste Faktor ist gleich s und nach Voraussetzung nicht durch p teilbar. Die anderen Faktoren sind von der Form $(p^k s - j)/(p^k - j)$ für $1 \leq j \leq p^k - 1$. Wenn p^i ein Teiler von $p^k s - j$ ist, muß $i \leq k$ und p^i ein Teiler von j sein. Dann ist p^i aber auch ein Teiler von $p^k - j$. Also ist auch keiner der anderen Faktoren durch p teilbar. Da p eine Primzahl ist, kann $b(k)$ nicht durch p teilbar sein.

Nun entwerfen wir für $C_{p(r)}$ mit $p(r) := p^r$ einen C_p-Orakelschaltkreis über U mit polynomieller Größe und konstanter Tiefe. Da p und r konstant sind, gibt es nur polynomiell viele Mengen $J \subseteq \{1, \ldots, n\}$, so daß $|J| = p^i$ für ein $i \in \{0, \ldots, r-1\}$ ist. Für jede dieser Mengen J wird an einem $\wedge$-Baustein g_J, die Konjunktion aller x_j mit $j \in J$, berechnet. In der zweiten Stufe werden parallel r C_p-Orakelbausteine benutzt. Der i-te Baustein, wobei $0 \leq i \leq r-1$, hat als Input alle g_J mit $|J| = p^i$. Schließlich werden die Ausgänge der r Orakelbausteine durch eine Konjunktion verbunden. Das Ergebnis dieses Bausteins G soll $C_{p(r)}^n(x_1, \ldots, x_n)$ sein.

Sei a zunächst eine Eingabe mit $\|a\| \equiv 0 \bmod p^r$. Dann ist $\|a\| = p^k s$ mit $k \geq r$. Nach unseren Vorüberlegungen ist p ein Teiler von $c(i) := \binom{\|a\|}{p^i}$ für alle $i \in \{0, \ldots, r-1\}$. Es gibt genau $c(i)$ Mengen J mit $|J| = p^i$, für die $g_J = 1$ ist. Also liefern alle Orakelbausteine und damit auch G den Wert 1.

Sei a nun eine Eingabe mit $\|a\| \not\equiv 0 \bmod p^r$. Dann ist $\|a\| = p^i s$ für ein $i < r$ und ein s, das p nicht als Faktor enthält. Nach unseren Vorüberlegungen liefert der Orakelbaustein für die p^i-elementigen Teilmengen und damit auch G den Wert 0.
$\square$

10.4.2 Satz   *i) Für konstante r und $m = 2^r$ ist $C_m \in ZC_0$.*
ii) Für konstante m, die keine Zweierpotenzen sind, ist $C_m \in TC_0 - ZC_0$.

B e w e i s i) Die Aussage folgt aus Lemma 10.4.1.ii für $p = 2$ und Satz 10.3.6.i.
ii) Nach Voraussetzung enthält m als Faktor eine Primzahl $p \neq 2$. Falls $C_m \in ZC_0$, ist nach Lemma 10.4.1.i und Satz 10.3.6.i auch $C_p \in ZC_0$. Dies wurde von Smolensky (1987) widerlegt. Es ist $C_m \in TC_0$, da alle symmetrischen Funktionen in TC_0 enthalten sind.
$\square$

Wir haben in Satz 6.3.8 gezeigt, daß $BDET \in ZC_1$ ist. Mit Hilfe einer Reduktion von PAR auf BDET zeigen wir nun, daß $BDET \notin AC_0$ ist.

10.4.3 Satz   *$PAR \leq_p BDET$ und $BDET \notin AC_0$.*

B e w e i s Wir benutzen einen BDET-Orakelbaustein für $n \times n$-Matrizen $A = (a_{ij})$. Es sei $a_{1i} = x_i$, die erste Zeile ist also gleich dem Eingabevektor von PAR_n. Darüber hinaus sei $a_{i1} = a_{ii} = 1$ für $i \geq 2$ und $a_{ij} = 0$ sonst. In Abb. 10.4.1 ist die Matrix für $n = 5$ dargestellt.

Wir entwickeln die Determinante von A nach der ersten Zeile (s. Satz 6.3.1). Dabei rechnen wir in $\mathbb{Z}_2$. Wenn wir zeigen können, daß $BDET_{n-1}(A(1,j)) = 1$ für alle j ist, folgt $BDET_n(A) = x_1 \oplus \ldots \oplus x_n$. Da $A(1,1)$ die Einheitsmatrix ist, ist $BDET_{n-1}(A(1,1)) = 1$. Für alle anderen j kann die Determinante nach der ersten Spalte entwickelt werden (s. $A(1,3)$ für $n = 5$ in Abb. 10.4.1). Der Summand für Zeile $j - 1$ ist 1, alle anderen Summanden sind 0. Also ist $BDET_{n-1}(A(1,j)) = 1$, und es gilt $PAR \leq_p BDET$. Da $PAR \notin AC_0$, folgt $BDET \notin AC_0$ aus Satz 10.3.6.i. $\qquad\square$

$$A = \begin{bmatrix} x_1 & x_2 & x_3 & x_4 & x_5 \\ 1 & 1 & 0 & 0 & 0 \\ 1 & 0 & 1 & 0 & 0 \\ 1 & 0 & 0 & 1 & 0 \\ 1 & 0 & 0 & 0 & 1 \end{bmatrix}, \qquad A(1,3) = \begin{bmatrix} 1 & 1 & 0 & 0 \\ 1 & 0 & 0 & 0 \\ 1 & 0 & 1 & 0 \\ 1 & 0 & 0 & 1 \end{bmatrix}$$

Abb. 10.4.1

Wir zeigen nun für eine Reihe grundlegender Funktionen, daß sie in TC_0 aber nicht in ZC_0 enthalten sind: die Multiplikation MUL, das Quadrieren einer Zahl SQU, die Addition von n n-Bit-Zahlen MULTADD, die Multiplikation von n n-Bit-Zahlen MULTMUL, die approximative Berechnung der Inversen INV, die approximative Division DIV, die Berechnung der binären Summe von n 1-Bit-Zahlen BSUM, die Majoritätsfunktion MAJ, das Sortieren von n 1-Bit-Zahlen S (diese Funktion ist gleich der Summe von n 1-Bit-Zahlen in Unärdarstellung USUM), das Sortieren von n n-Bit-Zahlen SOR und die allgemeine Thresholdfunktion THR, wobei THR auf $(x_1, \ldots, x_n, k_n, \ldots, k_1)$ mit $k_n \leq \ldots \leq k_1$ definiert ist und $T^n_{\|k\|}(x_1, \ldots, x_n)$ berechnet.

10.4.4 Satz *Die Probleme MUL, SQU, MULTADD, MULTMUL, INV, DIV, BSUM, MAJ, S=USUM, SOR und THR sind bezüglich $\leq_{cd}$ äquivalent und in $TC_0 - ZC_0$ enthalten.*

B e w e i s Wir benutzen ohne Beweis den Satz von Razborov (1986), daß $MAJ \notin ZC_0$ ist. Da offensichtlich $MAJ \in TC_{0,1}$ ist, gilt $MAJ \in TC_0 - ZC_0$. Alle Probleme, die bzgl. $\leq_{cd}$ zu MAJ äquivalent sind, liegen nach Satz 10.3.6 ebenfalls in $TC_0 - ZC_0$. Viele der folgenden Reduktionen gehen auf Chandra, Stockmeyer und Vishkin (1984) zurück. Die Transitivität von $\leq_{cd}$ wird im folgenden ebenso ohne besondere Erwähnung benutzt wie die Tatsache, daß $f \leq_{cd} g$ aus $f \leq_p g$ folgt. Die ersten 8 Reduktionen zeigen die Äquivalenz von MAJ, BSUM, MUL, MULTADD, S=USUM, SOR und THR.

1.) $MAJ \leq_{cd} BSUM$. Dies folgt aus den Ergebnissen von Kap. 4.2. Wir berechnen $BSUM_n(x)$ an einem Orakelbaustein. $MAJ_n(x)$ ist die Disjunktion von $\lfloor n/2 \rfloor + 1$ Mintermen auf den Outputs von $BSUM_n(x)$ und kann daher aus $BSUM_n(x)$ in einem U-Schaltkreis der Tiefe 2 mit $O(n)$ Bausteinen berechnet werden.

2.) $BSUM \leq_{cd} MUL$. Sei $x = (x_{n-1}, \ldots, x_0)$ die Eingabe für $BSUM_n$. Wir benutzen die Methode des Beweises von Satz 3.14.2 zur Berechnung der Booleschen Konvolution. Sei also N eine Folge aus $\lceil \log n \rceil$ Nullen, dann sind $x' = (x_{n-1}, N, x_{n-2}, N, \ldots, x_1, N, x_0)$ und $y' = (1, N, 1, N, \ldots, 1, N, 1)$ Binärzahlen der Länge $m = n + (n-1)\lceil \log n \rceil$. An einem Orakelbaustein wird $p = MUL_m(x', y')$ berechnet. Dann enthält p die Komponenten c_k der Konvolution von x mit dem Vektor aus n Einsen als $(\lceil \log n \rceil + 1)$- Bit-Zahlen. Es ist $c_{n-1} = x_0 + \ldots + x_{n-1}$.

3.) $MUL \leq_{cd} MULTADD$. Dies folgt aus dem Algorithmus 3.8.1, der die Schulmethode für die Multiplikation darstellt. Der erste Schritt hat Tiefe 1 und benötigt n^2 Bausteine. Der zweite Schritt besteht aus der Addition von n $2n$-Bit-Zahlen, also der Anwendung eines MULTADD-Orakelbausteins.

4.) $MULTADD \leq_{cd} BSUM$. Dies ist die schwierigste Reduktion, da MULTADD „offensichtlich schwieriger" als BSUM ist. Wir wollen mit Hilfe von BSUM-Orakelbausteinen die Zahlen $a_i = (a_{i,n-1}, \ldots, a_{i0})$ für $1 \leq i \leq n$ addieren. In der ersten Stufe benutzen wir parallel n Orakelbausteine für $BSUM_n$, wobei der j-te Orakelbaustein, $0 \leq j \leq n-1$, die Bits $a_{1j}, \ldots, a_{nj}$ addiert. Als Ergebnis erhalten wir n $\lceil \log(n+1) \rceil$-Bit-Zahlen $b_0, \ldots, b_{n-1}$, so daß die Summe aller $|b_j|2^j$ gleich der Summe s aller $|a_i|$ ist. Für $0 \leq r < l := \lceil \log(n+1) \rceil - 1$ können die Zahlen $|b_r|2^r, |b_{r+l}|2^{r+l}, |b_{r+2l}|2^{r+2l}, \ldots$ kostenlos addiert werden, indem sie einfach aneinandergehängt werden. Wir erhalten also $l(1) = l$ Zahlen, deren Länge durch $2n$ beschränkt ist und deren Summe s ist. Mit diesen wenigen Summanden wiederholen wir den Trick der ersten Stufe und erhalten $l(2) = \lceil \log(l(1) + 1) \rceil$ Summanden, deren Länge durch $2n$ beschränkt ist und deren Summe s ist.

Leider benötigen wir, wenn wir auf gleiche Weise fortfahren, eine nichtkonstante Tiefe, bis wir 2 Summanden erhalten, deren Summe s ist. Für die Leserin und den Leser, die die Funktion $\log^* n$ kennen, sei erwähnt, daß die Tiefe $O(\log^* n)$ ist. Dennoch argumentieren wir mit den beiden Summanden x und y, die wir bei obigem Verfahren erhalten würden. Von wievielen Bits der in Stufe 2 berechneten $l(2)$ Summanden hängt ein einzelnes Bit, z.B. x_i, der beiden Summanden x und y ab? Aus $l(j)$ Summanden werden in einem Schritt $l(j+1) = \lceil \log(l(j) + 1) \rceil$ Summanden gemacht, wobei jedes Bit der neuen Summanden von genau einem Bit jedes vorherigen Summanden, also insgesamt von $l(j)$ Bits abhängt. Wenn wir $k = k(n)$ Stufen benötigen, um auf 2 Summanden zu kommen, hängt x_i also von $l(2) * \ldots * l(k-1)$ Bits der $l(2)$ in Stufe 2 erzeugten Summanden ab. Da $l(j+1) = \lceil \log(l(j)+1) \rceil$ und $l(2) = O(\log \log n)$, folgt

$$l(2) * \ldots * l(k-1) = O((\log \log n)^2) = o(\log n).$$

Wir berechnen nun die Bits x_i und y_i von x und y aus den $l(2)$ Summanden der Stufe 2 in Tiefe 2 durch ihre DNF. Da x_i bzw. y_i nur von $o(\log n)$ Bits dieser $l(2)$-Summanden abhängt, hat die DNF $o(n)$ Minterme.

Schließlich werden x und y mit dem $AC_{0,3}$-Schaltkreis aus Satz 3.3.2 addiert, und wir erhalten $s = MULTADD_n(a_1, \ldots, a_n)$. Die Tiefe dieses $BSUM$-Orakelschaltkreises über U beträgt 7, die Größe wächst polynomiell.

5.) $BSUM \leq_{cd} USUM$. An einem Orakelbaustein wird $(a_n, \ldots, a_1) = USUM_n(x_1, \ldots, x_n)$ berechnet. Falls $i = \|x\|$, ist $a_n = \ldots = a_{i+1} = 0$ und $a_i = \ldots = a_1 = 1$. Sei $a_{n+1} = 0$ und $a_0 = 1$. Wir berechnen $d_j = a_j \bar{a}_{j+1}$ für $0 \leq j \leq n$. Dann ist $d_i = 1$ genau für $i = \|x\|$. Für $(b_{\lceil \log(n+1) \rceil - 1}, \ldots, b_0) = BSUM_n(x_1, \ldots, x_n)$ ist b_j die Disjunktion aller d_i, so daß das j-te Bit in der Binärdarstellung von i eine 1 ist.

6.) $USUM \leq_p SOR_n$. $USUM_n$ ist als das Sortieren von n 1-Bit-Zahlen ein Spezialfall von SOR_n, dem Sortieren von n n-Bit-Zahlen.

7.) $SOR \leq_{cd} THR$. Dies wird durch den $TC_{0,6}$-Schaltkreis für SOR_n aus Satz 8.1.5 bewiesen.

8.) $THR \leq_p MAJ$. Wir zeigen

$$t := THR_n(x_1, \ldots, x_n, k_n, \ldots, k_1) = m := MAJ_{2n}(x_1, \ldots, x_n, \bar{k}_1, \ldots, \bar{k}_n).$$

Es gilt nämlich, da $\bar{k}_i = 1 - k_i$,

$$m = 1 \Leftrightarrow x_1 + \ldots + x_n + \bar{k}_1 + \ldots + \bar{k}_n \geq n \Leftrightarrow x_1 + \ldots + x_n + n \geq k_1 + \ldots k_n + n \Leftrightarrow t = 1.$$

Die Reduktionen 9 und 10 fügen SQU zu der Gruppe der äquivalenten Probleme hinzu.

9.) $SQU \leq_p MUL$. Offensichtlich ist $SQU_n(x) = MUL_n(x,x)$.

10.) $MUL \leq_{cd} SQU$. Dies folgt, da $ADD, SUB \in AC_0$ sind, aus der Gleichung

$$xy = \frac{1}{2}\left((x+y)^2 - x^2 - y^2\right).$$

Nun fügen wir nacheinander MULTMUL, INV und DIV zu der Gruppe der äquivalenten Probleme hinzu.

11.) $MUL \leq_p MULTMUL$. Dies ist trivial.

12.) $MULTMUL \leq_{cd} MULTADD$. Wir benutzen den in Kap. 3.18 dargestellten Algorithmus von Beame, Cook und Hoover zur Multiplikation von n n-Bit-Zahlen. Dieser Algorithmus besteht aus endlich vielen Stufen von MULTADD, MUL, COMP, SUB und Table-look-ups. Die Multiplikationen zerlegen wir mit der dritten Reduktion in eine Stufe von U-Bausteinen und einen $MULTADD$-Orakelbaustein. COMP, SUB und die Table-look-ups ersetzen wir durch AC_0-Schaltkreise. So erhalten wir einen $MULTADD$-Orakelschaltkreis über U, der MULTMUL in konstanter Tiefe mit polynomieller Größe berechnet.

13.) $SQU \leq_{cd} INV$. Dies folgt, da $SUB \in AC_0$, aus der Gleichung

$$x^2 = \frac{1}{\frac{1}{x} - \frac{1}{x+1}} - x.$$

14.) $INV \leq_{cd} MULTMUL$. Dies folgt mit der in Kap. 3.17 dargestellten IBM-Methode für die Approximation der Inversen, wenn alle $x^*(j)$ parallel mit $MULTMUL$-Orakelbausteinen und am Ende das Produkt aller $1 + x^*(j)$ mit einem $MULTMUL$-Orakelbaustein berechnet werden.

15.) $INV \leq_p DIV$. Offensichtlich ist INV ein Spezialfall von DIV.

16.) $DIV \leq_{cd} INV$. Es ist $x/y = x * (1/y)$. Für $1/y$ wird ein INV-Orakelbaustein benutzt. Die Multiplikation wird mit Hilfe der Reduktionen 10 und 13 durch INV-Orakelbausteine und AC_0-Schaltkreise ersetzt. $\square$

Bisher konnte für kein Problem in $P/poly$ bewiesen werden, daß es nicht zu TC_0 gehört. Ein solcher Beweis kann durch Reduktionen nicht erbracht werden. Wir benötigen zu Beginn stets eine untere Schranke für ein konkretes Problem. Dies wurde für die Klassen AC_0 und ZC_0 durch die Sätze von Hastad (1986), daß $PAR \notin AC_0$, und Razborov (1986), daß $MAJ \notin ZC_0$, geleistet. Von den in Kap. 7 behandelten Graphproblemen Zusammenhang CON, starker Zusammenhang SCON, Zweizusammenhang ZCON, transitive Hülle TH, kürzeste Wege KW und minimaler Spannbaum MSP wissen wir nur, daß sie in AC_1 enthalten sind. Indem wir MAJ auf sie reduzieren, können wir zeigen, daß sie nicht in ZC_0 enthalten sind. Wir werden dies nur für das einfache Graphproblem USTCON vorführen. USTCON entscheidet für einen ungerichteten Graphen G, ob der ausgezeichnete Startknoten s mit dem ausgezeichneten Terminalknoten t durch einen Weg verbunden ist.

10.4.5 Satz $MAJ \leq_p USTCON$ und $USTCON \notin ZC_0$.

B e w e i s $USTCON \notin ZC_0$ folgt aus $MAJ \leq_p USTCON$ und Satz 10.3.6. Wir wollen nun $MAJ_n(x_1, \ldots, x_n)$ durch einen $USTCON$-Orakelbaustein berechnen. Der Graph G hat die Knotenmenge $V = \{v_{ij} \mid 0 \leq i \leq n, \ 0 \leq j \leq min\{i, \lceil n/2 \rceil\}\}$.

Es sei $s = v_{0,0}$ der Startknoten und $t = v_{n,\lceil n/2\rceil}$ der Terminalknoten. Wir belegen nun die Adjazenzmatrix des Graphen mit Werten aus $\{0, 1, x_1, \bar{x}_1, \ldots, x_n, \bar{x}_n\}$. Für die Kanten $\{v_{ij}, v_{i+1,j}\}$ wird für $j < \lceil n/2\rceil$ das Literal $\bar{x}_{i+1}$ und für $j = \lceil n/2\rceil$ die Konstante 1 eingesetzt. Für die Kanten $\{v_{ij}, v_{i+1,j+1}\}$ wird x_{i+1} eingesetzt und für alle anderen Kanten 0. Abb. 10.4.2 zeigt den Graphen G für $n = 8, x_1 = x_4 = x_6 = 1$ und $x_2 = x_3 = x_5 = x_7 = x_8 = 0$.

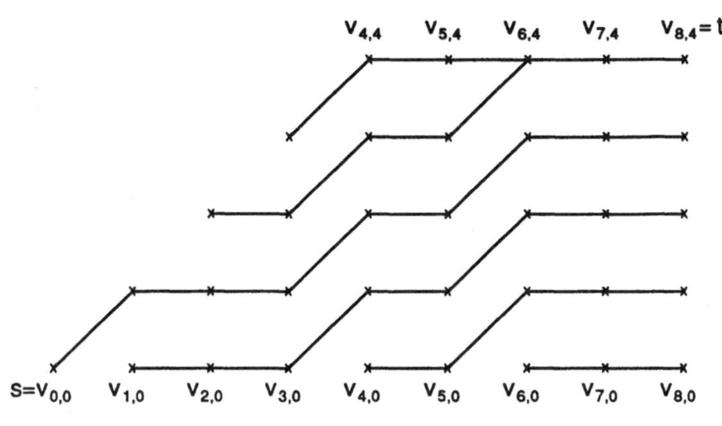

Abb. 10.4.2

Von $s = v_{0,0}$ geht stets genau ein Weg aus. Wir zeigen induktiv, daß, falls $x_1 + \ldots + x_k = l$, der Knoten $v_{k,\min\{l,\lceil n/2\rceil\}}$ erreicht wird. Für $k = 0$ ist dies trivial. Falls $x_{k+1} = 0$ bzw. $x_{k+1} = 1$ wird danach $v_{k+1,\min\{l,\lceil n/2\rceil\}}$ bzw. $v_{k+1,\min\{l+1,\lceil n/2\rceil\}}$ erreicht. Der Weg verzweigt sich nur auf der Ebene der Knoten $v_{i,\lceil n/2\rceil}$, dann wird aber auch t erreicht. Also wird $t = v_{n,\lceil n/2\rceil}$ genau dann erreicht, wenn $x_1 + \ldots + x_n \geq \lceil n/2\rceil$ ist, also wenn $MAJ_n(x_1, \ldots, x_n) = 1$ ist. $\qquad\square$

Die Leserin und der Leser, die mit der Theorie NP-vollständiger Probleme vertraut sind, werden fragen, ob bzgl. der hier vorgestellten Reduktionskonzepte vollständige Probleme bekannt sind. Für die Komplexitätsklassen NC_k, AC_k und NC ist dies nicht der Fall, wohl aber für die Klasse $P/poly$.

10.4.6 Definition   Das *Circuit Value Problem CVP* ist eine Menge von partiell definierten Booleschen Funktionen $CVP_{n,c}$ die als Eingaben $a \in \{0,1\}^n$ und die Codierung eines B_2-Schaltkreises S mit c Bausteinen und n Inputs erhalten. Sie berechnen das gleiche, was die Bausteine von S auf der Eingabe a berechnen.

Jede übliche Codierung von B_2-Schaltkreisen mit c Bausteinen und n Inputs, die mit $O(c\log(n + c))$ Bits auskommt, ist hier geeignet (10.A.12). Es ist leicht zu überprüfen, daß es polynomielle Schaltkreise für $CVP_{n,c}$ gibt (10.A.13). Also ist $CVP \in P/poly$.

10.4.7 Satz   *Es ist $f \leq_p CVP$, falls $f \in P/poly$.*

B e w e i s Da $f \in P/poly$, gibt es für f_n B_2-Schaltkreise S_n, deren Größe durch ein Polynom $p(n)$ beschränkt ist. Offensichtlich wird f_n durch einen CVP-Orakel-baustein realisiert, der die Codierung von S_n als Input enthält.   □

Damit ist $CVP \in P/poly$ und bzgl. $\leq_p$ das schwierigste aller Probleme in $P/poly$. CVP ist also ein bzgl. $\leq_p$ $P/poly$-vollständiges Problem.

Insgesamt konnten wir uns davon überzeugen, daß mit Hilfe von Reduktionen Ergebnisse für ein Problem oft auf relativ einfache Weise auf andere Probleme übertragen werden können.

Aufgaben

10.A.1 Eine Basis E heißt *vollständig*, wenn es für jede Boolesche Funktion einen E-Schaltkreis gibt. Verallgemeinere Satz 10.1.2 auf beliebige vollständige Basen mit endlich vielen Funktionen.

10.A.2 Es sei $L_E(f)$ die minimale Größe aller E-Formeln für f. Es gilt $L_E(f) = L_{E'}(f)^{O(1)}$, falls E vollständig ist und E' nur endlich viele Funktionen enthält.

10.A.3 Schätze die Größe des im Beweis von Satz 10.1.2 konstruierten Schaltkrei-ses so genau wie möglich ab.

10.A.4 Wende das Verfahren aus dem Beweis von Satz 10.1.2 auf die Formel $x_n \lor x_{n-1} \land (x_{n-2} \lor x_{n-3} \land (\ldots))$ an.

10.A.5 Wende Methoden aus Kap. 7 an, um deterministische Turingmaschinen mit Speicherplatz $s(n)$ effizient durch $CREWPRAM$'s zu simulieren.

10.A.6 Definiere Konzepte für NC_k- und AC_k-Reduzierbarkeit und zeige, daß $\leq (NC_k)$ und $\leq (AC_k)$ reflexiv und transitiv sind.

10.A.7 Was hat es für Konsequenzen, wenn $f \leq g$ bzgl. NC_k- oder AC_k-Reduktio-nen ist? Beweise die entsprechende Verallgemeinerung von Satz 10.3.5.

10.A.8 Beweise Satz 10.3.6.

10.A.9 $USTCON \leq_p DSTCON$, wobei $DSTCON$ für gerichtete Graphen ent-scheidet, ob es einen Weg von s nach t gibt.

10.A.10 $CON \leq_{cd} USTCON$.

10.A.11 $CON \leq_{cd} KW$.

10.A.12 Gib eine Codierung von B_2-Schaltkreisen an, die für Schaltkreise mit c Bausteinen und n Inputs mit $O(c \log(n + c))$ Bits auskommt.

10.A.13 Gib polynomielle Schaltkreise für $CVP_{n,c}$ an.

11. Beziehungen zwischen den Rechenmodellen

11.1 Ein Vergleich der Schaltkreismodelle

In diesem abschließenden Kapitel sollen die bereits in Kap. 1.6 diskutierten Beziehungen zwischen den Rechenmodellen ausführlich dargestellt werden. In Kap. 11.1 werden die Schaltkreismodelle und in Kap. 11.2 die Parallelrechnermodelle untereinander verglichen. In Kap. 11.3 und 11.4 werden Schaltkreise durch Parallelrechner und Parallelrechner durch Schaltkreise simuliert.

Wir vergleichen Schaltkreise über den Basen B_2, U, Z und T, wobei U, Z und T Basen mit unbeschränktem Fan-in sind. Die Schaltkreise haben stets n Inputs. Darüber hinaus werden Schaltkreise durch die Zahl der Bausteine c, die Zahl der Drähte w und die Tiefe d charakterisiert. Eine $(f(c), g(w), h(d))$-Simulation von E_1-Schaltkreisen durch E_2-Schaltkreise bedeutet, daß Schaltkreise über der Basis E_1 mit Charakteristik (c, w, d) durch Schaltkreise über der Basis E_2 mit Charakteristik $(O(f(c)), O(g(w)), O(h(d)))$ simuliert werden können. Abb. 11.1.1 faßt die Simulationsergebnisse zusammen.

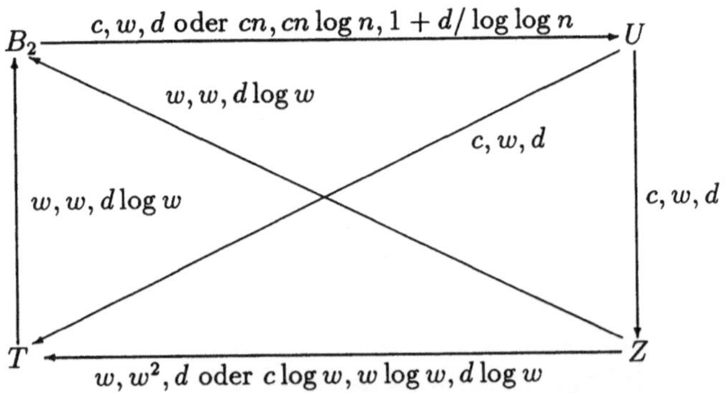

Abb. 11.1.1

Wenn keine Simulation direkt angegeben ist, erhält man die beste Simulation durch

Hintereinanderschaltung mehrerer Simulationen, z.B. erhält man die beste $U \to$ B_2-Simulation durch $U \to Z \to B_2$ oder $U \to T \to B_2$ aber nicht durch $U \to Z \to T \to B_2$.

11.1.1 Satz *Zwischen Schaltkreisen über den Basen B_2, U, Z und T sind die in Abbildung 11.1.1 angegebenen Simulationen möglich.*

Beweis

1.) $B_2 \xrightarrow{c,w,d} U$

Jeder B_2-Baustein kann z.B. mit Hilfe der DNF durch einen U-Schaltkreis konstanter Größe simuliert werden.

2.) $B_2 \xrightarrow{cn, cn \log n, 1 + d / \log \log n} U$

Diese Simulation zeigt, daß polynomielle B_2-Schaltkreise stets durch schnellere U-Schaltkreise polynomieller Größe simuliert werden können. Wir nehmen o.B.d.A. $n \geq 4$ an. Zunächst wird für jeden Baustein G im B_2-Schaltkreis parallel an G' auch die negierte Funktion berechnet. Dies verdoppelt die Schaltkreisgröße. Der B_2-Schaltkreis wird nun für $l = \lfloor \log \log n \rfloor$ in $\lceil d/l \rceil$ Schichten eingeteilt, wobei die i-te Schicht alle Bausteine G enthält, für deren Tiefe $d(G)$ die Ungleichung $(i-1)l < d(G) \leq il$ erfüllt ist. Die Schichten werden nacheinander simuliert. Für jeden Baustein G der i-ten Schicht werden im B_2-Schaltkreis die Rechenpfade rückwärts verfolgt, bis ein Baustein aus einer früheren Schicht oder ein Input erreicht wird. Da in B_2-Schaltkreisen der Fan-in 2 ist und die i-te Schicht Tiefe l hat, werden auf diese Weise für jeden Baustein höchstens $2^l \leq \lfloor \log n \rfloor$ Vorgänger gefunden. Die an G berechnete Funktion wird nun durch die DNF oder KNF auf den so gefundenen Vorgängern ausgedrückt. Negationsbausteine werden nicht benötigt, da alle Funktionen und Inputs auch negiert vorliegen. Die i-te Schicht wird also durch einen U-Schaltkreis der Tiefe 2 simuliert, jeder B_2-Baustein wird durch höchstens $n+1$ U-Bausteine und $n(\lfloor \log n \rfloor + 1)$ Drähte ersetzt. Damit ist die Behauptung bewiesen.

Die Tiefe des simulierenden Schaltkreises läßt sich leicht von $2\lceil d/l \rceil$ auf $\lceil d/l \rceil + 1$ reduzieren. Hierfür werden die ungeraden Schichten duch die DNF und die geraden Schichten durch die KNF simuliert. Dann enthalten die Ebenen $4j - 2$ und $4j - 1$ des U-Schaltkreises $\vee$-Bausteine und die Ebenen $4j$ und $4j + 1$ $\wedge$-Bausteine und können verschmolzen werden.

3.) $U \xrightarrow{c,w,d} Z$

Im zu simulierenden U-Schaltkreis werden zunächst alle Bausteine auch negiert. Negationen werden dann durch $\oplus$-Additionen mit 1 ersetzt. Konjunktionen sind in Z ebenfalls erlaubt. Disjunktionen mit Fan-in m werden mit Hilfe der deMorgan-Regel ersetzt.

$$y_1 \vee \ldots \vee y_m = [(y_1 \oplus 1) \wedge \ldots \wedge (y_m \oplus 1)] \oplus 1.$$

Da alle $y_i \oplus 1$ vorliegen, wachsen Größe und Tiefe des Schaltkreises nur um konstante Faktoren.

4.) $U \xrightarrow{\;c,w,d\;} T$

U-Schaltkreise sind stets auch T-Schaltkreise.

5.) $Z \xrightarrow{\;w,w,d\log w\;} B_2$

Sowohl $\wedge$-Bausteine als auch $\oplus$-Bausteine mit Fan-in m können durch B_2-Schaltkreise mit $m-1$-Bausteinen und Tiefe $\lceil \log m \rceil$ simuliert werden.

6.) $Z \xrightarrow{\;w,w^2,d\;} T$ und $Z \xrightarrow{\;c\log w, w\log w, d\log w\;} T$

Es kommt bei der Simulation nur darauf an, $\oplus$-Bausteine mit Fan-in m zu simulieren. Dazu greifen wir auf Ergebnisse aus Kap. 4 zurück. Nach Satz 4.2.8 genügen Tiefe 2, $m+1$ Bausteine und $m(m+1)$ Drähte. Nach Satz 4.3.4 ist auch eine Simulation mit $\lceil \log(m+1) \rceil$ Bausteinen, $2m\lceil \log(m+1) \rceil$ Drähten und Tiefe $\lceil \log(m+1) \rceil$ möglich. Außerdem ergibt die Hintereinanderschaltung $Z \to B_2 \to U \to T$ weitere Simulationen.

7.) $T \xrightarrow{\;w,w,d\log w\;} B_2$

Nach Satz 4.2.5 läßt sich jeder Thresholdbaustein mit Fan-in m durch B_2-Schaltkreise der Größe $O(m)$ und Tiefe $O(\log m)$ simulieren. $\square$

11.2 Ein Vergleich der Parallelrechnermodelle

Parallele Registermaschinen charakterisieren wir durch die Zahl der Prozessoren p, die Zahl der Register im gemeinsamen Speicher r und die Rechenzeit t. Die Prozessoren können in einem Schritt u.a. Bitoperationen, Vergleiche und Additionen durchführen, wobei natürlich die Prozessoren des simulierenden Rechners die gleiche Rechenkapazität wie die Prozessoren des simulierten Rechners haben.

Die folgenden Simulationen sind trivial, da die simulierende $PRAM$ das Programm der simulierten $PRAM$ übernehmen kann.

$EREW\ PRAM \xrightarrow{\;p,r,t\;} CREW\ PRAM \xrightarrow{\;p,r,t\;} CRCW\ COMMON \xrightarrow{\;p,r,t\;}$
$CRCW\ ARBITRARY \xrightarrow{\;p,r,t\;} CRCW\ PRIORITY.$

Es bleiben (s.Abb. 1.6.2) nur noch zwei Simulationen zu zeigen. Das mächtigste Modell, eine $CRCW\ PRIORITY\ PRAM$, kann erstaunlich effizient durch das schwächste Modell, eine $EREW\ PRAM$, simuliert werden.

11.2.1 Satz   *Eine CRCW PRIORITY PRAM M mit Charakteristik (p, r, t) kann von einer EREW PRAM M' mit Charakteristik $(pr, (p+1)r, t(\lceil \log(p+1) \rceil + \lceil \log p \rceil + 3))$ simuliert werden.*

B e w e i s M' soll M Schritt für Schritt simulieren. Dabei müssen Lese- und Schreibkonflikte gelöst werden. Vor und nach jedem Simulationsschritt sollen p ausgezeichnete Prozessoren von M' und r ausgezeichnete Register im Speicher von M', die den sogenannten Simulationsspeicher bilden, dieselben Informationen enthalten wie die Prozessoren und die Register von M. Die übrigen pr Register von M' werden als Extraspeicher bezeichnet und als $p \times r$-Matrix angeordnet. Die Simulation jedes Schrittes von M geschieht in vier Phasen.

Phase 1: Kopieren der Information
Die im i-ten Register des Simulationsspeichers enthaltene Information soll in die p Register der i-ten Spalte des Extraspeichers kopiert werden. Dafür stehen jeweils p Prozessoren zur Verfügung. Wenn eine Information 2^j-mal vorliegt, kann sie ohne Lese- oder Schreibkonflikt von 2^j Prozessoren gelesen und in 2^j weitere Register geschrieben werden. Also ist diese Phase in $\lceil \log(p+1) \rceil$ Schritten durchführbar.

Phase 2: Simulation des Rechenschrittes
In dieser Phase arbeiten nur die p ausgezeichneten Prozessoren. Jedem Prozessor steht eine Extrakopie des Simulationsspeichers zur Verfügung, der i-te Prozessor benutzt die i-te Zeile des Extraspeichers. Es genügt also ein Zeittakt, um die Rechnung ohne Lese- oder Schreibkonflikt zu simulieren. Außerdem kann jeder Prozessor in diesem Rechenschritt in seiner Zeile des Extraspeichers das Register markieren, in das er eigentlich im Simulationsspeicher schreiben möchte.

Phase 3: Entscheidung der Schreibkonflikte
Für jede Spalte des Extraspeichers stehen wieder p Prozessoren zur Verfügung, um die höchste Markierung in der Spalte zu berechnen und durch eine neue Markierung zu ersetzen. Dazu genügen $\lceil \log p \rceil + 1$ Schritte. Am Ende dieser Phase enthält die Matrix an Position (p', r') eine neue Markierung genau dann, wenn Prozessor p' von M nach der PRIORITY-Regel die Erlaubnis erhält, in das Register r' zu schreiben.

Phase 4: Schreiben
Wieder arbeiten nur die p ausgezeichneten Prozessoren. Der i-te Prozessor schaut in seiner Zeile des Extraspeichers nach, ob seine in Phase 2 hinterlegte Markierung durch eine neue Markierung ersetzt wurde. Nur im positiven Fall führt er die Simulation des Schreibvorganges durch. Phase 4 dauert einen Zeittakt.   □

Bisher sind keine wesentlich besseren Algorithmen bekannt, um eine *CRCW COMMON PRAM* durch eine *CREW PRAM* oder eine *CREW PRAM* durch eine *EREW PRAM* zu simulieren. Innerhalb der Klasse der *CRCW PRAM*'s kann jedoch der Zeitverlust auf einen konstanten Faktor reduziert werden (Kucera (1982)).

11.2.2 Satz   *Eine CRCW PRIORITY PRAM M mit Charakteristik (p, r, t) kann von einer CRCW COMMON PRAM M' mit Charakteristik $(max\{\binom{p}{2}, p\}, p + r, 4t)$ simuliert werden.*

B e w e i s M' soll M Schritt für Schritt simulieren. Für jeden Schritt sind drei Phasen vorgesehen.

Phase 1: Lesen und Rechnen
Da M und M' zur CRCW-Klasse gehören, können p ausgezeichnete Prozessoren in einem Schritt das Lesen und das Rechnen simulieren. Zusätzlich schreibt der i-te Prozessor in das i-te Extraregister, in welches Register des Simulationsspeichers er schreiben möchte.

Phase 2: Entscheidung der Schreibkonflikte
Es werden $\binom{p}{2}$ Prozessoren P_{ij}, $1 \leq i < j \leq n$, eingesetzt. In zwei Rechenschritten liest P_{ij} in dem i-ten und dem j-ten Register des Extraspeichers. Wenn beide Register die gleiche Information enthalten, verliert der j-te Prozessor von M nach der PRIORITY-Regel einen Schreibkonflikt gegen den i-ten Prozessor. P_{ij} schreibt in diesem Fall im zweiten Rechenschritt eine Markierung in das j-te Register des Extraspeichers. Es gibt nach der COMMON-Regel keinen Konflikt, da alle schreibenden Prozessoren die gleiche Information schreiben.

Phase 3: Schreiben
Wieder werden die p ausgezeichneten Prozessoren aus Phase 1 benutzt. Der i-te Prozessor kann im i-ten Register des Extraspeichers lesen, ob der von ihm simulierte Prozessor von M einen Schreibkonflikt verloren hat. Nur im negativen Fall führt er die Simulation des Schreibvorganges durch.   □

11.3 Simulationen von Schaltkreisen durch Parallelrechner

Greenberg, Ladner, Paterson und Galil (1982) und van Leeuwen (1983) geben effiziente Simulationen von B_2-Schaltkreisen durch *CREW PRAM*'s an. Wir zeigen, daß diese Simulationen sogar mit *EREW PRAM*'s durchführbar sind (Wegener (1989)).

11.3.1 Satz   *Jeder B_2-Schaltkreis S auf n Inputs mit c Bausteinen und Tiefe d kann von einer EREW PRAM mit $p = \lceil c/d \rceil$ einfachen Prozessoren und $r =$*

$2(n + c)$ *Registern im gemeinsamen Speicher in Zeit* $t = 10d + \lceil n/p \rceil \leq 12d$ *simuliert werden.*

B e w e i s Wir können o.B.d.A. $c \geq n/2$ annehmen, da sonst manche Inputs den Schaltkreis gar nicht beeinflussen. Zunächst benutzen wir das Verfahren von Hoover, Klawe und Pippenger (1984), um S durch einen B_2-Schaltkreis S' mit Fan-out 2, $c' \leq 2c$ Bausteinen und Tiefe $d' \leq 2d$ zu simulieren.

Der neue Schaltkreis S' wird durch eine *EREW PRAM* simuliert. Die n Inputs können mit p Prozessoren in $\lceil n/p \rceil$ Schritten kopiert werden, so daß jeder Input zweimal vorliegt. Wir werden dafür sorgen, daß auch die Ergebnisse der Bausteine zweimal vorliegen. Da in S' jedes Ergebnis nur zweimal benötigt wird, können Lesekonflikte vermieden werden. Jedem Draht im Schaltkreis wird somit ein exklusives Register zugewiesen, in dem sein Resultat steht.

Es sei G_i die Menge der c_i Bausteine in S', die Tiefe i haben. Dann ist $c_1 + \ldots + c_{2d} = c' \leq 2c$. Die Bausteine in G_i werden in p Gruppen mit je höchstens $\lceil c_i/p \rceil$ Bausteinen eingeteilt. Bei der Simulation der Bausteine in G_i kann nun angenommen werden, daß alle Bausteine in $G_1, \ldots, G_{i-1}$ simuliert sind und die Register für die in die Bausteine von G_i eingehenden Drähte die richtigen Werte enthalten. Jedem der p Prozessoren wird eine Gruppe von Bausteinen zugeordnet, die er simuliert. Um einen Baustein zu simulieren, genügen 3 Zeittakte. In den ersten beiden Zeittakten werden die Resultate der beiden Inputdrähte gelesen, im zweiten Zeittakt wird auch das Ergebnis des Bausteins berechnet, und in der Schreibphase des zweiten und dritten Zeittaktes wird das Resultat in die höchstens zwei Register für die ausgehenden Drähte geschrieben. Da der erste Takt nur aus Lesen und der dritte Takt nur aus Schreiben besteht, ist ein Pipelining möglich. Für die Simulation der Bausteine in G_i genügen also $2\lceil c_i/p \rceil + 1$ Zeittakte.

Die Gesamtzeit läßt sich nun abschätzen durch

$$\lceil n/p \rceil + \sum_{1 \leq i \leq 2d} (2\lceil c_i/p \rceil + 1) \leq 4d + 2 \sum_{1 \leq i \leq 2d} (1 + c_i/p)$$

$$\leq 8d + 4c/p \leq 12d.$$

$\square$

Wenn eine *PRAM* einen Schaltkreis, d.h. alle Bausteine, simuliert, sind mindestens c Rechenschritte und eine parallele Rechenzeit von d nötig. Eine Simulation mit Rechenzeit $t = O(d)$, die mit $p = O(c/d)$ Prozessoren auskommt, kann daher als (asymptotisch) optimal bezeichnet werden.

Die naheliegendste Simulation benutzt $p = c$ Prozessoren und simuliert die Bausteine in G_i parallel in konstanter Zeit. Dann ist das Produkt aus Anzahl der

Prozessoren und paralleler Rechenzeit $\Theta(cd)$. Da andererseits nur c Bausteine simuliert werden, haben viele Prozessoren oft nichts zu tun. Die Simulation im Beweis von Satz 11.3.1 gleicht dieses Ungleichgewicht aus. Der dabei verwendete allgemeine Trick zur Verteilung der Rechenarbeit wird *Rescheduling* genannt.

Cook, Dwork und Reischuk (1986) haben gezeigt, daß eine *CREW PRAM* zur Berechnung von $x_1 \vee \ldots \vee x_n$ selbst bei beliebig mächtiger Hardware $\Omega(\log n)$ Schritte braucht. Daher ist eine (im obigen Sinn) optimale Simulation von U-Schaltkreisen durch *CREW PRAM*'s nicht möglich. Wir stellen eine Simulation durch eine *CRCW COMMON PRAM* vor.

11.3.2 Satz   *Jeder U-Schaltkreis S auf n Inputs mit c Bausteinen, w Drähten und Tiefe d kann von einer CRCW COMMON PRAM mit $p = \lceil n/d \rceil$ einfachen Prozessoren und $r = n + c$ Registern im gemeinsamen Speicher in Zeit $t = 3d$ simuliert werden.*

B e w e i s Für jeden Baustein und jeden Input ist ein Register vorgesehen. Die Register für die Bausteine werden initialisiert, und zwar für $\wedge$-Bausteine durch Einsen, für $\vee$-Bausteine durch Nullen und für $\neg$-Bausteine beliebig. Hierfür genügen, da $c \leq w$, d Zeittakte.

Es sei G_i die Menge der Bausteine von S, die Tiefe i haben, und w_i die Zahl der in diese Bausteine eingehenden Drähte. Dann ist $w_1 + \ldots + w_d = w$. Die w_i Eingangsdrähte der Bausteine in G_i werden in p Gruppen mit je höchstens $\lceil w_i/p \rceil$ Drähten eingeteilt. Bei der Simulation der Bausteine in G_i sind die Bausteine in $G_1, \ldots, G_{i-1}$ bereits simuliert. Jeder der p Prozessoren muß höchstens $\lceil w_i/p \rceil$ Drähte simulieren. Für jeden Draht genügt ein Zeittakt. Dabei wird der Wert des Drahtes in dem für den Baustein oder Input, von dem der Draht ausgeht, verantwortlichen Register gelesen. Falls der Draht in einen Negationsbaustein geht, kann das Ergebnis dieses Bausteins ohne Schreibkonflikt in das entsprechende Register geschrieben werden. Falls der Draht in einen $\wedge$-Baustein ($\vee$-Baustein) geht, schreibt der Prozessor nur, wenn er eine Null (Eins) gelesen hat, diese Information in das entsprechende Register. Es kommt nach der COMMON-Regel zu keinem Schreibkonflikt, da in Register für $\wedge$-Bausteine ($\vee$-Bausteine) nur Nullen (Einsen) geschrieben werden. Am Ende der Simulation enthält das Register für Baustein G den an G berechneten Wert. Dies gilt wegen der Initialisierung der Register auch dann, wenn kein Prozessor während der Simulation der Drähte in das Register schreibt. Da für die Simulation der Bausteine in G_i $\lceil w_i/p \rceil$ Zeittakte genügen, läßt sich die Gesamtzeit abschätzen durch

$$d + \sum_{1 \leq i \leq d} \lceil w_i/p \rceil \leq 2d + \sum_{1 \leq i \leq d} w_i/p = 2d + w/p \leq 3d.$$

$\square$

Auch diese Simulation kann als optimal bezeichnet werden. Die Rechenzeit ist proportional zur Tiefe des simulierten U-Schaltkreises, und das Produkt aus Rechenzeit und Prozessorzahl ist mit $\Theta(w)$ proportional zur Hardwaregröße des simulierten U-Schaltkreises. Die in beiden Simulationen benutzten Prozessoren müssen nur sehr einfache Operationen ausführen.

11.4 Eine Simulation von Parallelrechnern durch Schaltkreise

Bisher wissen wir, daß sich sowohl die von uns untersuchten Schaltkreismodelle als auch die vorgestellten Parallelrechnermodelle untereinander bezüglich ihrer Komplexität nur wenig unterscheiden. Außerdem lassen sich Schaltkreise effizient durch parallele Registermaschinen simulieren. Das ist auch nicht erstaunlich, da parallele Registermaschinen „wesentlich mächtiger aussehen" als Schaltkreise. Die Klasse der $CRCW$ $PRAM$'s wurde lange sogar als unrealistisch mächtig angesehen. Zu einem allgemein anerkannten theoretischen Rechnermodell wurden sie erst durch das überraschende Ergebnis von Stockmeyer und Vishkin (1984), daß eine realistisch eingeschränkte $CRCW$ $PRAM$ effizient durch U-Schaltkreise simuliert werden kann. Die Tiefe der U-Schaltkreise ist proportional zur parallelen Rechenzeit der simulierten $PRAM$, während die Schaltkreisgröße polynomiell mit der Hardwaregröße der $PRAM$ wächst. Aus mehreren Gründen kann dieses Polynom nicht sehr kleinen Grad haben. Registermaschinen erhalten als Inputs nicht einzelne Bits sondern n-Bit-Zahlen. Die zugelassenen Elementaroperationen sind mächtiger als die Bausteine in U-Schaltkreisen. Schließlich können Zwischenergebnisse als Adressen von Registern aufgefaßt werden, wobei ein direkter Zugriff (random access) auf diese Register möglich ist.

Wir beschreiben nun die Arbeitsweise einer realistisch eingeschränkten $CRCW$ $PRIORITY$ $PRAM$, kurz RES $CRCW$ $PRIORITY$ oder $REAL$ $WRAM$ genannt. Schreibkonflikte werden nach der PRIORITY-Regel gelöst. Da Schaltkreise nichtuniform sind, können wir auch mit nichtuniformen Rechnern arbeiten, die also nur für eine feste Boolesche Funktion $f_n \in B_m$ mit $m = n^2$ programmiert werden müssen. Der Input ist dann durch n n-Bit-Zahlen gegeben, die in den ersten n Registern des gemeinsamen Speichers stehen. Die $REAL$ $WRAM$ hat P Prozessoren. Jeder Prozessor $p, p \in \{1, \ldots, P\}$, folgt einem eigenen Programm, das aus $z(p) \leq Z$ Programmzeilen besteht und Zahlen mit höchstens S Bits enthält. Die Programmzeile, die gerade bearbeitet wird, entspricht dem Zustand des Prozessors. Anfangszustand ist die erste Programmzeile. Die Prozessoren arbeiten

synchron, je eine Programmzeile wird zeitgleich ausgeführt. Wenn kein GO TO-
oder STOP-Befehl ausgeführt werden soll, wechselt der Prozessor zur nächsten
Programmzeile. Die Simulation durch Schaltkreise setzt keine Beschränkung des
Speichers voraus. Da gewisse Teile des gemeinsamen Speichers als lokale Speicher
interpretiert werden können, sieht unser Modell einer *REAL WRAM keine* lokalen
Speicher vor.

Abschließend werden die zugelassenen Typen von Programmzeilen aufgelistet.
1.) $M(r) = c$ (Lesen von Konstanten). Der Prozessor schreibt die Konstante c in
das r-te Register. Der Terminus „schreibt" schließt Schreibkonflikte nicht aus.
2.) $M(r) = M(i)$ (Direktes Lesen). Der Prozessor schreibt den Inhalt des i-ten
Registers in das r-te Register.
3.) $M(r) = *M(i)$ (Indirektes Lesen). Es sei I der Inhalt des i-ten Registers. Der
Prozessor schreibt den Inhalt des I-ten Registers in das r-te Register.
4.) $*M(r) = M(i)$ (Indirektes Schreiben). Es sei R der Inhalt des r-ten Registers.
Der Prozessor schreibt den Inhalt des i-ten Registers in das R-te Register.
5.) $M(r) = M(i) \circ M(j)$ (Rechenschritte). Es sei x der Inhalt des i-ten Registers,
y der Inhalt des j-ten Registers und $\circ$ eine Operation aus einer endlichen Liste
von Folgen Boolescher Funktionen $g = (g_k), g_k \in B_{2k,l}$ und $g \in AC_0$. Damit nicht
zu große Zahlen erzeugt werden können, soll (wie bei der Addition) $l \leq k + 1$ sein.
Falls $k = |x| = |y|$, schreibt der Prozessor $g_k(x, y)$ in das r-te Register.
6.) GOTO z IF $M(i) < M(j)$ (oder $M(i) = M(j)$) (Verzweigungen). Der Prozessor
wechselt in die z-te Programmzeile, wenn die nachfolgende Bedingung erfüllt ist,
d.h. wenn der Vergleich der Inhalte der Register i und j das richtige Ergebnis
liefert. Ansonsten wird die folgende Programmzeile aufgesucht.
7.) STOP. Der Prozessor tut nichts und bleibt in der gleichen Programmzeile.

Da $MUL \notin AC_0$, darf eine *REAL WRAM*, die ohne Zeitverlust von U-Schaltkrei-
sen simuliert werden soll, nicht multiplizieren können. Es sei nur erwähnt, daß die
Liste der erlaubten Operationen erweitert werden darf um Operationen, die durch
AC_0-Schaltkreise (bezogen auf n) realisiert werden können. Dazu gehören auch
Multiplikationen von $O(\log n)$-Bit-Zahlen.

11.4.1 Satz   *Jede REAL WRAM, die ein $f \in B_m$ mit $m = n^2$ auf Inputs*
$a = (a_1, \ldots, a_n) \in (\{0,1\}^n)^n$ mit P Prozessoren, deren Programme höchstens Z
Zeilen und Zahlen mit höchstens S Bits enthalten, und unbeschränktem Speicher
in T Rechenschritten berechnet, kann für ein Polynom q durch einen U-Schaltkreis
mit Tiefe $O(T)$ und $q(n, P, Z, S, T)$ Bausteinen simuliert werden.

B e w e i s Wegen der GOTO-Befehle kann das Programm zum Zeitpunkt t für
verschiedene Eingaben verschiedene Programmzeilen bearbeiten. Ein Schaltkreis
kann diese Verzweigungen nicht direkt simulieren. Er wird deshalb stets alle Programmzeilen simulieren und dann das richtige Ergebnis auswählen.

Ein weiteres Problem ist die Simulation des Speichers. Bereits mit den n-Bit-Zahlen des Inputs können 2^n verschiedene Register adressiert werden. Tatsächlich spricht jeder Prozessor auf einer festen Eingabe in T Rechenschritten jedoch nur $O(T)$ Register an. Für eine effiziente Speichersimulation muß der Speicher anders organisiert werden als bei der *REAL WRAM*. Wenn Prozessor p zum Zeitpunkt t eine Information schreibt, wird diese unter der Adresse (p, t) abgespeichert. $A(p, t)$ ist dann die Adresse des Registers, in das Prozessor p zum Zeitpunkt t schreiben will, und $E(p, t)$ die Information, die geschrieben werden soll. Es ist nun wichtig zu wissen, ob diese Information von der *REAL WRAM* tatsächlich geschrieben wird und ob sie zu einem späteren Zeitpunkt überschrieben wird. Daher soll $w(p, t, t')$ für $t' \geq t$ den Wert 1 genau dann haben, wenn das Register $A(p, t)$ der *REAL WRAM* zum Zeitpunkt t' die Information $E(p, t)$ tatsächlich enthält. Ansonsten ist $w(p, t, t') = 0$.

Um zu wissen, welche Programmzeile bearbeitet wird, sei $ic(p, z, t) = 1$ (ic= Instruction Counter) genau dann, wenn Prozessor p zum Zeitpunkt $t + 1$ die z-te Zeile seines Programms bearbeiten soll, und $ic(p, z, t) = 0$ sonst.

Damit haben wir wesentliche Ideen der Simulation bereits erläutert. Der Rechner kann höchstens Zahlen der Länge $L = max\{n, S\} + T$ erzeugen, da die Inputs Länge n und die Konstanten im Programm höchstens Länge S haben und die Zahlenlänge in Rechenschritten um höchstens 1 wächst. Der Einfachheit halber werden wir alle Adressen und Zwischenergebnisse durch führende Nullen auf Länge L bringen.

Die *REAL WRAM* wird nun Schritt für Schritt simuliert. Die Initialisierung ist einfach. Es sei o.B.d.A. $P \geq n$. Dann ist $A(p, 0) = p$ für $1 \leq p \leq P$, $E(p, 0) = a_p$ für $1 \leq p \leq n$ und $E(p, 0) = 0$ für $p > n$. Wir stellen uns vor, daß Prozessor p den Input a_p zum Zeitpunkt 0 in das p-te Register geschrieben hat. Daher ist $w(p, 0, 0) = 1$ für alle p. Schließlich ist $ic(p, z, 0) = 1$ genau für $z = 1$, da alle Prozessoren in der ersten Programmzeile starten.

Wir nehmen nun an, daß t Schritte der *REAL WRAM* korrekt simuliert worden sind, indem $A(p, t')$, $E(p, t')$, $w(p, t', t'')$ und $ic(p, z, t')$ für $1 \leq p \leq P$, $1 \leq t' \leq t'' \leq t$ und $1 \leq z \leq z(p)$ korrekt berechnet wurden. Für die Simulation des $(t + 1)$-ten Schrittes verwenden wir $AC_{0,2}$-Schaltkreise für den Gleichheitstest EQ und $AC_{0,3}$-Schaltkreise für Vergleiche $COMP$ (Satz 8.1.2). Konjunktion und Disjunktion werden auch für Vektoren definiert. Für $a, a_1, \ldots, a_m, b_1, \ldots, b_m \in \{0, 1\}$ sei

$$a \wedge (b_1, \ldots, b_m) = (a \wedge b_1, \ldots, a \wedge b_m) \text{ und}$$

$$(a_1, \ldots, a_m) \vee (b_1, \ldots, b_m) = (a_1 \vee b_1, \ldots, a_m \vee b_m).$$

Mit $i(p, z), j(p, z), r(p, z)$ und $c(p, z)$ bezeichnen wir die i-, j-, r- und c-Parameter in der z-ten Zeile des Programms für Prozessor p. Parameter, die in einer Programmzeile nicht vorkommen, wie j-Parameter beim Direkten Lesen, werden durch Nullvektoren, die bei Disjunktionen nicht „stören", ersetzt.

Wir zeigen zunächst, wie Schaltkreise im Speicher lesen. Es sei $I(p, z, t)$ der Inhalt des $i(p, z)$-ten Registers nach dem t-ten Rechenschritt.

$$I(p, z, t) = \bigvee_{0 \le t' \le t} \quad \bigvee_{1 \le p' \le P} [EQ(i(p, z), A(p', t')) \wedge w(p', t', t) \wedge E(p', t')]$$

Die Worte $E(p', t')$, $1 \le p' \le P$, $0 \le t' \le t$, stellen alle Informationen dar, die jemals ein Prozessor schreiben wollte. Die Konjunktion mit $w(p', t', t)$ filtert alle nicht geschriebenen oder inzwischen überschriebenen Informationen heraus. Schließlich läßt der Gleichheitstest nur Informationen durch, die in das $i(p, z)$-te Register geschrieben wurden. Mit der obigen Gleichung lassen sich alle $I(p, z, t)$ parallel in konstanter Tiefe und polynomieller Größe berechnen. Parallel dazu werden auch die Inhalte des $j(p, z)$-ten und $r(p, z)$-ten Registers nach dem t-ten Rechenschritt, $J(p, z, t)$ und $R(p, z, t)$, berechnet.

Es sei $E(p, z, t + 1)$ das von Prozessor p zum Zeitpunkt $t + 1$ berechnete Ergebnis, wenn die z-te Programmzeile ausgeführt wird. Wir zeigen für alle Typen von Programmzeilen, daß $E(p, z, t + 1)$ in konstanter Tiefe und polynomieller Größe berechnet werden kann.

1.) Lesen von Konstanten. $E(p, z, t + 1) = c(p, z)$.
2.) Direktes Lesen. $E(p, z, t + 1) = I(p, z, t)$.
3.) Indirektes Lesen. $E(p, z, t + 1) = I^*(p, z, t)$, wobei $I^*(p, z, t)$ der Inhalt des $I(p, z, t)$-ten Registers nach dem t-ten Schritt ist. $I^*(p, z, t)$ kann analog zu $I(p, z, t)$ berechnet werden, wobei $i(p, z)$ durch $I(p, z, t)$ ersetzt wird.
4.) Indirektes Schreiben. $E(p, z, t + 1) = I(p, z, t)$.
5.) Rechenschritte. $E(p, z, t + 1)$ entsteht durch Anwendung des AC_0-Schaltkreises für g auf $I(p, z, t)$ und $J(p, z, t)$.
6.) Verzweigungen. $E(p, z, t + 1) = 1$, falls die Bedingung erfüllt ist, und $E(p, z, t + 1) = 0$ sonst.
7.) STOP. $E(p, z, t + 1) = 0$.

Es sei $A(p, z, t + 1)$ die Adresse des Registers, in das Prozessor p, wenn er in Programmzeile z arbeitet, versucht, $E(p, z, t + 1)$ zu schreiben. Beim Indirekten Schreiben ist $A(p, z, t + 1) = R(p, z, t)$ und $A(p, z, t + 1) = r(p, z)$ sonst.

Es ist nun leicht, das von Prozessor p tatsächlich berechnete Ergebnis $E(p, t + 1)$ und die zugehörige Adresse $A(p, t + 1)$ zu berechnen. Offensichtlich ist

$$E(p, t + 1) = \bigvee_{1 \le z \le z(p)} ic(p, z, t) \wedge E(p, z, t + 1) \text{ und}$$

$$A(p, t + 1) = \bigvee_{1 \le z \le z(p)} ic(p, z, t) \wedge A(p, z, t + 1).$$

Als nächstes wird ein Updating des Instruction Counters durchgeführt. Es soll $ic(p, z, t+1) = 1$ sein, wenn der Prozessor p im $(t+2)$-ten Schritt die z-te Programmzeile ausführen soll. Dafür gibt es mehrere Möglichkeiten.

1.) $ic(p, z, t) = 1$, und die z-te Programmzeile ist ein STOP.

2.) $ic(p, z-1, t) = 1$, und die $(z-1)$-te Programmzeile ist weder eine Verzweigung noch ein STOP.

3.) $ic(p, z-1, t) = 1$, die $(z-1)$-te Programmzeile ist eine Verzweigung, und der Test ging negativ aus, d.h. $E(p, z-1, t+1) = 0$.

4.) $ic(p, j, t) = 1$ für ein $j \in \{1, \ldots, z(p)\}$, die j-te Programmzeile ist eine Verzweigung GOTO z, und der Test ging positiv aus, d.h. $E(p, j, t+1) = 1$.

Mit dieser Charakterisierung kann für $ic(p, z, t+1)$ ein Schaltkreis konstanter Tiefe und polynomieller Größe entworfen werden.

Es soll nun $\gamma(p, t+1) = 1$ sein, wenn Prozessor p zum Zeitpunkt $t+1$ einen Schreibkonflikt verliert. Dies ist der Fall, wenn ein Prozessor $p' < p$ in das gleiche Register schreiben will. Also ist

$$\gamma(p, t+1) = \bigvee_{1 \le p' < p} EQ(A(p', t+1), A(p, t+1))$$

und $w(p, t+1, t+1) = \neg\gamma(p, t+1)$.

Abschließend muß entschieden werden, ob alte Informationen überschrieben wurden. Für $1 \le t' \le t$ ist die von Prozessor p zum Zeitpunkt t' geschriebene Information zum Zeitpunkt $t+1$ ungültig, wenn eine der folgenden Bedingungen erfüllt ist.

1.) Die Information war schon zum Zeitpunkt t ungültig.

2.) Die Information wird zum Zeitpunkt $t+1$ von einem Prozessor überschrieben. Also ist

$$\neg w(p, t', t+1) = (\neg w(p, t', t)) \vee \bigvee_{1 \le p' \le P} EQ(A(p', t+1), A(p, t')).$$

Damit haben wir den $(t+1)$-ten Rechenschritt der *REAL WRAM* vollständig in konstanter Tiefe und polynomieller Größe simuliert. Da die Ergebnisse der *REAL WRAM* am Ende der Rechnung in vorgegebenen Registern stehen, kann der U-Schaltkreis diese analog zur Berechnung von $I(p, z, t)$ „lesen". Also ist der Satz bewiesen. $\square$

Gravierendster Nachteil dieser Simulation ist sicherlich, daß Multiplikationen und Divisionen nicht zu den Elementaroperationen gehören. Allerdings sind Multiplikationen und Divisionen auch für Registermaschinen nicht uneingeschränkt zugelassen. Eine realistische Einschränkung ist, daß nur Zahlen erzeugt werden, deren Länge polynomiell in der Länge der Inputs ist. Nach Satz 10.4.4 folgt, daß dann

Multiplikationen und Divisionen durch Thresholdschaltkreise konstanter Tiefe und polynomieller Größe simuliert werden können. Die so erweiterten *REAL WRAM*'s können also durch Thresholdschaltkreise mit Tiefe $O(T)$ und polynomieller Größe $q(n, P, Z, S, T)$ simuliert werden.

Aufgaben

11.A.1 Verallgemeinere die zweite $B_2 \rightarrow U$-Simulation aus Satz 11.1.1, so daß der Schaltkreis in $l(n, d)$ Schichten gleicher Tiefe eingeteilt wird.

11.A.2 Verwende die Methode des Rescheduling, um eine *CRCW PRIORITY PRAM M* mit Charakteristik (p, r, t) duch eine *EREW PRAM* mit Charakteristik $(\lceil pr/\log p\rceil, (p+1)r, O(t\log p))$ zu simulieren.

11.A.3 Verbessere Phase 1 in der im Beweis von Satz 11.2.1 angegebenen Simulation. Prozessoren, die eine Information bereits kennen, müssen diese nicht noch einmal lesen, um sie zu kopieren.

11.A.4 Jeder B_2-Schaltkreis auf n Inputs mit c Bausteinen und Tiefe d kann von einer *CREW PRAM* mit $\lceil c/d\rceil$ Prozessoren und $n + c$ Registern im gemeinsamen Speicher in Zeit $4d$ simuliert werden.

11.A.5 Schätze Größe und Tiefe des im Beweis von Satz 11.4.1 konstruierten Schaltkreises möglichst genau ab.

Schriftenverzeichnis

Aho,A.V., Hopcroft,J.E. und Ullman,J.D. (1974). The design and analysis of computer algorithms, Addison-Wesley.

Ajtai,M. und Ben-Or,M. (1984). A theorem on probabilistic constant depth computations. 16. Symp. on Theory of Computing, 471-474.

Ajtai,M., Komlós,J. und Szemerédi,E. (1983). An $O(n \log n)$ sorting network. Combinatorica 3, 1-19.

Alt,H., Hagerup,T., Mehlhorn,K. und Preparata,F.P. (1987). Deterministic simulation of idealized parallel computers on more realistic ones. SIAM J. on Computing 16, 808-835.

Anderson,S.E., Earle,J.G., Goldschmidt,R.E. und Powers,D.M. (1967). The IBM system/360 model 91: floating-point execution unit. IBM J.of Research and Development 11, 34-53.

Batcher,K.E. (1968). Sorting networks and their applications. AFIPS Spring Joint Summer Computer Conf. 32, 307-314.

Beame,P.W., Cook,S.A. und Hoover,J. (1984). Log depth circuits for division and related problems. 25. Symp. on Foundations of Computer Science, 1-6.

Berkowitz,S.J. (1984). On computing the determinant in small parallel time using a small number of processors. Information Processing Letters 18, 147-150.

Blum,M., Floyd,R.W., Pratt,V.R., Rivest,R.L. und Tarjan,R.E. (1972). Time bounds for selection. Journal of Computer and System Sciences 7, 448-461.

Borodin,A. (1977). On relating time and space to size and depth. SIAM J. on Computing 6, 733-744.

Borodin,A. und Hopcroft, J.E. (1985). Routing, merging and sorting on parallel models of computation. Journal of Computer and System Sciences 30, 130-145.

Brustmann,B. und Wegener,I. (1987). The complexity of symmetric functions in bounded-depth circuits. Information Processing Letters 25, 217-219.

Carlsson,S. (1987). A variant of HEAP SORT with almost optimal number of comparisons. Information Processing Letters 24, 247-250.

Chandra,A.K., Kozen,D.C. und Stockmeyer,L.J. (1981). Alternation. Journal of the ACM 28, 114-133.

Chandra,A.K., Stockmeyer,L.J. und Vishkin,U. (1984). Constant depth reducibility. SIAM J. on Computing 13, 423-439.

Christofides,N. (1975). Graph theory. An algorithmic approach. Academic Press.

Claus,V. (1973). Die mittlere Additionsdauer eines Paralleladdierwerks. Acta Informatica 2, 278-291.

Cole,R. (1988). Parallel merge sort. SIAM J. on Computing 17, 770-785.

Cook,S.A. (1979). Deterministic CFL's are accepted simultaneously in polynomial time and log squared space. 11. Symp. on Theory of Computing, 338-345.

Cook,S.A. (1980). Towards a complexity theory of synchronous parallel computation. Symp. on Logic and Algorithmic, 75-100.

Cook,S.A., Dwork,C. und Reischuk,R. (1986). Upper and lower time bounds for parallel random access machines without simultaneous writes. SIAM J. on Computing 15, 87-97.

Coppersmith,D. und Winograd,S. (1989). Matrix multiplication via arithmetic progressions. Erscheint: Journal of Symbolic Algebra.

Diffie,W. und Hellman,M. (1976). New directions in cryptography. IEEE Trans. on Information Theory IT-22, 644-654.

Floyd,R.W. (1964). Algorithm 245. Treesort 3. Communications of the ACM 7, 701.

Garey,M.R. und Johnson, D.B. (1979). Computers and intractability. A guide to the theory of NP-completeness. W.H.Freeman.

Goldschlager,L.M. (1978). A unified approach to models of synchronous parallel machines. 10. Symp. on Theory of Computing, 89-94.

Goldschlager,L.M. (1982). A universal interconnection pattern for parallel computers. Journal of the ACM 29, 1073-1086.

Goldschlager,L.M., Shaw,R.A. und Staples,J. (1982). The maximum flow problem is log space complete for P. Theoretical Computer Science 21, 105-111.

Greenberg,A.C., Ladner,R.E., Paterson,M.S. und Galil,Z. (1982). Efficient parallel algorithms for linear recurrence relations. Information Processing Letters 15, 31-35.

Hastad,J. (1986). Almost optimal lower bounds for small depth circuits. 18. Symp. on Theory of Computing, 6-20.

Hirschberg,D.C. (1976). Parallel algorithms for the transitive closure and the connected component problem. 8.Symp. on Theory of Computing, 55-57.

Hoare,C.A.R. (1962). Quicksort. Computer Journal 5, 10-15.

Hoover,H.J., Klawe,M.M. und Pippenger,N. (1984). Bounding fan-out in logical networks. Journal of the ACM 31, 13-18.

Hopcroft,J.E. und Ullman, J.D. (1979). Introduction to automata theory, languages and computation. Addison-Wesley.

Ja'Ja',J. und Simon,J. (1982). Parallel algorithms in graph theory: planarity testing. SIAM J. on Computing 11, 314-328.

Kannan,R., Miller,G. und Rudolph,L. (1984). Sublinear parallel algorithm for computing the greatest common divisor of two integers, 20. Symp. on Foundations of Computer Science, 7-11.

Karatsuba,A. und Ofman,Yu. (1963). Multiplication of multidigit numbers on automata. Soviet Physics Doklady 7, 595-596.

Karnaugh,M. (1953). The map method for synthesis of combinatorial logic circuits. AIEEE Trans. Comm. Elect.72, 593-598.

Kirkpatrick,D. und Reisch,S. (1984). Upper bounds for sorting integers on random access machines. Theoretical Computer Science 28, 263-276.

Klein,P. und Paterson,M.S. (1980). Asymptotically optimal circuit for a storage access function. IEEE Trans. on Computers 29, 737-738.

Konheim,A.G. (1981). Cryptography. A primer. Wiley.

Korshunov,A.D. (1981). On the complexity of the shortest disjunctive normal forms of Boolean functions. Met. Diskr. Anal. 37, 9-41.

Krapchenko,V.M. (1970). Asymptotic estimation of addition time of parallel adder. Systems Theory Research 19, 105-122.

Krapchenko,V.M. (1972). A method of obtaining lower bounds for the complexity of π-schemes. Mathematical Notes of the Academy of Sciences of the USSR 11, 474-479.

Kruskal,J.B. (1956). On the shortest spanning subtree of a graph and the travelling salesman problems. Proc. AMS 7, 48-50.

Kucera,L. (1982). Parallel computation and conflicts in memory access. Information Processing Letters 14, 93-96.

Kuznetsov,O.P. (1983). On the lower estimate of the length of the shortest disjunctive normal form for almost all Boolean functions. Ver. Met. Kibern. 19, 40-43.

Ladner,R.E. und Fischer,M.J. (1980). Parallel prefix computation. Journal of the ACM 27, 831-838.

Lai,H.C. und Muroga,S. (1987). Logic networks with a minimum number of NOR (NAND) gates for parity functions of n variables. IEEE Trans. on Computers 36, 157-166.

van Leeuwen,J. (1983). Parallel computers and algorithms. TR Univ. Utrecht.

Lipschutz,S. (1979). Lineare Algebra. McGraw-Hill.

Lupanov,O.B. (1958). A method of circuit synthesis. Izv. VUZ Radiofiz 1, 120-140.

McCluskey,E.J. (1956). Minimization of Boolean functions. Bell Systems Technical Journal 35, 1417-1444.

McMullen,C. und Shearer,J. (1986). Prime implicants, minimum covers, and the complexity of logic simplification. IEEE Trans. on Computers 35, 761-762.

Mehlhorn,K. (1984). Data structures and algorithms. Springer.

Mehlhorn,K. und Preparata,F.P. (1987). Area-time optimal division for $T = \Omega((\log n)^{1+\epsilon})$. Information and Computation 72, 270-282.

Mileto,F. und Putzolu,G. (1964). Average values of quantifiers appearing in Boolean function minimization. IEEE Trans. El. Comp. 13, 87-92.

Mileto,F. und Putzolu,G. (1965). Statistical complexity of algorithms for Boolean function minimization. Journal of the ACM 12, 364-375.

Mulmuley,K., Vazirani,U. und Vazirani,V. (1987). Matching is as easy as matrix inversion, 19. Symp. on Theory of Computing, 345-354.

Muroga,S. (1982). VLSI system design. Wiley.

Niven,I. und Zuckerman,H.S. (1976). Einführung in die Zahlentheorie I,II. BI Hochschultaschenbücher Bd. 46,47.

Ofman,Yu. (1963). On the algorithmic complexity of discrete functions. Soviet Physics Doklady 7, 589-591.

Papadimitriou,C.H. und Steiglitz,K. (1982). Combinatorial optimization. Algorithms and complexity. Prentice Hall.

Paul,W.J. (1975). Boolesche Minimalpolynome und Überdeckungsprobleme. Acta Informatica 23, 321-336.

Paul,W.J. (1977). A $2.5n$ lower bound on the combinational complexity of Boolean functions. SIAM J. on Computing 6, 427-443.

Pippenger,N. (1979). On simultaneous resource bounds. 20. Symp. on Foundations of Computer Science, 307-311.

Quine,W.V. (1952). The problem of simplifying truth functions. American Math. Soc. 61, 521-531.

Quine,W.V. (1953). Two theorems about truth functions. Bol. Soc. Math. Mex. 10,64-70.

Quine,W.V. (1955). A way to simplify truth functions. American Math. Soc. 62, 627-631.

Razborov,A.A. (1986). Lower bounds on the size of bounded-depth networks over the basis $\{\wedge, \oplus\}$. TR Acad. of Sciences of the USSR, Moscow.

Redkin,N.P. (1973). Proof of minimality of circuits consisting of functional elements. Systems Theory Research 23, 85-103.

Redkin,N.P. (1981). Minimal realization of a binary adder. Probl. Kibern. 38, 181-216, 272.

Reingold,E.M., Nievergelt, J. und Deo,N. (1977). Combinatorial algorithms. Theory and practice. Prentice Hall.

Rivest,R.L., Shamir,A. und Adleman,L. (1978). A method for obtaining digital signatures and public-key cryptosystems. Communication of the ACM 21, 120-126.

Savage,C. und Ja'Ja',J. (1981). Fast, efficient parallel algorithms for some graph problems. SIAM J. on Computing 10, 682-691.

Schönhage,A., Paterson,M.S. und Pippenger,N.J. (1976). Finding the median. Journal of Computer and System Sciences 13, 184-199.

Schönhage,A. und Strassen,V. (1971). Schnelle Multiplikation großer Zahlen. Computing 7, 281-292.

Schnorr,C.P. (1974). Zwei lineare untere Schranken für die Komplexität Boolescher Funktionen. Computing 13, 155-171.

Shannon,C.E. (1949). The synthesis of two-terminal switching circuits. Bell Systems Technical Journal 28, 59-98.

Shiloah,Y. und Vishkin,U. (1982). An $O(\log n)$ parallel connectivity algorithm. Journal of Algorithms 3, 57-67.

Sklansky,J. (1960). Conditional-sum addition logic. IRE Trans. Elect. Comp. 9, 226-231.

Smolensky,R. (1987). Algebraic methods in the theory of lower bounds for Boolean circuit complexity. 19. Symp. on the Theory of Computing, 77-82.

Solovay,R. und Strassen,V. (1977). A fast Monte-Carlo test for primality. SIAM J. on Computing 6, 84-85.

Spira,P.M. (1971). On time-hardware complexity tradeoffs for Boolean functions. 4. Hawaii Symp. on System Sciences, 525-527.

Stockmeyer,L.J. und Vishkin,U. (1984). Simulation of parallel random access machines by circuits. SIAM J. on Computing 13, 409-422.

Strassen,V. (1969). Gaussian elimination is not optimal. Numerische Mathematik 13, 354-356.

Strassen,V. (1986). The asymptotic spectrum of tensors and the exponent of matrix multiplication. 27. Symp. on Foundations of Computer Science, 49-54.

Valiant,L.G. (1984). Short monotone formulae for the majority function. Journal of Algorithms 5, 363-366.

Valiant,L.G., Skyum,S., Berkowitz,S. und Rackoff,C. (1983). Fast parallel computation of polynomials using few processors. SIAM J. on Computing 12, 641-644.

Vishkin,U. (1984). An optimal parallel connectivity algorithm. Discrete Applied Mathematics 9, 197-207.

Voigt,B. und Wegener,I. (1988a). Minimal polynomials for the conjunction of functions on disjoint variables can be very simple. Erscheint: Information and Computation.

Voigt,B. und Wegener,I. (1988b). How to compute minimal sums for totally symmetric functions. TR Univ. Dortmund.

Wallace,C.S. (1964). A suggestion for a fast multiplier. IEEE Trans. on Computers 13, 14-17.

Wegener,I. (1987). The complexity of Boolean functions. Wiley-Teubner.

Wegener,I. (1988). The complexity of the parity function in unbounded fan-in, unbounded depth circuits. Erscheint: Theoretical Computer Science.

Wegener,I. (1989). Efficient simulation of circuits by *EREW PRAMs*, TR Univ. Dortmund.

Williams,J.W. (1964). Algorithm 232. Communications of the ACM 7, 347-348.

Young,M.H. und Muroga,S. (1985). Symmetric minimal covering problems and minimal PLA's with symmetric variables. IEEE Trans. on Computers 34, 523-541.

Index

Leitfäden der angewandten Informatik

Bauknecht/Zehnder: **Grundzüge der Datenverarbeitung**
4. Aufl. 297 Seiten. Kart. DM 38,–

Beth / Heß / Wirl: **Kryptographie**
205 Seiten. Kart. DM 28,80

Brüggemann-Klein: **Einführung in die Dokumentenverarbeitung**
200 Seiten. Kart. DM 34,–

Bunke: **Modellgesteuerte Bildanalyse**
309 Seiten. Geb. DM 49,80

Craemer: **Mathematisches Modellieren dynamischer Vorgänge**
288 Seiten. Kart. DM 42,–

Curth/Giebel: **Management der Software-Wartung**
184 Seiten. Kart. DM 34,–

Frevert: **Echtzeit-Praxis mit PEARL**
2. Aufl. 216 Seiten. Kart. DM 36,–

Frühauf/Ludewig/Sandmayr: **Software-Projektmanagement und
-Qualitätssicherung.** 136 Seiten. Kart. DM 28,–

Gloor: **Synchronisation in verteilten Systemen**
239 Seiten. Kart. DM 42,–

Gorny/Viereck: **Interaktive grafische Datenverarbeitung**
256 Seiten. Geb. DM 52,–

Hofmann: **Betriebssysteme: Grundkonzepte und Modellvorstellungen**
253 Seiten. Kart. DM 38,–

Holtkamp: **Angepaßte Rechnerarchitektur**
233 Seiten. DM 38,–

Hultzsch: **Prozeßdatenverarbeitung**
216 Seiten. Kart. DM 28,80

Kästner: **Architektur und Organisation digitaler Rechenanlagen**
224 Seiten. Kart. DM 28,80

Kleine Büning/Schmitgen: **PROLOG**
2. Aufl. 311 Seiten. DM 38,–

Meier: **Methoden der grafischen und geometrischen Datenverarbeitung**
224 Seiten. Kart. DM 38,–

Meyer-Wegener: **Transaktionssysteme**
242 Seiten. DM 38,–

Mresse: **Information Retrieval – Eine Einführung**
280 Seiten. Kart. DM 42,–

Müller: **Entscheidungsunterstützende Endbenutzersysteme**
253 Seiten. Kart. DM 34,–

Mußtopf / Winter: **Mikroprozessor-Systeme**
302 Seiten. Kart. DM 38,–

Nebel: **CAD-Entwurfskontrolle in der Mikroelektronik**
211 Seiten. Kart. DM 38,–

Retti et al.: **Artificial Intelligence – Eine Einführung**
2. Aufl. X, 228 Seiten. Kart. DM 38,–

Schicker: **Datenübertragung und Rechnernetze**
3. Aufl. 299 Seiten. Kart. DM 42,–

Leitfäden der angewandten Informatik

Fortsetzung

Schmidt et al.: **Digitalschaltungen mit Mikroprozessoren**
2. Aufl. 208 Seiten. Kart. DM 32,—

Schmidt et al.: **Mikroprogrammierbare Schnittstellen**
223 Seiten. Kart. DM 36,—

Schneider: **Problemorientierte Programmiersprachen**
226 Seiten. Kart. DM 32,—

Schreiner: **Systemprogrammierung in UNIX**
Teil 1: Werkzeuge. 315 Seiten. Kart. DM 52,—
Teil 2: Techniken. 408 Seiten. Kart. DM 58,—

Singer: **Programmieren in der Praxis**
2. Aufl. 176 Seiten. Kart. DM 34,—

Specht: **APL-Praxis**
192 Seiten. Kart. DM 28,80

Vetter: **Aufbau betrieblicher Informationssysteme
mittels konzeptioneller Datenmodellierung**
5. Aufl. 455 Seiten. Kart. DM 58,—

Vetter: **Strategie der Anwendungssoftware-Entwicklung**
400 Seiten. Kart. DM 56,—

Weck: **Datensicherheit**
326 Seiten. Geb. DM 48,—

Wingert: **Medizinische Informatik**
272 Seiten. Kart. DM 29,80

Wißkirchen et al.: **Informationstechnik und Bürosysteme**
255 Seiten. Kart. DM 34,—

Wolf/Unkelbach: **Informationsmanagement in Chemie und Pharma**
244 Seiten. Kart. DM 38,—

Zehnder: **Informatik-Projektentwicklung**
223 Seiten. Kart. DM 38,—

Zehnder: **Informationssysteme und Datenbanken**
5. Aufl. 276 Seiten. Kart. DM 42,—

Zöbel/Hogenkamp: **Konzepte der parallelen Programmierung**
235 Seiten. Kart. DM 38,—

Preisänderungen vorbehalten

 B. G. Teubner Stuttgart